나만의 여행을 찾다보면 빛나는 순간을 발견한다.

잠깐 시간을 좀 멈춰봐.
잠깐 일상을 떠나 인생의 추억을 남겨보자.
후회없는 여행이 되도록
순간이 영원하도록
Dreams come true.

Right here.
세상 저 끝까지 가보게

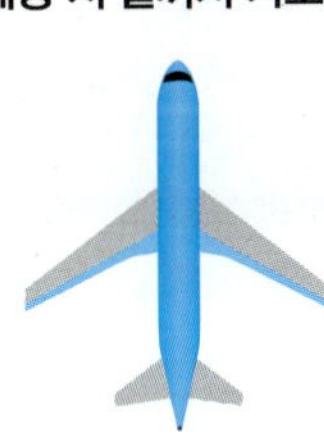

뉴 노멀^{New normal} 이란?

흑사병이 창궐하면서 교회의 힘이 약화되면서 중세는 끝이 나고, 르네상스를 주도했던 두 도시, 시에나(왼쪽)와 피렌체(오른쪽)의 경쟁은 피렌체의 승리로 끝이 났다. 뉴 노멀 시대가 도래하면 새로운 시대에 누가 빨리 적응하느냐에 따라 운명을 가르게 된다.

전 세계는 코로나19 전과 후로 나뉜다고 해도 누구나 인정할 만큼 사람들의 생각은 많이 변했다. 이제 코로나 바이러스가 전 세계로 퍼진 상황과 코로나 바이러스를 극복하는 인간의 과정을 새로운 일상으로 받아들여야 하는 뉴 노멀New normal 시대가 왔다.

'뉴 노멀New normal'이란 시대 변화에 따라 과거의 표준이 더 통하지 않고 새로운 가치 표준이 세상의 변화를 주도하는 상태를 뜻하는 단어이다. 2008년 글로벌 금융위기를 겪으면서 세계 최대 채권 운용회사 핌코PIMCO의 최고 경영자 모하마드 엘 에리언Mohamed A. El-Erian이 그의 저서 '새로운 부의 탄생When Markets Collide'에서 저성장, 규제 강화, 소비 위축, 미국 시장의 영향력 감소 등을 위기 이후의 '뉴 노멀New normal' 현상으로 지목하면서 사람들에게 알려졌다.

코로나19는 소비와 생산을 비롯한 모든 경제방식과 사람들의 인식을 재구성하고 있다. 사람 간 접촉을 최소화하는 비대면을 뜻하는 단어인 언택트Untact 문화가 확산하면서 기업, 교육, 의료 업계는 비대면 온라인 서비스를 도입하면서 IT 산업이 급부상하고 있다. 바이러스가 사람간의 접촉을 통해 이루어지므로 사람간의 이동이 제한되면서 항공과 여행은 급제동이 걸리면서 해외로의 이동은 거의 제한되지만 국내 여행을 하면서 스트레스를 풀기도 한다.

소비의 개인화 추세에 따른 제품과 서비스 개발, 협업의 툴, 화상 회의, 넷플릭스 같은 홈 콘텐츠가 우리에게 다가오고 있으며, 문화산업에서도 온라인 콘텐츠 서비스가 성장하고 있다. 기업뿐만 아니라 삶을 살아가는 우리도 언택트Untact에 맞춘 서비스를 활성화하고 뉴 노멀New normal 시대에 대비할 필요가 있다.

뉴 노멀(New Normal) 여행

뉴 노멀New Normal 시대를 맞이하여 코로나 19이후 여행이 없어지는 일은 없지만 새로운 여행 트랜드가 나타나 우리의 여행을 바꿀 것이다. 그렇다면 어떤 여행의 형태가 우리에게 다가올 것인가? 생각해 보자.

장기간의 여행이 가능해진다.

바이러스가 퍼지는 것을 막기 위해 재택근무를 할 수 밖에 없는 상황에 기업들은 재택근무를 대규모로 실시했다. 그리고 필요한 분야에서 가능하다는 사실을 알게 되었다. 재택근무가 가능해진다면 근무방식이 유연해질 수 있다. 미국의 실리콘밸리에서는 필요한 분야에서 오랜 시간 떨어져서 일하면서 근무 장소를 태평양 건너 동남아시아의 발리나 치앙마이에서 일하는 사람들도 있다.
이들은 '한 달 살기'라는 장기간의 여행을 하면서 자신이 원하는 대로 일하고 여행도 한다. 또한 동남아시아는 저렴한 물가와 임대가 가능하여 의식주가 저렴하게 해결할 수 있다. 실리콘밸리의 높은 주거 렌트 비용으로 고통을 받지 않지 않는 새로운 방법이 되기도 했다.

■ 자동차 여행으로 떨어져 이동한다.

유럽 여행을 한다면 대한민국에서 유럽까지 비행기를 통해 이동하게 된다. 유럽 내에서는 기차와 버스를 이용해 여행 도시로 이동하는 경우가 대부분이었지만 공항에서 차량을 렌트하여 도시와 도시를 이동하면서 여행하는 것이 더 안전하게 된다.

자동차여행은 쉽게 어디로든 이동할 수 있고 렌터카 비용도 기차보다 저렴하다. 기간이 길면 길수록, 3인 이상일수록 렌터카 비용은 저렴해져 기차나 버스보다 교통비용이 저렴해진다. 가족여행이나 친구간의 여행은 자동차로 여행하는 것이 더 저렴하고 안전하다.

소도시 여행

여행이 귀한 시절에는 유럽 여행을 떠나면 언제 다시 유럽으로 올지 모르기 때문에 한 번에 유럽 전체를 한 달 이상의 기간으로 떠나 여행루트도 촘촘하게 만들고 비용도 저렴하도록 숙소도 호스텔에서 지내는 것이 일반적이었다. 하지만 여행을 떠나는 빈도가 늘어나면서 유럽을 한 번만 여행하고 모든 것을 다 보고 오겠다는 생각은 달라졌다.

최근에 유럽뿐만 아니라 동남아시아에서도 다양한 음식과 문화를 느껴보기 위해 소도시 여행이 활성화되고 있었는데 뉴 노멀New Normal 시대가 시작한다면 사람들은 대도시보다는 소도시 여행을 선호할 것이다. 특히 동남아시아의 치앙마이, 나트랑, 호이안 등은 소도시로 떠나는 여행자가 증가하고 있었다. 그 현상은 앞으로 증가세가 높을 가능성이 있다.

■ 호캉스를 즐긴다.

싱가포르나 동남아시아로 여행을 떠나는 방식도 좋은 호텔이나 리조트로 떠나고 맛있는 음식을 먹고 나이트 라이프를 즐기는 방식으로 달라지고 있었다. 이런 여행을 '호캉스'라고 부르면서 젊은 여행자들이 짧은 기간 동안 여행지에서 즐기는 방식으로 시작했지만 이제는 세대에 구분 없이 호캉스를 즐기고 있다.

코로나 바이러스로 인해 많은 관광지를 다 보고 돌아오는 여행이 아닌 가고 싶은 관광지와 맛좋은 음식도 중요하다. 이와 더불어 숙소에서 잠만 자고 나오는 것이 아닌 많은 것을 즐길 수 있는 호텔이나 리조트에 머무는 시간이 길어졌다. 심지어는 리조트에서만 3~4일을 머물다가 돌아오기도 한다.

베트남 남부 사계절

베트남 남부는 1년 내내 평균 기온이 25~30도를 웃도는 고온 다습한 열대 기후이며, 봄, 여름 가을, 겨울로 나뉘지 않고 우기와 건기로 계절을 나눈다. 4계절을 갖고 있는 우리와는 계절의 개념이 조금 다르다. 적도 근처에 있기 때문에 1년 내내 더운 것은 사실이다.

우기는 9~12월, 건기는 1~8월까지로 여행 성수기는 건기다. 베트남 남부의 야외 활동은 건기인 1~3월 사이가 가장 좋다. 우기라고 해서 종일 비가 오는 것이 아니라 소나기(스콜)가 한 두 차례 몰고 가는 것이라 여행이 힘든 것은 아니다. 최대 성수기는 7~8월인데 방학과 휴가시즌이기 때문이다. 7월 성수기를 기점으로 숙소가격이 많이 오른다.

나트랑 사계절

10~12월 중순까지를 제외하면 따뜻하고 무난하다. 겨울을 포함한 건기에 방문한다면, 비는 신경 쓰지 않아도 될 정도로 날씨가 좋아서 따뜻한 햇살이 관광객을 기다리고 있다. 나트랑은 뜨거운 여름날 해변에서 시간을 보내거나 카페에 앉아 시원한 음료를 홀짝이기 좋은 휴양지이다. 해변에서 벗어나 휴식을 취하고 싶다면, 언제든지 보고 즐길 거리가 수없이 많다.

Intro

나트랑^{Nha Trang} 여행의 가치

여행은 공부가 아니다. 패턴도 아니다. 여행으로 삶을 바꾸어보려고 하는 사람도 있지만 여행이 삶을 쉽게 바꾸어놓지 않는다. 여행을 많이 하면 새로운 가치를 알 수 있을까? 여행에서 중요한 것은 어떻게 여행을 하는가이다. 가이드북을 보고 관광지를 보는 것으로 단순하게 내 삶이 바뀌지 않는다. 우리는 고등학교 때까지 입시에 찌들면서 놀고 싶은 엄청난 욕구를 가지고 있다. 그러나 여행이 놀이가 아닌 누가 만들어 놓은 관광으로 다닌다면 그 속에서 무엇을 배울 수 있을까?

여행은 사람이 떠나는 학문이고 인생에 대한 학문이다. 인생을 이야기하고 사람이 살아가는 장면에 대해 배운다. 학술적인 지식을 논하지 않는다. 여행은 사람에 대한 가치학문이다. 사람이란 무엇인가? 인생은 무엇인가? 사람은 어떻게 살아야 하는가? 무엇이 더 나은 인생인가? 등의 질문에 진지한 성찰이 여행인 것이다.

여행은 바쁘고 부품처럼 살아갈 때 나를 찾기 위해 여유를 찾기 위해 시작한다. 이때 여행에서 논하는 나는 누구인가? 나의 인생은 무엇인가? 나는 어떻게 살아야 하는가? 무엇이

나에게 더 나은 인생이 될까?
라는 질문을 여행에서 나에게
던진다. 그래서 여행은 인문
학과 맞닿아 있다. 여행에서
우리는 인문학에 대해 생각하
고 배우고 싶어 한다. 그런데
여행에서 마주친 인문학을 우
리는 공부로 해결하려는 악순
환을 시작하곤 한다. 여행은
인문학적 사고로 사는 모습을
세계의 많은 사람에게서 보고
배워야 하는 것이다. 핵심은

지식이 아니라 삶의 본질을 찾는 것에 있다. 가치관이 달라진 사람은 삶도 달라질 수밖에
없다.

나는 처음에 베트남여행을 아무 생각 없이 시작했다. 치앙마이에서의 한 달 살기가 지겨워
지면서 어디 갈 나라는 없을지 생각하고 있을 때 오래전에 갔던 베트남이 생각났다. 그리
고 바로 항공기를 예약하고 호치민으로 떠났다. 치앙마이에서 알던 현지인이 나에게 "너
는 금방 다시 올 거야? 치앙마이는 안전하고 사기 치는 사람도 없지만 베트남은 그렇지 않
아, 그러니까 조심하고 빨리 다시 와!"라는 말을 나에게 했다. 나도 "그럴 거 같아"라고 말
한것처럼 잠깐 다녀오고 싶은 나라였다.

호치민에서의 첫 느낌은 사기치는 사람들의 집단처럼 보였다. 첫날 밤 그냥 떠나고 싶은
나라였을 뿐이었다. 하지만 점점 시간이 지나면서 베트남은 지금까지와는 다른 편안한 여
행지이자 제2의 고향처럼 다가왔다. "치앙마이로 언제 와?"라는 답에 몇 개월 동안 답을
못하고 베트남에서 지내고 있다.

베트남을 따뜻한 나라로 변화시켜 준 처음 여행지가 나트랑Nha Trang이었다. 나트랑Nha Trang
의 YHA에서 프런트의 Loim은 여행지를 단순히 소개만 해주지 않고 다양한 이야기를 하
면서 베트남에 대해 알려주었다. 내가 무엇인가를 알려고 하지 않아도 그들에게 다가가
면서 자연스럽게 지식은 다가왔고 베트남의 문화에 대해 알려주었다. 여행을 통해서 삶
을 마주하고 돌아와 다시 삶에서 힘차게 살아갈 수 있도록 만들어 준 시작은 나트랑Nha
Trang이었다.

우리는 지금껏 끝없는 경쟁적 사고를 하며 살아왔다. 그러나 경쟁하면서 발전한 것이 아니
고 삶이 피폐해지기 시작했던 것이다. 앞으로 4차 산업혁명이 발전하여도 사는 모습이 어
떻게 바뀌어도 여행은 해야 한다. 그러니 여행에서 봐야 할 것은 관광지가 아니고 삶이고
그 속에 있는 사람이다. 이것이 진짜 여행이다. 난 그 여행을 나트랑Nha Trang에서 보았다.

나트랑, 한 달 살기

베트남은 비자가 없으면 15일 이내에 돌아와야 하지만 30, 90일 비자를 받으면 오래 머물 수가 있다. 베트남 비자를 받는 것은 어렵지 않다. 신청을 하면 대부분 비자를 발급받는 것에 이상이 없다. 여행을 하면 짧은 기간에 많은 것을 보고 오는 단기여행이 대세였던 것에 비해 최근에는 오랜 기간 한 곳에 머물며 여유를 가지고 지내는 한 달 살기가 최근에 인기를 끌고 있다. 태국의 방콕, 치앙마이나 발리의 우붓Ubud이 한 달 살기의 원조로 인기를 끌었다면 최근에는 다양한 지역으로 확대되고 있는 중이다.

베트남도 최근에 한 달 살기를 하는 여행자가 늘어나고 있다. 베트남 중부의 호이안Hoi An이나 남부의 나트랑Nha Trang, 달랏Dalat이 한 달 살기 도시로 머무는 여행자가 늘고 있다. 시대가 변하면서 짧은 시간의 많은 경험보다 한가하게 여유를 가지고 생각하는 한 달 살기의 여행방식은 많은 여행자가 경험하고 있는 새로운 여행방식이 되고 있다.

내가 좋아하는 도시에 마음껏 머무르며 하고 싶은 것을 무한정할 수 있다는 것이 한 달 살기의 최대 장점이다. 그래서 서서히 여행지를 알아가면서 현지인과 친구를 사귀고 여행지가 사는 장소로 바뀌면서 새로운 현지인의 삶을 알아갈 수 있는 한 달 살기는 장기여행의 새로운 트랜드가 되고 있다. 저자도 베트남의 호이안, 무이네, 나트랑Nha Trang,에 한 달 이상을 머무르면서 그들과 같이 이야기하고 지내면서 베트남 사람들을 이해하고 사랑하게 되었다.

베트남의 한 달 살기는 바쁘게 지내는 것이 아닌 여유를 가지고 지낼 수 있다는 생각과 저렴한 물가로 돈이 부족해도 걱정이 없어진다. 나트랑^{Nha Trang},은 규모가 큰 도시가 아니기 때문에 한 달 살기를 하면서 지내기 좋은 도시이다. 여행자 거리에서 거의 모든 레스토랑과 식당에서 음식을 먹어보며 나의 입맛에 맞는 단골이 생기고 단골 쌀국수와 레스토랑에

서 짧게 이야기를 나누다가 점점 대화의 시간이 늘어났다. 나트랑^{Nha Trang}이 지루해질 때면 가까이 있는 비치로 나가 탁 트인 해변에서 생각을 하고 해변에서 비치발리볼도 즐기고 선베드에 누워 낮잠을 즐기기도 했다. 여유를 즐기면 즐길수록 마음은 편해지고 행복감은 늘어났다.

나트랑은 1년 내내 화창한 날씨를 가진 도시이다. 그래서 비가 오는 날이면 커피 한 잔의 여유를 즐기는 순간이 즐거웠다. 바쁘게 무엇을 해야 하는 것이 아니기 때문에 신발에 빗물이 들어가도 집에 돌아가는 길이 짜증이 나지 않고 슬리퍼를 신고 빗물이 발가락사이를 타고 살살 들어오는 간지러움을 느끼며 우산을 쓰고 돌아다녔다. 어린 시절의 느낌을 다시 가지게 되는 순간이었다.

1. 저렴한 물가

베트남의 물가가 저렴하다는 것은 '사실이 아니다'라는 말이 있지만 베트남이 비싸면 도대체 어디가 물가가 저렴한지 물어보고 싶다. 관광객의 물가는 높을 수 있지만 매일같이 고급 레스토랑에서 해산물 요리를 먹지 않는 한 베트남 물가는 상당히 저렴하다.
쌀국수는 40,000동(약 2,000원)이며, 반미는 20,000동(약 1,000원)으로 한 끼 식사는 원화로 3천원 이하면 맛있게 해결이 가능하다. 특히 오랜 기간을 여행자거리의 음식을 먹기 때문에 나의 입맛에 맞는 쌀국수와 반미, 미꽝, 반꿈 등을 맛있게 먹었다는 만족도도 높다.

  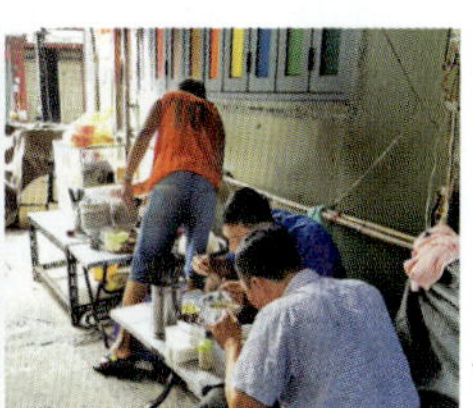

2. 풍부한 관광 인프라

나트랑Nha Trang,은 도시 곳곳에 해변이 있고 인근에 포나가르 탑 등의 문화유산이 있어서 관광 컨텐츠가 풍부한 편이다. 여유를 즐긴다고 해도 매일 같은 것을 즐기는 것이 지루해지기 때문에 나트랑Nha Trang의 문화유산을 즐길 수 있다. 만약 인접한 도시로 시야를 넓히면 3~4시간이면 갈 수 있는 달랏Đà Lạt과 4~5시간이면 도착하는 무이네Mũi Né로 여행을 다녀오기도 좋은 도시가 나트랑Nha Trang이다.

3. 쇼핑의 편리함

나트랑Nha Trang은 인근에 롯데마트가 있고 도시 내에는 빈콤 프라자Vincom Plaza와 나트랑 센터Nha Trang가 있다. 한 달 살기를 하려면 필요한 물건들이 수시로 발생한다. 가장 저렴한 쇼핑을 하려면 롯데마트를 가야 하지만 많은 물품을 구입할 것이 아니기 때문에 걸어서 갈 수 있는 빈콤 프라자를 가장 많이 이용한다.

필요한 물건이 있을 때마다 힘들게 구입을 할 수 밖에 없거나 비싸게 구입한다면 기분이 좋지 않아진다. 그런데 나트랑에는 쉽고 저렴하게 구입이 가능하다.

4. 문화적인 친화력

2018년 박항서 감독이 베트남 축구에서 거둔 성과는 축구에만 머무르지 않았다. 베트남 사람들은 대한민국 사람들을 친근하게 느끼고 대한민국이라면 무조건 좋아하는 효과까지 거두게 만든 인물이 박항서 감독이다. 대한민국의 제품들은 베트남 어디에서든 최고의 제품으로 평가받고 친근하게 느끼고 있다.

중국 사람들과 중국 제품들이 베트남인들의 저평가를 받는 것과 대조적인 상황이다. 또한 유교를 받아들인 베트남은 음식이 우리가 먹어왔던 것과 은근히 비슷한 것이 많아서 사람들의 생각도 비슷하다는 느낌이 많다. 친밀도가 높아지면서 친구를 사귀기도 쉽고 금방 친해지기 좋은 나라가 베트남이 되었다.

5. 다양한 한국 음식

나트랑Nha Trang에는 한국 음식을 하는 식당들이 꽤 있다. 나트랑Nha Trang에 있으면서 한식에 대한 필요성을 느끼지 못하지만 한 달을 살게 되면서 가끔은 한국 음식을 먹고 싶을 때가 있다. 그럴 때 한식당을 찾기 힘들다면 음식 때문에 고생을 할 수 있다. 하지만 나트랑Nha Trang에는 다양한 한식당과 뷔페가 있어서 한식에 대한 고민은 하지 못했다.

6. 다양한 국적의 요리와 바(Bar)

나트랑Nha Trang에는 러시아 사람들이 가장 먼저 관광을 오기 시작했다. 러시아는 베트남과 우호관계를 오랫동안 지속하고 있으므로 러시아인들은 나트랑Nha Trang과 무이네Mũi Né로 장기 여행을 오는 최초의 해외 여행자였다. 그 이후에 중국인들이 오기 시작했다. 그들은 단기여행을 오고 중국인들이 가는 식당과 레스토랑이 있어서 한 달 살기를 하면서 중국인들 때문에 여행을 하기 싫어진다는 생각을 하는 경우는 별로 없다. 그보다 최근에 유럽의 배낭 여행자가 늘어나면서 여행자거리에는 다양한 나라의 음식들을 먹을 수 있는 장점이 생겼다.

그리스요리부터 러시아, 프랑스요리까지 원한다면 먹을 수 있으며 최근에는 저렴한 펍Pub 까지 생겨나서 소박하게 맥주 한 잔을 하면서 밤 늦게까지 즐길 수 있다. 또한 루프탑 바 등의 나이트라이프가 가능한 다양하게 생겨나 밤에도 지루하지 않다.

부족한 관광 컨텐츠

나트랑Nha Trang이 해변에 위치한 1년 내내 화창한 날씨가 지속되는 도시이기는 하지만 경제적으로 성장하고 있는 중이어서 관광 컨텐츠가 다른 나라나 도시에 비해 부족한 것은 사실이다. 나트랑Nha Trang은 해안에 있는 도시이므로 해양 스포츠를 즐긴다면 상관이 없지만 문화적인 관광지를 찾는다면 나트랑Nha Trang보다는 호이안Hội An이나 달랏Đà Lạt에서 한 달 살기를 권한다.

롱쿠
하장
퐁토
라오까이
사파
박깐 성
까오방
라이차우
뚜옌꽝
엔바이
랑선
선라
하노이
목쩌우
호아빈
하이퐁
하롱베이
닌빈
탄 호아
빈
하띤
동허이
라오스
콩트리
후에
다낭
호이안
탐키
꽝응아이
탁두
꼰뚬
쁠래이꾸
퀴논
뚜이호아
태국
캄보디아
부온마투옷
나트랑
달랏
동쏘아이
판랑
테이 닌
바올록
관독
무이네
까올라인
호치민
판티엣
미토
빈롱
붕따우
푸꾸옥
벤째
껀터
짜빈
속짱
박리우
까마우

한눈에 보는 베트남

북쪽으로는 중국, 서쪽으로는 라오스, 캄보디아와 국경을 맞대고 있다. 베트남 남쪽에는 메콩 강이 흘러내려와 태평양으로 빠져나간다.

▶ **국명** │ 베트남 사회주의 공화국
▶ **인구** │ 약 8,700만 명
▶ **면적** │ 약 33만㎢(한반도의 약1.5배)
▶ **수도** │ 하노이
▶ **종교** │ 불교, 천주교, 까오다이교
▶ **화폐** │ 동(D)
▶ **언어** │ 베트남어

빨간 바탕에 금색 별이 그려져 있다고 해서 금성홍기라고 한다. 빨강은 혁명의 피와 조국의 정신을 나타낸다. 별의 다섯 개 모서리는 각각 노동자. 농민, 지식인, 군인, 젊은이를 상징한다.

베트남인

대부분 우리나라 사람들과 비슷하게 생겼다. 하지만 베트남은 55개 민족이 모여 사는 다민족 사회이기 때문에 사람들마다 피부색이나 체격이 조금씩 차이가 난다.

베트남은 영어 알파벳 'S'를 닮았다. 폭은 좁고 남북으로 길게 쭉 뻗어 있다. 베트남인들은 대부분 북부와 남부, 두 지역에 모여 살고 있다. 북쪽에는 홍 강, 남쪽에는 메콩 강이 있고, 두 강이 만든 넓은 평야가 펼쳐져 있다. 중간에는 안남 산맥이 남북으로 길게 뻗어 있다.

Contents

나트랑 여행에 꼭 필요한 INFO | *58*

나트랑 한 달 살기 | *126*

솔직한 한 달 살기
떠나기 전에 자신에게 물어보자!
세부적으로 확인할 사항
베트남 나트랑 한 달 살기 비용
한 달 살기는 삶의 미니멀리즘이다.
경험의 시대
또 하나의 공간, 새로운 삶을 향한 한 달 살기
한 달 살기의 대중화

나트랑 | *150*

나트랑 IN
나트랑 캄란 국제 공항 미리 보기 / 주요 항공사 운항 정보
시내 교통
나트랑 자전거 여행 VS 오토바이 투어
나트랑 거리의 다양한 모습들 / 나트랑 거리의 다양한 택시
택시 VS 그랩
나트랑 한눈에 파악하기 / 나트랑 지도
나트랑 여행을 계획하는 5가지 핵심 포인트
나의 여행스타일은?
나 홀로 여행족을 위한 여행 코스
자녀와 함께하는 여행 코스
연인이나 부부가 함께하는 여행 코스
친구와 함께하는 여행 코스
부모와 함께하는 효도 여행 코스

ABOUT
베트남

Vietnam

나트랑 여행의 필수품

1. 모자
따가운 햇살이 항상 비추는 나트랑^{Nha Trang}은 관광지가 대부분 그늘을 피할 곳이 많지 않다. 그러므로 미리 모자를 준비해 가는 것이 얼굴도 보호하고 두피도 보호할 수 있다.

2. 우산
대표적인 관광지인 나트랑^{Nha Trang}은 바다를 끼고 관광지가 형성되어 있어서 스콜을 만나기도 하고 따가운 햇살을 맞으면 피부가 화끈거리기도 한다. 대부분의 관광지는 그늘이 없어서 우산을 가지고 가면 햇볕이 뜨거우면 양산으로 사용하고 비가 오면 우산으로 사용하면 된다.

3. 긴 팔 옷과 긴 바지
햇볕에 매일 노출되는 여행자는 피부를 보호하는 것이 좋다. 햇볕에 너무 노출이 심하게 되면 벗겨지기도 하고 저녁에 따갑거나 뜨거운 피부 때문에 잠을 자기 힘들 수도 있다.

4. 알로에
피부의 온도를 내려주는 알로에는 동남아시아에서 많이 파는 상품 중에 하나이다. 미리 준비하면 따갑거나 벗겨졌을 때도 바르면 보호도 하고 따가움을 완화할 수도 있다.

우기 여행의 장점

지구 온난화 때문에 사실 우기의 시작은 기상대에서도 정확히 맞추지 못하고 있다. 2018년에도 10월 말까지 전혀 비가 내리지 않다가, 11월이 시작하면서 한 달 내내 비가 본격적으로 시작되었기 때문이다.

우기를 전후로 날씨는 무덥지 않다. 여행 중에 지대가 높은 산간 지역으로 여행한다면 가을처럼 쌀쌀하다. 보통 우기는 9월부터 시작된다고 알고 있지만 점점 늦어지고 있다. 건기가 길어지고 우기가 짧아지고 있다고 하는데 여행자는 알 수가 없다.

우기에는 열대성 소나기인 스콜이 자주 있는데, 짧게는 몇 분에서 길게는 몇 시간씩 갑자기 소나기가 쏟아지는데 언제 그칠지는 누구도 모른다. 스콜이 쏟아지기 전에는 하늘이 어두워지면서 많은 비가 내린 다는 사실을 알 수 있기 때문에 미리 대비를 한다.

더위를 타는 사람은 우기의 여행에서 스콜이 오히려 온도를 내려주기 때문에 유리할 수도 있다. 우기 여행의 장점은 비성수기라서 숙소 가격이 성수기 때보다 저렴하다는 것이다. 하지만 중국이든 대한민국이든 여름 방학이 시작되는 7~8월까지 본격적으로 성수기가 된다.

■

베트남 여행에서 반드시 알아야할 간단한 상식

■ 외적의 침략을 꿋꿋이 이겨 낸 나라 베트남

20세기에 프랑스와 미국 같은 강대국들과 맞서 끝내 승리를 거둔 베트남은 그 이전에도 중국 등 여러 나라의 침략과 간섭에 시달렸고, 때로는 수백 년 동안 지배를 받기도 했다. 그렇지만 그들은 똘똘 뭉쳐 중국의 지배에서 벗어났고, 19세기까지 독립을 지켜냈다. 그래서 베트남 인들은 자기 나라 역사를 매우 자랑스러워한다.

베트남의 역사는 기원전 200년경 지금의 베트남 북동부 지역에 남월이라는 나라가 세워지면서 시작되었다. 그러나 기원전 100~1,100년 동안 중국의 지배를 받았다.
10세기 경 독립 전쟁을 일으켜 중국의 지배에서 벗어난 뒤, 900여 년 동안 중국의 거듭된 침략을 물리치고 발전했다. 19세기 말에 프랑스의 식민지가 된 뒤, 베트남 인들은 호치민을 중심으로 단합하여 미국마저 몰아내고 1974년에 마침내 하나의 베트남을 만들었다.
전쟁으로 모든 것이 파괴되어 버린 베트남은 한동안 차근차근 경제를 발전시켰다. 지금은 동남아시아에서 가장 빠르게 성장하고 있는 나라로 손꼽히고 있다.

■ 설을 쇠는 베트남

음력 정월 초하루에 쇠는 설이 베트남의 가장 큰 명절이다. 이날 베트남의 가정에서는 크리스마스 트리와 같이 나무에 흙이나 종이로 만든 잉어나 말, 여러 가지 물건을 달아 장식한다. 그리고 일가친척이나 선생님, 이웃들을 방문해 서로 덕담을 나누고 복을 기원하며 어린이들에게는 세뱃돈을 준다. 설날의 첫 방문자는 그해의 행운을 가져다준다고 믿어서 높은 관리나 돈 많은 사람을 초대하기도 하는데, 첫 방문자는 조상신을 모신 제례 상에 향불을 피우고 덕담을 한다.

무한한 가능성을 지닌 젊은 나라

베트남 개방이후 '새롭게 바꾼다'라는 뜻의 '도이머이 정책'을 펼치면서 외국 기업을 받아들이고 투자도 받았다. 앞선 기술을 배우려고 애쓰면서 끈기와 부지런함으로 경제 발전을 이루고 있다.

베트남은 사회주의 국가이기는 하지만 오늘날 해외의 자본과 기술을 받아들이고 경제 발전을 위해 노력하고 있다. 1986년부터 베트남식 경제 개혁 정책인 '도이머이'정책을 펴서 이웃 나라들과 활발히 교류하고 있고 2006년에 세계 무역 기구(WTO)에도 가입했다.

사회활동이 활발한 베트남 여성들

베트남 여성들은 생활력이 강하고, 사회 활동이 활발한 편이다. 그 이유는 베트남이 오랜 전쟁을 겪는 동안 전쟁터에 나간 남성들 대신에 여성들이 가정을 꾸리고 자녀들을 교육시키는 등 집안의 모든 일을 맡아서 했기 때문이다. 베트남에서는 정부나 단체 등의 높은 자리에 여성들이 많이 진출해 있다. 대표적으로는 1992년에 국가 부주석을 지내고 1997년에 재당선된 구엔 티 빈 여사가 있다. 또한 베트남은 국회에서 여성 의원이 차지하는 비율이 20%가 넘는다.

베트남에는 '베트남 여성 동맹'이라는 여성 단체가 있는데, 이 단체는 여성의 권리와 이익을 보호하는 데 앞장서는 단체이다. 또한 여성을 돕기 위한 기금을 조성해, 사업을 하려는 여성들에게 돈을 빌려 주고 있다. 이렇게 베트남 여성들은 여러 분야에서 활발히 활동하고 있고 점점 더 활동 폭을 넓혀가고 있다.

베트남 여인의 상징, 아오자이

'긴 옷'이라는 뜻을 갖고 있는 아오자이는 베트남 여성들이 각종 행사 때나 교복, 제복으로 많이 입는 의상이다. 긴 윗도리와 품이 넉넉한 바지로 이루어진 아오자이는 중국의 전통 의상을 베트남 식으로 바꾼 것이다. 아오자이를 단정하게 차려입은 베트남 여성의 모습은 무척 아름답다.

ABOUT
나트랑

Nha Trang

한눈에 보는 나트랑 기후

열대 사바나 기후에 속하며, 1~8월까지의 긴 건기와 9~12월까지의 짧은 우기를 가진다. 연간 강수량 1,361mm 중 1,029mm가 우기에 집중된다. 우기동안 태풍으로 인한 거센 비바람이 잦은 편이라 우산을 써도 소용이 없을 정도로 비가 온다. 장마는 동남아시아에서 짧은 편으로 9월부터 12월까지이며, 비가 매우 많아진다. 바다에 접해 있기 때문에 건기에도 무더위는 심하지 않다.

나트랑 역사

나트랑Nha Trang은 호치민시에서 북동쪽으로 약450㎞ 떨어진 남부의 휴양도시로 아름다운 해변과 섬, 리조트로 유명한 도시이다. 베트남 나트랑Nha Trang은 19세기 이후 프랑스령 인도차이나 시대 때부터 프랑스계 정부 요인의 리조트 지역으로 개발되었다.

2차 세계대전의 초기인 1940년대에 일본군이 주둔하면서 태평양 전쟁의 물자를 조달하기 위한 전초기지로 개발하면서 해안가는 하루가 다르게 변하게 되었다. 베트남 전쟁 때는 미국의 군항으로 대한민국의 맹호부대가 참전한 장소이기도 하다. 사회주의 베트남에서는 정부 고위 관료의 리조트로 이용되었다가 밀레니엄 시대를 맞이하면서 남부의 휴양지로 본격적인 개발을 하여 지금에 이르렀다.

나트랑Nha Trang은 해변과 스쿠버 다이빙으로 유명하며, 동남아의 많은 여행객과 더불어 많은 배낭여행객을 유치하여 인기 있는 관광지로 발전했다. 2008년 7월 14일 미스유니버스 대회를 개최하였으며, 2010년 12월 4일에는 미스어스 2010을 개최하였고, 2016년에는 아시아 비치게임을 주최하기도 했다.

나트랑 경제

어업이 나트랑Nha Trang에서 관광지로 개발하기 전에 가장 중요한 산업이었다. 카인호아 성 전체와 나트랑Nha Trang은 베트남의 연간 예산 수입에 큰 기여를 하기도 하였다. 지금도 근해의 새우 양식업은 인근지역에 거주하는 사람들에게 중요한 산업이다.

지금은 주로 관광산업에 의존하는 휴양도시이다. 도시 인근지역에서 조선 산업을 베트남 정부가 지원하면서 지역 경제 발전에 크게 기여하고 있다. 캄란 만에 있는 도시의 남쪽에 는 산업 단지가 건설 중이다. 반퐁 만의 심해 항구 건설이 완료되면 나트랑Nha Trang과 캄란 외에도 3번째 중요한 경제 지역으로 성장할 것으로 보인다.

백사장과 청록색 바다

베트남에서 가장 유명한 해안 도시 중 하나인 나트랑Nha Trang은 백사장과 청록색 바다가 있다. 카페, 역사적 장소와 맛있는 지역 별미를 제공하는 식당 가까이에 백사장과 청록색 바다가 있어 언제나 쉽게 바다를 찾을 수 있는 장점이 있다. 나트랑Nha Trang은 20세기에 인기 있는 해변 휴가지가 되어, 전 세계에서 관광객들이 찾아오며 특히 최근에 급격히 성장했다. 아름다운 해변은 가장 큰 자산이며, 명성에 걸맞은 아름다움을 지니고 있다. 오히려 인파를 피하고 싶다면, 다리를 건너 바이 둥 해변으로 가면 된다. 이곳 바다는 더 잔잔하고, 모래는 훨씬 깨끗하며, 사람도 적어 풍경을 감상하기에 좋다.

■ 좁은 골목길과 오래된 집들

나트랑Nha Trang에 단순히 고층 건물과 고급 호텔만 있는 것이 아니다. 해변과 관광지에서 흔히 볼 수 있는 높은 빌딩과 호텔이 흔한 광경이지만, 조금만 걸어가면 좁은 골목길과 냐짱의 오래된 집들을 찾을 수 있다.

■ 세계적인 미항으로 발전하고 있는 나트랑(Nha Trang)

아름다운 휴양도시 나트랑Nha Trang은 유네스코가 지정한 세계적인 미항이다. 인천에서 출발해서 가도 비행시간 5시 10분이 소요된다. 동양의 나폴리라고 불리는 나트랑Nha Trang은 유럽인들에게 오랜 사랑을 받아온 휴양지로 연중 온화한 날씨와 천혜의 자연 풍경을 간직한 베트남의 해변도시다. 에메랄드빛 바다와 천연 백사장 등 천혜의 자연경관을 배경으로 한 호텔과 리조트가 자리하고 있으며, 머드 온천 등 이색적인 체험거리로 인해 많은 여행객들의 관심을 한 몸에 받고 있는 곳이기도 하다.

적당한 기온과 습도로 바다색이 더 아름다운 해변과 재미있는 혼딴 섬의 해안에서 호핑투어를 즐기고, 나트랑Nha Trang의 유일한 미메우 섬의 푸른 바다 속 아쿠아리움 관광, 온천풀장, 온천폭포, 에그 온천 머드탕과 나트랑Nha Trang 시내를 한 눈에 볼 수 있고 14m 불상이 있는 롱선사, 23m 높이를 가진 탑을 가진 포가나르 사원 등 볼거리가 많다. 아름다운 야경과 함께 야간시티투어, 씨클로를 타면서 유유자적 도시의 풍경을 만날 수 있으며, 니트랑Nha Trang의 다양한 마트에서 쇼핑도 즐길 수 있다.

나트랑에 끌리는 8가지 이유

■ 순수한 자연경관

나트랑의 해변과 관광지는 아직 개발이 덜 된 상태이다. 동남아시아를 여행하더라도 개발과 관광객들이 벌써 점령해버린 다른 나라들과 다르게 나트랑에는 아직까지는 순수하게 보존되어 있는 자연경관을 보게 된다. 그래서 다양한 경치를 감상할 수 있다. 아직은 한정된 장소만 여행하는 베트남이지만 베트남을 찾을수록 더욱 많은 해안과 지역을 찾게 된다. 그 중에서 요즈음 가장 핫Hot하게 떠오르는 곳이 나트랑이다.

안전한 나트랑

순수한 사람들이 사는 곳이 베트남이기 때문에 당연히 안전하다. 베트남은 동남아시아에서 가장 안전한 국가에 속한다. 나트랑이 관광지라 여행하면서 안전하지 않을까 걱정이 된다면 안심해도 된다.

여행을 하다보면 안전에 민감해지는 나라도 있지만 베트남은 어느 도시나 마을을 가도 항상 안전하다. 베트남은 밤길에서도 두렵지 않다. 다만 불 꺼진 너무 어두운 지역은 무서울 때가 가끔씩 있다.

친절한 사람들

베트남에서 영어를 못할까봐 길을 모르거나 어려움이 생겨 물어볼 때도 두려워할 필요가 없다. 친절하게 알려주고 영어를 모르면 영어를 아는 사람을 찾아 알려주는 사람들이니 고민하지 말고 친근하게 다가가서 물어보자. 순수한 사람들과의 만남에 웃음이 떠나지 않는곳이 베트남이다.

다양한 즐거움이 있다.

나트랑에는 다이내믹한 즐거움이 곳곳에 있다. 만들어진 즐거움이 아니라 순순한 즐거움이 당신을 빠져들게 할 것이다. 또한 휴양지로 개발이 되고 있는 나트랑은 빈펄랜드를 비롯해 해변의 해양스포츠와 다양한 볼 것들이 즐비하다.

저렴하고 다양한 먹거리

먹방을 생각하지 않고 여행을 하던 시대는 지났다. 더군다나 베트남의 여행물가는 저렴하다. 아무리 베트남의 물가가 비싸졌다고 이야기를 해도 베트남의 물가가 저렴한 것은 사실이다. 조금 더 맛있고 고급스러운 레스토랑을 찾아도 너무 저렴하다고 이야기를 들은 기분에 또는 생각보다 비쌀 뿐이다. 거기다가 동남아시아의 다양한 과일과 쌀국수 등 다양한 종류의 먹거리는 여행의 기분을 좋게 만든다.

순수한 사람들

베트남 사람들은 깨끗하다. 다른 나라 사람들이 더러워서 베트남 사람들이 깨끗한 것이 아니라 너무 순수해 사람들의 영혼이 깨끗한 모습으로 보인다. 관광객들이 늘어나고 발전이 진행되면서 베트남 사람들의 순수함이 사라질까 두려울 때가 있다. 그들의 순수함은 그대로 남아있었으면 좋겠다.

다양한 커피 맛과 여유

커피는 베트남 사람들의 생활에서 중요한 부분을 차지하고 있다. 대한민국에서 커피점이 많지만 베트남은 대한민국보다 더 많은 커피점이 있다. 게다가 세계에서 2번째로 커피 원두를 많이 재배하는 국가가 베트남이라는 사실은 이제 많이 알려져 있다. 19세기에 프랑스가 자국의 커피를 공급하기 위해 베트남에 커피를 처음 재배하기 시작했는데 전쟁 이후 베트남 정부가 대량으로 커피 생산을 시작했다. 그리고 1990년대부터 커피 재배가 확산되면서 이제는 연간 180만 톤 이상의 원두를 수확하고 있다.

베트남에 가면 사람들이 카페에서 플라스틱 의자에 앉아 아침이고 낮이고 커피를 마시는 모습을 볼 수 있다. 커피는 베트남 생활의 일부분이고 카페는 뜨거운 날씨로 힘들게 일한 사람들이 모여 잠시 쉬고 다시 일하는 직장인은 물론 엄마들의 수다장소뿐만 아니라 모든 연령대의 사람들이 모이는 장소이다. 베트남 사람들은 카페에서 앉아 힘든 생활에서 여유를 찾고 다시 일을 시작한다. 또한 이곳에서 다양한 맛의 커피를 즐길 수 있다.

개선되고 있는 여행서비스

베트남은 아직 발전이 이루어진 나라가 아니지만 개발이 급속도로 이루어지고 있다. 대한
민국처럼 편리하지는 않다. 환전도 불편하고 신용카드를 사용할 곳도 많지 않지만 여행을
하기가 편하도록 한곳에 몰려있는 여행사부터 여행자거리가 조성되어 조금만 걸어 다니
면 원하는 여행을 할 수 있다.

나트랑 여행 잘하는 방법

■ 공항에서 숙소까지 가는 이동경비의 흥정이 중요하다.

어느 도시이든지 도착하면 해당 도시의 지도를 얻기 위해 관광안내소를 찾는 것이 좋다. 하지만 나트랑^{Nha Trang}은 더 중요한 것이 항공기의 시간이다. 나트랑^{Nha Trang}을 운항하고 있는 항공의 대부분은 밤늦게 도착하기 때문에 관광안내소에는 아무도 없으므로 공항에 나오면 숙소로 이동하는 것이 중요하다. 베트남항공은 낮에 도착하기 때문에 문제가 발생하지 않으나 항공비용이 더 비싸다. 그런데 숙소까지 이동하는 것이 대중교통은 없고 택시를 타야하기 때문에 바가지를 쓰지 않고 가는 것이 중요하다. 만약에 일행이 있다면 나누어서 택시비를 계산하면 되지만 혼자 온 여행자는 비용이 부담스러울 수도 있으니 흥정을 잘해야 한다.

차량공유 서비스인 그랩^{Grab}을 사용하여 이동하는 것도 좋은 방법이다. 택시와 그랩^{Grab}이 경쟁하면서 나트랑^{Nha Trang}은 택시로 인해 바가지를 쓰는 경우가 많이 없어지고 있다. 나트랑^{Nha Trang} 시내에서 남쪽으로 약 40km정도 떨어져 있는 캄란 국제공항까지 450,000동이 최대 지불하는 가격이라고 판단하면 된다.

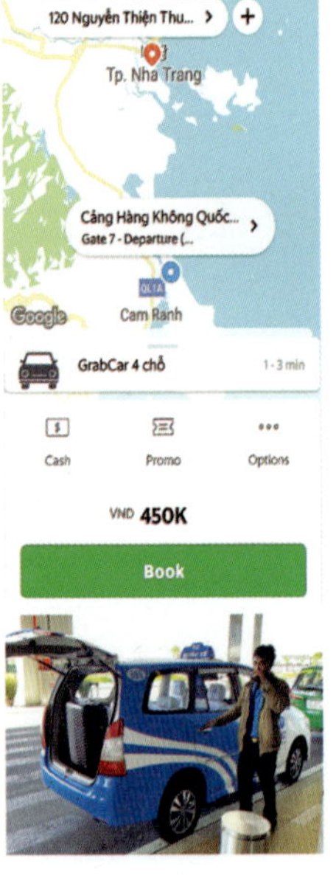

■ 심카드나 무제한 데이터를 활용하자.

공항에서 시내로 이동을 할 때 택시보다는 그랩^{Grab}을 이용하면 택시의 바가지를 미연에 방지할 수 있다. 저녁에 숙소를 찾아가는 경우에도 구글 맵이 있으면 쉽게 숙소도 찾을 수 있어서 스마트폰의 필요한 정보를 활용하려면 데이터가 필요하다. 심카드를 사용하는 것은 매우 쉽다. 매장에 가서 스마트폰을 보여주고 데이터의 크기만 선택하면 매장의 직원이 알아서 다 갈아 끼우고 문자도 확인한 후 이상이 없으면 돈을 받는다.

■ 달러나 유로를 '동(Dong)'으로 환전해야 한다.

공항에서 시내로 이동하려고 할 때 미니버스를 가장 많이 이용한다. 이때 베트남 화폐인 '동^{Dong}'가 필요하다. 대부분 달러로 환전해 가기 때문에 베트남 화폐인 동^{Dong}으로 공항에서 필요한 돈을 환전하여야 한다. 여행 중에 사용할 전체 금액을 환전하기 싫다고 해도 일부는 환전해야 한다. 시내 환전소에서 환전하는 것이 더 저렴하다는 이야기도 있지만 금액이 크지 않을 때에는 큰 금액의 차이가 없다.

공항에서 숙소까지 간단한 정보를 갖고 출발하자.

베트남 나트랑Nha Trang은 현지인들이 공항에서 버스를 많이 이용한다. 시내에서는 버스와 택시, 그랩Grab이 중요한 시내교통수단이다. 버스를 관광객이 사용하지는 않는다. 저렴한 택시비로 나트랑Nha Trang 시민이 아니면 관광객은 버스 노선도 모르기 때문에 사용할 경우는 거의 없다.

같이 여행하는 인원이 3명만 되도 공항에서 택시를 활용해 여행하기가 불편하지 않다. 최근에 택시비가 그랩Grab보다 저렴한 경우도 발생하고 있다. 택시 고객이 부족한 택시들은 어느 정도 가격만 맞으면 운행을 하고 있어서 바가지를 쓰지 않는다. 호치민은 큰 공항이어서 관광객이 더 많으므로 택시 사기가 많지만 나트랑Nha Trang은 많이 없다.

'관광지 한 곳만 더 보자는 생각'은 금물

배트남 나트랑Nha Trang은 쉽게 갈 수 있는 해외여행지이다. 물론 사람마다 생각이 다르겠지만 평생 한번만 갈 수 있다는 생각을 하지 말고 여유롭게 관광지를 보는 것이 좋다. 한 곳을 더 본다고 여행이 만족스럽지 않다. 자신에게 주어진 휴가기간 만큼 행복한 여행이 되도록 여유롭게 여행하는 것이 좋다.

서둘러 보다가 지갑을 잃어버리고 여권도 잃어버리기 쉽다. 허둥지둥 다닌다고 나트랑Nha Trang을 한 번에 다 볼 수 있지도 않으니 한 곳을 덜 보겠다는 심정으로 여행한다면 오히려 더 여유롭게 여행을 하고 만족도도 더 높을 것이다.

■ 아는 만큼 보이고 준비한 만큼 만족도가 높다.

나트랑Nha Trang의 관광지는 베트남의 역사
와 관련이 있다. 그런데 아무런 정보 없이
본다면 재미도 없고 본 관광지는 아무 의
미 없는 장소가 되기 쉽다.
2박 3일이어도 정보는 습득하고 여행을
떠나는 것이 준비도 된다. 아는 만큼 만족
도가 높은 여행지가 나트랑이다.

■ 감정에 대해 관대해져야 한다.

베트남은 팁을 받는 레스토랑이 없다. 그런데 난데없이 팁을 달라고 하거나, 계산을 하고
나가려고 하는 데 붙잡아서 계산을 하라고 한다거나, 다양한 경우로 관광객에게 당혹감을
주고 있는 곳이 베트남이다. 그럴 때마다 감정통제가 안 되어 화를 계속 내고 있으면 짧은
나트랑Nha Trang 여행이 고생이 되는 여행이 된다. 그러므로 따질 것은 따지되 소리를 지르면
서 따지지 말고 정확하게 설명을 하면 될 것이다.

N · H · A · T · R · A · N · G

베 트 남
여 행 에
꼭필요한
INFO

간단한 베트남 역사

기원전 2000년경~275년 경 최초 국가인 반랑국이 건국되다

베트남 민족의 아버지로 불리는 훙 브엉이 홍 강 삼각주 지역에 반랑국을 세웠다. 반랑국은 농업을 기반으로 세운 베트남 최초의 국가였다. 기원전 275년 안 즈엉 브엉이 반랑국을 멸망시키고 어우락 왕국을 세웠다.

기원전 275년 경~기원후 930년 경 중국의 지배

중국 진나라 장수였던 찌에우 다가 중국 남부에 남비엣을 세웠는데 중국이 한나라가 쳐들어와 멸망했다. 그 후 베트남은 약 천 년간 중국의 지배를 받아야 했다. 베트남인들은 중국에 맞서 저항을 했지만 천 년동안 지배를 받을 수 밖에 없었다.

1800년 경~1954년 프랑스의 지배

1802년 응웬 아잉이 레 왕조를 무너뜨리고 응웬 왕조를 세웠다. 이 무렵 베트남의 산물과 무역로를 노린 프랑스의 공격이 시작되고 1884년에 베트남 전 국토가 프랑스에 넘어간다. 핍박을 견뎌 내며 독립을 향한 열의를 다졌다. 이때 나타난 호 찌민은 군대를 조직해 프랑스 군대를 공격하고 1954년 디엔비엔푸 전투를 승리를 이끈 베트남은 프랑스를 몰아내고 독립을 되찾았다.

1954년~1976년 미국의 야심에 저항하다

베트남은 독립 후 북위 17도선을 경계로 남과 북으로 갈렸다. 남쪽에는 미국이, 북쪽에는 지금의 러시아인 소련과 중국의 지원이 이어졌다. 1965년 미국이 베트남 북쪽 지역을 공격하면서 전쟁이 시작되었다. 끈질긴 저항 끝에 베트남의 승리로 미국은 베트남에서 물러났다.

1976년~1985년 경제의 몰락

전쟁으로 온 나라가 폐허가 된 베트남은 경제를 살리는 게 최우선 과제였지만 미국의 경제 봉쇄로 경제는 낙후된 상태가 이어졌다.

1985~현재

1985년 새롭게 바꾼다라는 뜻의 '도이머이 정책'을 실시하면서 부지런함과 끈기를 내세워 선진국의 투자를 이끌어내면서 2000년대에 급속한 발전을 이어온 베트남은 동남아시아를 대표하는 경제 성장 국가가 되어 가고 있다.

베트남의 현주소

'포스트 차이나'로 불리는 베트남의 2018년 GDP 성장률은 10년 만에 최고치인 7.08%를 기록했고, 올해도 6.9~7.1%의 고성장을 이어갈 것으로 전망한다. 1980년대 100$ 안팎에 그쳤던 1인당 국내총생산(GDP)이 2008년 1,143$로 증가해 중간소득 국가군에 진입했다. 덕분에 연평균 6.7%의 고성장을 계속해 베트남은 지속적으로 경제성장률이 유지되면서 2018년에는 1인당 GDP가 2,587$로 뛰었다.

'도이머이'는 바꾼다는 뜻을 지닌 베트남어 '도이'와 새롭다는 뜻인 '머이'의 합성어로 쇄신을 뜻하는 단어이다. 1986년 베트남 공산당 제6차 대회에서 채택한 슬로건으로 토지의 국가 소유와 공산당 일당 지배체제를 유지하면서 시장경제를 도입하여 경제발전을 도모하기로 한 역사적인 사건으로 응우옌 반 린 당시 공산당 서기장이 주도했다. 1975년 끝난 베트남전에 이어, 1979년 발발한 중국과의 국경전쟁, 사회주의 계획경제의 한계에 따른 식량 부족과 700%가 넘는 살인적인 인플레이션 상황이 초래되자 베트남은 새로운 돌파구가 필요했다

당시 상황은 '개혁이냐, 죽음이냐'라는 슬로건이 나올 정도로 절박한 상황으로 개혁은 선택이 아닌 필수였다. 1980년대 초 일부 지방의 농업 분야에서 중앙정부 몰래 시행한 할당량만 채우면 나머지는 농민이 갖는 제도인 '도급제'가 상당한 성과를 거둔 전례가 있었기 때문에 '도이머이' 도입을 가능하게 한 요인이었다.

쇄신의 길을 택한 베트남은 1987년 외국인 투자법을 제정해 적극적인 외자 유치에 나섰다. 1989년 캄보디아에서 군대를 완전히 철수하고, 중국에 이어 미국과의 관계를 정상화하고 국제사회의 제재에서 벗어난 것도 실질적인 '도이머이'를 위한 베트남의 결단이었다. 베트남은 1993년 토지법을 개정해 담보권, 사용권, 상속권을 인정했고, 1999년과 2000년에는 상법과 기업법을 잇달아 도입해 민간 기업이 성장하는 길을 닦았다.

베트남과 대한민국의 비슷한 점

끈질긴 저항의 역사

중국에 맞서 싸우다

베트남은 풍요로운 나라이지만 풍요 때문에 중국의 지배를 받아야 했었다. 약 2천 년 전, 중국을 다스리던 한 무제가 동남아시아로 통하는 교역항을 차지하기 위해 베트남에 군대를 보내 정복하고 약 천년 동안 중국의 지배를 받았다. 중국 군대를 몰아내는 데 앞장선 쯩 자매는 코끼리를 타고 몰아냈다. 기원 후 40년 경, 베트남은 중국 한나라의 지배를 받았는데 쯩 자매중 언니의 남편이 한나라 관리에게 잡혀 억울하게 죽자 쯩 자매는 사람들을 이끌고 한나라 군대와 맞서 싸웠다. 한나라를 완전히 몰아내지는 못했지만 쯩 자매는 지금도 베트남 사람들의 영웅으로 전해 내려오고 있다.

중국의 지배를 받으면서 한자와 유교가 베트남에 널리 퍼지게 되면서 중국 문물을 배우는 데에 부지런했다. 유교에서는 부모를 정성스레 모시고, 이웃과 돈독히 지내고, 농사지은 것을 거두어들이면 조상에게 감사 제사를 지내라고 가르쳤다. 농사를 지으며 대가족이 모여 사는 베트남 사람들의 생활과 잘 맞았다. 농사를 지으려면 일손이 필요하고, 이웃과 서로 도우며 지내야 한다. 지금도 베트남 곳곳에는 유교 문화의 흔적들이 많이 남아 있다.

중국의 지배를 받을 때 중국 관리들과 상인들이 와서 행정문서와 교역문서를 한자로 기록하면서 문자가 없었던 베트남 사람들은 한자를 쓰기 시작했다. 나중에 프랑스의 지배를 받으면서부터 한자 대신 알파벳 문자를 쓰기 시작했다.

프랑스에 맞서 싸운 역사

1858년~1884년　　프랑스가 베트남 공격
1927년~1930년　　호치민을 비롯한 베트남 지도자들은 저항 조직을 만들어 프랑스에 맞서
　　　　　　　　　　싸우기 시작
1945년　　　　　　호치민은 프랑스가 잠시 물러간 틈을 타 하노이에서 베트남 민주 공화국

디엔비엔푸 전투

1953년 베트남 북부 디엔비엔푸에서 베트남군과 프랑스군이 전투를 벌여 다음해인 5월까지 이어진 전투에서 베트남군은 승리를 거두고 프랑스군을 몰아냈다.

수립을 선포했다. 하지만 프랑스는 이를 인정하지 않아 다시 전쟁이 시작
되었다.

1954년   프랑스 군대가 있던 디엔비엔푸를 공격하여 크게 승리한 베트남은
            마침내 독립을 이뤄냈다.

남북으로 갈라진 베트남

베트남은 남과 북으로 나�’었다가 사회주의 국가로 통일을 이루었다. 베트남이 사회주의
국가가 되기까지 복잡한 역사적 배경이 있다. 과거 프랑스의 지배를 받았던 베트남은 독립
을 위해 프랑스와 전쟁을 벌였다. 오랜 전쟁 끝에 1954년 제네바 협정이 열렸고, 프랑스는
베트남에서 물러났다. 1954년 제네바 협정결과 북위 17도선을 경계로 남과 북으로 분단이
되었다. 남쪽에는 민주주의 정권이, 북쪽에는 공산주의 정권이 세워졌다.

베트남은 이후 1976년 북베트남이 남베트남을 장악한 미국과 벌인 전쟁에서 승리하면서
통일을 이루었다. 미국은 약 50만 명이 넘는 군인을 북베트남에 보내고 엄청난 폭탄을 쏟
아 부었지만 강한 정신력으로 미국에 맞서면서 10년을 싸워 1976년에 미국은 물러났다.

베트남 음식 Best 10

베트남은 남북으로 길게 이어진 국토를 가지고 있어 북부와 중, 남부는 다른 특성을 가지고 있지만 음식은 하노이의 음식이 퍼져나간 경우가 많다. 베트남 여행에서 쌀국수를 비롯해 다양한 음식을 맛보는 것은 여행의 또 다른 즐거움이다. 6개월 가까이 그들의 음식을 매일같이 먹으면서 맛의 차이를 느껴보는 경험은 남들과 다른 베트남 여행의 묘미였다. 그래서 길거리에 목욕의자를 놓고 아침에 먹는 쌀국수는 특히 잊을 수 없다. 베트남에서 한번쯤은 길거리에 앉아 그들과 함께 먹는 음식으로 베트남을 조금 더 이해할 수 있을 것이다.

■ 포(Phở)

누가 뭐라고 해도 베트남 음식 중 1위는 쌀국수를 뜻하는 포^{Phở}이다. 베트남하면 쌀국수가 떠오를 정도로 쌀국수는 베트남 서민들이 가장 좋아하면서도 가장 많이 먹는 음식이다. 포^{Phở}는 끓인 육수에 쌀로 된 면인 반 포$^{Bánh phở}$를 넣고 소고기나 닭고기, 해산물을 넣는다. 베트남 전통 쌀국수에서는 라임과 고수가 빠지지 않고 오뎅, 닭고기, 돼지고기, 소고기 등. 쌀국수에 들어가는 식재료에 따라 종류도 무척 다양해졌다. 북부 베트남에서 시작되어 현재 포^{Phở}는 수도인 하노이뿐만 아니라 베트남, 아니 전 세계에서 가장 유명한 음식이 되었다. 길거리 어디서나 포^{Phở}를 판매하는 곳을 볼 수 있다. 맛도 한국에서 판매하는 쌀국수와는 다르다. 베트남 음식의 홍보대사라고 할 수 있다.

미꽝(MI Quáng)

베트남 중부의 대표적인 쌀국수로 넓은 면발에 칠리, 후추, 피시소스에 땅콩가루를 얹어서 나온다. 국물이 상대적으로 적어서 국물을 먹는 것이 아니고 면발에 국수가 스며들어가서 나오는 맛이 중요하다. 국물이 적은 이유도 면발에 흡수되려면 진한 국물이 필요하기 때문이다.

분짜(Bún ch)

전 미국대통령인 오바마가 하노이를 방문해서 먹은 음식으로 더 유명해진 분짜^{Bún chả}는 대한민국에서도 최근 분짜^{Bún chả}를 판매하는 식당이 인기를 끌고 있을 정도로 우리에게도 친숙해졌다. 하노이 음식들이 베트남에서 생겨난 경우가 많은 데 분짜^{Bún chả}도 그 중 하나이다. 숯불에 구운 돼지고기를 면, 채소와 함께 달콤새콤한 소스에 찍어먹으면 맛이 그만이다. 분짜^{Bún chả}는 누구든 좋아할 수밖에 없는 요리인데 베트남인들이 쌀국수와 함께 가장 즐겨먹는 음식이기도 하다.

반 쎄오(Bánh xèo)

쌀 반죽을 구운 베트남식 부침개인 반 세오^{Bánh xèo}는 tvN 〈신서유기〉를 통해 방영되면서 주목을 끌기도 했는데 베트남 음식에서 빠질 수 없는 음식이다. 베트남 쌀가루 반죽옷 안에 각종 야채와 고기, 해산물이 들어가 있는 일종의 부침개, 영어로는 '크레페'라고 할 수 있다.쌀가루, 밀가루, 숙주나물, 새우, 돼지고기를 이용하여 팬에 튀긴 베트남 스타일로 바뀐 작거나 큰 크레페이다. 얼마 전 tvN 〈짠내투어〉에서 북부의 반 세오^{Bánh xèo}는 대한민국의 부침개처럼 크고 중, 남부의 반 세오^{Bánh xèo}는 한입에 넣을 수 있도록 작게 만든 것으로 차이점이 소개되기도 했다.

다른 수많은 베트남 음식들처럼 반 세오^{Bánh xèo}는 새콤달콤한 느억맘 소스에 찍어 먹는다. 반 세오^{Bánh xèo}를 노랗게 만드는 것은 계란이라고 생각하는데 원래는 강황이다. 단순한 음식이지만, 쌀국수와 더불어 중, 남부 베트남 사람들이 가장 즐겨먹는 음식이다.

무이네 반세오　북부 반세오

반 베오(Bánh Bèo)

소스 그릇처럼 작은 곳에 찐 쌀떡이 있고 그 위에 새우가루나 땅콩가루, 돼지고기 등을 얹어 먹는 음식으로 중, 남부에서 주로 먹는다. 처음 베트남에 여행을 가면 반 세오^{Bánh xèo}와 이름이 비슷해 혼동하지만 음식은 전혀 다르다.

■ 반미 (Bánh mì)

베트남어로 빵을 뜻하는 반미[Bánh mì]는 한국에도 성업
인 음식점이 있을 정도로 잘 알려져 있다. 반미[Bánh mì]
에는 프랑스의 지배를 받은 영향이 그대로 녹아있는
데, 겉은 바삭하고 속은 상큼하면서도 아삭한 맛을
즐길 수 있는 바게뜨가 베트남 스타일로 바뀐 음식이
다. 수십 년 만에 반미[Bánh mì]는 다른 나라의 음식을 넘
어 세계 최고의 거리 음식 명단에 오르면서 바게뜨의
명성을 위협하고 있다.

프랑스의 바케뜨 빵에 각종 야채와 고기를 넣고, 고
수도 함께 넣어 먹는 베트남 반미[Bánh mì]를 맛본 관광
객들은 반미[Bánh mì] 맛에 대해 칭찬을 아끼지 않는다.
서양의 전통 햄버거나 샌드위치보다 더 맛있다고 할
정도이다. 반미[Bánh mì] 맛의 핵심은 바삭한 겉 빵의 식

감과 고기, 빠떼[Pate], 향채 등 다양한 속 재료들이 어우러져 씹었을 때 속에서 전해오는 부
드러움이 먹는 식욕을 자극하기 때문이다.

■ 꼼 땀 수언 누엉 (Bơm tấm sườn nướng)

아침이나 점심 때 무엇인가를 싸들고 가는 비닐봉지
에 싸인 음식이 궁금해서 따라 먹어본 음식이 있다.
쌀밥[Cơm tấm]에 구운 돼지갈비, 짜[chả](고기를 다져서 찌
거나 튀긴 파이), 돼지 껍데기, 계란 후라이가 한 접시
에 나오는 단순한 음식인데 이 맛이 식당마다 다 다
르다.

구운 돼지갈비 밥인 꼼 땀 수언 누엉[Cơm tấm sườn nướng]
은 베트남 남부의 대표요리로 과거에는 아침에 먹었
다고 하나 지금은 아침보다 점심에 도시락처럼 싸들
고 사가는 음식에 더 가깝다. 저자가 베트남에서 매
일 먹는 음식이기도 하여 친숙하다. 그리고 지역마다
현지인들의 맛집이 있기 때문에 꼭 맛집을 찾아서 먹

으러간다. 맛의 차이는 쌀밥과 돼지고기를 어떻게 구워 채소와 같이 먹느냐의 차이이다.
남부에서만 먹는 음식이 아니고 베트남 전국적으로 바쁜 현대인들에게 잘 어울리는 음식
중 하나다.

■ 넴(Nem rán)

베트남 넴^{Nem rán}은 라이스페이퍼^{Bánh tráng}에 여러 재료를 안에 넣어 돌돌 말아 튀긴 튀김 롤이다. 튀긴 후에 속 재료의 맛을 그대로 간직하고 있어서 갓 만든 뜨거운 넴 1개를 소스에 찍어 한 입 베어 물면 바삭한 껍질과 함께 속의 풍미가 재료와 함께 어우러져 목으로 넘어온다. 명절이나 생일잔치에도 빠지지 않고 나오는 베트남 음식의 핵심이라고 할 수 있다. 우리가 먹는 튀긴 롤과 다르지 않아서 대한민국 사람들도 쉽게 손이 가는 음식이다.

■ 고이 꾸온(Gỏi cuốn)

손으로 먹는 베트남 음식의 특성이 가장 잘 나타나는 음식이 쌈이다. 북부, 중부, 남부 할 것 없이 다양한 종류의 스프링 롤인 고이 꾸온^{Gỏi cuốn}은 넴^{Nem rán}과 더불어 손으로 먹는 음식을 가장 위생적으로 먹기 위해 만들어진 것이다. 가장 선호하는 베트남 음식 리스트에 올라와 나트랑이나 무이네, 달랏에 여행을 간다면 한 번은 꼭 맛봐야 한다.

부드러운 라이스페이퍼에 채소와 고기, 새우 등을 넣어 말아내 입에 들어가면 깔끔한 맛으로 여성들에게 인기가 높다. 새우, 돼지고기, 고수를 라이스페이퍼^{Bánh tráng}에 싸서 새콤한 느억맘 소스에 찍어 먹을 때 처음 전해오는 새콤함과 달콤함이 어우러진 맛이 침이 넘어오게 만든다.

포 꾸온(Phở cuốn)

월남쌈이라고 생각하면 쉬운 음식으로 하노이가 자랑하는 요리이다. 간단하고 쉽게 만들 수 있는데 보기에도 좋아 먹기에 수월하다. 라이스페이퍼에 새우, 돼지고기나 소고기 등을 넣고 돌돌 말아 약간 물에 적신 후에 소스를 찍어먹으면 더욱 맛있다. 고기의 신선한 육즙은 야채와 느억맘 소스의 새콤달콤 맛과 어울려져 기가 막힌 맛을 만들어 낸다. 포 꾸온^{Phở cuốn}은 베트남을 넘어 외국 관광객에게도 유명한 요리가 되었다. 화려하지는 않지만 정갈한 음식이기에 베트남 음식의 정수가 다 담겨진 음식이라 할 수 있다.

■ 꼼 티엔 하이 싼(Com chiên hải sản)

한국과 베트남 모두 유교에 영향을 받은 유사한 문화를 가져서 그런 것인지는 모르겠지만 베트남의 해산물 볶음밥은 우리가 주위에서 먹는 해산물 볶음밥과 다를 것이 없다. 그도 그럴 것이 쌀밥, 해산물, 계란 등의 비슷한 재료에 소스도 비슷하여 만들어진 볶음밥은 우리가 먹는 볶음밥과 다를 것이 없다.

■ 까오러우(Cao Lầu)

까오러우Cao Lầu는 베트남 중부에 위치한 작은 도시인 호이안의 대표 국수이다. 일본의 영향을 받아 일반 쌀국수보다 면발이 우동에 가깝고, 쫀득하고 두꺼운 면발의 면에 간장 소스 등으로 간을 한 돼지고기, 각종 채소와 튀긴 쌀 과자를 올려 먹는다. 노란 면발과 진한 육수는 중부 지방 음식의 특색인 듯하다. 그릇마다 소중하게 담겨져 까오러우Cao Lầu를 한 번 맛본 사람이라면 다시 먹고 싶은 맛이다.

■ 분보남보(Bún bò Nam Bộ)

분보남보는 한국의 비빔면과 비슷한 하노이의 비빔국수이다. 신선한 소고기에서 배어난 육즙과 소스, 함께 씹히는 고소한 땅콩과 야채들이 어우러져 구수한 맛을 한꺼번에 즐길 수 있다. 대부분의 면을 뜨거운 육수와 같이 먹는 것과 다르게 분보남보에는 쌀국수에 볶은 소고기, 바삭하고 시원한 숙주나물, 볶은 땅콩, 다양하고 신선한 야채들을 넣고 마지막에 새콤달콤한 '느억 맘(베트남 전통 생선발효액 젓)'을 자신의 입맛에 맞도록 부어 먹는 베트남 스타일의 비빔면이다. 중부의 미꽝과 더불어 가장 대중적인 음식으로 알려져 있다.

한국인이 특히 좋아하는 베트남 음식

봇찌엔(Bot chien)

봇찌엔은 베트남 길거리에서 흔히 만날 수 있는 음식으로 쌀떡을 기름에 튀기고 부친 계란과 채를 썰은 파파야를 함께 올려 먹는다. 고소한 계란과 상큼한 파파야 맛이 같이 우러나온다. 역시 마지막에는 느억맘소스(생선을 발효시켜 만든 소스)를 뿌려서 버무리고 먹는 맛이 최고이다.

에그커피

에그커피는 하노이의 카페에서 개발하여 현재는 관광객에게 꽤 유명해졌다. 달걀이 커피 안에 들어가 있어 크림처럼 부드러운 에그커피가 각종 TV프로그램에 소개되면서 특히 대한민국 여행자에게 유명하다. 마시기보다 푸딩처럼 떠먹는 것이 어울린다.

우리가 모르는 베트남 사람들이 즐겨 먹는 음식

숩 꾸어(Súp cua)

보양음식으로 알려져 아플 때면 더욱 찾는 음식이다. 게살스프로 서양에서 들어온 음식이 베트남스타일로 변형된 것이다. 이후 게살스프가 보편화되면서 사람들의 입맛에 맞게 되었다.

라우 무옹 싸오 또이(Rau muống xào tỏi)

마늘로 볶는 '모닝글로리'라고 부르는 공심채는 베트남인들에게 익숙한 야채이다. 마늘로 볶은 간단한 요리지만 식성을 돋구는 음식이다. 기름에 마늘을 볶아 마늘향이 퍼지면 모닝글로리를 넣고 같이 볶아준다. 우리의 입맛에도 제법 어울리는 요리이다.

베트남 쌀국수

베트남에 가면 쌀국수를 먹어야 한다고 이야기할 정도로 베트남 요리에서 많은 종류의 국수를 빼놓고 이야기할 수가 없다. 베트남의 국토는 남북으로 길게 이어진 나라로 북부의 하노이와 남부의 호치민은 기후가 다르다. 그러므로 국수를 먹는 것은 같지만 지방마다 특색 있는 국수가 있게 되었다. 베트남 국수는 신선한tươi형태나 건조한khô형태로 제공된다.

동남아시아가 쌀국수로 유명한 이유는 무엇일까?
밀이 풍부해 밀로 국수를 만들 수 있었던 동북아시아와는 달리 열대지방의 특성상 밀이나 메밀 같은 작물을 기르기는 어려웠지만 동남아시아의 유명한 쌀인 인디카 종(안남미)의 쌀을 이용했기 때문이다. 덥고 습한 기후 때문에 향이 강한 음식을 먹다보니 단순한 동북아시아의 국수와 다르게 발달하게 되었다.

대한민국에는 쌀국수가 발달하지 않은 이유
쌀농사를 짓는 대한민국에도 비슷한 쌀국수가 있었을 것 같지만, 한반도에서 많이 나는 자포니카 종의 쌀은 국수로 만들면 쫄깃한 맛이 밀이나 메밀가루로 만든 국수에 비해 떨어져서 쌀국수는 발달하지 않았다.

베트남 쌀국수가 전 세계로 퍼진 이유
베트남 쌀국수는 베트남 전쟁을 거치고 결국 베트남이 공산화 되면서 전 세계로 퍼지기 시작하였다. 남부의 베트남 국민들이 살기 위해 나라를 등지고 떠나 유럽이나 미주의 여러 나라로 정착하면서 저렴하면서 한끼 식사를 할 수 있는 쌀국수는 차츰 알려지기 시작했다. 서양인들의 기호에도 맞아 국제적으로 알려지는 계기가 되었다.

동유럽에서는 주로 북부의 베트남 사람들에 의해서 알려지기 시작했다. 1970~80년대에 북베트남에서 외화를 벌기 위해 동유럽 국가로 온 베트남 노동자들이 많았다. 동유럽이 민주화 바람 이후에도 경제적 사정으로 고국으로 돌아가기 힘들었던 베트남 사람들은 베트남 식당을 차리기 시작했고 더욱 퍼져나가기 시작했다.

쌀국수는
1. 미리 삶아온 면을
2. 뜨거운 물에 데친 후
3. 준비해둔 끓인 육수를 붓고
4. 땅콩, 향신료 말린 새우 설탕 등을 넣어 판매한다.

포phở는 베트남 북부의 하노이 음식이었다. 1954년 제네바 협정으로 베트남이 남북으로 분단된 뒤, 북부 베트남의 공산 정권을 피해 남부 베트남으로 내려간 사람들이 포phở를 팔기 시작해, 남부 베트남에서도 흔하게 먹는 일상 음식이 되었다. 그 후, 1964~1975년까지 이어진 베트남 전쟁과 그 이후, 보트피플로 떠돌아다니며 세계의 여러 나라로 피난하면서 포phở가 세계화되는데 일조를 하게 되었다. 미국, 캐나다 등에 이민을 온 베트남인들이 국수 가게를 많이 열면서 특히 미주지역에서 유명하다.

쌀국수 종류

국물이 들어간 국수는 베트남 쌀국수가 가장 유명하다. 뜨거운 육수에 쇠고기, 소의 내장 약간, 얇게 저민 고기를 얹은 다음 국물에 말아서 먹는다. 새콤달콤한 맛과 향은 라임 즙이나 고수, 숙주나물 등에서 나오게 된다.

육수의 차이
일반적으로 쇠고기나 닭고기 육수를 쓴 쌀국수가 대부분이다.
▶포 가(phở gà) : 닭고기 육수 퍼
▶포 돔(phở tôm) : 새우 육수 퍼
▶포 보(phở bò) : 쇠고기 육수 퍼
▶포 엑(phở ếch) : 개구리 육수 퍼
▶포 해오(phở heo) : 돼지고기 육수 퍼

지역의 차이
베트남 남부에서는 달고 기름진 육수를 쓰고, 북부에서는 담백한 육수를 주로 사용한다. 포 하노이(phở Hà Nội), 하노이 포(phở)에는 파와 후추, 고추 식초, 라임 등만 곁들인다. 포 사이공(phở Sài Gòn), 호치민 포(phở)는 해선장과 핫 소스로 함께 만들며, 라임과 고추 외에도 타이바질, 숙주나물, 양파초절임을 곁들인다.

넓은 면 VS 얇은 면

넓은 면은 먼저 쌀가루에 물을 풀어
서 쌀로 된 물처럼 만든 것을 대나무
쟁반위에 고르게 펴서 며칠 동안 햇
볕에 잘 말린다. 얇게 뜨면 반짱^{Bahn}

^{Trang}이라고 부르며, 두텁게 떠서 칼
로 자르면 쌀국수가 되는 차이점이 있다. 반대로 얇고 가는 면의 경우는 쌀가루를 한 데 뭉
쳐서 끓는 물을 부어 익반죽을 한 뒤, 냉면사리를 만들듯 체에 걸러서 만들게 된다.

베트남 VS 태국

같은 동남아시아 국가이지만 조리법이 조
금씩 다르다. 국수는 볶는 국수와 국물을
넣어 만든 국수로 분류할 수 있다. 태국의
길거리 음식으로 주문을 하면 앞에서 바
로 볶아 내놓는 팟타이^{Phatai}는 서양인들이
더 선호하는 국수이다.

길거리나 호숫가에서 배를 타고 생활하는
수상생활이 일상화 된 태국에서는 자그마
한 배에서 상인 한 명이 타고 다니며 판매
한다.

내용물에 따라 이름이 달라지지만, 보통 우리는 '포^{phở}'라고 부른다.
국물을 가진 국수 가운데에서 중국, 태국, 라오스, 미얀마 스타일의 조금은 다른 쌀국수가
있는데, 맛의 차이는 국물을 내는 방법이나 양념에 따라 차이가 난다.

포(phở) 이름의 기원

프랑스어 기원

농사를 지어왔던 베트남에서 소는 꼭 필요한 동물이었다. 그래서 쇠고기를 잘 먹지 않았다. 포phở는 프랑스 식민지 시기에 프랑스인들이 만들어 먹은 쇠고기 요리인 포토 푀가 변형된 것이라는 것이다. 베트남어인 '포phở'는 프랑스어로 '포토푀pot-au-feu'의 '푀feu'를 베트남어식으로 발음한 것이라는 설이다. 산업혁명 이후 19세기 말에 공장 노동자들이 끼니를 때우기 위해 고기 국물에 국수를 말아 먹기 시작하던 것이 유래되었다고 한다.

중국의 광둥어 기원

하노이에 살던 중국의 광둥지역 이민자들은 응아우육판(牛肉粉)이 포phở의 기원이라는 설이다. '응아우'는 '쇠고기'를 뜻하고 '판'은 '국수'라는 뜻이다. 베트남어로 '응으우늒펀nguu nhục phẩn'이라고 불렸다. 베트남어 '펀phẩn'은 '똥'을 뜻할 수도 있기 때문에, 음절 끝의 'n'이 사라지면서 '포phở'가 되었다고 한다. 포phở를 만들 때 쓰는 넓은 쌀국수는 '분 포bún phở'로 '포 국수'라는 뜻이다.

베트남 음료

베트남은 우리 입맛에 맞는 음식들이 많다. 태국 음식이 다양하다고 하지만 베트남도 이에 못지않은 다양한 음식들이 있다. 또한 음료도 태국만큼 다양한 열대과일로 만든 주스와 스무디가 많다.

프랑스 식민지였기 때문에 베트남에서는 바게뜨와 같은 서양음식들도 의외로 많아서 베트남 음식과 맥주와 음료를 마시면서 음식을 먹는 유럽인들도 많고 특히 바게뜨 같은 반미와 함께 커피를 마시는 여행자들이 많을 정도로 커피가 일반적인 음료이다. 풍부한 과일로 생과일주스를 마실 수 있고, 물이나 맥주, 커피도 저렴하게 즐길 수 있다. 베트남에서 먹고 마시는 것으로 고생하는 경우는 없다고 봐도 무방할 것이다.

비어 사이공(Beer Saigon)

베트남에서 가장 유명한 맥주로 관광객들이 누구나 한번은 마셔보는 베트남 맥주로 맛이 좋다. 프랑스에서 맥주 기술을 받아들여서 프랑스와 비슷한 풍부한 맥주 맛을 내고 있다. 맥주 맛의 기술은 우리나라보다도 좋은 것 같다.

333비어(333Expert Beer)

베트남 남, 중부에서 유통되는 맥주이다. 베트남어로 '3'이라는 숫자의 발음은 '바'로 일명 '바바바 비어'라고 부른다. 청량감이 심해서 호불호가 갈리는 맥주로 대한민국의 카스 맥주와 맛이 비슷하다.

라루비어(Larue Beer)

중부를 대표하는 맥주 브랜드로 프랑스 스타일의 맥주이다. 블루 컬러는 저렴하고 레드 컬러는 진한 흑맥주 맛을 낸다. 캔 맥주나 병맥주의 뚜껑을 따면 뚜껑 안에 한 캔이나 한 병을 무료로 먹을 수 있도록 마케팅을 하여 맥주 소비량이 늘어났고 뚜껑을 따서 하나 더 마실 수 있는지 확인하는 풍경이 벌어지기도 한다.

후다 비어(Fuda)

중부 지방에서 판매가 되고 있는 맥주로 후에를 중심으로 다낭까지 판매를 늘리고 있다. 93년 미국의 칼스버그가 합작투자를 통해 판매가 시작되었다. 다른 333비어나 라루 비어가 나트랑에서 보기에 어렵지 않은 맥주이지만 후다는 아직 나트랑에서 가끔 볼 수 있는 정도의 맥주이다.

맨스 보드카(Men's Vodka)

보드카는 베트남에서 가장 선호되는 주류 중 하나이다. 중간 품질의 보드카 부문은 맨스 보스카^{Men's Vodka} 브랜드가 지배하고 있다. 100년 이상의 역사를 자랑하는 브랜드인 보드카 하노이^{Vodka Ha Noi}가 막대한 투자를 통해 시장에서 성장해 왔다. 맨스 보스카^{Men's Vodka} 보드카는 시장의 선두 주자로 인기가 높아짐에 따라 남성용 보드카 브랜드의 이미지가 대명사가 되었다. 다만 보드카 하노이^{Vodka Ha Noi}는 구식 이미지가 강해 젊은 층에는 인기가 시들고 있다.

커피(Coffee)

베트남에서 커피한번 마셔보지 않은 관광객은 없다. 베트남식의 쓰고 진하지만 연유를 넣어 달달한 커피 맛은 더운 베트남에서 당분을 보충할 수 있는 좋은 방법이기도 하다.

'카페'로 발음하기도 하지만 '커피'라고 불러도 알아듣는다. 프랑스식민지로 오랜 세월을 있어서 커피문화가 매우 발달했다. 특히 연유가 듬뿍 담긴 커피는 베트남 커피만의 특징이다.

생과일 주스(Fruit Juice)

과일이 풍부한 동남아와 같이 베트남도 과일이 풍부하다. 그 중에서 망고, 코코넛, 파인애플 같은 생과일로 직접 갈아서 넣은 생과일 주스는 여행에 지친 여행자에게 피로를 풀고 목마름을 해결해주는 묘약이다.

느억 미어(Núóc Mia)

사탕수수 주스를 말하는데 길거리에서 사탕수수를 직접 기계에 넣으면 사탕수수가 으스러지면서 즙이 나오는데 그 즙을 받아서 마시는 주스가 느억 미어^{Núóc Mia}이다. 동남아시아의 다른 나라에서도 마실 수 있지만 저렴하기는 베트남이 가장 저렴하다.

레드 블루(Red Blue)

우리나라의 박카스나 비타500과 비슷한 에너지 드링크로 레드 블루^{Red Blue}가 있는데 맛은 비슷하다. 카페인 양이 우리나라 에너지 드링크보다 높다고 하지만 마실 때는 잘 모른다.

열대 과일

망고(Mango)

나트랑에서 가장 맛있는 과일은 역시 망고이다. 생과일주스로 가장 많이 마시게 되는 망고주스는 베트남여행이 끝난 후에도 계속 생각나게 된다.

파파야(Papaya)

수박처럼 안에 씨가 있는 파파야는 음식의 재료로도 사용이 된다. 겉부분을 먹게 되며, 부드럽고 달달하다.

람부탄(Rambutan)

빨갛고 털이 달려 있는 람부탄은 징그럽게 생겼다고 생각되기도 하지만 단맛이 강한 과즙을 가지고 있다.

두리안(Durian)

열대과일의 제왕이라고 불리는 두리안은 껍질을 까고 먹는 과일이고, 단맛이 좋다. 하지만 껍질을 까기전에 냄새는 좋지 않아 외부에서 먹고 들어가야 한다.

망꼰(Dragon Fruit)

뾰족하게 나와 있는 가시같은 부분이 있는 과일이다. 선인장과의 과일로, 진한 빨강색으로 식감을 자극하지만, 의외로 맛은 없다.

코코넛(Coconut)

야자수 열매로 알고 있는 코코넛은 얼음에 담아 마시면 무더위가 가실 정도로 시원하다. 또한 코코넛을 넣어 만든 풀빵도 나트랑 간식으로 인기가 많다.

망고 (Mango)

파파야 (Papaya)

두리안 (Durian)

코코넛 (Coconut)

쇼핑

베트남 여행에서 베트남만의 다양한 상품을 구입하는 데 가장 인기가 높은 것은 역시 커피, 피시소스(느억맘), 비나밋 과자이다. 3개의 제품은 베트남만이 생산하는 제품이기도 하지만 선물로 사오거나 쇼핑을 해서 구입해도 잘 사용하는 품목들이다. 선물이나 쇼핑에서 가장 중요한 것은 생활에서 잘 사용할 수 있다. 그것이 바로 저렴하다고 구입해서 버리지 않는 방법이다.

G7 커피(2∼5만 동)

베트남 여행에서 돌아오는 공항에서 가장 많이 구입하는 커피가 G7 커피가 아닐까 생각된다. 베트남을 대표하는 인스턴트 커피 브랜드 G7 커피는 블랙, 헤이즐넛, 카푸치노, 아이스커피 전용 등 다양한 종류와 저렴한 가격이 매력적이다.

부드러운 향을 좋아한다면 헤이즐넛, 쌉싸래한 커피 본연의 맛을 원하면 블랙을 추천한다. 달달하고 진한 맛의 믹스와 카푸치노가 우리가 즐겨먹는 커피와 비슷하다. '3 in 1'이라는 표시는 설탕과 프림이 들어간 커피라는 뜻이고 '2 in 1'은 설탕만 들어간 제품이니 구입할 때 잘 보고 구입하기를 권한다.

콘삭 커피(3∼10만 동)

G7 커피와 함께 베트남 커피 시장을 장악하고 있는 콘삭 커피는 일명 '다람쥐 똥 커피'라고 더 많이 부른다. 실제 커피콩을 먹은 다람쥐의 배설물이라는 말이 있다. 인도네시아에서 생산되는 루왁 커피만큼 고급 원두는 아니기 때문에 약간 탄 듯 쓴맛이 강한 커피이다. 하지만 고소한 향과 쓰고 진한 맛을 좋아한다면 추천한다.

노니차(15∼20만 동)

건강 음료로 알려져 최근에 나이 드신 부모님들의 열풍과 가까운 선물이 노니차이다. 동남아에서 자라는 열대 과일인 노니는 할리우드 대표 건강 미녀 미란다 커의 건강 비결로 알려져 인기를 끌고 있다. 노니에는 질병과 노화를 막아주는 폴리페놀이 다량 함유되어 있다고 한다. 베트남의 달랏에서 재배가 되고 있는 노니차는 달랏이라고 더 저렴하지는 않고 베트남 어디든 비슷한 가격을 형성되어 있다. 티백으로 간편하게 즐길 수 있는 건강식품인 노니차는 물처럼 쉽게 마시는 건강식품이라서 베트남에 가게 되면 꼭 구매하는 품목으로 부상하였다.

베트남 칠리소스(5천~2만동)

베트남의 국민 소스라고 할 수 있는 피시소스(느억맘)는 중독성이 있다고 할 정도로 한번 알게 되면 피시소스를 먹지 일반 핫소스는 못 먹게 된다고 할 정도이다. 특히 베트남에서 먹는 볶음밥이나 볶음면에 넣어 먹으면 베트남 현지의 맛을 느낄 수 있다고 할 정도이다. 특히 추천하는 피시소스가 가장 궁합이 어울리는 음식은 바로 치킨이나 튀김 요리이다. 바삭하고 고소한 튀김 요리를 베트남 피시소스에 찍어 먹는 순간 자꾸 손이 가게 된다.

봉지 쌀국수(3천~1만 동)

베트남 쌀국수를 좋아하는 관광객이 대한민국으로 돌아와서도 먹고 싶은 마음에 봉지 쌀국수와 컵 쌀국수를 꼭 구입하고 있다. 향, 맛, 쉬운 조리법을 모두 갖춘 봉지 쌀국수 하나로 베트남 현지에 있을 정도라고 한다. 맛있게 먹는 방법은 베트남 칠리소스와 함께 먹는 것이라고 하니 칠리소스와 함께 구입하는 것을 추천한다.

비나밋(3~5만 동)

방부제, 설탕, 색소가 없는 본연의 맛을 최대한 살린 건조 과일 칩인 비나밋은 아이들이 특히 좋아한다. 1988년부터 지금까지 베트남 인기 간식으로 자리 잡은 비나밋은 건강하게 먹을 수 있다는 장점으로 사랑받고 있다. 고구마, 사과, 바나나, 파인애플, 잭프루트 등 다양한 종류가 있지만 고구마와 믹스 프루츠가 인기이다.

망고 과자(3~5만 동)

베트남의 망고과자도 인기 과자제품이다. 비나밋만큼의 인기가 없을 뿐이지 동남아의 대표과일인 망고를 과자로 만든 달달한 망고과자는 그 맛을 잊을 수 없을 정도이다. 중국인들은 오히려 망고과자를 더 많이 구입한다고 한다.

캐슈너트(10~20만 동)

베트남에서 흔히 만날 수 있는 대표 견과류인 캐슈넛은 껍질을 벗기지 않고 볶은 게 특징이다. 짭짤하고 고소한 맛으로 맥주 안주로 제격인데, 항산화 성분과 마그네슘 등이 많기 때문에 몸에도 좋다. 바삭하고 고소한 맛을 오래 유지하려면 진공 포장된 제품을 구매해야 한다.

농(5~8만 동)

베트남의 전통 모자로 알려져 있는 농이나 농라라고 부르는 모자로 야자나무 잎으로 만들었다. 처음 베트남 여행에서 가장 많이 사오는 기념품으로 알려져 있지만 실제로 사용할 경우는 거의 없다.

라탄 가방, 대나무 공예품

최근 여성들의 트랜드로 떠오르고 있는 라탄 가방을 비롯해 슬리퍼, 밀짚모자 등 다양한 종류의 패션 아이템도 인기 상승 중이다. 쇼핑몰에서 고가에 판매하는 라탄 가방을 저렴한 가격에 구매할 수 있다. 어느 베트남 시장에서든 판매하고 있으니 가격을 꼼꼼히 살펴보고 구입하도록 하자. 특히 시장에서는 흥정을 잘해야 후회하지 않는다.

딜마 홍차(15~20만 동)

레몬, 복숭아, 진저, 우롱 등 종류도 다양하여 선물용으로 각광받고 있는 홍차이다. 딜마 홍차는 한국에서도 판매되고 있는 고급 홍차 브랜드인데 국내에서도 살 수 있는 딜마를 베트남에서 꼭 사는 이유는 가격차이 때문이다. 5배가량 가격 차이가 난다고 하니 구입을 안 할 수 없게 된다.

페바 초콜릿

베트남의 고급 초콜릿 브랜드로 초콜릿의 다양한 종류와 깔끔한 패키지가 인상적인 '파베'이다. 주로 대한민국 관광객이 선물용으로 많이 구매한다. 특히 인기 있는 맛은 바로 이름만 들어도 생소한 후추맛인 '블랙페퍼'이다. 달달하게 시작해서 알싸하게 끝나는 맛이 매력적이다.

마사지 & 스파

근육과 관절 등에 일련의 신체적 자극을 통해 뭉친 신체의 일부나 전신의 근육을 푸는 것이 마사지이다. 누구나 힘든 일을 하면 본능적으로 어깨 등을 어루만지는 행동을 할 정도이다. 그러므로 마사지도 엄청나게 오래된 역사를 가지고 있다. 고대 로마에도 아예 전문 안마사 노예가 따로 있었을 정도라고 한다.

마사지의 종류는 경락 마사지, 기 마사지, 아로마 마사지, 통쾌법 등 많다. 그 중 대표적인 것이 발마사지와 타이 마사지일 것이다. 또한 오

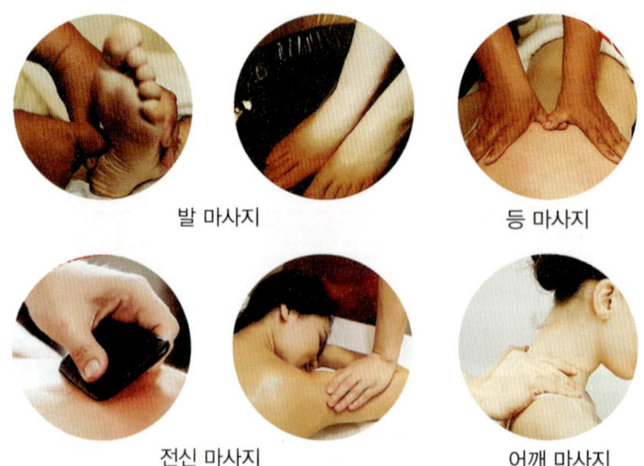

발 마사지

등 마사지

전신 마사지

어깨 마사지

마사지의 역사

태국은 세계적으로 마사지가 유명하지만 동남아시아의 어디를 여행해도 마사지는 어디에서든 쉽게 찾을 수 있을 정도로 유명하다. 마사지는 맨손과 팔을 이용한 지압이 고대 태국 불교의 승려들이 장시간 고행을 한 후 신체의 피로를 풀어주기 위해 하반신 위주로 여러 지압법을 만들기 시작한 것이 시초라고 한다. 지금도 태국에서 정말 전통 마사지라고 하면 바로 하체에만 하는 마사지 법을 일컫는다고 한다. 스님들이 전쟁에 지친 군인들을 위해 할 수 있는 게 뭐가 있을까 생각하다가 고안한 것이 있었는데 그게 바로 마사지였고, 자연스럽게 승려들을 통해 마사지가 발전해왔다는 이야기도 전해온다.

일 마사지, 스포츠 마사지 등이다. 스포츠 마사지는 운동선수들의 재활 및 근육통 경감, 피로 회복 등을 위해 만들어진 것으로 맨손을 이용하여 근육을 마사지하는 것이다.베트남에서는 타이 마사지보다 오일을 이용한 전신마사지가 더욱 유명하다.

가격과 품질은 당연히 천차만별이다. 예전에는 베트남에서 길거리에서 파라솔이나 그늘 아래 플라스틱 의자에 앉아서 발과 어깨 마사지를 받을 수도 있었지만 지금 그런 모습은 존재하지 않는다. 마사지 간판을 내건 곳은 어디나 나름 깨끗하고 청결하게 관리하고 손님을 맞고 있다. 또한 최고급 호텔에서 고급스럽게 제대로 전신 마사지를 받을 수도 있다.

베트남에서 마사지는 필수 관광코스이고, 아예 마사지사를 양성할 정도로 활성화되어 있다. 보통 전신마사지 코스로 마사지를 받기 때문에 마사지사는 마사지에서 중요한 역할을 한다. 아직 태국처럼 마사지를 전문으로 하는 대학은 없지만 많은 사람들이 마사지를 중요한 수입원으로 생각하고 있을 정도로 베트남에서 마사지는 관광산업에서 중요한 역할을 하고 있다.

강도가 강한 타이마사지는 처음보다 전신마사지를 받고 나서 며칠이 지나고 받는 것이 좋다는 의견이 많다. 타이 마시지는 강도가 센 편이지만 받고 나면 시원하다. 그러나 고통에 대한 내성이 없는 사람들은 흠씬 두들겨 맞은 느낌을 받을 수 있을 정도로 아프다고 하기 때문에 자신의 몸 상태를 생각하고 선택하는 것이 좋다.

시간은 1시간이나 2시간 코스가 보통이고, 마사지 끝난 뒤 마사지사에게 팁을 주는 것이 관례이다. 팁은 1시간 당 마사지비용의 10% 정도가 적당하지만 능력이나 실력에 따라 생각하면 된다. 베트남은 팁 문화가 거의 없는 나라이지만 마사지사의 수입원 중 하나가 팁이므로 정말 만족한다면 팁을 풍족히 주고 이름을 들은 다음 이후엔 지목해서 마사지를 받으면 좋다.

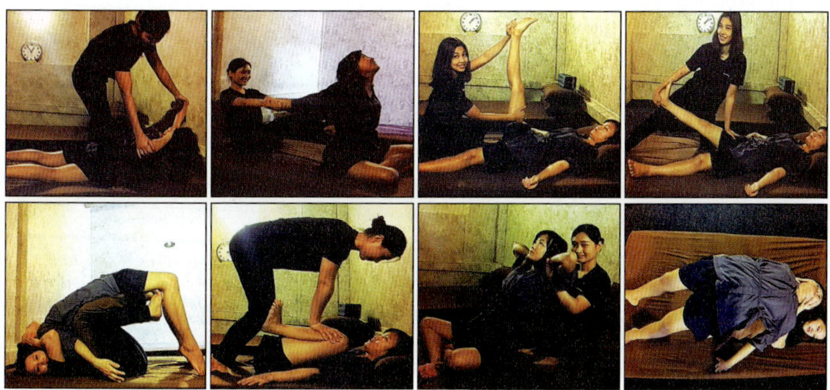

베트남과 커피

베트남 커피에 대해 잘못 알고 있는 사실은 과당 연유를 첨가한 것이 베트남커피라고 알고 있는 것이다. 베트남 커피의 유명세만큼 베트남 여행에서 커피를 구입하는 것은 일반적이다. 동남아시아는 덥고 습한 날씨가 지속되므로 어디를 여행해도 진하면서도 엄청나게 단맛이 나는 연유는 쓰디쓴 다크로스트 커피와 궁합이 잘 맞게 되어 있다. 커피에 연유를 첨가하는 방식을 누구나 동남아시아에서 지내다 보면 당연하다고 생각이 바뀔 것이다. 커피는 우리가 여행 중에 바라는 여유를 충족시켜주며 또 그 커피 맛에 한 번 빠지면 빠져 나오기 힘들 정도이다.

베트남에서는 에소프레소 스타일의 커피를 선호한다. 커피에 연유를 넣든 그냥 마시든 개인이 선택하는 것이라서 커피를 주문하면 그 옆에 연유를 같이 준다. 그러므로 우리가 생각하는 뜨거운 커피든 냉커피든 모든 커피에 연유를 넣는다는 것은 잘못된 생각이다. 까페 종업원에게 따로 설명하지 않으면 조그마한 커피 잔에 연유가 깔려 나오는 것이 아니고 같이 나온다. 때로는 아예 메뉴에서 구분해서 주문하는 것이 빠르게 커피를 받도록 해놓았다. 또한 밀크커피를 주문할 때도 '신선한 우유fresh milk'는 연유를 넣은 커피로 나오기 때문에 우리가 마시던 커피와 다를 수가 있다. 그러나 베트남 여행을 하는 대한민국의 여행자가 늘어나면서 관광객을 상대로 하는 커피점은 '아메리카노'가 메뉴에 따로 있다. 또 콩Cong카페의 유명 메뉴인 코코넛 커피는 커피에 코코넛을 넣는 것이지만 코코넛 맛을 내는 통에서 나오는 것이다.

예전에는 우유를 뺀 커피를 주문하면 연유 없이 커피가 나오는데 쓴 커피를 마시다 보면 바닥에 설탕이 잔뜩 깔린 사실을 바닥이 보일 정도에야 알아차리는 블랙커피였다. 베트남 커피가 강한 맛을 내고 쓰기 때문에 아무것도 첨가하지 않은 스트레이트로 마시는 베트남 사람들이 많았지만 지금은 구분해서 마시고 있다.

세계에서 2번째로 커피 원두를 많이 재배하는 국가가 베트남이라는 사실은 잘 알려져 있다. 19세기 프랑스가 자국에서의 커피를 공급하기 위해 처음 재배하기 시작했는데 전쟁 이후 베트남 정부가 대량으로 커피 생산을 시작하면서 생활의 일부분으로 들어오기 시작했다. 1990년대부터 커피 재배가 수출품으로 확산하면서 이제는 연간 180만 톤 이상의 원두를 수확하고 있다.

커피는 베트남 사람들의 생활에서 중요하다. 베트남여행을 하면 사람들이 카페에서 작은 플라스틱 의자에 앉아 아침 일찍부터 낮을 지나 저녁까지 커피를 마시는 모습을 볼 수 있다. 카페는 덥고 습한 베트남의 날씨 때문에 낮에는 일하기 힘든 상태에서 쉴 수 있는 장소이자 지금은 엄마들이 모여 수다를 떠는 등 모든 연령대의 사람들이 모이는 장소이다. 관광 도시인 나트랑Nha Trang에는 하이랜드High Ind와 콩Cong카페를 비롯해 다양한 베트남 프랜차이즈들이 관광객을 대상으로 대중적인 커피를 팔고 있다.

베트남에서는 커피를 1인분씩 끓이는데 작은 컵과 필터 그리고 뚜껑(떨어지는 커피 액을 받는 용도로도 쓰임)으로 구성된 커피추출기 '핀phin'을 이용한다. 이러한 방식으로 커피를 준비하기 때문에 과정을 음미하면서 커피를 천천히 마시게 된다. 물론 모든 커피가 이런 방식으로 제조되는 것은 아니다. 일부 카페에서는 이미 만들어 놓은 커피를 바로 따라 마실 수 있게 준비되어있다. 하지만 베트남 전통 방법으로 만드는 슬로우 드립 커피는 매우 독특한 경험이다. 특히 모든 게 혼란스럽고 빠르게 느껴지는 베트남 도심에선 사람들에게 여유를 선사하고 한숨 돌리게 해주는 필수 요소다.

전통식 '핀'이 작아 보인다면 제대로 본 것이다. 베트남에선 벤티(대형) 용량의 커피는 없다. 커피가 매우 강하기 때문에 많이 마실 필요가 없다는 소리다. 120㎖ 정도면 충분하다. 슬로우 드립이라는 특성도 한 몫 하지만 작은 양으로 서빙되기 때문에 좋은 상태의 커피를 마시고 싶다면 천천히 음미하며 마셔야 한다.

때때로 베트남 커피에는 연유 외에도 계란, 요구르트, 치즈나 버터까지 들어간다. 버터와 치즈! 하노이에 있는 지앙Giang 카페는 계란 커피로 유명한데 커피에 계란 노른자와 베트남 커피 가루, 가당 연유, 버터 그리고 치즈가 들어간다. 우선 달걀노른자를 저어 컵에 넣고 나머지 재료를 더하는데 온도를 유지하기 위해 컵은 뜨거운 물에 담가놓는다고 한다.

베트남 인의 속을 '뻥' 뚫어준 박항서

2018년 베트남 국민들은 '박항서 매직'으로 행복했다. 나는 그 현장을 우연히 베트남에서 오래 머물면서 같이 느끼게 되었다. 그 절정은 동남아시아의 대표적인 축구대회인 스즈키컵 우승으로 누렸다. 이날 베트남 전체가 들썩였고, 밤을 잊은 베트남 사람들은 축구 열기가 꺼지지 않고 붉게 타오른 밤에 행복하게 잠을 청했다.

나는 10월 초에 베트남을 잠시 여행하기 위해서 들렸다가 1월까지 있게 되었다. 그들의 친절하고 순수한 마음에 나를 좋아해주는 많은 베트남 사람들을 만나면서 이들의 집안행사에 각종 모임에 나를 초대해 주면서 그들과 가깝게 지내고 다양한 이야기를 옆에서 들었다. 또 많은 술자리를 함께 하면서 내가 모르는 베트남 이야기를 들었다.

베트남은 11월 15일 하노이의 미딘 국립경기장에서 열린 '아세안축구연맹(AFF) 스즈키컵 2018' 결승 2차전에서 말레이시아에 1–0으로 이겼다. 1차전 원정경기 2–2 무승부 포함 종합 스코어 3–2로 승리한 베트남은 2008년 이후 10년 만에 스즈키컵을 들어올렸다.

베트남의 밤이 불타오른 것이 올해만 벌써 몇 번째인지 모른다. 1월 열린 아시아축구연맹(AFC) U–23 챔피언십에서 베트남이 결승까지 올라가면서 분위기가 달아오르기 시작했다. 8월에는 자카르타 · 팔렘방 아시안게임에서 베트남이 일본을 꺾으며 조별리그를 1위로 통과한 데 이어 4강까지 올라가 축구팬들을 거리로 내몰고 또 내몰았다.

이번 스즈키컵에서 우승에 이르는 여정은 응원 열기를 절정으로 이끌었다. 결국 우승까지 차지했으니 광란의 분위기도 끝판을 이뤘다. 박항서 감독이 올해 하나의 실패도 없이 끊임 없이 도전하면서 베트남은 축구로 하나가 되었다. U-23 챔피언십과 아시안게임을 거치며 박 감독은 이미 '영웅'이 됐다. 스즈키컵 우승까지 안겼으니 그에게 어떤 호칭이 따라붙을 지 궁금하다. 2018년 베트남에서 박항서 감독은 '축구神'이나 마찬가지다.
지금 "Korea"이라는 이야기를 가장 인정해 주는 나라는 베트남이다. 한국인이라고 하면 웃 으면서 이야기를 한번이라도 더 나누게 되고 관심을 가져준다. 2018년의 한류는 박항서 감 독이 홀로 만든 것이라고 해도 과언이 아닐 것이다.

박항서 매직이 완벽한 신화로 2018년 피날레를 장식했다. 베트남이 열광하지 않을 수 없었 다. 이날 결승전이 열린 미딘 국립경기장에는 4만 명의 관중만 입장할 수 있었다. 베트남 대표팀 고유색인 붉은색 유니폼을 입은 관중과 국기로 붉은 물결을 이뤘다. 그 가운데도 박항서 감독의 나라, 대한민국의 태극기 응원이 곳곳에서 눈에 띄었다.

하노이에 있던 나는 정말 길거리에서 대한민국 국기와 베트남 국기를 동시에 달고 다니던 장면을 잊을 수가 없다. 직접 경기장에서 경기를 보지 못한 베트남 국민들은 전국 곳곳의 거리에서 대규모 응원전을 펼쳤다. 베트남의 우승이 확정된 후에는 더 많은 사람들이 거리 로 쏟아져 나왔고, 밤을 새워 우승의 감격을 함께 했다. 이날 '빽빽'거리는 소리 때문에 잠 을 잘 수가 없었으니 어느 정도인지 상상할 수 있을 것이다.
거리 응원 및 우승 자축 열기는 상상 이상이었다. 수도 하노이의 주요 도로는 사람들로 꽉 차 교통이 완전 마비됐다. 호치민, 다낭, 나트랑 등 어디를 가도 베트남 전역의 풍경은 비 슷했다. 환호성과 함께 노래가 울려 퍼졌고 폭죽이 곳곳에서 터졌다. 차량과 오토바이의 경적 소리가 끊이지 않았다. 베트남 대표선수 이름이 연호됐고,'박항서'를 외치는 것도 빠 지지 않았다.

많은 베트남 사람들이 박항서 감독은 베트남 민족의 우수성을 입증해주었다는 생각에 이 열기가 단순한 열기가 아니라고 이야기해주었다. 베트남은 저항의 역사이고 항상 핍박을 받는 역사에서 살아오다가 경제 개방으로 이제 조금 먹고 살게 되었지만 자신들은 '자신감, 자존감'이 부족했다고 이야기했다. 우리가 자랑스럽게 생각을 해도 해외에서 자신들을 그렇게 봐 주지 않아 자존심도 상하고 기분도 나쁜 경우가 한 두 번이 아니었다고 한다. 그런데 동남아시아에서 가장 유명한 스즈키 컵에서 우승을 하면서 인접한 태국, 인도네시아, 필리핀 등의 나라에 자신들이 위대하고 자랑스럽다고 자신 있게 이야기할 수 있게 되었다고 말해주었다.

경제 개방 후 급속한 경제발전을 이루었지만 아직도 멀고 먼 경제발전을 이뤄야한다는 생각을 가진 베트남 인들을 보면서 대한민국이 오래 전 경제발전을 이루어 자랑스럽게 생각하면서 살고 싶었을 시절을 상상해 보았다. 그 시절이 지나고 지금 대한민국은 내세울 것 없는 '흙수저'로 성공하지 못하는 사회라는 생각이 주를 이룬다. 그런데 베트남 사람들이 자신들의 속을 '뻥'뚫어준 자존감을 만들어준 박항서 감독은 단순한 축구 감독이 아닌 존재가 되었을 것이다.
더군다나 대한민국에서도 내세울 스펙과 연줄이 없는 박항서 감독의 성공이 사람들의 속을 후련하게 해주었다. 사람들은 흙수저, 박항서를 마치 자신처럼 생각하며 응원하게 되었을 수도 있겠다고 생각이 들었다.

베트남 인들의 자신감과 오랜 역사에서 응어리를 쌓아놓았던 그들에게 속을 시원하게 해준 역사적인 사건이다. 그리고 나는 그 역사적인 순간에 베트남에서 있으면서 그 현장을 직접 보면서 다양한 감정이 교차하였다.
단순히 베트남을 여행하려다가 오랜 시간을 그들과 함께 울고 웃으면서 가까이 다가가는 생활이 여행이 아니고 그들과 함께 살고 있었던 4개월이었다. 나는 그 기억을 평생 기억할 것 같고 역사의 현장에 우연히 있었음에 감사한다.

베트남 친구 만들기

베트남이 친근해지고 베트남 여행을 가는 사람들이 늘어나면서 베트남 친구를 만들고 싶다는 이야기를 많이 한다. 게다가 박항서 감독의 활약으로 베트남 사람들도 한국인에 대해 친근하고 호기심이 많아졌다. 중국인에 대해 이야기하면 싫다는 표정을 해도 한국인에 대해 이야기를 꺼내면 "박항서!" 하면서 친근감을 나타내고 있는 것이 사실이다.

하지만 이들과 친구가 되려면 현지에서 그들과의 관계 관리가 매우 중요하다. 친근하게 처음에 다가간다고 바로 친구가 되는 것이 아니다. 그들과 진정성 있는 신뢰 관계를 구축해야 좋은 친구를 만들 수 있기 때문이다.

베트남에서 장기적으로 친구가 되는 5가지 방법을 소개한다.

■ 친구는 단기전이 아닌 장기전이다.

누구나 관계는 다른 관계와 마찬가지로 시간과 노력이 필요하다. 중요한 것은 원하는 것만 얻기 위해 당신을 만난다는 느낌이 아닌 당신과 오랫동안 좋은 관계를 만들고 싶다는 진심을 전해야 한다.

서로간의 목표는 다른 것 같지만 사실은 같다. 베트남 사람과 대한민국 사람 양쪽 모두 진심을 가지고 대해야 하는 목표가 있어야 한다.

그들과 친해지기 위한 장기적인 관계 형성이 되어야 한다. 처음에 서로 호감을 나타내며 이야기를 나누어도 서로 이해하려는 노력을 보이지 않으면 관심은 이내 식어진다. 서로를 이해하는 과정이 있어야 시간을 헛되이 보내지 않았다고 생각할것이다. 이들은 영어를 배우려는 노력을 보이지만 우리처럼 영어가 시험성적으로 중요하기 때문에 영어에 서툰 사람들도 많지만 배우려는 노력은 대단하다. 그래서 서로 서툰 영어를 사용해도 금방 친해질 수 있다.

또한 커피가 생활화된 베트남 사람들은 처음에는 커피 약속을 잡는 것으로 시작하여 장기적으로는 여러 번의 만남을 통해 이야기를 나누고, 페이스북이나 현지인의 카카오톡이라고 부르는 잘로Zalo같은 소셜 미디어(SNS)에서 커뮤니케이션을 해야 한다.

■ 먼저 다가가 소통하자.

대한민국 사람들이 베트남 사람들을 만나다 보면 이들이 위생적으로 더럽다며 친해지기를 꺼리는 사람들을 만날 때가 있다.

이럴 때일수록 그들이 어떤 환경에서 살고 있는지 먼저 다가가 소통해야 한다. 용기가 없는 사람들은 좋은 친구 형성에 성공하기도 어렵다. 조금 꺼려져도 괜찮다고 생각하고 약간의 꺼려짐만 극복한다면 친구의 문은 더 넓어진다.

먼저 그들에게 같이 밥을 먹자고 이야기하거나, 커피를 마시자고 한다거나, 축구 경기를 같이 맥주를 마시며 보자고 한다거나, 맥주 한잔 하자고 이야기해보자. 이들은 "왜"라는 물음보다 "그래, 좋아"라는 이야기를 더 많이 하는 순수한 사람들이 많다.

■ 진정성을 담아 마음으로 소통하자.

사람과 사람과의 관계에서는 지나치게 이해타산을 따지게 되면 마음으로 관계를 맺는 것이 아니고 사무적으로 관계를 맺게 된다. 그들과의 관계에서도 마찬가지이다. 매번 그들과의 만남을 새로운 기회로 삼는다면 친구인척 지금 당장 이야기는 해줄 수도 있지만, 장기적으로 정말 친구인지는 이들도 생각하게 된다. 나의 호의를 무시했다는 생각을 하면 돌아서는 것은 인지상정이다.

좋은 친구가 되기 위해 협력함으로써 진정성 있는 친구 관계를 구축할 수 있다. 나에게 요즘 어떤 베트남 이야기를 기획하고 있는지 캐묻는 데 나는 베트남에서 무엇을 기획하고 장기적으로 머물고 있지 않다. 이들과 생활하면서 순수한 진정성에 감동해 오래 머무는 것뿐이다. 진정성 있는 관계는 이해타산적이거나 영업과 같이 느껴져서는 안 된다.

■ SNS에서 소통하라.

베트남에서는 페이스북이 일반화되어 항상 자신이 쓴 페이스북의 이야기에 '좋아요'를 클릭해주는 것을 좋아한다. 그러므로 이를 도와주는 것도 친해질 수 있는 하나의 방법이다. 소셜네트워크서비스(SNS)를 팔로우하는 것도 그들과 장기적으로 소통하는 방법이다.

■ 대면 관계가 중요하다.

그래도 전화, SNS 등으로 진실한 관계를 형성하는 것은 한계가 있다. 모임 또는 커피 약속 등 대면 관계를 통한 만남은 더 강한 유대감을 형성한다.

처음 만남에는 호감이 형성될 수 있도록 노력해야 한다. 만남 시 누군가의 신뢰를 얻을 수 있는 좋은 방법의 하나는 자기 자신에 대해서 가능한 한 솔직하게 이야기하는 것이다. 살면서 있었던 재미있는 사건에 관해서 이야기하는 것도 좋다. 그러나 주의해야 할 점은 상대방이 흥미로워하는 주제나 상대방이 중요하게 생각하는 가치관에서 너무 벗어나서는 안 된다는 점이다. 호치민에 대해 이야기하거나 공산주의에 대해 이야기하는 것은 주제에서 벗어난 것이다. 진정성만큼이나 신뢰감을 주는 태도는 없다.

나트랑 엑티비티 Best 5

카약킹(Kayarking)

나트랑Nha Trang은 예부터 혼쫑곶Hòn Chòng을 따라 이동하는 교통수단이 발달했기 때문에 카약이 자주 사용되었다. 지금도 빈펄 랜드Vinpearl Land 안에 카약투어가 있고 다양한 카약코스가 준비되어 있다. 파도가 잔잔하기 때문에 바다라고 위험하지 않다.

서핑(Surfing)

나트랑Nha Trang과 무이네Mui Ne는 바다가 얕고 파도가 일정하게 만을 향해 들어오기 때문에 서핑을 할 수 있는 최적의 조건이다. 다만 우기 때는 비가 오는 쌀쌀한 날씨로 어려움이 예상되지만 쌀쌀하거나 비가와도 아랑곳하지 않고 서핑을 즐기는 서핑족도 있다. 서핑을 할 수 있는 지역에서는 어디나 서핑스쿨이 있어서 배울 수 있고 가격도 비싸지 않다.

■ 스쿠버 다이빙(Scuba Diving)

아름다운 바다 속을 직접 볼 수 있는 스쿠버 다이빙은 상대적으로 장비를 착용하고 깊은 물속을 들어가기 때문에 안전에 각별하게 주의해야 한다. 그래서 초보자는 반드시 전문 강사와 같이 간단한 교육을 받고 바다 속으로 들어가야 한다. 또한 물속에 들어가서 귀가 아프거나 머리가 아프다면 반드시 강사에게 알려주어 도움을 받아야 한다. 그냥 방치하면 스쿠버 다이빙은 힘들고 결국 밖으로 나와야 하기 때문에 사전교육과 안전이 중요한 해양스포츠이다.

■ 스노클링(Snorkeling)

스쿠버 다이빙이 장비를 착용하고 바다 깊숙이 들어가는 반면에 스노클링은 마스크와 오리발만 착용하고 바다에 들어가기 때문에 얕은 바닷물 속을 보게 된다. 대부분의 관광객은 초보자이기 때문에 안전조끼를 착용하고 물에 뜬 상태에서 바닷물 속의 색깔이 화려한 열대물고기를 본다. 그렇지만 태국이나 팔라완처럼 바닷물 속이 다 보이는 것은 아니기 때문에 너무 많은 기대는 금물이다. 스노클링은 스쿠버다이빙을 오전에 하고 점심식사를 하고 오후에는 스노클링을 같이 하기 때문에 스쿠버 다이빙과 같이 투어상품에 포함되어 있는 경우가 대부분이다.

■ 골프(Golf)

나트랑Nha Trang도 휴양지로 개발하고 있기 때문에 골프장이 위치해 있다. 골프장은 인공적으로 만들기보다 대부분 대규모 개발사업에 포함되어 조성하였다. 빈펄 랜드Vinpearl Land에 있는 골프장이 가장 시설이 좋다.

보통 9~12월까지 우기이므로 골프를 즐기고 싶다면 건기인 겨울의 골프장을 이용하자. 인기가 있는 빈펄 리조트 골프장Vinpearl Golf은 아름다운 해안을 따라 조성된 골프장으로 골퍼들이 주로 찾는다. 풀 패키지 상품이 여행사를 통해 예약할 수 있다.

나트랑 여행에 밑그림 그리기

우리는 여행으로 새로운 준비를 하거나 일탈을 꿈꾸기도 한다. 여행이 일반화되기도 했지만 아직도 여행을 두려워하는 분들이 많다. 동남아시아에서 베트남 여행자가 급증하고 있다. 그중에는 몇 년 전부터 늘어난 다낭을 비롯해 다낭을 다녀온 여행자는 나트랑과 무이네로 눈길을 돌리고 있다. 그러나 어떻게 여행을 해야 할지부터 걱정을 하게 된다. 아직 정확한 자료가 부족하기 때문이다. 지금부터 나트랑 여행을 쉽게 한눈에 정리하는 방법을 알아보자.

일단 관심이 있는 사항을 적고 일정을 짜야 한다. 처음 해외여행을 떠난다면 나트랑여행도 어떻게 준비할지 몰라 당황하게 된다. 먼저 어떻게 여행을 할지부터 결정해야 한다. 아무것도 모르겠고 준비를 하기 싫다면 패키지여행으로 가는 것이 좋다. 나트랑여행은 주말을 포함해 3박 4일, 4박 5일 여행이 가장 일반적이다. 해외여행이라고 이것저것 많은 것을 보려고 하는 데 힘만 들고 남는 게 없는 여행이 될 수도 있으니 욕심을 버리고 준비하는 게 좋다. 여행은 보는 것도 중요하지만 같이 가는 여행의 일원과 같이 잊지 못할 추억을 만드는 것이 더 중요하다.

다음을 보고 전체적인 여행의 밑그림을 그려보자.

1	패키지여행? 자유여행? (여행의 형태 결정)	7	얼마나 쓸까? 리스트 작성! (여행경비 산출하기)
2	나의 가능한 여행기간, 비용은? (여행 기간 & 예산 짜기)	8	베트남어를 알면 편리한데? (간단한 베트람어 익히기)
3	나트랑여행? 항공권부터 알아보자. (항공권티켓 /성수기여행은 빨리 구입)	9	동? 원화는 사용불가능? (환전하기)
4	성수기 숙소가 부족한 나트랑은 숙박부터 알아보자! (숙소의 예약가능 확인)	10	왜 이리 필요한 게 많지? (여행가방싸기)
5	보고 싶고 먹고 싶은 게 많아요? (여행지 정보 수집)	11	11. 인천공항으로 이동
6	단기여행인 나트랑은 꼼꼼한 일정은 필수! (여행 일정 짜기)	12	12. 드디어 여행지로 출발!

결정을 했으면 일단 항공권을 구하는 것이 가장 중요하다. 전체 여행경비에서 항공료와 숙박이 차지하는 비중이 가장 크지만 너무 몰라서 낭패를 보는 경우가 많다. 평일이 저렴하고 주말은 비쌀 수밖에 없다. 저가항공인 제주항공과 베트남 저가항공인 비엣젯 항공부터 확인하면 항공료, 숙박, 현지경비 등 편리하게 확인이 가능하다.

나트랑 숙소에 대한 이해

나트랑여행이 처음이고 자유여행이면 숙소예약이 의외로 쉽지 않다. 자유여행이라면 숙소에 대한 선택권이 크지만 선택권이 오히려 난감해질 때가 있다. 나트랑 숙소의 전체적인 이해를 해보자.

1. 숙소의 위치

나트랑 시내는 유럽과 달리 주요 관광지가 몰려있지 않다. 따라서 숙소의 위치가 중요하지는 않다. 그러나 베트남의 대부분의 숙소는 도시에 몰려 있기 때문에, 또 시내에서 떨어져 있다면 도시 사이를 이동하는 데 시간이 많이 소요되어 좋은 선택이 아니다. 먼저 시내에서 얼마나 떨어져 있는지 확인하자.

2. 숙소예약 앱의 리뷰를 확인하라.

나트랑 숙소는 몇 년 전만해도 호텔과 호스텔이 전부였다. 하지만 에어비앤비를 이용한 아파트도 있고 다양한 숙박 예약 앱도 생겨났다. 가장 먼저 고려해야 하는 것은 자신의 여행 비용이다. 항공권을 예약하고 남은 여행경비가 3박 4일에 20만 원 정도라면 호스텔을 이용하라고 추천한다. 나트랑에는 많은 호스텔이 있어서 호스텔도 시설에 따라 가격이 조금 달라진다. 숙소예약 앱의 리뷰를 보고 한국인이 많이 가는 호스텔로 선택하면 문제가 되지는 않을 것이다.

3. 내부 사진을 꼭 확인

호텔의 비용은 2~15만 원 정도로 저렴한 편이다. 호텔의 비용은 우리나라호텔보다 저렴하지만 시설이 좋지는 않다. 오래된 건물에 들어선 건물이 아니지만 관리가 잘못된 호텔이 의외로 많다. 반드시 룸 내부의 사진을 확인하고 선택하는 것이 좋다.

4. 에어비앤비를 이용해 아파트 이용방법

시내에서 얼마나 떨어져 있는지를 확인하고 숙소에 도착해 어떻게 주인과 만날 수 있는지 전화번호와 아파트에 도착할 수 있는 방법을 정확히 알고 출발해야 한다. 아파트에 도착했어도 주인과 만나지 못해 아파트에 들어가지 못하고 1~2시간을 기다리면 화가 나고 기운도 빠지기 때문에 여행이 처음부터 쉽지 않아진다.

5. 나트랑여행에서 민박 이용방법

여행자는 한국인이 운영하는 민박을 찾고 싶어 하는데 민박을 찾기는 쉽지 않다. 민박보다는 호스텔이나 게스트하우스, 홈스테이에 숙박하는 것이 더 좋은 선택이다.

숙소 예약 사이트

부킹닷컴(Booking.com)
에어비앤비와 같이 전 세계에서 가장 많이 이용하는 숙박 예약 사이트이다. 베트남에도 많은 숙박이 올라와 있다.

에어비앤비(Airbnb)
전 세계 사람들이 집주인이 되어 숙소를 올리고 여행자는 손님이 되어 자신에게 맞는 집을 골라 숙박을 해결한다. 어디를 가나 비슷한 호텔이 아닌 현지인의 집에서 숙박을 하도록 하여 여행자들이 선호하는 숙박 공유 서비스가 되었다.

패키지 여행 VS 자유 여행

전 세계적으로 베트남으로 여행을 가려는 여행자가 늘어나고 있다. 대한민국의 여행자는 다낭과 하노이, 호치민에 집중되어 나트랑에는 한국인 관광객이 많지 않다. 그래서 더욱 고민하는 것은 여행정보는 어떻게 구하지? 라는 질문이다. 그만큼 나트랑에 대한 정보가 매우 부족한 상황이다. 그래서 처음으로 나트랑을 여행하는 여행자들은 패키지여행을 선호하거나 여행을 포기하는 경우가 많았다.

20~30대 여행자들이 늘어남에 따라 패키지보다 자유여행을 선호하고 있다. 호치민을 여행하고 이어서 나트랑으로 여행을 다녀오는 경우도 상당히 많다. 베트남 남부만의 10일이나, 베트남 중, 남부까지 2주일의 여행 등 새로운 여행형태가 늘어나고 있다. 단 베트남 여행은 무비자로 15일까지이므로 여행 일정은 미리 확인하는 것이 좋다. 베트남 장기여행자들은 호스텔을 이용하여 친구들과 여행을 즐기는 경우가 있다.

편안하게 다녀오고 싶다면 패키지여행

나트랑이 뜬다고 하니 여행을 가고 싶은데 정보가 없고 나이도 있어서 무작정 떠나는 것이 어려운 여행자들은 편안하게 다녀올 수 있는 패키지여행을 선호한다. 다만 아직까지 많이 가는 여행지는 아니다 보니 패키지 상품의 가격이 저렴하지는 않다. 여행일정과 숙소까지 다 안내하니 몸만 떠나면 된다.

연인끼리, 친구끼리, 가족여행은 자유여행 선호

2주정도의 긴 여행이나 젊은 여행자들은 패키지여행을 선호하지 않는다. 특히 여행을 몇 번 다녀온 여행자는 나트랑에서 자신이 원하는 관광지와 맛집을 찾아서 다녀오고 싶어 한다. 여행지에서 원하는 것이 바뀌고 여유롭게 이동하며 보고 싶고 먹고 싶은 것을 마음대로 찾아가는 연인, 친구, 가족의 여행은 단연 자유여행이 제격이다.

나트랑 여행 물가

나트랑 여행의 가장 큰 장점은 매우 저렴한 물가이다. 나트랑 여행에서 큰 비중을 차지하는 것은 항공권과 숙박비이다. 항공권은 제주항공이나 베트남 저가항공인 비엣젯이나 베트남의 호치민까지 가는 항공을 저렴하게 구할 수 있다면 버스를 타고 무이네로 이동할 수 있다. 숙박은 저렴한 호스텔이 원화로 5,000원대부터 있어서 항공권만 빨리 구입해 저렴하다면 숙박비는 큰 비용이 들지는 않는다. 좋은 호텔에서 머물고 싶다면 더 비싼 비용이 들겠지만 호텔의 비용은 저렴한 편이다.

▶**왕복 항공료**_ 28~68만 원
▶**버스, 기차**_ 3~10만 원
▶**숙박비(1박)**_ 1~10만 원
▶**한 끼 식사**_ 2천~4만 원
▶**입장료**_ 2천 7백 원~3만 원

구분	세부 품목	3박 4일	6박 7일
항공권	제주항공, 대한항공	280.000~680,000	
택시, 버스, 기차	택시, 버스, 기차	약4~30,000원	
숙박비	호스텔, 호텔, 아파트	15,000~300,000원	30,000~600,000원
식사비	한 끼	2,000~30,000원	
시내교통	택시, 그랩	2,000~30,000원	
입장료	박물관 등 각종 입장료	2,000~8,000원	
		약 470,000원~	약 790,000원~

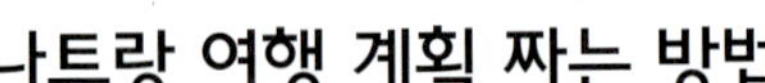

나트랑 여행 계획 짜는 방법

1. 주중 or 주말

나트랑 여행도 일반적인 여행처럼 비수기와 성수기가 있고 요금도 차이가 난다. 7~8월, 12~2월의 성수기를 제외하면 항공과 숙박요금도 차이가 있다. 비수기나 주중에는 할인 혜택이 있어 저렴한 비용으로 조용하고 쾌적한 여행을 할 수 있다. 주말과 국경일을 비롯해 여름 성수기에는 항상 관광객으로 붐빈다. 황금연휴나 여름 휴가철 성수기에는 항공권이 매진되는 경우가 허다하다.

2. 여행기간

나트랑 여행을 안 했다면 "나트랑이 어디야?"라는 말을 할 수 있다. 하지만 일반적인 여행기간인 3박 4일의 여행일정으로는 모자란 관광명소가 된 도시가 나트랑이다. 나트랑 여행은 대부분 6박 7일이 많지만 나트랑의 깊숙한 면까지 보고 싶다면 2주일 여행은 가야 한다.

3. 숙박

성수기가 아니라면 나트랑의 숙박은 저렴하다. 숙박비는 저렴하고 가격에 비해 시설은 좋다. 주말이나 숙소는 예약이 완료된다. 특히 여름 성수기에는 숙박은 미리 예약을 해야 문제가 발생하지 않는다.

4. 어떻게 여행 계획을 짤까?

먼저 여행일정을 정하고 항공권과 숙박을 예약해야 한다. 여행기간을 정할 때 얼마 남지 않은 일정으로 계획하면 항공권과 숙박비는 비쌀 수밖에 없다. 특히 나트랑처럼 뜨는 여행지는 항공료가 상승한다. 저가 항공이 취항하고 있으니 저가항공을 잘 활용한다. 숙박시설도 호스텔로 정하면 비용이 저렴하게 지낼 수 있다. 유심을 구입해 관광지를 모를 때 구글맵을 사용하면 쉽게 찾을 수 있다.

5. 식사

나트랑 여행의 가장 큰 장점은 물가가 매우 저렴하다는 점이다. 그렇지만 고급 레스토랑은 나트랑도 비싼 편이다. 한 끼 식사는 하루에 한번은 비싸더라도 제대로 식사를 하고 한번은 베트남 사람들처럼 저렴하게 한 끼 식사를 하면 적당하다.

시내의 관광지는 거의 걸어서 다닐 수 있기 때문에 투어비용은 도시를 벗어난 투어를 갈 때만 교통비가 추가된다.

베트남의 남부 지방인 나트랑Nha Trang 여행에 대한 정보가 부족한 상황에서 어떻게 여행계획을 세울까? 라는 걱정은 누구나 가지고 있다. 하지만 베트남 남부 지방도 다른 나라를 여행하는 것과 동일하게 도시를 중심으로 여행을 한다고 생각하면 여행계획을 세우는 데에 큰 문제는 없을 것이다.

1. 먼저 지도를 보면서 입국하는 도시와 출국하는 도시를 항공권과 같이 연계하여 결정해야 한다. 패키지 상품은 나트랑부터 여행을 시작하고 배낭 여행자는 베트남 전국 여행과 연계하기 위해 호치민에서 여행을 시작한다.
   대부분의 패키지 상품은 저가항공을 주로 이용하므로 저녁 늦게 출발하여 새벽에 나트랑에 도착한다. 베트남은 세로로 긴 국토를 가진 나라이기 때문에 남부 지방에 집중적인 여행를 통해 호치민으로 입국을 한다면 남쪽에서 북쪽으로 올라가면서 베트남 여행을 하는 방법과 중부 지방인 다낭에서 시작해 나트랑으로 이동해 달랏과 무이네를 둘러보고 호치민으로 이동해 대한민국으로 돌아오는 루트가 만들어진다.

2. 곧바로 나트랑Nha Trang이나 호치민Hochimin으로 입국을 한다면 베트남의 어느 도시에서 돌아올 것인지를 판단해야 한다. 도시간의 이동은 대부분은 버스를 이용하지만 기차로 이동하려고 한다면 기차시간을 확인하고 이동해야 한다. 버스는 숙소로 픽업을 하여 버스까지 이동하므로 놓치는 상황이 발생하지 않지만 기차는 홀로 이동해야 하므로 놓치는 일이 종종 발생한다.

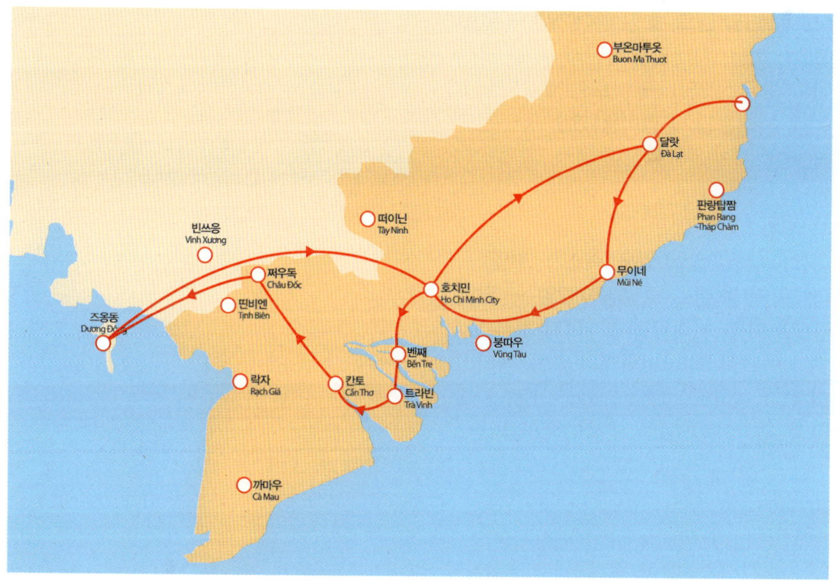

3. 입국 도시가 결정되었다면 여행기간을 결정해야 한다. 세로로 긴 베트남은 의외로 볼거리가 많아 여행기간이 길어질 수 있다.

4. 베트남의 각 도시 중에서 나트랑에 2일, 호치민에 1일 정도를 배정하고 IN/OUT을 결정하면 여행하는 코스는 쉽게 만들어진다. 뒤에 나와있는 추천여행일정을 활용하자.

5. 3 박 5일~5박 7일 정도의 기간이 베트남 남부의 나트랑^{Nha Trang}을 여행하는데 가장 기본적인 여행기간이다. 물론 15일 이내의 기간이라면 베트남 중부지방인 다낭, 호이안, 후에까지 볼 수 있지만 개인적인 여행기간이 있기 때문에 각자의 여행시간을 고려해 결정하면 된다.

나트랑 추천 일정

나트랑^{Nha Trang}, 달랏^{Dalat} 코스

3박 5일 | 나트랑 – 달랏 – 나트랑

나트랑(Nha Trang) 입국, 숙소휴식(1일) → 나트랑 빈펄 랜드, 호핑 투어(2일) → 달랏(Dalat) 이동, 시내관광(타딴라 폭포, 크레이지 하우스/3일) → 나트랑(Nha Trang) 이동, 시내관광, 공항이동(4일) → 인천도착(5일)

4박 6일 | 나트랑 – 달랏 – 나트랑

나트랑(Nha Trang) 입국, 숙소휴식(1일) → 나트랑 빈펄 랜드, 호핑 투어(2일) → 달랏(Dalat) 이동, 시내관광(크레이지 하우스 / 3일) – 달랏 엑티비티(캐녀닝 등 엑티비티/4일) – 나트랑(Nha Trang) 이동, 시내관광, 공항이동(5일) – 인천도착(6일)

나트랑^{Nha Trang}, 무이네^{Mui Ne} 코스

3박 5일 | 나트랑 – 무이네 – 나트랑

나트랑(Nha Trang) 입국, 숙소휴식(1일) – 나트랑 빈펄 랜드, 호핑 투어(2일) – 무이네(Mui Ne) 이동, 관광(화이트 샌듄, 레드 샌듄, 요정의 샘, 어촌마을/3일) – 무이네 해양스포츠(서핑, 카이트 서핑 평균 3일, 배우는 기간만큼 일정이 늘어남/4일) – 나트랑(Nha Trang) 이동, 시내관광, 공항이동(5일) – 인천도착(6일)

4박 6일~6박 8일 | 나트랑 – 무이네 – 나트랑

나트랑(Nha Trang) 입국, 숙소휴식(1일) – 나트랑 빈펄 랜드, 호핑 투어(2일) – 무이네(Mui Ne) 이동, 관광(화이트 샌듄, 레드 샌듄, 요정의 샘, 어촌마을/3일) – 무이네 해양스포츠(서핑, 카이트 서핑 평균 3일, 배우는 기간만큼 일정이 늘어남/4일) – 나트랑(Nha Trang) 이동, 시내관광, 공항이동(5일) – 인천도착(6일)

나트랑^{Nha Trang}, 달랏^{Dalat}, 무이네^{Mui Ne} 코스

4박 6일 | 나트랑 – 달랏 – 무이네 – 나트랑

나트랑(Nha Trang) 입국, 숙소휴식(1일) – 나트랑 빈펄 랜드, 호핑 투어(2일) – 달랏(Dalat) 이동, 시내관광(타딴라 폭포, 크레이지 하우스/3일) – 무이네(Mui Ne) 이동, 관광(화이트 샌듄, 레드 샌듄, 요정의 샘, 어촌마을/4일) – 나트랑(Nha Trang) 이동, 시내관광, 공항이동(5일) – 인천도착(6일)

5박 7일 | 나트랑 – 달랏 – 무이네 – 나트랑

나트랑(Nha Trang) 입국, 숙소휴식(1일) – 나트랑 빈펄 랜드, 호핑 투어(2일) – 달랏(Dalat) 이동, 시내관광(타딴라 폭포, 크레이지 하우스/3일) – 달랏 엑티비티(캐녀닝 등 엑티비티/4일) – 무이네(Mui Ne) 이동, 관광(화이트 샌듄, 레드 샌듄, 요정의 샘, 어촌마을/5일) – 나트랑(Nha Trang) 이동, 시내관광, 공항이동(6일) – 인천도착(7일)

나트랑^{Nha Trang}, 달랏^{Dalat}, 무이네^{Mui Ne}, 호치민^{Ho Chi Minh} 코스

3박 5일 | 나트랑 – 달랏 – 호치민

나트랑(Nha Trang) 입국, 숙소휴식(1일) – 나트랑 빈펄 랜드, 호핑 투어(2일) – 달랏(Dalat) 이동, 시내관광(타딴라 폭포, 크레이지 하우스/3일) – 호치민(Mui Ne) 이동, 시내관광(시청, 중앙우체국, 노트르담 성당, 벤탄시장), 공항이동(4일) – 인천도착(5일)

4박 6일 | 나트랑 – 달랏 – 호치민

나트랑(Nha Trang) 입국, 숙소휴식(1일) – 나트랑 빈펄 랜드, 호핑 투어(2일) – 나트랑 시내관광(3일) – 달랏(Dalat) 이동, 시내관광(타딴라 폭포, 크레이지 하우스/4일) – 호치민(Mui Ne) 이동, 시내관광(시청, 중앙우체국, 노트르담 성당, 벤탄시장), 공항이동(5일) – 인천도착(6일)

3박 5일 | 나트랑 – 무이네 – 호치민

나트랑(Nha Trang) 입국, 숙소휴식(1일) – 나트랑 빈펄 랜드, 호핑 투어(2일) – 무이네(Mui Ne) 이동, 관광(화이트 샌듄, 레드 샌듄, 요정의 샘, 어촌마을/3일) – 호치민(Mui Ne) 이동, 시내관광(시청, 중앙우체국, 노트르담 성당, 벤탄시장), 공항이동(4일) – 인천도착(5일)

4박 6일 | 나트랑 – 무이네 – 호치민

나트랑(Nha Trang) 입국, 숙소휴식(1일) – 나트랑 빈펄 랜드, 호핑 투어(2일) – 나트랑 시내관광(3일) – 무이네(Mui Ne) 이동, 관광(화이트 샌듄, 레드 샌듄, 요정의 샘, 어촌마을/4일) – 호치민(Mui Ne) 이동, 시내관광(시청, 중앙우체국, 노트르담 성당, 벤탄시장),

5박 7일 | 나트랑 – 달랏 – 무이네 – 호치민

나트랑(Nha Trang) 입국, 숙소휴식(1일)
– 나트랑 빈펄 랜드, 호핑 투어(2일) –
달랏(Dalat) 이동, 시내관광(타딴라 폭포,
크레이지 하우스/3일) – 달랏 엑티비티
(캐녀닝 등 엑티비티/4일) – 무이네(Mui
Ne) 이동, 관광(화이트 샌듄, 레드 샌듄,
요정의 샘, 어촌마을/5일) – 나트랑(Nha
Trang) 이동, 시내관광, 공항이동(6일) –
인천도착(7일)

7박 9일~9박 11일 | 나트랑 – 달랏 – 무이네 – 호치민

나트랑(Nha Trang) 입국, 숙소휴식(1일) – 나트랑 빈펄 랜드, 호핑 투어(2일) – 나트랑 시내
관광(3일) – 달랏(Dalat) 이동, 시내관광(타딴라 폭포, 크레이지 하우스/4일) – 달랏 엑티비
티(캐녀닝 등 엑티비티 /5일) – 무이네(Mui N) 이동, 관광(화이트 샌듄, 레드 샌듄, 요정의
샘, 어촌마을/6일) – 무이네 해양스포츠(서핑, 카이트 서핑 평균 3일, 배우는 기간만큼 일
정이 늘어남/7일) – 나트랑(Nha Trang) 이동, 시내관광, 공항이동(8일) – 인천도착(9일)

베트남은 안전한가요?

나 홀로 여행도 가능한 치안

사회주의 국가인 베트남은 동남아시아에서 가장 안전하다고 손꼽히는 치안이 좋은 국가이다. 혼자 여행하거나 여성이라도 안심하고 여행할 수 있다.

물론 관광객을 노리는 소매치기 등의 사건은 발생하지만 치안 때문에 여행하기 힘들다는 이야기는 듣기 힘들 정도이며 밤에 돌아다녀도 위험하다고 생각하지 않는 여행자가 대부분이다.

숙소의 보이는 장소에 돈을 두지 말자.

호텔이든 홈스테이든 어디에서나 돈이 될 만한 물품은 숙소의 보이는 곳에 놓지 말아야 한다. 금고가 있으면 금고에 넣어두면 되지만 금고가 없다면 여행용 캐리어에 잠금장치를 하고 두는 것이 도난사고를 방지할 수 있다. 도난 사고가 나면 5성급 호텔도 모른다고 말만 하기 때문에 자신이 직접 조심하는 것이 좋다.

슬리핑 버스에서 중요한 물품은 가지고 타야 한다.

슬리핑 버스를 타면 버스 밑에 짐을 모두 싣고 탑승을 하는 데 이때 가방이 없어지는 사고가 발생하기도 한다. 자신의 짐인지 알고 잘못 바꿔가는 사고도 있지만 대부분은 가방을 가지고 도망을 가는 도난사고이다. 중요한 귀중품은 몸에 가까이 두어야 계속 확인이 가능하다.

환전소와 ATM

베트남에서 문제가 많이 발생하는 장소는 택시와 환전에 관련한 사항이다. 오토바이를 이용한 날치기는 가끔씩 방심할 때에 발생한다. 그러므로 환전소나 ATM에서는 반드시 가방이나 주머니에 확실하게 돈을 넣어두고 좌우를 확인하고 나서 나오는 것이 좋다. 또한 중요한 짐은 몸에 지니는 것이 좋다. 가방은 날치기가 가장 쉬운 물건이다.

환전

베트남 통화는 '동(VND)'으로 1만 동이 약 532원이고 자주 환율이 조금씩 변화되고 있다. 기본 통화의 계산 단위가 1천동 이상부터 시작하는 높은 환율에 생각보다 계산이 쉽지 않다. 한국 돈으로 빠르게 환산하여 금액이 얼마인지 확인하는 것이 중요하다.

누구나 베트남 동(VND)을 원화로 환산하는 계산법은 이보다 더 좋은 방법은 없다. 베트남 물품의 금액에서 '0'을 빼고 2로 나누면 대략의 금액을 파악할 수 있다. 처음에는 어렵다고 느껴질 수도 있지만 하루만 계산을 하다보면 쉽게 알 수 있는 방법이다. 즉 계산금액이 120,000동이라면 '0'을 뺀 12,000이 되고 '÷2'를 하면 6,000원이 된다.

미국달러로 환전해 가는 관광객도 있다. 대한민국에서 미국 달러로 환전한 후 베트남 현지에 도착해 달러를 동(VND)으로 환전하는 것이 금전적으로 약간의 이득을 보기 때문이다. 은행에서 환전을 하면 주요통화가 아니라서 환율 우대를 받지 못하기 때문에 환전 금액이 크다면 미국달러로 환전을 하는 것이 좋다. 달러 환전은 환율 우대를 각 은행에서 받을 수 있고 사이버 환전을 이용하거나 각 은행의 어플리케이션을 사용하면 최대 90%까지 우대를 받을 수 있기 때문에 환전을 할 때마다 이득을 보므로 베트남에서 사용하는 금액이 크다면 달러로 반드시 환전해야 한다.

소액을 환전할 경우 원화에서 동으로 바꾸거나 원화에서 달러로 바꾸었다가 동(VND)으로 바꾸어도 큰 차이가 나는 것은 아니다. 또한 베트남 현지에서 환전이 가장 쉽고 유통이 많이 되는 100달러를 선호하기 때문에 100달러로 환전해 베트남으로 여행을 하는 것이 최선의 방법이다.

베트남 현지의 주요 관광지에서는 미국달러로도 대부분 계산이 가능하다.

1$의 유용성

베트남 여행에서 호텔이나 마사지숍을 가거나 택시기사 등에게 팁을 줘야 할 때가 있다. 이때 1$를 팁으로 주면 베트남 동을 팁으로 줄 때보다 더 기쁘게 웃으면서 좋아하는 베트남 인들을 보게 된다. 그만큼 베트남에서 가장 유용하게 유통이 되는 통화는 미국달러이다.

베트남 여행경비를 모두 환전해야 하나요?

베트남에서 사용하는 여행경비는 실제로 가늠하기가 쉽지 않다. 왜냐하면 다양한 목적으로 베트남을 방문하는 관광객이 너무 많아서 그들이 사용하는 경비는 개인마다 천차만별로 달라지고 있다. 하지만 사용할 금액이 많다고 베트남 동(VND)으로 두둑하게 환전하는 것은 좋지 않다. 남아서 다시 인천공항에서 원화로 환전하면 환전 수수료 내고 재환전해야 하므로 손해이다. 그러므로 달러로 바꾸었다가 필요한 만큼 현지에서 환전하면서 사용하는 것이 최선의 방법이다.

어디에서 환전을 해야 하나요?

베트남 여행에서 환전을 어디에서 해야 하는지 질문을 하는 사람들이 많다. 베트남은 공항의 환전 율이 좋지 않다. 그러므로 공항에서는 숙소까지 가는 비용이나 하루 동안 사용할 금액만 환전하고 다음날 환전소에 가서 환전을 하는 것이 좋은 방법이다.

시내의 환전소는 매우 많다. 주로 베트남 주요도시에 다 있는 롯데마트 내에 있는 환전소가 환율이 좋다. 또한 한국인들이 주로 찾는 관광지 인근이 환율을 좋게 평가해준다. 또한 환전을 하면 반드시 맞게 받았는지 그

자리에서 확인을 하고 가야 한다. 시내 환전소에서 환율을 높게 쳐주었다고 고마워했는데 실제로 확인을 안했다가 적은 금액을 받았다면 아무 소용이 없을 것이다. 그런데 이런 일은 빈번하게 발생하는 소액사기의 한 방법이므로 반드시 환전하고 확인하는 습관을 갖는 것이 좋다.

ATM사용

가지고 간 여행경비를 모두 사용하면 ATM에서 현금을 인출해야 할 때가 있다. 신용카드나 체크카드 모두 출금이 가능하다. 인출하는 방법은 전 세계 어디에서나 동일하므로 현금인출기에서 영어로 언어를 바꾸고 나서 인출하면 된다. 수수료는 카드마다 다르고 금액과 상관없이 1회 인출할 때 수수료가 같이 빠져나가게 된다.

베트남에 오래 머물게 되면 적당한 금액만 환전하고 현금인출기에서 필요한 금액을 인출해 사용하는 것이 더 요긴할 때가 많다. 도난사고도 방지하고 생활하는 것처럼 아끼면서 사용하는 것이 환전이득을 보는 것보다 적게

나트랑 캄란 공항의 현금인출기ATM는 공항을 나가 정면으로 걸어가 도로가 나오면 왼쪽을 바라보면 나온다. 벽에 가려있기 때문에 찾기가 쉽지 않다.

경비를 사용할 때도 많기 때문에 장기여행자는 환전보다 인출하는 것이 좋은 방법이다.

인출하는 방법

1 카드를 ATM에 넣는다.
2 언어를 영어로 선택한다.
3 비밀번호를 입력한다. 이때 반드시 손으로 가리고 입력해 비밀번호가 노출되지 않도록 한다. 비밀번호는 대부분 4자리를 사용하는 데 가끔 현금인출기에서 6자리를 원한다면 자신의 비밀번호 앞에 '00'을 붙여 입력하면 된다.
4 영어로 현금인출이라는 뜻의 'Withdrawel'이나 'Cash Withdrawel' 선택한다.
5 그리고 현금 계좌인 Savings Account를 누른다.
6 베트남 현지 통화인 동(VND)을 선택하게 되는 데 최대금액이 3,000,000동(VND)까지 인출할 수 있는 현금인출기가 많다. 최대 5,000,000동(VND)까지 인출하는 현금인출기도 있으므로 인출할 때 확인할 수 있다.

주의사항

현금을 인출하고 나서 나갔을 때 아침이나 어두운 저녁 이후에 소매치기를 당하지 않도록 주머니나 가방에 잘 넣어서 조심히 나가는 것이 좋다. 대부분 신용카드와 통장의 계좌를 같이 사용하기 때문에 비밀번호가 노출되면 카드도용 같은 사고가 발생하고 있으므로 조심해야 한다.

심카드 vs 무제한 데이터

베트남은 휴대폰 요금이 매우 저렴해서 4G 심 카드^{Sim Card}를 구입해 한달 동안 무제한데이터를 등록해서 사용하면 편리하다. 다 사용하면 휴대폰 매장에 가서 충전을 해달라고 하면 50,000동과 100,000동 정도를 다시 구입해 1달 정도 이상 없이 사용할 수 있다.

공항에서 심 카드^{Sim Card}를 구입하면 여권을 제시해야 한다. 이때 사기가 아닌지 걱정하는 관광객이 많은데 법으로 심 카드^{Sim Card}를 구입할 때 이용자등록을 해야 한다. 그래서 여권을 잃어버리지 않으려면 공항에서 사는 것이 가장 안전한 방법이다. 구입을 하고 나면 충전만 하면 되기 때문에 여권은 필요가 없다. 공항에서 구입하는 것이 가장 편리하고 여권을 잃어버리거나 현금을 잃어버리는 일이 없기 때문에 공항이 비싸다고 해도 공항을 이용하는 것이 현명하다.

충전을 하면 이렇게 종이로 된 입력 번호를 받고 입력하면 된다.

대한민국에서 신청을 하고 오는 관광객은 그대로 핸드폰을 켜면 무제한 데이터가 시작이 되고 문자가 자신의 핸드폰으로 발송이 되므로 이상 없이 사용할 수 있다. 예전처럼 무제한 데이터를 사용하지 않아도 많은 금액이 자신에게 피해가 되어 돌아오지 않기 때문에 걱정할 필요가 없게 되었다. 또한 하루동안 무제한 사용할 수 있는 금액이 매일 10,000원 정도였지만 하루 동안

통신사마다 베트남에서 무제한 데이터 사용금액이 달라졌기 때문에 사전에 확인을 하고 이용하는 것이 좋다.

베트남 여행 긴급 사항

베트남 내 일부 약품(감기약, 지사제 등)은 처방전이 없어도 구입이 가능하나 전문적인 치료약의 경우에는 처방전이 있어야만 구입이 가능하다. 몸이 아플 경우, 말이 잘 통하지 않는 상태에서 약국 약사의 조언만으로 약을 복용하는 것보다 가능하면 전문의의 진료를 받은 후 처방전을 받아 약을 구입·복용하는 것이 타국에서의 2차 질병을 예방하는 길이다.

긴급 연락처

범죄신고 : 113
화재신고 : 114
응급환자(앰뷸런스) : 115
하노이 이민국 : 04) 3934–5609
하노이 경찰서 : 04) 3942–4244
Korea Clinic : 04) 3843–7231, 04) 3734–6837
베트남–한국 치과 : 04) 3794–0471
SOS International 병원 : 04) 3934–0555(응급실), 04) 3934–0666(일반진료상담)
베트남 국제병원(프랑스 병원) : 04) 3577–1100
Family Medical Practice : 04) 3726–5222 (한국인 간호사 및 통역원 상주)

의료기관 연락처

베트남 내에서 응급환자가 생겼을 경우, 115번으로 전화하여 구급차를 부를 수 있으나 거의 대부분의 115번 전화 안내원이 베트남어 구사만 가능하기 때문에 실질적으로 외국인이 이 서비스를 이용하기에는 결코 쉬운 일이 아니다.

베트남 여행 사기 유형

환전

베트남 화폐의 단위가 크기 때문에 혼동되는 것을 이용하는 사기이다. 환율을 제대로 알려주지 않고 환전을 하는 것과 제대로 금액을 확인 시켜주지 않고 환전을 하면서 대충 그냥 넘어가려고 한다. 금액을 확인하려고 하면 환전수수료(Fee)를 요청하지만 환전에는 수수료가 포함되는 것이니 환전수수료는 존재하지 않는다는 사실을 알고 정확하게 금액을 알려달라고 똑 부러지게 이야기해야 한다. 공항에서부터 기분이 나빠지는 가장 많은 유형으로 미국달러를 가지고 가서 환전해도 사기를 당하면 아무 소용이 없어진다. 은행에서 환전을 하는 것이 가장 안전하고 사설 환전소는 사람에 따라 환전사기를 하기 때문에 반드시 확인하는 습관을 길러야 한다.

택시

택시는 비나선Vinasun, 마일린Mailin이 모범택시에 가깝다. 공항에서 내리면 다양한 택시 회사가 있어서 타게 되면 요금이 2배로 비싸지기도 하여 조심해야 한다. 상대적으로 공항이용객이 많지 않은 나트랑의 캄란 국제공항에서는 택시사기가 많지 않으나 조심해야 한다.
주위의 접근은 다 거절하고 택시를 타는 곳에 있는 하얀 와이셔츠와 검은 바지를 입고 마일린 택시나 마일린 잡아주는 택시를 타는 것이 안전하다. 때로는 택시 기사에따라 소액의 사기를 당하는 경우도 있다. 공항에서 나와 시내로 이동할 때 당하는 수법으로 마일린Mailin, 비나선Vinasun 택시를 타면 이상이 없다고 말하지만 때로는 회사가 비나선Vinasun이나 마일린Mailin이라도 택시기사에 따라 달라진다. 공항에서 시내는 미터기를 이야기하면서 이상 없다고 타게 되는데 사전에 얼마의 금액이 나오는지 미리 알고 싶다고 이야기하고 확인하고 탑승을 해야 한다. 거스름돈을 주지 않는 택시기사가 대부분이므로 거스름돈을 팁Tip으로 줄려고 하지 않는다면 반드시 달라고 해야 한다.
나트랑Nha Trang의 택시 대신에 그랩Grab을 이용하면 사기는 막을 수 있다. 그랩Grab은 사전에 제시한 금액 이외에는 지급을 하지 않아도 되기 때문이다. 그랩Grab이 반드시 택시보다 저렴하지 않으므로 택시를 정확하게 확인만 한다면 시내까지 이상 없이 이동할 수 있다. 요즈음 차량 공유서비스인 그랩Grab을 많이 사용하고 있어서 자신이 그랩Grab의 기사라고 하면서 접근하는 경우도 있는데 그랩은 절대 먼저 접근하지 않는다.

빈도가 높은 유형

많이 사기를 당하는 유형은 많이 알려져 있지만 다시 한번 상기를 하는 것이 좋아 소개한다.
공항에서 내려서 짐을 들고 나오면 택시기사들이 마일린(Mailin) 명함을 보여주며, 자신이 마일린Mailin 택시기사라고 하면서 따라오라고 하는 것이다. 따라가면 공항내의 주차장에 세워진 일반 승용차에 타라고 한다. 미터기는 없으니 수상하여 거절하고 공항으로 다시 가려고 하면 짐을 빼앗아 가기도 한다. 이때는 당황하지 말고 탄다고 하면서 어떻게든 짐을 돌려받아야 한다. 짐을 받으면 그때부터 따지면서 타지 말고 공항으로 돌아가야 한다.

가장 많은 사기 유형은 미터기가 없냐고 물어보면 괜찮다고 하면서 어디까지 가느냐고 물으면서 도착 지점까지 20만동에 가주겠다고 흥정을 한다. 그런데 이 흥정부터 받아주면 안 된다. 받아주는 순간부터 계속 끈질기게 다가오면서 흥정으로 마음을 빼앗으려고 계속 말을 걸어온다. 당연히 가보면 200만동을 달라고 하는 어처구니없는 일이 발생하게 된다. 안 주려고 하면 내놓으라고 억지를 쓰고 경찰을 부른다는 협박까지 하게 된다. 그러면 무서워 울며 겨자 먹기로 돈을 주는 관광객이 발생하게 된다.
최근에는 이런 사기 유형은 많이 없어지고 있다. 명함을 주는 택시기사는 없다. 그들은 명함을 위조하여 가지고 있지만 관광객이 모를 뿐이다. 그들은 택시회사의 종류별로 다 가지고 있다. 또한 차가 승용차 같다면 바로 거절하여야 하고 미터기가 없으면 거절하여야 한다.

택시비 사기 유형과 대비법

마일린Mailin, 비나선Vinasun 택시를 타도 기사가 나쁜 사람이라면 어쩔 수가 없다. 택시비를 계산하려고 지갑에서 돈을 꺼내려 하면 다른 잔돈이 없냐고 물어보면서 지갑을 낚아채 간다. 당연히 내놓으라고 소리도 치고 겁박도 하면 지갑을 되돌려 받는데, 낚아채가는 짧은 순간에 이미 돈이 일부 사라져있다.
택시기사가 전 세계의 지폐에 관심이 많다고 하면서 대한민국 화폐를 보여 달라고 하면서 친근하게 말을 거는 경우이다. 이것도 똑같이 지갑을 손에 잡는 순간, "이거야?" 하면서 지갑을 빼앗아가고, 지갑을 돌려받아 확인하면 돈이 없어지는 상황이 발생한다.
택시를 탈 때 20만 동이나 50만 동 지폐는 꺼내지 않는 것이 좋다. 편의점이나 작은 상점에서 꼭 잔돈으로 바꾸고 택시를 타야 한다. 미리 예상비용에서 5~10만 동 정도만 더 준비하여 주머니에 넣어놓고 내릴 때 요금에 맞춰서 내면 문제가 발생하지 않는다.

소매치기

이 소매치기는 전 세계 어디에서나 마찬가지인데 정말 당할 사람은 당하고, 의심이 많고 조심하면 안 당하게 되는 것 같다. 베트남에 6개월이 넘는 기간 동안 머물고 있지만 한 번도 본적도 없고 당한 적도 없다. 하지만 크로스백에 필요한 물품만 들고 다니기 때문에 표적이 될 가능성이 적다. 또한 여행하는 날, 당일에 필요한 돈만 가지고 다닌다. 그래도 소매치기를 당하는 이야기를 들었기 때문에 조심하도록 알려드린다.

가장 많이 당하는 유형은 그랩Grab의 오토바이를 타고 이동하는 중에 배 앞에 놓인 가방을 노리고 오토바이로 다가와 갑자기 손으로 낚아채 가는 것으로 호치민이나 하노이 같은 대형도시에서 많이 일어난다. 아니면 길을 건널 때 다가와서 갑자기 가방의 팔을 치고 빠르게 달아난다. 소매치기를 시도해도 당하지 않으려면 소매치기가 가방을 움켜쥐어도 몸에서 떨어지지 않도록 대비하는 것이 유일한 방법이다. 요즈음은 가방도 잘 안 들고 다니는데 없는 게 더 안전한 방법일 것이다.

옆으로 메는 크로스백(Cross Bag)
끈을 잘라서 훔쳐간다. 벤탄 시장 같은 큰 시장의 많은 사람들이 몰리는 곳은 한번 들어갔다가 나오면 열려있는 주머니를 발견할 수도 있다.

뒤로 메는 백팩(Back Pack)
제일 당하기 쉬워서 시장에서 신나게 흥정을 하고 있을 때에 표적이 된다. 뒤에서 조심조심 물건을 빼가는 데 휴대폰이나 패드, 스마트폰이 표적이 된다. 사람이 많이 몰리는 곳에서는 백팩은 앞으로 매고 다니는 것이 좋다. 백팩은 버스 같은 대중교통을 이용할 때에 많이 당하게 된다. 버스를 타고 내릴 때 지갑만 없어져 버리기도 한다.

허리에 메는 전대
허리에 메고 다니는 전대는 베트남 사람들은 전혀 안하는 스타일의 가방이라서 많이 쳐다보게 된다. 허리에 있으나 역시 사람들이 많이 있으면 허리에 있는 전대는 보이지 않으므로 소매치기의 표적이 된다.

도로, 길

대한민국처럼 핸드폰을 보면서 길을 걸으면 사고위험도 높아지고 소매치기의 좋은 타깃이 된다. 길에서 핸드폰의 사용은 자제하고 꼭 봐야한다면 도로의 안쪽에서 두 손으로 꼭

잡고 하는 것이 안전하다. 특히 대도시
의 작은 골목에서 사진을 남기고 싶은
마음에 사진을 찍다가 핸드폰을 소매치
기에게 빼앗긴 관광객이 많다. 그러면
카메라를 쓰면 소매치기의 표적이 안
되느냐 하면 그것도 아니다. 정겨운 골
목길의 사진을 찍고 싶은 마음에 사람이
없는 골목으로 들어가서 사진을 찍고 있

으면 골목 어디에선가 갑자기 오토바이가 '부응~~~'하고 다가와서 핸드폰을 채고 가버
린다. 그러니 항상 조심하도록 하자. 현지인들이 사는 골목에 외국인 관광객이 들어가면
그들도 이상하여 쳐다보게 된다. 또한 소매치기가 어디에서인가 주시하고 있다.
핸드폰은 카페의 안에 앉아 사용하거나 사진을 찍고 싶으면 혼자가 아닌 2명이상 같이 다
녀서 표적이 되지 않도록 조심해야 하고 도로를 걷고 있으면 휴대폰은 안쪽으로 들고 있거
나 휴대폰을 안쪽에서 보도록 조심해야 한다. 또한 오토바이 소리가 난다 싶으면 핸드폰을
꼭 잡고 조심하도록 해야 한다.

인력거인 '릭샤Rickshaw'를 타고 가다가 기념하고 싶어서 긴 셀카봉에 핸드폰을 달아서 셀카
를 찍고 있으면 인력거 밖에서 오토바이를 타고 셀카봉을 채가는 일이 최근에 많이 발생하
고 있다.

카메라

최근에는 핸드폰으로 많이 사진을 찍기
때문에 빈도는 높지 않다. 커다란 카메
라를 목에 걸고 다니는 관광객이 표적
이 된다. 베트남 소매치기는 목에 걸고
다니든 허리에 걸고 다니든 상관을 안
한다.
오토바이로 채가면서 목에 걸고 있는 카
메라를 빼앗기는 상황에서 넘어지게 되
는데 카메라 줄이 목이 졸리게 되든지
다른 오토바이에 치이든지 상관을 안 하
게 되므로 사고의 위험이 높다.
목에 걸고 있으면 위험하다. 사진을 찍
고 나서 가방에 잘 넣어놔야 한다. 삼각
대를 사용해 사진을 찍는 관광객은 대도
시의 관광지에서는 삼각대에 놓는 순간
사라질 수 있다는 사실을 알고 조심해야
한다.

베트남 여행의 주의사항과 대처방법

로컬 시장

시장이 활기차고 흥정하는 맛도 있어서 시장을 선호하는 관광객도 많다. 시장에서는 늘 돈을 분산해서 가지고 다니는 것이 안전하다. 베트남사람들 앞에서 돈의 액수가 얼마나 있는지 보여 주는 것은 좋지 않다. 의심이라고 할 수도 있지만 문제가 발생하기 때문에 어쩔 수가 없다. 시장을 갈 일이 생기면 예상되

는 이동거리의 왕복 택시비를 주머니에 넣고 혹시 모르는 택시비의 추가 경비로 10만동 정도를 가지고 시장에서 쓸 돈은 주머니에 넣는다. 지폐는 손에 들고 다녀도 된다.

레스토랑 / 식당

음식점에서 음식값이 다르게 계산되는 일은 빈번히 일어난다. 가장 빈번한 유형은 내가 주문하지 않은 음식이 청구되어 계산서에 금액이 올라서 놀라는 것이다.

2,000동 정도이면 물수건 사용금액이고, 10,000동이면 테이블위에 있는 서비스로 된 땅콩 등이 청구되

는 것이지만 계산서에는 150,000~200,000동 정도가 추가되어 있는 것이다. 그러므로 계산을 할때는 반드시 나가기 전에 확인을 하고 하나하나 확인하는 것이 유일한 대비법이다. 다른 관광객은 "뭐 그렇게 따지나?"하고 생각할 수 있지만 당하지 않으면 기분이 나쁜 것을 모른다. 그러므로 반드시 확인해야 한다. 베트남에 오랜 시간 동안 있었지만 이것은 오래있던지 처음이던지 상관없이 어디에서나 일어나는 일이고 베트남 사람들도 반드시 계산할 때에 확인하는 습관이 있다는 사실을 알고 있다면 일일이 따지는 것은 문제가 되지 않는 행동이며 당연하게 확인해야 하는 습관이다.

레스토랑이 고급이던지 아니던지 상관없이 당당하게 과다청구 하는 경우는 흔하다. 만약 영수증이 베트남어로 되어 있다면 확인은 어렵지만 일일이 물어보면 확인할 수 있다.
베트남은 해산물 음식이 저렴하지 않다. 관광객은 동남아 국가이기 때문에 막연하게 해산물이 저렴하다고 생각하지만 저렴하지 않기 때문에 청구되는 음식가격도 만만치 않은 금액이 된다. 가격을 확인하지 않고 주문하면 계산서에 나오는 금액은 폭탄맞은 상황이 될 수 있어서 주문할 때도 확인을 하면서 해산물을 주문하는 것이 좋다. 늘 주문하기 전에 가격을 확인하는 습관이 필요하다.

팁^{TIP} 문화

원래부터 베트남에 팁^{TIP}문화가 있었던 것은 아
니지만, 최근에 해외 관광객의 증가로 인해 차
츰 팁을 주는 분위기가 생겨나고 있다. 호텔이
나 고급 레스토랑 등에서 일하는 종업원들은
손님으로부터 약간의 팁을 받는 것을 기대하고
있다. 그럴 때 팁 금액이 크지 않으므로 적당하
게 팁을 주는 것이 더 좋은 서비스를 받을 수
있는 방법이기도 하다.

팁^{TIP} 금액은 호텔 포터는 10,000~20,000동, 침실 청소원은 10,000~20,000동, 고급 레스
토랑은 음식가격의 5%이내 정도이다.

신용카드

해외에서 여행을 하면 해외에서도 사용이 가능한 비자와 마스터 카드 등을 가지고 온다. 베
트남에서 유명한 호텔이나 롯데마트 등에서 비자카드 사용은 괜찮다. 그런데 이중결제가
되는 경우가 은근이 많다.

어제, 결제했는데 갑자기 오늘 또 결제된 문자가 날아오는 경우도 있다. 수상한 문자가 계
속 오기 때문에 기분이 찜찜한 것은 어쩔 수 없다. 레스토랑에서 신용카드로 결제하고 이중
결제가 된 경험 이후에는 반드시 현금으로 결제를 하는 습관이 생겼다. 음식 가격이 부족하
다면 인근의 ATM에서 현금인출을 하고 현금으로 주게 된다.

그랩(Grab)

그랩^{Grab}은 동남아시아 여행에서 반드시 필요한
어플이다. 차량 공유서비스인 그랩^{Grab}으로 위
치와 금액을 확인하고, 확인된 기사와 타면 된
다. 간혹 관광지에서 그랩^{Grab}의 기사를 찾는 것
이 택시기사 찾는 것 보다 힘든 경우가 있지만
대부분의 상황에서 그랩^{Grab}은 편리한 이동 서
비스이다.

가끔 이동하는 장소까지 택시를 타려고 하면, "지금 시간이 막히는 시간이라 2배 이상의
가격을 달라"는 것은 베트남에서 현지인에게도 흔하게 발생하는 일이다. 그래서 "안탄다."
하고 내리면 흥정을 하면서 타라고 하는 경우가 흔하다. 그래서 현지인들도 그랩^{Grab}을 상
당히 많이 이용하고 있다.

꼭 택시를 타야 하는 상황이 아니면 그랩^{Grab} 오토바이도 나쁘지 않다. 그랩^{Grab}으로 아르바
이트를 하는 학생들도 있어서 택시보다 잘 잡힌다. 그랩^{Grab} 어플에 결제수단으로 카드를
등록해놓는 데 비양심적인 기사가 가격을 부풀려서 결제해버리는 경우가 있다. 그래서 반
드시 현금으로 결제를 하는 것이 좋은 방법이다.

버스 이동 간 거리와 시간

베트남은 남북으로 길게 해안을 따라 이어진 국토를 가지고 있어서 북부의 하노이^{Hanoi}와 남부의 호치민^{Ho Chi Minh}은 역사적으로나 문화적으로 다른 특징을 가지고 있었다. 프랑스의 식민지가 되면서 베트남이라는 나라로 형성되면서 현대 베트남의 기초가 만들어졌다. 호치민이 베트남전쟁을 통해 남북을 통일하면서 하나의 베트남이 탄생하게 되었다.

그러므로 베트남 전체를 여행하려면 남북으로 길게 이어진 도시들을 한꺼번에 여행하기는 쉽지 않다. 그래서 베트남 도시들은 북부의 하노이^{Hanoi}, 중부의 다낭^{Da Nang}, 중남부의 나트랑^{Nha Trang}, 남부의 호치민^{Ho Chi Minh}이 거점도시가 된다. 이 도시들은 기본 도시로 약12시간이상 소요되는 도시들로 베트남의 대도시라고 할 수 있다. 중간의 작은 도시들이 4~8시간을 단위로 묶여서 하루 동안 많은 버스들이 오고 가고 있다.

남부의 호치민^{Ho Chi Minh}과 중남부의 나트랑^{Nha Trang}은 10시간을 이동하는 도시로 해안을 따라 이동하므로 이동거리가 길지만 시간은 오래 걸리지 않는다. 하지만 호치민^{Ho Chi Minh}에서 고원도시인 달랏^{đà lạt}까지 거리는 짧지만 이동시간은 길다.

각 도시를 연결하는 버스들은 현재 4개 회사가 운행 중이지만 넘쳐나는 베트남 관광객으로 실제로는 더 많은 버스회사들이 운행을 하고 있다. 호치민에서 달랏, 무이네과 나트랑에서 무이네, 달랏까지는 매시간 다양한 버스회사의 코치버스가 운행을 하고 있다.

베트남의 각 도시를 이어주는 코치버스는 일반적으로 앉아서 가는 버스도 있지만 이동거리가 길어서 누워서 가는 슬리핑 버스가 대부분이다. 예전에는 앉아서 가는 버스도 많았지만 점차 슬리핑버스로 대체되고 있는 상황이다.

"

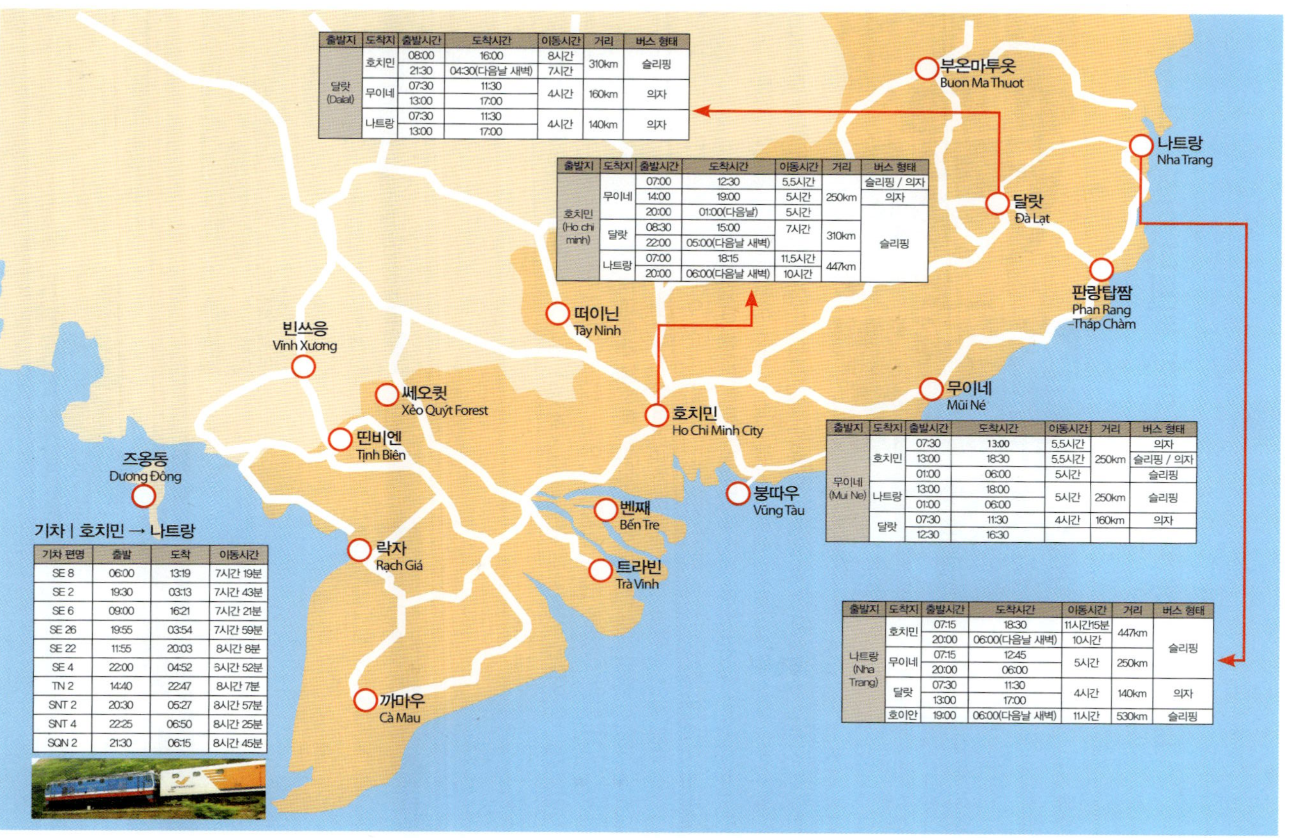

출발지	도착지	출발시간	도착시간	이동시간	거리	버스 형태
달랏 (Dalat)	호치민	08:00	16:00	8시간	310km	슬리핑
		21:30	04:30(다음날 새벽)	7시간		
	무이네	07:30	11:30	4시간	160km	의자
		13:00	17:00			
	나트랑	07:30	11:30	4시간	140km	의자
		13:00	17:00			

출발지	도착지	출발시간	도착시간	이동시간	거리	버스 형태
호치민 (Ho chi minh)	무이네	07:00	12:30	5.5시간	250km	슬리핑 / 의자
		14:00	19:00	5시간		의자
		20:00	01:00(다음날)	5시간		
	달랏	08:30	15:00	7시간	310km	슬리핑
		22:00	05:00(다음날 새벽)			
	나트랑	07:00	18:15	11.5시간	447km	
		20:00	06:00(다음날 새벽)	10시간		

출발지	도착지	출발시간	도착시간	이동시간	거리	버스 형태
무이네 (Mui Ne)	호치민	07:30	13:00	5.5시간	250km	의자
		13:00	18:30	5.5시간		슬리핑 / 의자
		01:00	06:00	5시간		슬리핑
	나트랑	13:00	18:00	5시간	250km	슬리핑
		01:00	06:00			
	달랏	07:30	11:30	4시간	160km	의자
		12:30	16:30			

출발지	도착지	출발시간	도착시간	이동시간	거리	버스 형태
나트랑 (Nha Trang)	호치민	07:15	18:30	11시간5분	447km	슬리핑
		20:00	06:00(다음날 새벽)	10시간		
	무이네	07:15	12:45	5시간	250km	
		20:00	06:00			
	달랏	07:30	11:30	4시간	140km	의자
		13:00	17:00			
	호이안	19:00	06:00(다음날 새벽)	11시간	530km	슬리핑

기차 | 호치민 → 나트랑

기차 편명	출발	도착	이동시간
SE 8	06:00	13:19	7시간 19분
SE 2	19:30	03:13	7시간 43분
SE 6	09:00	16:21	7시간 21분
SE 26	19:55	03:54	7시간 59분
SE 22	11:55	20:03	8시간 8분
SE 4	22:00	04:52	5시간 52분
TN 2	14:40	22:47	8시간 7분
SNT 2	20:30	05:27	8시간 57분
SNT 4	22:25	06:50	8시간 25분
SQN 2	21:30	06:15	8시간 45분

베트남 여행 전 꼭 알아야할 베트남 이동수단

베트남이 지금과 같은 교통 체계를 갖추기 시작한 시기는 프랑스 식민지 시대부터였다. 수확한 농산물을 운송해 해안으로 가지고 가기 위한 목적이었다. 하지만

베트남 전쟁으로 파괴된 교통 체계는 이후에 재건하고 근대화하였다. 지금, 가장 대중적인 교통수단은 도로 운송이며, 도로망도 남북으로 도로가 만들어지면서 활성화되었다. 도시 간 이동에 일반 시외버스와 오픈 투어 버스Open tour bus를 이용할 수 있다.

철도는 새로 만들지 못하고 단선으로 총길이 2,347㎞에 이르는 옛 철도망을 사용하고 있다. 러, 가장 길고 주된 노선은 호치민과 하노이를 연결하는 길이 1,726㎞의 남북선이다. 철도로는 이웃한 중국과도 연결되어 중국과의 무역에 활용되고 있다.

베트남에서 최근 여행에 많이 활용되고 있는 방법이 '항공'이다. 하노이, 다낭, 나트랑, 호치민, 달랏, 푸꾸옥을 기점으로 공항에 활성화되고 있다. 특히 유럽의 배낭 여행자들은 항공을 적극 활용하고 있다.

베트남 여행에서 도시 간 이동에서 이용하는 도로 교통수단으로 일반 시외버스와 여행사의 오픈 투어 버스Open tour bus가 있다. 일반 시외버스는 낡은 데다 시간도 오래 걸리기 때문에 장거리 이동이 불편하다. 베트남에서 '오픈 투어Open tour', '오픈 데이트 티켓Open Date Ticket', '오픈 티켓Open Ticket'이라는 단어를 들을 수 있는데, 이것은 저렴한 예산으로 여행하려는 외국인 여행자를 대상으로 하여 제공되는 '오픈 투어 버스'를 여행자들은 '슬리핑 버스'라고 부르고 있다. 이유는 버스에는 에어컨이 갖추어져 있고 거의 누운 상태에서 야간에 잠을 자면서 이동하는 버스이기 때문이다. 호치민 시와 하노이 사이를 운행하며 사람들은 도중에 주요 도시에서 타고 내릴 수 있다. 경쟁이 치열하여 요금이 많이 내려간 상태여서 실제로, 가장 저렴한 교통수단이다.

베트남 도시와 도시를 연결하는 슬리핑 버스

하노이, 다낭, 나트랑, 호치민은 베트남의 여행을 하기 위한 거점 도시이다. 각 버스 회사들이 각 도시를 연결하고 있다. 북, 중, 남부의 대표적인 도시마다 각 도시를 여행을 하기 위해 버스를 타고 이동을 하는 데 저녁에 탑승해 다음날 아침 6~7시에 다음 도시에 도착하게 된다. 예를 들어 하노이에서 18~19시에 숙소로 픽업을 온 가이드의 인솔을 받아, 어딘가로 차를 타고 가서 큰 코치버스를 탑승하게 된다. 이 버스를 타고 이동하면 다낭에 아침에 도착한다. 그러므로 베트남 전체를 모두 여행을 하려면 버스에 대해 확실하게 알고 출발하는 것이 좋다. 이렇게 버스를 야간에 자면서 간다고 해서 '슬리핑 버스Sleeping Bus'라고 부른다.

슬리핑버스라서 야간 이동만 생각할 수 있는데 최근에는 도시 간 이동하는 버스는 대부분 슬리핑 버스형태로 동일하므로 오전이나 오후에 4~5시간 이동하는 버스도 슬리핑 버스와 동일하기 때문에 도시 간 이동을 하는 버스는 모두 슬리핑 버스라고 알고 있는 것이 낮다.

버스를 예약하는 방법은 여행사를 통해 예약하거나 숙소에서 예약을 해달라고 하면 연결된 버스회사에 예약을 해주는 것이 가장 일반적인 방법이다. 버스를 예약하는 방법은 원래 각 버스회사의 홈페이지를 통해 온라인 예약을 하거나 전화로 예약, 직접 버스회사의 사무

실을 찾아가면 된다. 버스 티켓을 구입하면 버스티켓은 노선 명, 탑승시간, 소요시간 등이 기재되어 있다.

베트남 여행자들에게 유명한 버스 회사는 신 투어리스트Shin Tourist, 풍짱 버스Futa Bus, 탐한 버스Tam Hanh Bus 등이 있다. 각 버스마다 노선마다 운행하고 있는 버스가 모두 다르므로 여행 전에 차량 정보를 미리 확인하는 게 안전하다. 각 버스회사마다 예약을 하는 방법이 조금씩 차이가 있다. 슬리핑 버스가 출발하면 3시간 정도마다 휴게소에 들리게 된다. 이때 내려서 화장실에 가거나 저녁을 먹도록 시간을 배정한다. 보통 10시간 정도 이동한다면 2~3번의 휴게소에 들리게 된다.

1. 좌석이 버스티켓에 적혀 있는 경우도 있고 좌석을 현지에서 바로 알려주는 경우도 있다. 그러므로 좌석을 확인하고 탑승해야 한다.

2. 자신의 여행용 가방은 짐칸에 먼저 싣기 때문에 사전에 안전하게 실렸는지 확인하고 탑승해야 한다. 간혹 없어졌다는 문제가 발생하기도 한다.

3. 베트남의 슬리핑버스는 신발을 벗고 타야 한다. 비닐봉지를 받아서 신발을 넣고 자신의 좌석으로 이동한다.

4. 버스 내부는 각각의 독립된 캡슐처럼 좌석이 배치되어 있으며, 침대칸으로 편하게 누워서 이동이 가능하다. 한 줄에 3개의 좌석이 있는 데 가운데 좌석은 답답하므로 창가좌석이 좋다. 인터넷으로 예약을 하면 좌석을 지정할 수 있으므로 바깥 풍경을 보면서 이동하는 게 조금 편하게 이동하는 방법이다.

5. 좌석은 1층과 2층이 있는데 2층보다는 1층이 흔들림이 적어 편하고 때로 멀미가 심한 사람들에게는 멀미가 덜하다. 연인이나 부부, 가족일 때는 사전에 좌석을 지정하거나 탑승하면서 이야기를 하여 앞뒤보다는 양옆자리로 배치해 서로 보면서 이동하는 것이 좋다.

6. 와이파이는 무료로 되지만 와이파이가 약하기 때문에 기대를 안 하는 것이 낮다.

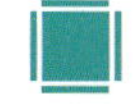

버스 회사의 양대 산맥

풍짱 버스(Futa Bus)

1992년에 설립되어 운행하고 있는 버스 회사로 최근에 도시 간 이동편수를 가장 많이 늘리고 있다. 그래서 풍짱 버스는 시간표가 촘촘하게 잘 연결되어있는 편이다. 배차되는 버스가 많다보니 좌석이 여유가 있는 편이므로 급하게 도시를 이동하려는 버스는 구하려면 추천한다. 주말이나 공휴일 같은 특수한 경우가 아니라면 당일 예약이 가능하다.
풍짱 버스는 인터넷으로 예약이 가능하고 선착순으로 버스회사에서 표를 구할 수 있다. 풍짱 버스 예약사이트에서 예약과 결제를 진행하고 나서 바우처를 지참해 풍짱 버스 사무실에 가서 버스티켓으로 교환하면 된다.

주의사항

1. 1시간 정도의 여유를 가지고 출력한 표로 티켓을 교환해야 한다.
2. 셔틀 버스로 터미널로 이동하나 2시간 전에 이동하므로 개인적으로 시간에 맞추어 이동하는 경우도 있다.

풍짱 버스(https://futabus.vn) 예약하는 방법

1. 출발지(Origin)와 목적지(Destination)를 선택한다.

2. 예약날짜와 티켓수량을 선택한 후 [Book Now]를 클릭한다.

3. 출발 시간(Departure time)과 픽업 장소(Pickup point)를 선택한다.

4. 예약을 하면 바우처가 메일로 오고, 그 바우처를 가지고 풍짱 버스 사무실로 가게 된다. 그래서 픽업장소에서 탑승해 가지 않고 개인적으로 이동하는 경우도 많다.

5. 좌석을 선택한다. 멀미가 심한 편이면 FLOOR 1 중 가능하면 앞 좌석으로 선택하는 것이 가장 좋다. 좌석 선택을 마치면 [Next]를 클릭한다.

6. 개인정보를 입력한다. 별표로 표시된 필수 입력칸만 채우면 된다. 이름, 이메일, 핸드폰 번호를 적는데, 본인 핸드폰을 로밍해서 간다면 +82-10-XXXX-XXXX로 적어주면 된다. Billing Country, Billing City, Billing Address는 자신의 한국주소를 영문으로 적는다. 대충 간단하게 기입해도 상관없다 정책동의 체크표시를 한 후 [Next]를 클릭한다.

7. 카드 종류를 선택하고, [Pay Now]를 클릭한다. 가끔 결제를 할 때 에러가 발생할 수도 있으므로 확인한다. 영어로 변경할 경우에 에러가 발생하는 경우에는 베트남어로 변경 후 다시 처음부터 결제단계를 진행해야 한다.

8. 카드상세정보를 입력한다.

9. [Payment]를 클릭하면 풍짱 버스 온라인 예매가 끝이 난다. 10분 정도 지나면 이메일로 바우처가 날아온다. 인쇄를 하거나 핸드폰 화면에서 캡쳐를 해 놓으면 된다.

■ 신 투어리스트(Shin Tourist)

베트남 버스 회사 중 가장 대표적인 회사라고 할 수 있다. 베트남 여행 산업의 신화라고 불리며 도시 간 이동에서 두각을 나타내는 버스회사로, 베트남뿐만 아니라 동남아시아에 여러 사무소가 있다. 또한 각 도시마다 즐길 수 있는 당일 투어를 신청할 수 있다.
온/오프라인 모두 버스 티켓을 구입할 수 있다. 가장 
큰 장점은 버스 티켓을 구입하면 버스 출발까지 남은 시간에 사무실에서 짐을 보관해 주기 때문에 빈 시간을 활용할 수 있다.

3대 버스 회사는 신 투어리스트[Shin Tourist], 풍짱 버스[Futa Bus], 탐한 버스[Tam Hanh Bus] 등이지만 3대 버스 회사 외에 한 카페, Cuc Tour, Queen Cafe 등의 다양한 버스회사가 현재 운행 중이다.

신 투어리스트(Shin Tourist) 예약하는 방법(www.thesinhtourist.vn)

홈페이지에 접속한다. 홈페이지의 언어가 베트남어로 표시된다면 우측 상단의 영국 국기를 클릭해서 영문으로 변경한다.

1. 메뉴에서 [TRANSPORTATION 〉 Bus Tickets] 을 클릭한다.

2. 버스 시간표가 나오면 [Search] 버튼을 누른다.

3. 원하는 시간대에 [Add to Cart] → [Proceed]를 클릭한다.

4. 'Checkout as Guest'에서 [Continue]를 클릭한다.

5. 예약정보를 입력하고 [Accept] → 약관에 동의를 하고 [Confirm]을 클릭한다.

6. 신용카드 정보를 입력하고 [Process Payment]를 클릭하면 끝이 난다.

예약이 완료되면 이메일로 [E-ticket]이 오게 된다. 바우처을 사무실에서 실제 티켓으로 교환을 하는데, 간혹 결제 시 사용했던 카드를 함께 보여 달라는 경우도 있으니 카드를 챙기는 게 좋다.

베트남 도로 횡단 방법 / 도로 규칙

베트남에서는 횡단보도를 건너는 것보다 무단횡단을 하는 모습이 일반적이다. 그래서 처음 베트남 여행을 하는 관광객들은 항상 어떻게 도로를 건널지 고민을 하게 된다. 도로 규정이 명확하지 않은 것 같으므로 붐비는 거리를 건널 때에는 지나가는 오토바이와 차를 조심해야 한다.

호치민이나 하노이에 사는 사람들은 모르지만 호이안Hoian이나 푸꾸옥Nha Trang의 작은 도시에 사는 사람들도 호치민 같은 대도시로 여행을 간다면 조심하라는 이야기를 할 정도이니 해외의 관광객이 걱정하는 것은 당연하다. 무질서의 대명사처럼 느껴지는 오토바이의 물결이 처음에는 낯설고 무서운 존재일 수 있다. 그렇지만 이 무질서에도 나름의 규칙이 있고 무단횡단도 방법이 있고 주의사항도 있다.

■ 도로 횡단하기(절대 후퇴는 없다.)

베트남 여행에서 도로를 횡단하는 것이 처음 여행하는 관광객에게는 무섭기도 하고 걱정되기도 한다. 가장 먼저 하지 말아야 하는 행동은 절대 뒤로 물러서면 안 된다는 것이다. 가끔 되돌아오는 여행자가 있는 데, 이때 사고가 나게 된다. 오토바이는 속도가 있어서 어느새 자신에게 다가와 있는 데 갑자기 뒤로 돌아오면 오토바이도 대처를 할 수 없게 된다. 이때 오토바이와 부딪치는 사고가 발생한다.

도로 건너기

1. 처음 도로로 나가는 방법은 약간의 거리를 두고 다가오는 오토바이가 있을 때에 도로로 내려와 무단 횡단을 한다.
2. 앞으로 나아갈 수 없다면 그 자리에 서 있으면 오토바이들은 알아서 피해간다.
3. 오토바이가 내 앞에 없다면 앞으로 나아간다. 오토바이가 오는 방향을 보고 빈 공간이 생기게 되므로 이때 앞으로 나아가면 횡단할 수 있다.

■ 도로 운행

1. 2차선

왕복 2차선에는 오토바이든 자동차이든 같이 지나갈 수밖에 없다. 오토바이가 도로를 질주하다가 자동차가 지나가려면 경적을 울린다. 이 때 오토바이는 도로 한 구석으로 이동하면 자동차가 지나간다.

2. 4차선 이상

일방도로가 2차선 이상이 되면 다른 규칙이 있다. 1차선에는 속도가 느린 자동차가 다니는 것처럼 속도가 느린 오토바이가 다닌다. 2차선에는 속도가 빠른 자동차가 다닌다. 오토바이가 2차선을 달리고 있는 상태에서 자동차가 다가오면 경적을 울려 오토바이가 1차선으로 이동하도록 알려주게 된다. 때로 오토바이가 2차선으로 속도를 빠르게 가려면 손을 올려 차선 변경을 한다는 사실을 알려주게 된다. 자동차가 차선을 이동하려면 깜박이를 올려 알려주는 것과 동일한 방법이다.

3. 회전교차로

호치민이나 하노이의 출, 퇴근시간이 되면 회전교차로의 수많은 오토바이의 물결에 깜짝 놀라게 된다. 그리고 이 회전교차로에서 사고가 나는 경우가 많다. 회전교차로에는 차선이 그려져 있지만 오토바이가 많으므로 차선은 무의미하다.

비가 올 때 도로 횡단은 조심해야 한다. 비가 오면 도로가 미끄럽고 오토바이를 운전하는 운전자가 오토바이를 통제하지 못하는 상황이 발생하기 쉽다. 핸들을 좌우로 자주 움직이지 않는 자동차와 다르게 핸들을 자주 움직이는 오토바이는 비가 오면 타이어가 미끄러지는 상황이 자주 발생하고 사고도 많아지게 된다. 그러므로 도로를 횡단하는 사람을 봐도 오토바이가 통제가 되지 않을 상황이 발생하므로 조심하면서 건너야 한다.

버스 타는 방법

소도시에는 작은 버스라서 버스문도 하나이기 때문에 탑승과 하차가 동일한 문에서 이루어진다. 하지만 대도시에는 큰 버스들이 운행을 하고 있다. 버스는 우리가 타는 것처럼 앞문으로 탑승하여, 뒷문으로 내리는 구조와 동일하다.

탑승할 때 버스비를 내고 탑승하는 데 작은 버스는 먼저 탑승을 하고 나서 차장이 다가와 버스비를 걷어간다. 이때 버스비는 과도하게 받는 경우가 많아서 다른 사람들이 내는 것을 보고 있다가 버스비의 가격을 대략 가늠할 필요가 있다. 일반적으로 6,000~18,000동까지 버스비 금액의 차이가 크므로 확인하는 것이 좋다.

나트랑
한 달 살기

Nha Trang

솔직한 한 달 살기

요즈음, 마음에 꼭 드는 여행지를 발견하면 자꾸 '한 달만 살아보고 싶다'는 이야기를 많이 듣는다. 그만큼 한 달 살기로 오랜 시간 동안 해외에서 여유롭게 머물고 싶어 하기 때문이다. 직장생활이든 학교생활이든 일상에서 한 발짝 떨어져 새로운 곳에서 여유로운 일상을 꿈꾸기 때문일 것이다.

최근에는 한 달, 혹은 그 이상의 기간 동안 여행지에 머물며 현지인처럼 일상을 즐기는 '한 달 살기'가 여행의 새로운 트렌드로 자리잡아가고 있다. 천천히 흘러가는 시간 속에서 진정한 여유를 만끽하려고 한다. 그러면서 한 달 동안 생활해야 하므로 저렴한 물가와 주위

에 다양한 즐길 거리가 있는 도시들이 한 달 살기의 주요 지역으로 주목 받고 있다. 한 달 살기의 가장 큰 장점은 짧은 여행에서는 느낄 수 없었던 색다른 매력을 발견할 수 있다는 것이다.

사실 한 달 살기로 책을 쓰겠다는 생각을 몇 년 전부터 했지만 마음이 따라가지 못했다. 우리의 일반적인 여행이 짧은 기간 동안 자신이 가진 금전 안에서 최대한 관광지를 보면서 많은 경험을 하는 것을 하는 것이 자유여행의 패턴이었다. 하지만 한 달 살기는 확실한 '소확행'을 실천하는 행복을 추구하는 것처럼 보였다. 많은 것을 보지 않아도 느리게 현지의 생활을 알아가는 스스로 만족을 원하는 여행이므로 좋아 보였다. 내가 원하는 장소에서 하루하루를 즐기면서 살아가는 문화와 경험을 즐기는 것은 좋은 여행방식이다.

하지만 많은 도시에서 한 달 살기를 해본 결과 한 달 살기라는 장기 여행의 주제만 있어서 일반적으로 하는 여행은 그대로 두고 시간만 장기로 늘린 여행이 아닌 것인지 의문이 들었다. 현지인들이 가는 식당을 가는 것이 아니고 블로그에 나온 맛집을 찾아가서 사진을 찍고 SNS에 올리는 것은 의문을 가지게 만들었다. 현지인처럼 살아가는 것이 아니라 풍족하게 살고 싶은 것이 한 달 살기인가라는 생각이 강하게 들었다.

현지인과의 교감은 없고 맛집 탐방과 SNS에 자랑하듯이 올리는
여행의 새로운 패턴인가, 그냥 새로운 장기 여행을 하는 여행자일 뿐이 아닌가?

현지인들의 생활을 직접 그들과 살아가겠다고 마음을 먹고 살아도 현지인이 되기는 힘들다. 여행과 현지에서의 삶은 다르기 때문이다. 단순히 한 달 살기를 하겠다고 해서 그들을 알 수도 없는 것은 동일할 수도 있다. 그래서 한 달 살기가 끝이 나면 언제든 돌아갈 수 있다는 것은 생활이 아닌 여행자만의 대단한 기회이다. 그래서 한동안 한 달 살기가 마치 현지인의 문화를 배운다는 것은 거짓말로 느껴졌다.

시간이 지나면서 다시 생각을 해보았다. 어떻게 여행을 하든지 각자의 여행이 스스로에게 행복한 생각을 가지게 한다면 그 여행은 성공한 것이다. 그것을 배낭을 들고 현지인들과 교감을 나누면서 배워가고 느낀다고 한 달 살기가 패키지여행이나 관광지를 돌아다니는 여행보다 우월하지도 않다. 한 달 살기를 즐기는 주체인 자신이 행복감을 느끼는 것이 핵심이라고 결론에 도달했다.

요즈음은 휴식, 모험, 현지인 사귀기, 현지 문화체험 등으로 하나의 여행 주제를 정하고 여행지를 선정하여 해외에서 한 달 살기를 해보면 좋다. 맛집에서 사진 찍는 것을 즐기는 것으로도 한 달 살기는 좋은 선택이 된다. 일상적인 삶에서 벗어나 낯선 여행지에서 오랫동안 소소하게 행복을 느낄 수 있는 한 달 동안 여행을 즐기면서 자신을 돌아보는 것이 한 달 살기의 핵심인 것 같다.

떠나기 전에 자신에게 물어보자!

한 달 살기 여행을 떠나야겠다는 마음이 의외로 간절한 사람들이 많다. 그 마음만 있다면 앞으로의 여행 준비는 그리 어렵지 않다. 천천히 따라가면서 생각해 보고 실행에 옮겨보자.

내가 장기간 떠나려는 목적은 무엇인가?

여행을 떠나면서 배낭여행을 갈 것인지, 패키지여행을 떠날 것인지 결정하는 것은 중요하다. 하물며 장기간 한 달을 해외에서 생활하기 위해서는 목적이 무엇인지 생각해 보는 것이 중요하다. 일을 함에 있어서도 목적을 정하는 것이 계획을 세우는데 가장 기초가 될 것이다. 한 달 살기도 어떤 목적으로 여행을 가는지 분명히 결정해야 질문에 대한 답을 찾을 수 있다.

아무리 아무 것도 하지 않고 지내고 싶다고 할지라도 1주일 이상 아무것도 하지 않고 집에서만 머물 수도 없는 일이다. 런던은 휴양, 다양한 엑티비티 보다는 박물관 체험과 도서관 즐기기 등과 나의 로망여행지에서 살아보기, 내 아이와 함께 해외에서 보내보기 등등 다양하다.

목표를 과다하게 설정하지 않기

자신이 해외에서 산다고 한 달 동안 어학을 목표로 하기에는 다소 무리가 있다. 무언가 성과를 얻기에는 짧은 시간이기 때문이다. 1주일은 해외에서 사는 것에 익숙해지고 2~3주에 현지에 적응을 하고 4주차에는 돌아올 준비를 하기 때문에 4주 동안이 아니고 2주 정도이다. 하지만 해외에서 좋은 경험을 해볼 수 있고, 친구를 만들 수 있다. 이렇듯 한 달 살기도 다양한 목적이 있으므로 목적을 생각하면 한 달 살기 준비의 반은 결정되었다고 생각할 수도 있다.

여행지와 여행 시기 정하기

한 달 살기의 목적이 결정되면 가고 싶은 한 달 살기 여행지와 여행 시기를 정해야 한다. 목적에 부합하는 여행지를 선정하고 나서 여행지의 날씨와 자신의 시간을 고려해 여행 시기를 결정한다. 여행지도 성수기와 비수기가 있기에 한 달 살기에서는 여행지와 여행시기의 틀이 결정되어야 세부적인 예산을 정할 수 있다.

여행지를 선정할 때 대부분은 안전하고 날씨가 좋은 동남아시아 중에 선택한다. 예산을 고려하면 항공권 비용과 숙소, 생활비가 크게 부담이 되지 않는 태국의 방콕, 치앙마이, 인도네시아 발리 중에서 선택하게 된다. 최근에는 베트남에서도 한 달 살기가 증가하고 있다.

한 달 살기의 예산정하기

누구나 여행을 하면 예산이 가장 중요하지만 한 달 살기는 오랜 기간을 여행하는 거라 특히 예산의 사용이 중요하다. 돈이 있어야 장기간 문제가 없이 먹고 자고 한 달 살기를 할 수 있기 때문이다.

한 달 살기는 한 달 동안 한 장소에서 체류하므로 자신이 가진 적정한 예산을 확인하고, 그 예산 안에서 숙소와 한 달 동안의 의식주를 해결해야 한다. 여행의 목적이 정해지면 여행을 할 예산을 결정하는 것은 의외로 어렵지 않다. 또한 여행에서는 항상 변수가 존재하므로 반드시 비상금도 따로 준비를 해 두어야 만약의 상황에 대비를 할 수 있다. 대부분의 사람들이 한 달 살기 이후의 삶도 있기에 자신이 가지고 있는 예산을 초과해서 무리한 계획을 세우지 않는 것이 중요하다.

세부적으로 확인할 사항

1. 나의 여행스타일에 맞는 숙소형태를 결정하자.

지금 여행을 하면서 느끼는 숙소의 종류는 참으로 다양하다. 호텔, 민박, 호스텔, 게스트하우스가 대세를 이루던 2000년대 중반까지의 여행에서 최근에는 에어비앤비Airbnb나 부킹닷컴, 호텔스닷컴 등까지 더해지면서 한 달 살기를 하는 장기여행자를 위한 숙소의 폭이 넓어졌다.

숙박을 할 수 있는 도시로의 장기 여행자라면 에어비앤비Airbnb보다 더 저렴한 가격에 방이나 원룸(스튜디오)을 빌려서 거실과 주방을 나누어서 사용하기도 한다. 방학 시즌에 맞추게 되면 방학동안 해당 도시로 역으로 여행하는 현지 거주자들의 집을 1~2달 동안 빌려서 사용할 수도 있다. 그러므로 자신의 한 달 살기를 위한 스타일과 목적을 고려해 먼저 숙소형태를 결정하는 것이 좋다.

무조건 수영장이 딸린 콘도 같은 건물에 원룸으로 한 달 이상을 렌트하는 것만이 좋은 방법은 아니다. 혼자서 지내는 '나 홀로 여행'에 저렴한 배낭여행으로 한 달을 살겠다면 호스텔이나 게스트하우스에서 한 달 동안 지내는 것이 나을 수도 있다. 최근에는 아파트인데 혼자서 지내는 작은 원룸 형태의 아파트에 주방을 공유할 수 있는 곳을 예약하면 장기 투숙 할인도 받고 식비를 아낄 수 있도록 제공하는 곳도 생겨났다. 아이가 있는 가족이 여행하는 것이라면 안전을 최우선으로 장기할인 혜택을 주는 콘도를 선택하면 낫다.

2. 한 달 살기 도시를 선정하자.

어떤 숙소에서 지낼 지 결정했다면 한 달 살기 하고자 하는 근처와 도시의 관광지를 살펴보는 것이 좋다. 자신의 취향을 고려하여 도시의 중심에서 머물지, 한가로운 외곽에서 머물면서 대중교통을 이용해 이동할지 결정한다.

3. 숙소를 예약하자.

숙소 형태와 도시를 결정하면 숙소를 예약해야 한다. 발품을 팔아 자신이 살 아파트나 원룸 같은 곳을 결정하는 것처럼 한 달 살기를 할 장소를 직접 가볼 수는 없다. 대신에 손품을 팔아 인터넷 카페나 SNS를 통해 숙소를 확인하고 숙박 어플을 통해 숙소를 예약하거나 인터넷 카페 등을 통해 예약한다. 최근에는 호텔 숙박 어플에서 장기 숙소를 확인하기도 쉬워졌고 다양하다. 어플마다 쿠폰이나 장기간 이용을 하면 할인혜택이 있으므로 검색해 비교해보면 유용하다.

장기 숙박에 유용한 앱

각 호텔 앱
호텔 공식 사이트나 호텔의 앱에서 패키지 상품을 선택 할 경우 예약 사이트를 이용하면 저렴하게 이용할 수 있다.

인터넷 카페
각 도시마다 인터넷 카페를 검색하여 카페에서 숙소를 확인할 수 있는 숙소의 정보를 확인할 수 있다.

에어비앤비(Airbnb)
개인들이 숙소를 제공하기 때문에 안전한지에 대해 항상 문제는 있지만 장기여행 숙소를 알리는 데 일조했다. 가장 손쉽게 접근할 수 있는 사이트로 빨리 예약할수록 저렴한 가격에 슈퍼호스트의 방을 예약할 수 있다.

호텔스컴바인, 호텔스닷컴, 부킹닷컴 등
다양하지만 비슷한 숙소를 검색할 수 있는 기능과 할인율을 제공하고 있다.

호텔스닷컴
숙소의 할인율이 높다고 알려져 있지만 장기간 숙박은 다를 수 있으므로 비교해 보는 것이 좋다.

4. 숙소 근처를 알아본다.

지도를 보면서 자신이 한 달 동안 있어야 할 지역의 위치를 파악해 본다. 관광지의 위치, 자신이 생활을 할 곳의 맛집이나 커피숍 등을 최소 몇 곳만이라도 알고 있는 것이 필요하다.

베트남 나트랑 한 달 살기 비용

베트남의 나트랑은 중부의 호이안Hoian이나 북부의 하노이에 비하면 물가가 조금 저렴한 곳이다. 다만 항공비용을 제외하고 숙박비가 저렴하지 않다.

최근에 올라가는 물가 때문에 저렴하기는 하지만 '너무 싸다'는 생각은 금물이다. 저렴하다는 생각만으로 한 달 살기를 왔다면 실망할 가능성이 높다. 여행을 계획하고 실행에 옮기면 가장 많이 돈이 들어가는 부분은 항공권과 숙소비용이다. 또한 여행기간 동안 사용할 식비와 버스 같은 교통수단의 비용이 가장 일반적이다. 베트남에서 한 달 살기를 많이 하는 도시는 중부의 호이안과 남부의 달랏과 푸꾸옥이다. 그러나 숙박비를 제외하면 달랏과 차이가 없다는 점을 인식하고 한 달 살기의 비용을 파악해보자.

항목	내용	경비
항공권	나트랑으로 이동하는 항공권이 필요하다. 항공사, 조건, 시기에 따라 다양한 가격이 나온다.	약 31~58만 원
숙소	한 달 살기는 대부분 아파트 같은 혼자서 지낼 수 있는 숙소가 필요하다. 홈스테이부터 숙소들을 부킹닷컴이나 에어비앤비 등의 사이트에서 찾을 수 있다. 각 나라만의 장기여행자를 위한 전문 예약 사이트(어플)에서 예약하는 것도 추천한다.	한 달 약 350,000~800,000원
식비	아파트 같은 숙소를 이용하려는 이유는 식사를 숙소에서 만들어 먹으려는 하기 때문이다. 대형 마트나 시장에서 장을 보면 물가는 저렴하다는 것을 알 수 있다. 외식물가는 나라마다 다르지만 대한민국과 비교해 조금 저렴한 편이다.	한 달 약 300,000~600,000원
교통비	교통비는 매우 저렴하다. 다만 다른 도시로 이동하여 관광지를 돌아보려면 투어나 오토바이를 이용해야 하므로 저렴한 편은 아니다. 주말에 근교를 여행하려면 추가 경비가 필요하다.	교통비 50,000~150,000원
TOTAL		81~141만 원

한 달 살기는 삶의 미니멀리즘이다.

요즈음 한 달 살기가 늘어나면서 뜨는 여행의 방식이 아니라 하나의 여행 트렌드로 자리를 잡고 있다. 한 달 살기는 다시 말해 장기여행을 한 도시에서 머물면서 새로운 곳에서 삶을 살아보는 것이다. 삶에 지치거나 지루해지고 권태로울 때 새로운 곳에서 쉽게 다시 삶을 살아보는 것이다. 즉 지금까지의 인생을 돌아보면서 작게 자신을 돌아보고 한 달 후 일상으로 돌아와 인생을 잘 살아보려는 행동의 방식일 수 있다.

삶을 작게 만들어 새로 살아보고 일상에서 필요한 것도 한 달만 살기 위해 짐을 줄여야 하며, 새로운 곳에서 새로운 사람들과의 만남을 통해서 작게나마 자신을 돌아보는 미니멀리즘인 곳이다. 집 안의 불필요한 짐을 줄이고 단조롭게 만드는 미니멀리즘이 여행으로 들어와 새로운 여행이 아닌 작은 삶을 떼어내 새로운 장소로 옮겨와 살아보면서 현재 익숙해진 삶을 돌아보게 된다.

다른 사람들과 만나고 새로운 일상이 펼쳐지면서 새로운 일들이 생겨나고 새로운 일들은 예전과 다르게 어떻다는 생각을 하게 되면 왜 그때는 그렇게 행동을 했을 지 생각을 해보게 된다. 한 달 살기에서는 일을 하지 않으니 자신을 새로운 삶에서 생각해보는 시간이 늘어나게 된다.

그래서 부담없이 지내야 하기 때문에 물가가 저렴해 생활에 지장이 없어야 하고 위험을 느끼지 않으면서 지내야 편안해지기 때문에 안전한 베트남의 나트랑이 달랏, 호이안, 푸꾸옥 등을 선호하게 된다.

외국인에게 개방된 나라가 새로운 만남이 많으므로 외국인에게 적대감이 없는 태국이나, 한국인에게 호감을 가지고 있는 베트남이 선택되게 된다.

새로운 음식도 매일 먹어야 하므로 내가 매일 먹는 음식과 크게 동떨어지기보다 비슷한 곳이 편안하다. 또한 대한민국의 음식들을 마음만 먹는 다면 쉽고 간편하게 먹을 수 있는 곳이 더 선호될 수 있다.

삶을 단조롭게 살아가기 위해서 바쁘게 돌아가는 대도시보다 소도시를 선호하게 되고 현대적인 도시보다는 옛 정취가 남아있는 그늑한 분위기의 도시를 선호하게 된다. 그러면서도 쉽게 맛있는 음식을 다양하게 먹을 수 있는 식도락이 있는 도시를 선호하게 된다.

그렇게 베트남 한 달 살기에서 선택된 도시는 나트랑, 중부의 호이안, 남부의 달랏 등이 많다. 위에서 언급한 저렴한 물가, 안전한 치안, 한국인에 대한 호감도, 한국인에게 맞는 음식 등이 가진 중요한 선택사항이다.

경험의 시대

소유보다 경험이 중요해졌다. '라이프 스트리머Life Streamer'라고 하여 인생도 그렇게 산다. 스트리밍 할 수 있는 나의 경험이 중요하다. 삶의 가치를 소유에 두는 것이 아니라 경험에 두기 때문이다.

예전의 여행은 한번 나가서 누구에게 자랑하는 도구 중의 하나였다. 그런데 세상은 바뀌어 원하기만 하면 누구나 해외여행을 떠날 수 있는 세상이 되었다. 여행도 풍요 속에서 어디를 갈지 고를 것인가가 굉장히 중요한 세상이 되었다. 나의 선택이 중요해지고 내가 어떤 가치관을 가지고 여행을 떠나느냐가 중요해졌다.

개개인의 욕구를 충족시켜주기 위해서는 개개인을 위한 맞춤형 기술이 주가 되고, 사람들은 개개인에게 최적화된 형태로 첨단기술과 개인이 하고 싶은 경험이 연결될 것이다. 경험에서 가장 하고 싶어 하는 것은 여행이다. 그러므로 여행을 도와주는 각종 여행의 기술과 정보가 늘어나고 생활화 될 것이다.

세상을 둘러싼 이야기, 공간, 느낌, 경험, 당신이 여행하는 곳에 관한 경험을 제공한다. 당신이 여행지를 돌아다닐 때 자신이 아는 것들에 대한 것만 보이는 경향이 있다. 그런데 가

끔씩 새로운 것들이 보이기 시작한다. 이때부터 내 안의 호기심이 발동되면서 나 안의 호기심을 발산시키면서 여행이 재미있고 다시 일상으로 돌아올 나를 달라지게 만든다. 나를 찾아가는 공간이 바뀌면 내가 달라진다. 내가 새로운 공간에 적응해야 하기 때문이다. 여행은 새로운 공간으로 나를 이동하여 새로운 경험을 느끼게 해준다. 그러면서 우연한 만남을 기대하게 하는 만들어주는 것이 여행이다.

당신이 만약 여행지를 가면 현지인들을 볼 수 있고 단지 보는 것만으로도 그들의 취향이 당신의 취향과 같을지 다를지를 생각할 수 있다. 세계는 서로 조화되고 당신이 그걸 봤을 때 "나는 이곳을 여행하고 싶어 아니면 다른 여행지를 가고 싶어"라고 생각할 수 있다. 여행지에 가면 세상을 알고 싶고 이야기를 알고 싶은 유혹에 빠지는 마음이 더 강해진다. 우리는 적절한 때에 적절한 여행지를 가서 볼 필요가 있다. 만약 적절한 시기에 적절한 여행지를 만난다면 사람의 인생이 달라질 수도 있다.

여행지에서는 누구든 세상에 깊이 빠져들게 될 것이다. 전 세계 모든 여행지는 사람과 문화를 공유하는 기능이 있다. 누구나 여행지를 갈 수 있다. 막을 수가 없다. 누구나 와서 어떤 여행지든 느끼고 갈 수 있다는 것, 여행하고 나서 자신의 생각을 바꿀 수 있다는 것이 중요하다. 그래서 여행은 건강하게 살아가도록 유지하는 데 필수적이다. 여행지는 여행자에게 나눠주는 로컬만의 문화가 핵심이다.

또 하나의 공간, 새로운 삶을 향한 한 달 살기

"여행은 숨을 멎게 하는 모험이자 삶에 대한 심오한 성찰이다"

한 달 살기는 여행지에서 마음을 담아낸 체험을 여행자에게 선사한다. 한 달 살기는 출발하기는 힘들어도 일단 출발하면 간단하고 명쾌해진다. 도시에 이동하여 바쁘게 여행을 하는 것이 아니고 살아보는 것이다. 재택근무가 활성화되면 더 이상 출근하지 않고 전 세계 어디에서나 일을 할 수 있는 세상이 열린다. 새로운 도시로 가면 생생하고 새로운 충전을 받아 힐링Healing이 된다. 한 달 살기에 빠진 것은 포르투갈의 포르투Porto와 베트남의 나트랑, 호이안을 찾았을 때, 느긋하게 즐기면서도 저렴한 물가에 마음마저 편안해지는 것에 매료되게 되었다.

무한경쟁에 내몰린 우리는 마음을 자연스럽게 닫았을지 모른다. 그래서 천천히 사색하는 한 달 살기에서 더 열린 마음이 될지도 모른다. 삶에서 가장 중요한 것은 행복한 것이다. 뜻하지 않게 사람들에게 받는 사랑과 도움이 자연스럽게 마음을 열게 만든다. 하루하루가 모여 나의 마음도 단단해지는 곳이라고 생각한다.

인공지능시대에 길가에 인간의 소망을 담아 돌을 올리는 것은 인간미를 느끼게 한다. 한 달 살기를 하면서 도시의 구석구석 걷기만 하니 가장 고생하는 것은 몸의 가장 밑에 있는 발이다. 걷고 자고 먹고 이처럼 규칙적인 생활을 했던 곳이 언제였던가? 규칙적인 생활에도 용기가 필요했나보다.

한 달 살기 위에서는 매일 용기가 필요하다. 용기가 하루하루 쌓여 내가 강해지는 곳이 느껴진다. 고독이 쌓여 나를 위한 생각이 많아지고 자신을 비춰볼 수 있다. 현대의 인간의 삶은 사막 같은 삶이 아닐까? 이때 나는 전 세계의 아름다운 도시를 생각했다. 인간에게 힘든 삶을 제공하는 현대 사회에서 천천히 도시를 음미할 수 있는 한 달 살기가 사람들을 매료시키고 있다.

한 달 살기의 대중화

코로나 바이러스의 팬데믹 이후의 여행은 단순 방문이 아닌, '살아보는' 형태의 경험으로 변화할 것이다. 만약 코로나19가 지나간 후 우리의 삶에 어떤 변화가 다가올 것인가?

코로나 바이러스 팬데믹 이후에도 우리는 여행을 할 것이다. 여행을 하지 않고 살아갈 수 있는 사회로 돌아가지는 않는다. 이런 흐름에 따라 여행할 수 있도록, 대규모로 가이드와 함께 관광지를 보고 돌아가는 패키지 중심의 여행은 개인들이 현지 중심의 경험을 제공할 수 있는 다양한 방식의 여행이 활성화될 수 있다. 많은 사람이 '살아보기'를 선호하는 지역의 현지인들과 함께 다양한 액티비티가 확대되고 있다. 코로나19로 인해 국가 간 이동성이 위축되고 여행 산업 전체가 지금까지와 다른 형태로 재편될 것이지만 역설적으로 여행 산업에는 새로운 성장의 기회가 될 수 있다.

코로나 바이러스가 지나간 이후에는 지금도 가속화된 디지털 혁신을 통한 변화를 통해 우리의 삶에서 시·공간의 제약이 급격히 사라질 것이다. 디지털 유목민이라고 불리는 '디지털 노마드'의 삶이 코로나 이후에는 사람들의 삶 속에 쉽게 다가올 수 있다. 재택근무가 활성화되는 코로나 이후의 현장의 상황을 여행으로 적용하면 '한 달 살기' 등 원하는 지역에서 단순 여행이 아닌 현지를 경험하며 내가 원하는 지역이서 '살아보는' 여행이 많아질 수 있다. 여행이 현지의 삶을 경험하는 여행으로 변화할 것이라는 분석도 상당히 설득력이 생긴다.

결국 우리 앞으로 다가온 미래의 여행은 4차 산업혁명에서 주역이 되는 디지털 기술이 삶에 밀접하게 다가오는 원격 기술과 5G 인프라를 통한 디지털 삶이 우리에게 익숙하게 가속화되면서 균형화된 일과 삶을 추구하고 그런 생활을 살면서 여행하는 맞춤형 여행 서비스가 새로 생겨날 수 있다. 그 속에 한 달 살기도 새로운 변화를 가질 것이다.

Nha Trang

나트랑

나트랑 IN

대한민국의 여행자는 까다롭게 여행지를 선택한다. 여행지를 선택하는 것에 있어서 여행 경비가 중요한 선택 요소로 작용하기 때문에 최근 베트남여행을 선택하는 여행자들은 더욱 늘어나고 있다. 현지물가만 저렴하다고 선택하지 않는다.

관광지와 휴양지가 적절하게 조화가 되어야 여행지로 선택되고 여행을 떠나게 된다. 그 중에서도 소개할 나트랑Nha Trang이 다낭을 이어 신흥 강자로 떠오르고 있다. 1월부터 8월까지가 여행하기에 좋은 건기, 9월부터 12월까지가 우기이기 때문에 대한민국이 추운 겨울일 때 따뜻한 베트남으로 떠나는 관광객은 계속 늘어나고 있다. 현지에서는 '냐짱'으로 불리며 전 세계 여행자들을 유혹하는 베트남 나트랑 여행자는 대한민국을 넘어 전 세계로 확대되고 있다.

비행기

인천에서 출발해 나트랑까지는 약 5~5시간 15분이 소요된다. 대한항공은 20시 35분이며 제주항공은 22시 10분으로 저녁에 출발한다.

비엣젯항공은 새벽 1시 50분에 출발하므로 직장인도 퇴근하고 바로 공항으로 이동해 출발할 수 있는 일정이지만 나트랑에 도착하면 23시 45분, 1시 35분, 5시 25분으로 밤 늦거나 새벽에 도착하여 공항에는 아무도 없을 때에 도착하는 단점이 있다. 그래서 공항버

스를 이용하는 경우가 거의 없고 택시나 그랩Grab을 이용하거나 차량 픽업서비스를 이용할 수밖에 없다. 피곤한 시간에 도착하므로 최근에 미리 연락을 해두고 차량 픽업서비스를 이용하는 관광객이 많아졌다.

국내에서 베트남 나트랑Nha Trang으로 가는 비행기는 대한항공과 제주항공으로 모두 직항으로 가능하다.

베트남 국적기인 베트남항공과 최근 새롭게 인기를 끌고 있는 저가 항공사로 비엣젯 항공Vietjet Air이 있다. 저가항공은 합리적인 가격을 무기로 계속 취항하는 항공사가 늘어날 것으로 보인다. 앞으로 나트랑Nha Trang을 지속적으로 운항하는 항공사와 항공 편수는 지속적으로 늘어날 것으로 보인다.

TIP

베트남 항공(Vietnam Airlines)

대한항공이 대한민국의 국적기라면 베트남항공은 베트남의 국적기이다. 베트남 전역의 19개 도시와 아시아, 호주, 유럽, 북미 등 19개국 46개 지역에 취항하고 있는 항공사이다. 의외로 기내식이 맛있고 좌석도 넓은 편이라서 편하다는 느낌을 받는다. 새벽 6시 10분에 출발해 9시 20분(월, 수, 목, 일)에 도착, 밤 21시 40분에 출발해 새벽 4시 30분(화, 수, 토, 일)에 도착하는 2편을 운항하고 있다. 오전에 도착하는 유일한 항공편이다. 하노이나 호치민을 거쳐서 1회 경유하는 항공편도 매일 운항하고 있다. 돌아오는 항공편은 21시 40분에 나트랑에서 출발해 인천 국제공항에는 새벽 4시 30분에 도착한다.

비엣젯 항공(Vietjet Air.com)

베트남의 저가항공사인 비엣젯 항공은 베트남의 경제성장과 함께 무섭게 동남아시아의 저가항공의 강자로 부상하고 있는 항공사이다. 2007년 에어아시아의 자회사로 시작해 2011년 에어아시아에서 지분을 매각하자 비엣젯(Vietjet)으로 사명을 변경하고 난 후에 베트남을 대표하는 저가항공사로 성장했다. 에어아시아와 로고와 사이트, 빨강색의 '레드'컬러를 강조하는 것도 비슷하다. 새벽에 출발하기 때문에 나트랑에 도착하면 아침까지 기다렸다가 시내로 들어가는 여행자도 있어서 불편한 시간대라는 여행자도 있지만 돌아오는 항공편은 오후4시 5분으로 무난하다.

깜 란(Cam Ranh) 국제 공항

나트랑Nha Trang은 베트남 남부에 위치한 카인호아 성의 성도로, 호치민에서 북동쪽으로 약 450㎞ 떨어져 있다. 깜 란Cam Ranh 국제공항이 나트랑Nha Trang 베트남 카인호아 성과 깜 라인 만에 위치한 국제공항으로 시내에서 남쪽으로 35㎞ 정도 떨어져 있다.

깜 란Cam Ranh 국제공항의 새로운 공항이 면적이 13,995㎡으로 현대적이면서도 환경 친화적으로 설계되었다. 주차장과 면적이 33,920㎡으로 완료하여 2018년 6월에 오픈되었다. 러시아워에 승객의 이용인원은 800명 정도 된다. 그중에 국내 역에 러시아워 시간에 승객의 600명, 국제 역에 200명이 된다.

현재 깜 란Cam Ranh 국제공항에는 국내 항공회사 3개와 국재 항공회사의 4개가 사업을 하고 있다. 대한항공, 제주항공과 베트남 저가항공인 비엣젯 항공, 베트남 항공이 운항을 하고 있다. 공항 주변에는 두엔 하 리조트, 노보텔, 더아남 리조트, 미아 리조트, 나트랑 빈펄리조트 풀빌라 선착장 등 나트랑의 인기 호텔 및 리조트를 하차 포인트로 지정해 편의성을 높였다.

공항버스(18번 / 50,000동)

공항에서 50,000동(약 2,500원)으로 가장 저렴하게 시내로 가는 방법은 공항버스를 이용하는 것이지만 버스가 운행하지 않는 시간에 도착하는 대부분의 대한민국 관광객은 이용률이 낮다.

배차간격이 20~30분 간격으로 길어서 한번 버스를 놓치면 기다리는 시간이 길다는 단점과 정차회수에 따라 1시간까지 소요되는 시내도착 시간은 상당히 지루하다. 새벽 5시부터 밤 10시까지 48회를 운행한다고 한다.

막차는 비슷한 시간대에 도착하는 항공편이 늦더라도 30분 정도는 기다리기 때문에 유동적으로 막차시간은 달라진다. 버스를 타면 차량에 있는 버스직원이 숙소나 목적지를 물어보고 목적지 근처에서 직원이 알려주며 출, 퇴근 시간대가 아니면 약 40분 정도면 시내에 도착하므로 택시와 도착시간이 상당히 달라지지는 않는다는 것과 생수 1병을 제공하는 장점이 있다.

티켓구입

공항을 나와 횡단보도를 건너 오른쪽으로 돌아가면 빨간색 원으로 티켓 구입 장소에 책상이 있고 여성이 의자에 앉아 판매한다고 표시되어 있다.

택시

나트랑 깜란 국제공항은 나트랑 시내와 35km정도 떨어진 상당히 먼 공항이다. 그래서 시내까지 이동비용이 비싸다. 보통 450,000~550,000동까지 금액을 택시기사들은 부르고 있다. 호치민이나 하노이에 비해 2배정도의 금액이다. 그 이유는 공항이 시내에서 멀기 때문에 비용이 비싼 것이다. 금액도 비싼 데 바가지까지 쓴다면 정말 화가 날 수 있다. 그러므로 사전에 택시비를 준비하고 그 금액에서 흥정을 해야 한다. 또한 잔돈을 미리 준비해 택시기사에게 정확한 금액을 주는 것이 좋다. 대부분 잔돈은 돌려주지 않으려고 한다.

차량 픽업 서비스

나트랑 깜란 국제공항은 나트랑 시내와 35㎞정도 떨어진 상당히 먼 공항이다. 그래서 시내까지 이동비용이 비싸다. 인원이 5명 이상이라면 차량픽업 서비스도 비용이 비싸기는 하지만 택시와 비슷하여

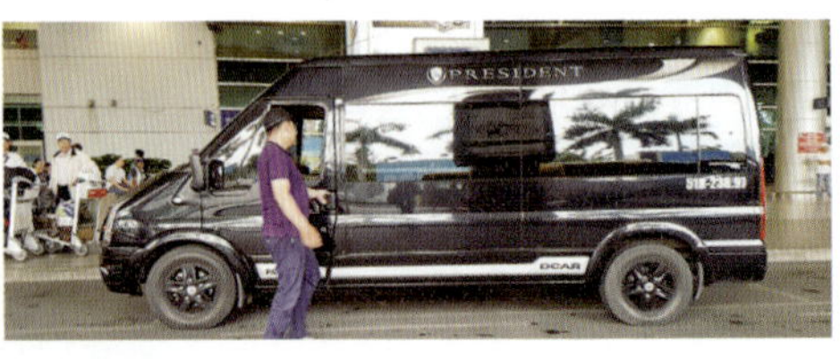

이용하면 편리하고 차량이 미리 와서 대기를 하고 있기 때문에 기다리지 않는 장점이 있다.

가격이 450,000동이기 때문에 비싸다고 생각하지만 5명 정도면 나누어서 5천 원 이내의 비용이기 때문에 비싸다는 느낌이 없다면 사용할 만하다. 나트랑에 늦게 도착하여 피곤할 것 같다면 미리 예약을 하고 이용하는 것도 좋은 방법이다.

공항 픽업 서비스는 택시보다 저렴하면서 동시에 그랩Grab보다 안전하다는 장점이 있다. 늦은 밤이나 새벽에 도착하는 여행자는 피곤하여 숙소로 바로 이동하고 싶을 때에 기다리므로 쉽고 편안하게 이용이 가능하다는 장점이 있다.

TIP

픽업서비스 회사, 베나자

여행 프로그램인 KBS의 배틀트립에서 이용한 후에 급격하게 사용률이 늘어난 차량 픽업 서비스회사이다. 미리 카카오톡이나 전화(ID : HSH1010 / 070-7436-1111~2)로 신청을 하고 입금을 하면 만나는 장소를 알려주고 기다리기 때문에 편리하다. 전화보다는 카카오톡으로 대화를 나누고 현지에서 찾지 못하면 톡으로 연락하는 것이 편리하다. 출발날짜, 도착시간, 항공편명, 대표성함, 연락처, 전체 인원을 알려주면 된다. 편리하다는 장점과 지연되거나 출발 전날까지 일정과 시간변경이 자유롭기 때문에 안전하다.

샌딩 버스 서비스

여행을 마치고 공항으로 이동하는 여행객들을 위한 샌딩 버스 서비스도 주목할 만하다. 단, 샌딩(Sanding) 서비스는 픽업과 달리 나트랑(Nha Trang) 센터, 빈펄(Vine Pearl) 선착장의 2지점에서만 탑승할 수 있다. 따라서 사전에 동선을 파악해 미리 계획해두는 것이 좋다.

골프 여행자의 장비 이동

추가 요금을 지불해야 하지만 골프 장비나 유모차를 실을 수도 있어 짐이 많은 관광객이나 어린아이와 함께하는 가족여행자도 이용할 수 있다.

현재 개발 중인 나트랑 캄란 국제공항은 커다란 도로가 뻥 뚫려있어 시원스러운 느낌이다.

환영한다는 문구가 있는 공항

TIP

베트남 공항 입국시 주의사항

1. 베트남 출입국시에는 출입국신고서 작성 없이 여권으로만 출입국심사 받으면 된다. 단 귀국하는 항공편은 반드시 발권이 되어 있어야 한다. 가끔씩 입국시 왕복하는 리턴 티켓을 보여 달라는 세관원이 있으므로 리턴 티켓을 스마트폰으로 찍어서 가지고 있는 것이 좋다.
2. 최종 베트남 출국일로부터 30일 이내에 다시 방문하는 경우에는 반드시 비자를 새로 발급 받아야 한다.
3. 만 14세 미만 아동과 유아 입국 시에는 부모와 함께 동반해야 한다. 제3자와 입국하는 경우에 반드시 사전에 부모동의서를 번역과 공증 후 지참해서 입국해야 한다.
4. 종종 영문등본을 보여 달라는 세관원도 있으므로 지참하는 것이 좋다.

나트랑 캄란 국제공항에는 롯데면세점이 입점해 있어 마치 대한민국의 공항에 도착하는 느낌을 받는다.

입국 심사를 하고 내려오면 짐을 찾을 수 있는 레일이 보인다.

심카드 구매처

현금인출기에서 돈을 인출하려고 해도 어디인지 혼동되는 ATM은 밖으로 나가 4번의 오른쪽으로 보면 나온다.

새롭게 바뀌고 있는 공항, 무인화 시스템

베트남은 저가항공사인 비엣젯 항공(Vietjet Air)이 지속적으로 성장하고 있다. 국토가 남북으로 긴 베트남은 도시 간 이동에서 중요한 역할을 하고 있고 그 비중이 늘어나고 있는 것이 항공수요의 증가이다.

심지어 하노이에서 나트랑까지의 이동비용은 기차보다 항공기가 저렴하다. 그러나 비용이 저렴하다고 마냥 좋아할 것이 아니다. 공항에서 보딩패스를 비롯해 심지어 짐을 싣는 순간까지 무인화시스템으로 만들어져 있다. 무인화에 익숙하지 않은 저가항공 승객들은 당혹해 하는 데 사전에 사용방법을 확인하고 공항으로 이동하는 것이 좋다.

비엣젯 보딩패스 무인화 시스템

무인화 시스템 사용방법

1️⃣ 순서를 기다렸다가 무인화 기계에서 받은 태그(Tag)를 가방에 부착하고 끝에 있는 조그만 짐 번호표를 1개는 가방에 붙이고, 2번째는 자신이 소지하며, 3번째는 태그(Tag)에 붙어 있어야 한다.

2️⃣ 짐을 레인에 올리면 무게가 확인되면서 20kg을 넘으면 절대 이동되지 않는다. 그러므로 20kg이 넘었다면 빨리 여행용 가방에서 일부 짐을 빼서 무게를 맞추어야 한다.

3️⃣ 태그(Tag)의 바코드를 기계로 스캔시키면 읽혀지면서 가방은 안으로 이동한다. 다 들어가는 순간까지 기다렸다가 확인하고 출국심사장으로 이동하면 된다.

주요 항공사 운항 정보

베트남항공 | 인천 → 하노이 → 나트랑 / VN0417 / 10:05~14:15
인천 → 하노이 → 나트랑 / VN0427 / 10:30~16:40

베트남항공 | 인천 → 호치민 → 나트랑 / VN0409 / 10:15~15:10
인천 → 호치민 → 나트랑 / VN0423 / 10:00~15:55

대한항공 | 인천 → 나트랑 / KE467 / 20:30~23:45
제주항공 | 인천 → 나트랑 / 7C4903 / 22:10~01:35
비엣젯항공 | 인천 → 나트랑 / VJ839 / 01:50~05:25
베트남항공 | 인천 → 나트랑 / VN144 / 06:20~09:20
인천 → 나트랑 / VN3409 / 20:35~23:45
티웨이 항공 | 인천 → 나트랑 / TW157 / 22:50~01:50

비엣젯 항공

베트남 항공

제주 항공

대한항공

시내 교통

여행자들의 관심은 대부분 시내와 해변에 몰려 있다. 시내를 다닐 수 있는 교통수단은 다양하고 장단점이 분명하다. 여행자의 이동 목적에 따라 교통수단을 선택하는 것이 좋다.

시내버스

나트랑^{Nha Trang} 버스 노선이 많지 않지만 나트랑 시내를 다니는 시내버스는 1, 2, 7번 버스이다. 대부분의 나트랑 시민들은 나트랑 시내 도심에서 떨어져 있는 외곽에서 살기 때문에 대부분 시민들이 사용하고 있다.

오토바이를 이용해 출·퇴근을 하는 경우도 있지만 먼 거리라면 오토바이 대신 시내버스를 이용하고 있다. 버스 정류장이 있어서 손을 흔들어 세울 수 있고 원하는 정류장에서 내릴 때는 미리 차장에게 말을 하면 세워준다. 버스는 콤비버스 크기로 크지 않고 에어컨도 나오지 않는다. 또한 자리가 부족하기 때문에 서 있거나 바닥에 앉는 경우도 상당수다.

버스는 많은 시민들이 타기 때문에 복잡하고 물건도 많이 가지고 탑승한다. 그래서 내려달라고 'Stop'이라고 크게 외쳐야 한다. 또한 간혹 혼잡한 버스에서 현금이나 지갑을 잃어버리는 일도 발생하므로 현금만 일정금액을 가지고 탑승하는 것이 좋다.

01, 02, 07번 버스 노선도

1번 버스

2번 버스

택시

베트남에서 실질적으로 여행자의 발이 되는 가장 편한 교통수단은 택시이다. 나트랑^{Nha Trang} 택시의 특징은 택시의 종류가 많아서 마일린^{Maillin}이나 비나선^{Binasun} 택시만 있는 것이 아니다. 아시아 택시, 꿕테 택시도 있다.

마일린이나 비나선만 바가지를 쓰지 않는 택시라고 알려져 있기도 하지만 이 모든 택시가 나트랑에서 운행하고 있다. 실제로 택시를 오래타면 미터기로 제대로 오가는 택시기사는 회사와 상관이 없다는 사실이다. 오히려 미터기를 정확하게 보고 그 비용만 지불하는 것이 좋다. 물론 미터기까지 조작한다면 당해낼 수 있는 방법은 없다.

TIP

택시의 종류

비나선(Binasun)
하얀 색과 빨강, 초록 무늬로 친숙한 대표적인 베트남의 택시회사로 뒷문에 광고가 있다. 마일린(Maillin)과 함께 베트남 택시의 대명사로 나트랑(Nha Trang)에서 가장 많이 타는 교통수단이다.

마일린(Maillin)
비나선(Binasun)과 함께 베트남에서 가장 많이 볼 수 있는 택시회사로 바가지가 없는 택시로 알려져 있다. 4, 8인승 택시가 있으며 공항에서부터 볼 수 있는 친숙한 택시이다. 관광지에는 택시를 잡아주는 직원이 있을 정도로 대표적인 택시라고 볼 수 있다.

꿕테 택시(Quóc Té)
파란색 줄무늬가 있어 일반 택시와 혼동하는 관광객도 있지만 나트랑(Nha Trang) 공항부터 시내까지 많이 볼 수 있는 택시이다. 기본요금이 5,000동부터 시작해 다른 택시에 비해 비싸다고 알려져 있다. 공항에서는 택시에 탑승할 때 미리 금액을 결정하고 탑승하면 택시비는 비싸지 않다. 또한 시내에서는 택시비의 기본요금이 비싸다고 택시비가 과도하게 비싸게 나오지는 않는다.

택시미터기 바로 보기

베트남여행에서 가끔씩 미터기로 계산을 한다고 했는데 과
도하게 계산이 되는 경우도 있다고 하지만 매우 드문 상황
이다. 오히려 택시미터기 보는 방법을 잘 몰라서 과도한 택
시비를 지불하는 경우가 발생한다.

택시 미터기에는 점이 찍혀 있는데 '50.'이라고 보았다면 천
단위를 삭제한 50,000동이 택시요금이다. 물론 미터기에 천 단위까지 표시되는 택시도
있다. 그래서 소수점이 어디에 있는지를 보는 것이 중요하다.

씨클로(CYCLO)

자전거를 개조하여 앞부분에 손님을 태우고 관광객을 태우는 교통수단이다. 오토바이
를 개조해 만들기도 하지만 대부분은 자전거를 개조해 다니는 데 관광객을 태우는 관광
상품이 되었다. 길 가에 대기하고 있거나 골목 모퉁이에 씨클로^{Cyclo} 기사가 대기하는 장
면을 쉽게 보게 된다. 더운 한 낮에 힘들어 씨클로 의자 위에서 낮잠을 청하는 기사도
쉽게 보게 된다. 또한 왜소한 씨클로 기사가 무거운 관광객을 태우고 가는 장면을 볼
때는 안타까운 생각이 들 때도 있다.

나트랑$^{Nha\ Trang}$에는 다른 베트남의 도시보다 더 많은 씨클로를 보게 된다. 왜냐하면 대부
분의 관광지는 씨클로로 여행을 할 수 있으므로 쉽게 베트남을 느끼면서 여행하는 기분
을 만끽할 수 있기 때문이다. 5번 정도 씨클로를 타봤지만 요금은 구간과 기사에 따라
다르기 때문에 정확한 금액은 알 수 없다.

나트랑 자전거 여행 VS 오토바이 투어

나트랑 시내를 다니다보면 유럽여행자들은 자전거로 관광지를 오고 가는 장면을 쉽게 보게 된다. 그래서 자전거를 무료나 유료로 빌려주는 숙소도 많다. 그러나 동양의 여행자들은 자전거 여행을 많이 이용하지 않는다.

나트랑의 시내뿐만 아니라 먼 거리의 관광지까지 다닐 수 있는 오토바이 투어도 인기 상품이다. 오토바이를 대여해 다닐 수도 있지만 어디인지 모르기 때문에 오토바이는 대여만 하지 않고 투어로 몇 명의 여행자가 같이 다녀온다.

1일 투어로(250,000동~) 진행되며 여행사마다 다양한 코스로 만들어져 있어서 투어상품을 상담하고 예약하면 된다. 다만 오토바이는 위험성이 높은 교통수단이므로 주의를 기울여야 하며 속도를 높이면 다칠 확률이 더욱 높다는 사실을 인지하고 적당한 속도로 여행하기 바란다.

나트랑 거리의 다양한 모습들

씨클로

거리에는 자동차와 오토바이, 자전거가 혼재되어 달리고 있지만 나름대로의 질서가 있다.

4번 버스는 나트랑 시내를 관통하는 데 나트랑 대성당과 덤시장, 포나가르 탑을 지나가기 때문에 관광객이 많이 타는 버스이다.

쩐푸거리에는 1, 2번 버스가 지나가는데 나트랑 외곽에 사는 시민들이 출퇴근을 위해 이용한다. 2번 버스는 롱선사와 롯데마트를 지난다.

깐 후아 택시
퀵테택시
마이린택시
선택시
선택시
딴 홍
아시아택시
에마스코 택시

택시 VS 그랩

베트남의 공항에 도착하면 어떻게 숙소까지 이동할 것인지 고민스럽다. 공항버스가 발달되어 있지 않은 베트남에서는 택시를 타고 숙소로 이동하는 경우가 많다. 나트랑Nha Trang도 마찬가지여서 40분 정도 택시를 타고 이동해야 하는데 베트남 택시에 대해 좋지 않은 이야기를 많이 들었기 때문에 고민스러워한다. 이에 요즈음 공항에서 차량공유서비스인 그랩Grab을 이용해 숙소로 이동하는 경우가 많아졌다.

상대적으로 바가지요금을 내지 않아도 되는 특성상 고민할 것 없이 타고 이동하면 되는데 어떻게 그랩Grab을 이용할지에 대해 걱정하는 여행자가 있다. 특히 나이가 40대를 넘어 새로운 어플 서비스를 막연하게 어려워하는 경우가 많다.

택시

바가지가 유독 심한 베트남에서 택시를 탑승하면서 기분이 썩 유쾌하지 않은 것이 현실이다. 첫 기분을 좌우하는 택시와의 만남이 나쁘면서 베트남에 온 것을 후회하게 만들기도 한다. 하지만 나트랑Nha Trang은 호찌민이나 하노이에 비하면 택시는 비교적 양호한 편이다. 물론 나트랑Nha Trang에도 당연히 바가지 씌우는 택시가 있지만, 우리가 아는 공인된 비나선Vinasun과 마일린Mailinh 회사의 택시를 이용하면 불쾌한 일은 어느 정도 사라지고 있는 것이 많이 개선된 베트남 택시의 위로가 아닐까 생각한다.

누구나 추천하는 택시 회사는 비나선Vinasun과 마일린Mailinh인데 가끔씩 비슷한 글자를 사용

▶기본요금 14,000동~ ▶비나선 www.vinasuntaxi.com, 마일린 www.mailinh.vn

한 택시가 있다. 정확하게 안 보고 대충 보는 여행자들을 노리고 바가지를 씌우는 일도 있으니 조심하자. 택시기사들은 여행자에게 양심적이고 친절하게 다가가 택시에 대한 안 좋은 이야기를 없애고 싶어 하지만 당분간 없어질 일은 아니다.

그랩

차량 공유서비스인 그랩Grab을 이용할 때에 어플로 차량을 불러서 확인하고 만나야 하는데 문제가 발생한다. 그랩Grab은 일반 공항 내의 주차장을 사용하지 못한다. 그래서 그랩이 주차를 할 수 있는 위치로 이동해야 한다. 대부분 공항의 주차장 내에 그랩Grab의 기사와 만나는 위치가 있다. 나트랑Nha Trang은 3층의 주차장에서 만나야 한다.

그랩 사용방법

1 스마트폰에 설치를 하고 핸드폰 인증을 해야 한다.

2 나트랑에서 그랩 어플을 실행하면 나트랑 위치를 잡아서 실행을 하므로 이상 없이 사용할 수 있다. (대한민국에서 실행하면 안 된다고 걱정할 필요가 없다. 그랩은 동남아시아에서 사용할 수 있어서 한국에서는 실행이 안 돼서 'Sorry, Grab is not available in this region'이라는 문구가 뜨기 때문에 걱정하지만 한국에서는 사용이 안 된다는 것을 알아야 한다.)

3 출발, 도착지점을 정해야 한다. 출발지는 현재 있는 위치가 자동으로 표시되므로 출발지 아래의 도착지만 지명을 정확하게 입력하면 된다.
숙소이름을 미리 확인하여 영어로 입력하면 되므로 위치는 확인하지 않아도 된다. 영어철자를 입력하면 도착지에 대한 검색을 할 수 있는 창이 나타나면서 자신의 숙소를 확인하고 터치를 하면 된다.

4 1~5분 사이에 도착할 수 있는 차량들이 나오면서 보이므로 선택하면 차량번호, 기사 이름 등이 표시되고, 전화를 하거나 메시지를 나눌 수 있도록 되어 있다. 대부분 메시지를 통해 확인할 수 있다. 영어로 대화를 나눈다고 걱정할 필요가 없다. 한글로 표시가 되기 때문이다.

나트랑 한눈에 파악하기

나트랑Nha Trang은 베트남에서 가장 유명한 해안 도시 중 하나로 카페, 역사 유적지, 맛있는 별미를 제공하는 식당 가까이에 백사장과 청록색 바다가 있다. 나트랑은 20세기동안 인기 있는 해변 휴가지가 되어, 오늘날에는 전 세계에서 관광객들이 찾아오며 최근에 급격히 성장했다. 고층 건물과 고급 호텔은 이제 나트랑 해변과 관광지에서 흔히 볼 수 있는 광경이지만, 조금만 걸어가면 좁은 골목길과 냐짱의 오래된 집들을 찾을 수 있다.

나트랑의 해변은 지금도 가장 큰 자산이며, 명성에 걸맞은 아름다움을 지니고 있다. 오히려 인파를 피하고 싶으면, 다리를 건너 바이 둥 해변으로 가면 된다. 이곳 바다는 더 잔잔하고, 모래는 훨씬 깨끗하며, 사람도 적어 풍경을 감상하기도 좋다.

파도 밑 세계를 탐험하고 싶다면 또는 파도를 따라 다니고 싶다면, 서핑이나 다이빙 교실이 많이 있으므로 해양스포츠를 배울 수 있는 것도 큰 장점이다. 강사들은 뛰어나지만 비용은 저렴하다. 스노클링을 하러 보트를 타고 가까운 섬으로 나가서 다양한 해양 생태계를 직접 눈으로 볼 수 있다. 서핑은 가장 쉽게 해양 스포츠를 접할 수 있는 방법이므로 해보고 싶다면 누구나 강습을 받으러 가면 된다. 하루만 배워도 보드를 빌려서 바다로 뛰어들 수

도 있게 될 것이다.

나트랑의 기후는 10월부터 12월 중순까지를 제외하면 따뜻하고 무난하다. 겨울을 포함한 우기에 방문하면, 비 정도는 신경 쓰지 않아도 될 정도로 다양한 실내의 명소와 활동이 기다리고 있다. 베트남 국립 해양 박물관과 세균학자 알렉상드로 예르생에게 헌정한 박물관은 가장 유명한 박물관이다.

8세기 참^{Cham} 문명의 유적인 포 나가르 사원에는 아직도 참배하러 찾아오는 사람들이 있다. 인상적인 건축물인 롱손 탑과 뛰어난 프랑스 신고딕 양식 건축물인 나트랑 대성당에는 항상 관광객이 넘쳐난다.

밤에는 많은 식당과 바를 마음껏 즐겨야 한다. 10시 30분만 되도 하나둘씩 문을 닫기 시작해 11시면 대부분 영업이 종료되기 때문이다. 나트랑은 뜨거운 여름날 해변에서 시간을 보내거나 카페에 앉아 시원한 음료를 홀짝이기 좋은 곳이다. 해변에서 벗어나 휴식을 취하고 싶으면, 안쪽에도 언제든지 보고 즐길 거리가 수없이 많다.

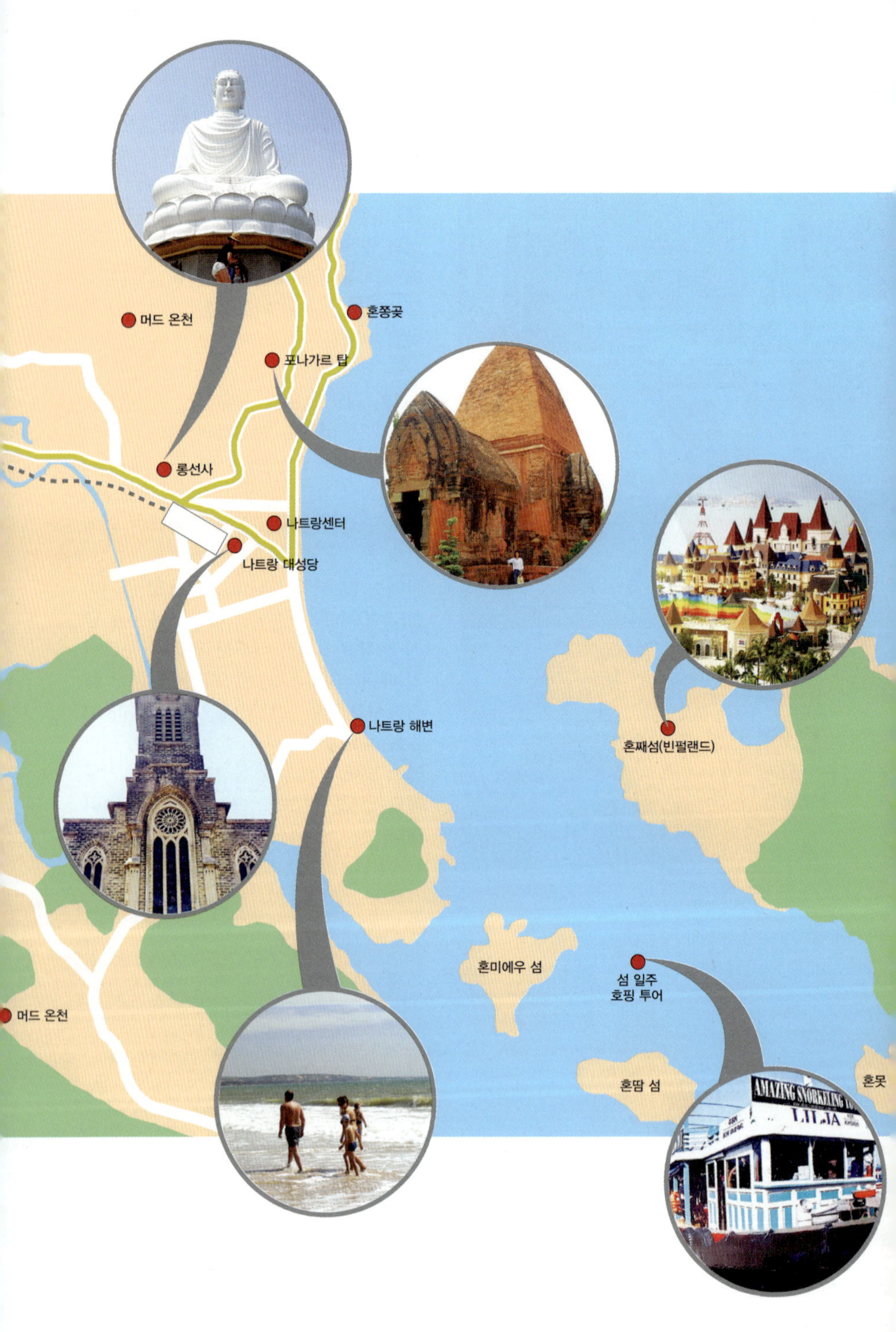
머드 온천
혼쫑곶
포나가르 탑
롱선사
나트랑센터
나트랑 대성당
나트랑 해변
혼째섬(빈펄랜드)
머드 온천
혼미에우 섬
섬 일주
호핑 투어
혼땀 섬
혼못

락깐
덤 시장
퓨어 베트남
넴느엉 부탄안
미켈리아 호텔
알렉산드르 예르생 박물관
센 스파
선라이즈 호텔
롱선사
나트랑 센터
콴퍼
KFC
KFC
나트랑 대성당
앨티큐드 루프톱 바
쉐라콘 호텔
미아하우스
주스 & 커피
퍼홍
인터컨티넨탈 해산물 뷔페
인터컨티넨탈 호텔
보데
프리미어 하바나 호텔
아이스드 커피
나트랑 로지 호텔
리빈 콜렉티브
레인포레스트
흥 왕 사원
그린월드 호텔
노보텔
랑응온
리버티 센트럴
호텔
스타 시티 호텔
나트랑 해변
루이지애나
브루하우스
스토리 비치 클럽

5가지 핵심 포인트

나트랑은 의외로 여행을 계획하기가 쉽지 않다. 시내는 둘러봐도 고층빌딩에 많은 사람들은 왔다 갔다 하지만 어디를 가야할지는 모르겠다. 숙소에 물어보니 역사유적지는 시내에서 떨어져 있다는 답변에 "그럼 어디를 가야하냐"는 물음에는 투어를 소개하는 팜플렛을 내민다. "어떤 것이 좋아요?"는 질문에 "다 좋다"라는 답만 온다. 어떻게 나트랑을 여행해야 하는 것일까?

나트랑은 2차 세계대전의 초기인 1940년대에 일본군이 주둔하면서 '나트랑'이라고 부르고 태평양 전쟁의 물자를 조달하기 위한 전초기지로 개발하면서 해안가는 하루가 다르게 변하게 되었다. 밀레니엄 시대를 맞아 남부 휴양도시로 개발을 시작하여 초기에는 러시아 관광객이 많았지만 지금은 중국인 관광객이 가장 많이 방문하는 도시이다. 나트랑 시내에 있는 고층 빌딩에는 호텔과 오피스, 쇼핑센터들이 들어서 있다. 이 많은 건물들이 모자를 정도로 나트랑은 발전을 거듭하고 있다. 2000년을 맞아하며 허허벌판인 해변에 도시를 만들기 시작한 것이 나트랑도시개발의 시작이다.

그래서 쇼핑이나 앞에 보이는 비치를 즐기는 것이 시내에서 하는 관광이다. 역사유적지는 대부분 나트랑북부와 외곽에 있다. 호핑 투어는 혼쫑 곳의 잔잔한 파도에 깨끗한 휴양지로 개발된 포인트에서 즐기게 된다. 이곳은 현재 빈펄 랜드 Vinpearl Land가 들어서 있어 빈펄 랜드에서만 즐기다가 나오는 관광객도 상당히 많다.

1 시내 관광, 쇼핑

시내는 노보텔 나트랑 호텔이 남북을 나누는 구분 건물이라고 생각하면 된다. 거리로는 누옌 티 민 카이Nguyên Thi Minh Khai가 구분하는 도로이다.

북부에는 유명호텔이 해변을 중심으로 자리를 잡고 있고 기차역이 있는 르 탄 톤Lê Thành Tôn거리를 중심으로 롱선사Chùa Long Sôn와 나트랑 대성당Nha Trang Cathedral이 기차역을 사이에 끼고 자리하고 있으며 롯데마트, 빅C 마트 같은 쇼핑가가 형성되어 있다.

노보텔 남부는 해안과 안으로 형성된 거리에는 여행자거리라고 부르는 곳으로 다양한 호스텔, 호텔, 아파트들이 즐비하고 맛집들이 많다. 랜턴스Lanterns, 옌스Yen's, 갈랑가Galangal, 아이스드 커피Iced Coffee, 콩 카페Công Càphê 등이 몰려 있어 여행자거리에서만 오랫동안 머무는 여행자도 많다.

2 나트랑 비치 즐기기

대부분의 숙소는 해변과 가깝게 형성되어 있어서 숙소와 가까운 해변에서 즐기는 것이 좋다. 여행자거리가 있는 남부 해안에는 서핑이나 카이트 서핑, 윈드서핑을 배우는 여행자도 늘고 있는 추세이다. 세일링 클럽 인근 비치에는 나트랑에서 많이 알려진 레스토랑과 카페들이 많다.

동양의 나폴리라 불리며 끝없이 펼쳐진 백사장과 푸른 바다로 매년 이곳을 찾는 여행자들이 늘고 있다. 때 묻지 않은 자연을 만날 수 있는 신비로운 도시, 나트랑에서도 나트랑 해변은 나트랑 여행에서 빼놓을 수 없는 필수 코스로 알려져 있다.

약 6km 길이의 백사장을 가진 나트랑 해변은 코코넛 나무가 선사하는 시원한 그늘 아래에서 달콤한 휴식을 취할 수 있다. 신비로운 분위기와 천혜의 자연환경을 자랑하는 나트랑 Nha Trang 해변은 헤엄치기에 딱 좋은 물 온도를 가지고 있다. 또한 근처 로컬 식당과 바, 카페 등이 많이 생겨 휴식하기에 그만인 곳이다.

멀리 보이는 포나가르 사원

3 역사 유적지

참파가 통치하던 까우타라^{Kauthara}로 알려진 나트랑에는 참파족에 의해 세워진 유명한 포나가르 사원이 있다. 시내에서 가장 멀리 떨어진 곳이기에 택시나 그랩을 이용해서 날씨가 무더운 특성상 오후에는 이동하는 것이 힘들어서 오전에 가서 보는 것이 가장 좋다. 이어서 롱선사, 기차역, 나트랑 대성당는 걸어서도 이동하며 볼 수 있다.

인근의 ABC베이커리에서 쉬었다가 알렉상드르 예르생 박물관과 담 시장을 보면 마무리된다. 최소 3시간 이상 소요되므로 날씨가 무더울 때는 무리하게 걸어서 이동하기보다는 택시 등을 이용하는 것이 좋다.

4 호핑투어 (Hopping Tour)

호핑 투어는 투어상품으로 만들어져 있기 때문에 예약(1일 투어 13,000~15,000원)을 하면 숙소로 오전 7시~7시 30분에 픽업을 하여 8시에 버스를 타고 선착장으로 이동한다. 10분 정도를 이동해 모두 모이면 출발한다. 호핑 투어가 시작되는 데 혼문 섬 Hòn Mun Island에서 스노클링과 다이빙을 하면서 즐긴다. 카약이나 바나나보트 제트스키 등의 해양스포츠를 원하는 대로 선택하여 즐기게 되는데 조용히 베드에 누워 한적함을 즐겨도 된다.

호핑 투어의 하이라이트는 점심 식사를 하고 댄스 타임이 시작되면서 댄스 시간이 끝나고 다들 바다로 뛰어드는 다이빙 후에 맥주를 바다에서 마실 수 있다. 다른 지역에서는 맛보기 힘든 나트랑 호핑 투어만의 색다른 경험이라 배낭 여행자가 꼭 해야 하는 투어로 인식되고 있다.

5 빈펄 랜드(Vinpearl Land)

자녀나 부모님과 함께 가는 나트랑 가족여행에서 가장 선호되는 빈펄 랜드 Vinpearl Land는 나트랑의 인상을 바꾸고 있는 곳이다. 워터파크와 놀이동산에서 하루 종일 즐기는 관광객이 대부분이기 때문에 오전에 이동해 저녁이 돼서야 돌아온다. 아니면 1박 2일이나 2박 3일 동안 빈펄 랜드에서만 머무는 관광객도 많다.

3,320m, 높이 115m의 케이블카를 타고 바다를 건너면서 시작된다. 약 13분을 이동하면 놀이동산과 워터파크, 동물원, 식물원, 아쿠아리움 등에서 즐길 수 있는 나트랑 최고의 휴양시설이다. 최근에 워터파크도 시설을 새로 정비하고 놀이기구도 추가로 설치하였다. 베트남의 놀이동산 수요는 끊임없이 늘어나고 있는 중이다. 계속 새로운 놀이기구나 워터파크의 즐거움은 증가될 것이다.

통합입장권

모두 추가비용 없이 880,000동(어린이, 60세 이상 700,000동)에 이용할 수 있다. 1m이하의 어린이는 무료로 이용이 가능하고 16시 이후에 입장하면 50%할인을 받을 수 있다.

나의 여행 스타일은?

나의 여행 스타일은 어떠한가? 알아보는 것도 나쁘지 않다. 특히 홀로 여행하거나 친구와 연인, 가족끼리의 여행에서도 스타일이 달라서 싸우기도 한다. 여행 계획을 미리 세워서 계획대로 여행을 해야 하는 사람과 무계획이 계획이라고 무작정 여행하는 경우도 있다. 무작정 여행한다면 자신의 여행 일정에 맞춰 추천 여행 코스를 보고 따라가면서 여행하는 것도 좋은 방법이다. 계획을 세워서 여행해야 한다면 추천 여행 코스를 보고 자신의 여행 코스를 지도에 표시해 동선을 맞춰보는 것이 좋다. 레스토랑도 시간대에 따라 할인이 되는 경우도 있어서 시간대를 적당하게 맞춰야 한다. 하지만 빠듯하게 여행계획을 세우면 틀어지는 것은 어쩔 수 없으니 미리 적당한 여행계획을 세워야 한다.

숙박

호텔, 아파트 VS 호스텔, 게스트하우스

다른 것은 다 포기해도 숙소는 편하게 나 혼자 머물러야 한다면 호텔이 가장 좋다. 하지만 여행경비가 부족하거나 다른 사람과 잘 어울린다면 호스텔이 의외로 여행의 재미를 증가시켜 줄 수도 있다.

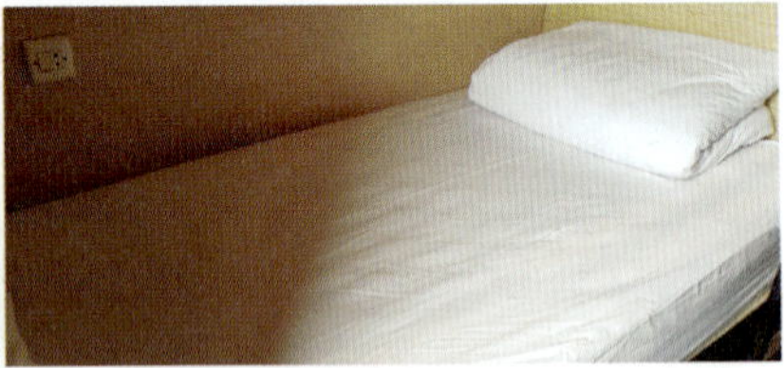

음식

레스토랑 VS 길거리 음식

길거리 음식에 대해 심하게 불신한다면 카페나 레스토랑에 가야 할 것이다. 그렇지만 베트남은 쌀국수를 길거리에서 아침 일찍 현지인과 함께 먹는 재미가 있다. 물가가 저렴하여 어떤 음식을 사먹든지 여행경비에 문제가 발생할 경우는 없다. 관광객을 상대하는 레스토랑은 위생문제에 까다로운 것은 사실이어서 상대적으로 길거리 음식을 싫어한다면 굳이 사 먹을 필요는 없다.

스타일

휴양지 VS 도시

자신이 어떻게 생활하는지 생각하면 나의 여행 스타일은
어떨지 판단할 수 있다. 물론 여행지마다 다를 수도 있
다. 휴양지에서 느긋하게 쉬어야 하지만 도시에서는 아
무것도 안 하고 느긋하게만 지낼 수는 없다. 나트랑은 휴
양지와 도시여행이 혼합되어 있어 앞으로 여행자에게 더
욱 인기를 끌 것이다.

경비

짠돌이 VS 쓰고봄

여행경비를 사전에 준비해서 적당히 써야 하는데 너무 짠돌이 여행을 하면 남는 게 없고
너무 펑펑 쓰면 돌아가서 여행경비를 채워야 하는 것이 힘들다. 짠돌이 여행 유형은 유적
지를 보지 않는 경우가 많지만 나트랑에서는 유적지 입장료가 비싸지 않으니 무작정 들어
가지 않는 행동은 삼가는 것이 좋을 것이다. 여행지, 여행 기간마다 경비 계획을 다르게 짜
야 한다.

여행 코스

관광 VS 쇼핑

여행코스는 여행지와 여행기간마다 다르다. 나트랑은 여행코스에 적당하게 쇼핑도 할 수
있고 여행도 할 수 있으며 맛집 탐방도 가능할 정도로 관광지가 멀지 않아서 고민할 필요
가 없다.

교통 수단

택시 VS 도보

여행지, 여행기간마다 다르고 자신이 처한 환경에 따라
다르지만 나트랑은 어디를 가든 택시나 그랩 차량공유서
비스로 쉽게 가고 싶은 장소를 갈 수 있다.
나트랑에서 버스를 탈 경우는 많지 않다. 나트랑의 도심
자체가 크지 않아서 걸어 다니는 것이 대부분이다.

나 홀로 여행족을 위한 여행코스

홀로 여행하는 여행자가 급증하고 있다. 나트랑은 혼자서 여행하기에 좋은 도시이다. 먼저 물가가 저렴하고 유럽의 도시처럼 멀리멀리 가는 코스가 많지 않아서 여행을 할 때 물어보지 않고도 충분히 가고 싶은 관광지를 찾아갈 수 있다. 혼자서 머드팩이나 각종 투어를 홀로 즐겨보는 것도 좋은 코스가 된다.

1 숙소는 위치가 가장 중요하다. 밤에 밖에 있다가 숙소로 돌아오기 쉬운 위치가 가장 우선 고려해야 한다. 나 혼자 있는 것을 좋아한다면 호텔로 정해야겠지만 숙소는 호스텔도 나쁘지 않다. 호스텔에서 새로운 친구를 만나 여행할 수도 있지만 가장 좋은 점은 모르는 여행 정보를 다른 여행자에게 쉽게 물어볼 수 있다.

2 자신의 여행스타일을 먼저 파악해야 한다. 가고 싶은 관광지를 우선 선정하고 하고 싶은 것과 먹고 싶은 곳을 적어 놓고 지도에 표시하는 것이 가장 중요하다. 지도에 표시하면 자연스럽게 동선이 결정된다. 꼭 원하는 장소를 방문하려면 지도에 표시하는 것이 좋다.

3 혼자서 날씨가 좋지 않을 때 해변을 가는 것은 추천하지 않는다. 걸으면서 해안을 봐야 하는 데 풍경도 보지 못하지만 의외로 해변에 자신만 걷고 있는 것을 확인할 수도 있다. 돌아오는 길을 잊어서 고생하는 경우가 발생할 수 있다.

4 나트랑의 각종 투어를 홀로 즐기면서 고독을 즐겨보는 것이 좋다. 투어는 시간이 7시간 이상 정도는 미리 확보하는 것이 필요하다. 사전에 숙소에서 투어를 미리 예약하고 출발과 돌아오는 시간을 미리 계획하여 하루 일정을 확인할 것을 추천한다.

5 쇼핑을 하고 싶다면 사전에 쇼핑품목을 적어 와서 마지막 날에 몰아서 하거나 날씨가 좋지 않을 때, 숙소로 돌아갈 때 잠깐 쇼핑하는 것이 좋다.

3박 5일 여유로운 나 홀로 나트랑 여행

여유로운 시내 투어 + 빈펄 랜드 + 머드 온천코스

| 1~2일차 | 여유롭게 빈펄 랜드

나트랑에서 하고 싶은 것을 모두 하고 싶다면 4일은 있어야 가능하다. 대한항공은 23시45분에, 티웨이 항공은 2시 50분, 제주항공은 0시 35분에 도착해 택시나 그랩Grab을 타고 숙소로 이동해 휴식을 취한다. 2일차에 빈펄 랜드로 가서 나만의 테마파크를 즐겨볼 수 있다. 놀이기구를 즐길 수 있는데, 놀기 기구는 기다리지 않아서 우선순위를 정해 즐기면 여유롭게 자신이 원하는 것을 즐길 수 있다.

일찍 숙소를 출발해 놀이기구를 먼저 즐기고 나서 시간이 가능하다면 워터파크를 즐기는 것도 좋다. 워터파크가 싫다면 동물원이나 식물원에서 산책을 천천히 즐기다가 돌아오자. 돌아와 마사지로 피로를 풀고 저녁식사를 하고 나트랑 비치에서 저녁 바다를 보고 돌아오면 하루가 금방 지나간다.

공항 →숙소로 이동 → 휴식(1일차) → (2일차 시작)빈펄 랜드 이동 → 놀이기구 → 동물원, 식물원 → 나트랑 시내로 이동 → 마사지 → 저녁 식사 → 저녁 바다 즐기기 → 휴식

3일차에는 시내위주로 둘러보는데 아침에 해뜨는 나트랑 비치를 보는 것도 힐링이 된다. 조용한 바다에서 떠오르는 바다는 아름답다. 아침에 여유롭게 하루의 여행을 생각하며 베트남 커피를 마시는 것도 바쁜 일상을 벗어나 여행을 즐기는 방법이다.

시내 외곽의 포나가르 사원부터 시작해 시내 중심으로 이동해 여행하는 코스로 정한다. 머드 온천을 가서 뜨거운 햇빛을 피해 피로를 풀어도 좋다. 저녁에는 야시장을 둘러보면서 저녁식사로 해산물을 즐기고 마사지나 스파로 피로를 풀어도 좋다. 뜨거운 밤 문화를 즐기고 싶다면 루프 탑 바로 가자.

해뜨는 바다 바라보기 → 베트남 커피로 여유 즐기기 → 포나가르 사원 → 롱선사 → 기차역 → 머드 온천 → 야시장 등의 나이트 라이프

| 4~5일차 | 호핑 투어 (Hopping Tour)

나 홀로 단기 여행에서 새로운 친구를 사귀는 것은 어려운 일이다. 그러므로 활기찬 하루를 보내려면 호핑 투어에 참가해 즐거운 시간을 보낼 수 있다. 8시 30분 정도에 숙소로 픽업을 오면 9시 정도에 이동해 투어 참가자들이 모이면 아쿠아리움(90,000동 개인 부담)을 관람한다. 못 섬으로 이동해 스노클링을 즐기고 밴드의 공연을 보면서 점심 식사를 하고 투어 참가자들이 장기자랑을 하면서 점점 흥이 오른다.

바다로 뛰어 들어 맥주와 함께 바다에서 휴식을 취하거나 즐기면 된다. 추가적으로 해양스포츠를 즐기고 싶다면 추가비용(35,000동)을 부담하고 개인별로 신청해 즐긴다. 17시 정도에 시내로 돌아와 마지막으로 마사지를 받고 몸의 피로를 풀고 나서 저녁에는 시내의 맛집을 찾아 식사를 마치고 나트랑 공항으로 이동하자. 새벽에 도착하는 비행기이므로 공항에는 너무 일찍 이동하지 않아도 된다.

픽업 후 이동 → 호핑투어(아쿠아리움, 스노클링, 공연, 장기자랑, 무료 맥주나 칵테일 즐기기) → 마사지 → 저녁식사 → 쇼핑 → 공항

자녀와 함께하는 여행코스

자녀와 함께 나트랑 여행을 떠나는 가족여행지로 급부상하고 있다. 유럽여행에서 아이와 여행을 하다보면 무리하게 박물관을 많이 방문하는 것은 아이들의 흥미를 떨어뜨려 여행의 재미를 반감시키는데 나트랑은 그럴 가능성이 없다.

자녀와 여행을 하면 실패하는 요인은 부모의 욕심으로 자녀가 싫어하는 것이 무엇인지 모르는 것이다. 자녀와의 여행에서 중요한 것은 많이 보는 것이 아니고 즐거운 기억을 남기는 것이라는 사실을 인식해야 한다. 특히 나트랑의 빈펄랜드는 다낭이나 푸꾸옥의 빈펄랜드만큼 재미가 있기 때문에 아이들은 다시 오고 싶은 여행지가 될 가능성이 많다.

① 숙소는 나트랑 시내의 호텔로 정하는 것이 이동거리를 줄이고 원하는 관광지로 쉽게 이동할 수 있다.

② 비행기로 들어온 첫날 외곽으로 이동하면 아이는 벌써 힘들어한다는 것을 인식하자. 코스는 1일차에 빈펄랜드(VinPearl Land)에서 같이 즐기고 해산물을 먹는 것이 아이들이 가장 좋아하는 코스이다.

③ 2일차에 외곽으로 이동할 계획을 세우는 것이 좋다. 사전에 유적지 투어를 신청하면 숙소까지 픽업을 하기 때문에 힘들지 않다. 미리 시원한 물과 선크림을 준비해 이동하면서 아이들이 강렬한 햇빛에 노출되어도 아프지 않도록 준비하는 것이 좋다. 하루 종일 너무 많은 햇빛에 노출되는 것은 좋지 않다.

④ 유적지에서 아이가 걷는 것을 싫어한다면 사전에 물이나 먹거리를 준비해서 먹으면서 다닐 수 있도록 해주는 것이 아이의 짜증을 줄이는 방법이다. 오전에 일찍 출발하면 중간에 점심까지 먹고 유적을 보면 의외로 시간이 오래 소요된다. 이럴 때 유적지를 그냥 보지 말고 간단하게 설명을 해서 이해를 넓힐 수 있도록 도와주는 것이 앞으로 여행에서도 관심을 증가시킬 수 있다.

⑤ 돌아오는 날에는 쇼핑을 하면서 원하는 것을 한꺼번에 구입하면서 공항으로 돌아가는 시간을 잘 확인하는 것이 좋다. 버스보다는 택시를 이용해 시간을 정확하게 맞추는 것이 좋다.

4박 5일 자녀와 함께하는 나트랑 여행

시내 투어 + 빈펄 랜드 + 머드 스파코스

| 1~2일차 | 포나가르 사원+온천 or 호핑 투어

한국에서 밤 비행기를 탑승하면 베트남에는 새벽에 도착해 택시나 그랩을 타고 숙소로 이동해 휴식을 취한다. 2일차에는 시내위주로 둘러보는데 되도록 시내 외곽의 포나가르 사원부터 시작해 시내 중심으로 이동해 여행하는 코스로 정한다.

머드 온천을 가서 뜨거운 햇빛을 피해 피로를 풀어도 좋다. 아니면 호핑투어를 신청해 스노클링을 즐겨도 좋다. 저녁부터 해안의 나이트 라이프를 즐기거나 야시장을 둘러봐도 좋다. 뜨거운 밤 문화를 즐기고 싶다면 루프 탑 바로 가자.

공항 →숙소로 이동 → 휴식(1일차) → (2일차 시작)포나가르 사원 → 롱선사 → 기차역 → 머드 온천 → 야시장 등의 나이트 라이프

| 3일차 | 빈펄 랜드

3일차에 빈펄 랜드의 모든 것을 즐기는 날이다. 놀이기구부터 워터파크까지 즐길 수 있는 빈펄 랜드는 자녀가 가장 좋아하는 여행의 순간이 될 것이다. 최대한 일찍 숙소를 출발해 놀이기구를 먼저 즐기고 나서 워터파크를 즐기는 것이 좋다. 워터파크부터 시작하면 금새 피로가 몰려온다. 워터파크의 피로는 동물원이나 식물원에서 산책과 함께 천천히 즐기다가 돌아오자.

빈펄 랜드 이동 → 놀이기구 → 워터파크 → 동물원 → 식물원 → 나트랑 시내로 이동 → 저녁 식사 → 휴식

| 4~5일차 | 해변 즐기기 / 귀국

시내의 주요 관광지를 둘러봤다면 해변에서 즐겨봐야 한다. 나트랑에 와서 비치에서 즐겨봐야 휴식의 즐거움을 알 수 있다. 햇빛이 강하므로 오전에 즐기고 오후에는 빈콤 프라자나 롯데마트에서 쇼핑을 하면서 햇빛을 피하는 것이 좋다.

저녁에는 시내의 맛집을 찾아 식사를 마치고 나트랑 공항으로 이동하자. 새벽에 도착하는 비행기이므로 공항에는 너무 일찍 이동하지 않아도 된다.

해변 휴식 → 점심 식사 → 빈콤 프라자 또는 롯데마트 쇼핑 → 나트랑에서 못해본 시내 투어 → 저녁 식사 → 공항 이동 → 나트랑 공항 출발 → 인천공항 새벽 도착

연인이나 부부가 함께하는 여행코스

연인이나 부부가 여행을 와서 즐거운 추억을 남기려면 남자는 연인이나 부인이 좋아하는 맛집을 미리 가이드북을 보면서 위치를 확인하는 것이 좋다.

하루에 2번 정도 레스토랑이나 카페를 미리 상의하는 것도 좋은 방법이다. 여행코스는 기억에 남을만한 명소를 같이 가서 추억을 남기는 것이 포인트이다.

1 숙소는 나트랑 시내의 호텔로 내부 시설을 미리 확인하는 것이 좋다.

2 베트남으로 가는 항공권은 대부분 저녁에 출발하기 때문에 비행기로 들어온 첫날은 숙소로 빠르게 이동해 쉬고 다음날부터 여행일정을 시작하는 것이 좋다. 낮에 도착했다면 시내를 둘러보면서 도심 바로 옆에 있는 해변이나 발마사지 같은 휴식을 취하는 일정이 좋다. 특히 해변의 일몰 풍경은 같이 보는 것이 중요하다.

3 나트랑의 대표적인 레스토랑인 랜턴을 가려고 한다면 조금 일찍 가는 것이 좋다. 해산물은 끝나는 시간대에 맞춰서 구입하면 조금 더 저렴하게 많은 해산물을 먹을 수 있다.

4 나트랑의 옛 골목길에는 현지인들이 길 옆에서 목욕탕의자를 놓고 먹는 장소가 많으므로 한번 정도는 길거리 음식으로 쌀국수를 먹는 것도 나트랑 여행의 재미이다.

5 여행을 하다가 길을 잃어버릴 수도 있으니 사전에 구글맵을 사용해 숙소의 위치를 확인해 두는 것이 좋다. 더운 날 길을 혹시라도 잊어버려서 헤맨다면 분위기가 좋을 수 없다.

6 쇼핑할 시간이 필요하다면 식사를 하고 소화를 시키면서 쇼핑을 하는 것이 편하다. 인근에 롯데마트를 비롯한 다양한 대형마트가 있다. 오전이나 폐장하기 1시간 전에 들어가서 할인이 되는 제품을 확인하고 쇼핑하는 것이 좋다. 베트남 커피나 소스 등 한국인이 많이 구입하는 제품에는 인기품목이라는 표시를 해두었다.

7 우기에 여행을 한다면 날씨를 미리 확인해야 한다. 우기에는 소나기성 비인 스콜이 갑자기 내리기 때문에 우산이 없으면 한순간에 비 맞은 생쥐 꼴이 될 것이다.

3박 5일 연인, 부부가 함께 즐기는 나트랑 여행

시내 투어 + 빈펄 랜드 + 머드 스파코스

| 1~2일차 | 빈펄 랜드

대한항공은 23시 45분에, 제주항공은 01시 35분에 도착해 택시나 그랩을 타고 숙소로 이동해 휴식을 취한다. 2일차에 빈펄 랜드의 놀이기구부터 워터파크까지 즐길 수 있다. 빈펄 랜드는 연인들이 같이 즐기기에 좋은 장소로 모든 시설을 다 즐기려고 하지 말고 우선 순위를 정해 즐기면 연인이나 부부가 가장 좋아하는 여행의 순간이 될 것이다.

최대한 일찍 숙소를 출발해 놀이기구를 먼저 즐기고 나서 워터파크를 즐기는 것이 좋다. 워터파크부터 시작하면 금새 피로가 몰려온다. 워터파크의 피로는 동물원이나 식물원에서 산책과 함께 천천히 즐기다가 돌아오자.

공항 →숙소로 이동 → 휴식(1일차) → (2일차 시작)빈펄 랜드 이동 → 놀이기구 → 워터파크 → 동물원 → 식물원 → 나트랑 시내로 이동 → 저녁 식사 → 휴식

| 3일차 | 시내 관광 + 머드 온천

3일차에는 시내위주로 둘러보는데 되도록 시내 외곽의 포나가르 사원부터 시작해 시내 중심으로 이동해 여행하는 코스로 정한다. 머드 온천을 가서 뜨거운 햇빛을 피해 피로를 풀어도 좋다. 저녁에는 야시장을 둘러보면서 저녁식사로 해산물을 즐기고 마사지나 스파로 피로를 풀어도 좋다. 뜨거운 밤 문화를 즐기고 싶다면 루프 탑 바Bar로 가자.

포나가르 사원 → 롱선사 → 기차역 → 머드 온천 → 야시장 등의 나이트 라이프

| 4~5일차 | 해변 즐기기

시내의 주요 관광지를 둘러봤다면 해변에서 즐겨봐야 한다. 나트랑에 와서 비치에서 즐겨봐야 휴식의 즐거움을 알 수 있다. 햇빛이 강하므로 오전에 즐기고 오후에는 빈콤 프라자나 롯데마트에서 쇼핑을 하면서 햇빛을 피하는 것이 좋다. 저녁에는 시내의 맛집을 찾아 식사를 마치고 나트랑 공항으로 이동하자. 새벽에 도착하는 비행기이므로 공항에는 너무 일찍 이동하지 않아도 된다.

해변 휴식 → 점심 식사 → 빈콤 프라자 또는 롯데마트 쇼핑 → 나트랑에서 못해본 시내 투어 → 저녁 식사 → 공항 이동 → 나트랑 공항 출발 → 인천공항 새벽 도착

친구와 함께하는 여행코스

친구와 여행하는 것은 평소에 못해보는 경험을 하기 위한 것이다. 날씨가 좋다면 해변에서 해양스포츠를 하면서 풍경을 보고 이야기 나누는 것을 추천한다. 또한 힘들게 운동을 하고 나서 같이 발마사지 등을 받으면 피로도 풀고 추억도 만들 수 있다.

1 숙소는 시내로 정해 위치를 확인하는 것이 좋고 호스텔도 나쁘지 않다.

2 친구와 가고 싶은 곳을 서로 이야기로 공유하고 같이 하고 싶은 곳과 방문하고 싶은 곳이 일치하는 곳을 위주로 코스를 계획하고 서로 꼭 원하는 장소를 중간에 방문하는 것이 좋다.

3 남자끼리의 여행이라면 해변을 걸으면서 풍경을 보고 이야기 나누는 것을 추천한다. 날씨가 좋으면 풍경이 아름다운 해변에서 서핑도 배우면서 좋은 추억을 남길 수 있다.

4 마사지를 즐겨보는 것이 좋다. 발마사지는 가장 쉽게 받을 수 있는 마사지이고 타이마사지나 보디마사지는 1시간 정도는 미리 확보하는 것이 충분히 마사지를 즐기는 방법이며 사전에 마사지숍을 돌아보면서 가격을 흥정하면서 청결한지를 같이 확인하는 것이 좋다..

5 쇼핑을 하려고 하면 인근에 롯데마트를 비롯한 다양한 대형마트가 있다. 오전이나 폐장하기 1시간 전에 들어가서 할인이 되는 제품을 확인하고 쇼핑하는 것이 좋다. 베트남 커피나 소스 등 한국인이 많이 구입하는 제품에는 인기품목이라는 표시를 해두었다.

3박 5일 친구와 함께 재미있는 엑티비티를 즐기는 여행코스

| 1~2일차 | 빈펄 랜드

1일차에 나트랑에 입국심사를 마치고 나면 택시나 그랩을 타고 숙소로 향한다. 오전에는 나트랑 비치에서 해변을 즐기고 오후에는 머드 온천에서 피로를 푼다. 투어 회사에 들러 다음날 스쿠버 다이빙이나 서핑을 배우거나 호핑 투어를 신청한다. 저녁에는 여행자거리의 다양한 레스토랑에서 저녁식사를 하고 나이트라이프를 즐기며 하루를 마무리한다.

공항 → 숙소로 이동 → 휴식(1일차) → 해변 즐기기 → 머드 온천 → 저녁식사 → 나이트 라이프

엑티비티는 7~8시 사이에 픽업을 하고 나서 투어 참가자가 모이면 이동해서 배우게 된다. 스쿠버 다이빙은 혼문 섬으로 이동하고 서핑은 자이 해변에서 배운다. 햇빛에 노출되면서 배우기 때문에 선크림을 바르고 아침을 든든하게 먹는 것이 좋다.

배우다 보면 어느덧 점심을 지나 3시 정도가 되면 나트랑 시내로 돌아온다. 숙소에서 휴식을 취한 후 여행자 거리의 맛집을 찾아 저녁식사를 하고 야시장을 둘러보며 쇼핑을 해보자. 시원하게 쇼핑을 하고 싶다면 빈콤 프라자나 롯데마트에서 선물을 구입해 보는 것도 좋은 방법이다.

아침 식사 → 엑티비티 장소로 이동 → 엑티비티 즐기기(~15시) → 휴식 → 저녁식사 → 야시장이나 쇼핑

| 4~5일차 | 엑호핑 투어(Hopping Tour)

호핑 투어에 참가해 즐거운 시간을 보낸다. 8시 30분 정도에 숙소로 픽업을 오면 9시 정도에 이동해 투어 참가자들이 모이면 아쿠아리움(90,000동 개인 부담)을 관람한다. 못 섬으로 이동해 스노클링을 즐기고 밴드의 공연을 보면서 점심 식사를 하고 투어 참가자들이 장기자랑을 하면서 점점 흥이 오른다.

바다로 뛰어 들어 맥주와 함께 바다에서 휴식을 취하거나 즐기면 된다. 추가적으로 해양스포츠를 즐기고 싶다면 추가비용(35,000동)을 부담하고 개인별로 신청해 즐긴다. 17시 정도에 시내로 돌아와 마사지를 받고 나서, 저녁식사를 하고 쇼핑을 하면서 여행을 마무리 한다. 새벽 비행기이기 때문에 1시간 30분 전 정도에 도착해도 출국심사에 문제가 발생하지는 않는다.

픽업 후 이동 → 호핑투어(아쿠아리움, 스노클링, 공연, 장기자랑, 무료 맥주나 칵테일 즐기기) → 저녁식사 → 쇼핑 → 공항

부모와 함께하는 효도 여행코스

나의 부모님와 함께 나트랑 여행도 미리 고려해야 할 것을 생각하고 있으면 좋은 여행이 될 것이다. 나의 부모와 여행을 하려면 무리하게 볼 것을 코스에 많이 넣기보다 인상적인 관광지 등을 방문하는 것이 흥미를 유발한다. 옛 분위기를 연출하는 나트랑의 길거리 분위기와 쌀국수. 분위기 있는 레스토랑에서 먹는 해산물은 부모님께서 좋아하신다.

부모님과 여행을 하면서 주의해야 할것은 너무 많이 걸으면 피곤해 하시기 때문에 동선을 줄여 피곤함을 줄이고 여행의 중간 중간 마시고 조금씩 먹어서 기력을 회복하시고 여행할 수 있도록 하는 것이다. 다만 요즈음 건강관리를 잘하신 부모님은 자식보다 잘 걷는 경우가 발생하기도 하기 때문에 부모님의 건강을 미리 가늠하고 출발하는 것이 좋다.

1 숙소는 나트랑 중심가의 호텔로 정하는 것이 좋다. 이동거리를 줄이는 것뿐만 아니라 호텔의 시설도 좋으면 만족도가 높다. 한국인 민박이나 아파트보다 호텔을 좋아하신다.

2 비행기로 들어온 첫날 숙소가 관광지와 가까워야 여행이 쉽게 시작된다. 걷다가 레스토랑이나 해산물을 직접 보고 들어가면 맛있는 음식에 부모님이 좋아하시는 것을 경험하였다. 코스는 1일차에 시내에서 같이 즐기고 다양한 맛집을 좋아하시는 경향이 있다.

3 2일차에 외곽으로 이동한다면 해양스포츠 같은 몸으로 활동하는 것보다는 해변이나 롱선사, 포나가르 탑 등의 유적지를 보는 것을 더 좋아하신다.

4 나트랑 근처의 머드 온천을 즐겨보는 것이 좋다. 몸에 좋은 머드를 직접 바르면서 오랜 시간 머무르는 머드 스파는 부모님이 몸에도 좋아서 만족하시는 경향이 높다. 머드 온천은 시간이 5시간 정도는 미리 확보하는 것이 충분히 머드를 즐기는 방법이며 사전에 식사를 할 수 있는 장소를 미리 알아두는 것이 부모님을 즐겁게 해줄 것이다.

5 외곽으로 이동할 때는 그랩Grab 어플로 차량을 미리 예약하고 출발과 돌아오는 시간을 미리 계획하는 것이 부모님의 피로를 미리 고려하는 방법이다.

6 돌아오는 날에는 쇼핑을 하면서 원하는 것을 한꺼번에 구입하면서 공항으로 돌아가는 시간을 잘 확인하는 것이 좋다. 버스나 택시보다는 공항기차를 이용해 시간을 정확하게 맞추는 것이 좋다.

3박 5일 부모님과 함께 즐기는 효도 여행

시내 투어 + 빈펄 랜드 + 머드 온천코스

| 1~2일차 | 여유럽게 빈펄 랜드

나트랑에서 부모님과의 여행을 일정을 여유롭게 계획해야 탈이나지 않는다. 대한항공은 23시 45분에, 티웨이 항공은 2시 50분, 제주항공은 0시 35분에 도착해 택시나 그랩을 타고 숙소로 이동해 휴식을 취한다. 2일차에 빈펄 랜드로 가서 동물원이나 식물원에서 산책을 천천히 즐긴다. 의외로 놀이 기구는 기다리지 않기 때문에 우선순위를 정해 즐기면 여유롭게 원하는 놀이기구를 부모님과 할게 즐길 수 있다.

일찍 숙소를 출발해야 하므로 부모님의 건강을 확인하고 출발한다. 빈펄 랜드를 즐기고 돌아와 마사지로 피로를 풀고, 저녁식사를 하고, 나트랑 비치에서 저녁 바다를 보고 돌아오면 하루가 금방 지나간다.

공항 → 숙소로 이동 → 휴식(1일차) → (2일차 시작)빈펄 랜드 이동 → 동물 · 식물원 → 놀이기구 → 나트랑 시내로 이동 → 마사지 → 저녁 식사 → 저녁 바다 즐기기 →휴식

| 3일차 | 시내 관광 + 모드 온천

3일차에는 시내위주로 둘러보는 일정으로 여행의 피로를 풀면서 한가로운 시간을 만끽하면서 지내보자. 조용한 바다에서 떠오르는 태양은 아름답다. 여유롭게 하루의 여행을 생각하며 베트남 커피를 마시는 것도 바쁜 일상을 벗어나 여행을 즐기는 방법이다.

시내 외곽의 포나가르 사원부터 시작해 시내

중심으로 이동해 여행하는 코스로 정한다. 머드 온천을 가서 뜨거운 햇빛을 피해 피로를 풀어도 좋다. 저녁에는 야시장을 둘러보면서 저녁식사로 해산물을 즐기고 마사지나 스파로 피로를 풀어도 좋다.

베트남 커피로 여유 즐기기 → 포나가르 사원 → 롱선사 → 기차역 → 머드 온천 → 야시장 → 마사지

| 4~5일차 |

아침에 현지인들이 먹는 쌀국수를 먹으면서 나트랑 시민들의 하루시작을 같이 느껴보고, 카페에서 커피를 마시면서 여행의 마지막을 만끽하자. 부모님이 살아왔던 시절을 쌀국수를 같이 먹으면서 이해할 수 있는 시간이 될 수 있다. 시내의 주요 관광지를 둘러봤다면 해변에서 즐겨봐야 한다.

나트랑에 와서 비치에서 즐겨봐야 휴식의 즐거움을 알 수 있다. 햇빛이 강하므로 오전에 즐기고 오후에는 빈콤 프라자나 롯데마트에서 쇼핑을 하면서 햇빛을 피하는 것이 좋다. 마지막으로 마사지를 받고 몸의 피로를 풀고 나서 저녁에는 시내의 한국 식당을 찾아 부모님의 입맛을 돋우어 활기를 찾아 돌아가는 것이 좋다. 식사를 마치고 나트랑 공항으로 이동하자. 새벽에 도착하는 비행기이므로 공항에는 너무 일찍 이동하지 않아도 된다.

쌀국수로 하루 시작하기 → 카페에서 커피 즐기기 → 해변 휴식 → 점심 식사 → 빈콤 프라자 또는 롯데마트 쇼핑 → 나트랑에서 못해본 시내 투어 → 마사지로 여행의 피로 풀기 → 저녁 식사 → 공항 이동 → 나트랑 공항 출발 → 인천공항 새벽 도착

나트랑 북부해변

서쪽에는 드높은 산, 동쪽은 다도해와 모래사장으로 둘러싸인 나트랑은
푸르고 따뜻한 세계인의 휴양지로 바뀌고 있다.
남북으로 이어진 해변을 따라 도시가 형성되어 북부는 한적한 호텔과 비치가 있고,
남부는 여행자거리가 위치하여 북적이는 분위기가 느껴진다.

포나가르 탑
PoNagar Cham Tower

포나가르 탑^(Po Nagar Cham Tower)은 나트랑 강의 북쪽 화강암 언덕 위 꾸 라오^(Cư Lao) 산에 9세기경에 세워진 사원이다. 매일 수많은 여행자와 신도들이 찾는 나트랑의 대표적인 유적지이다.
포나가르, 시바 신의 부인을 모시는 사원으로, 포나가르^(Po Nagar)는 '10개의 팔을 가진 여신'이라는 뜻이다. 탑 내부의 가운데에는 인도의 힌두교 시바 신을 형상화한 '링가'가 자리하고 있다.

🏠 2 Tháng 4, Vĩnh Phước, Thành phố Nha Trang
　　(나트랑 시내에서 차로 10분 / 4번 버스로 20)분
🕐 6~18시
₫ 25,000동

관람순서

1. 매표소를 지나 입구를 지난 후 낮은 언덕 위로 올라가면 3개의 층으로 이루어진 사원이 보인다. 3개의 탑이 있고 왼쪽에 작은 탑이 더 있다.

2. 힌두사원의 모습
   포나가르(Po Nagar) 여신이 다리를 꼬고 앉아 있는 25m의 탑 안에는 두르가 여신의 능력을 보여주는 12개의 팔로 이루어진 상이 있다. 사원의 외부에서 위를 바라보면 소를 타고 있는 4개의 팔을 가진 여신이 자귀와 연꽃, 곤봉을 들고 있는 여신상을 볼 수 있다.

대한민국의 전설에도 한번은 들었을 법한 내용인 아들을 점지해주는 효험이 있다고 알려져 있어서 절을 올리는 참배객이 눈에 보이기도 한다. 탑 꼭대기에는 나트랑 시내의 전경도 볼 수 있다. 나트랑 여행자의 거리에서 꽤 떨어져 있어 걸어가기에는 상당히 멀기 때문에 택시를 이용하는 것이 좋다. 포나가르 사원은 강과 바다가 보이는 끝에 나트랑 시내의 모습을 볼 수 있어 아침 일찍 가는 것이 좋다.

간략한 참족 역사

2세기경부터 약 1300년간 베트남의 중, 남부에서 참(Cham)족은 살아왔다. 7~12세기 말에는 베트남의 중남부를 지배하면서 참파 왕국에 의해 지어진 곳으로 힌두교의 발원지라고 할 수 있다. 참파 왕국은 베트남이 아닌 캄보디아의 영향을 많이 받은 왕국이기 때문에 힌두교와 캄보디아 건축 양식을 경험할 수 있다. 지금까지 현존하는 가장 오래된 참파 유적지로 알려져 있다.

무카링가(Mukhalinga)와 천사의 얼굴

금은보화로 장식이 된 시바의 상징물은 누군가 훔쳐가고 링가는 파괴되었으나 여러 차례 보수를 했지만 다시 파괴되어 있다가 결국 복원작업을 거치면서 석상을 만들어 놓았다.

롱선사
Long Son Pagoda

오전에 포나가르 사원을 보고 나서 시내 외곽에 위치한 롱선사^{Long Son Pagoda}로 발길을 돌린다. 베트남 나트랑에서 가장 오래된 불교사찰 롱선사는 중국인들에게 나트랑에서 가장 깊은 인상을 받는다고 알려진 곳으로 손꼽히며 많은 여행자들이 찾고 있다.

나트랑 기차역에서 약 500m 떨어진 곳에 위치하고 있으며 1886년에 세워져 몇 번의 보수 공사를 거친 후 지금의 모습을 갖추었다. 본당 안 불상은 태국에서 선물 받은 것으로 연꽃에 둘러싸인 모습이다. 본당 오른편의 152개 계단을 오르면 롱선사의 상징인 높이 14m의 대형 불상을 만나볼 수 있다.

거대한 불상도 인상적이지만, 불상 뒤의 계단을 올라가면 내려다보는 나트랑 시내와 해변의 모습이 더욱 아름답다. 나트랑Nha Trang 시내 전경을 한눈에 볼 수 있어 지친 여행의 피로를 아름다운 풍경과 함께 날려버릴 수 있다.

🏠 6 23 Tháng 10, Phương sơn, Thành phố Nha Trang (나트랑 시내에서 차로 5분)
🕐 8~11시 30분, 14~16시 ₫ 무료

과거 태국으로부터 선물로 받았다는 누워있는 와불상과 앉아있는 좌 불상으로 백색의 불상이 압도적인 절이다. 중국의 영향을 많이 받은 베트남은 불교 역시 중국 불교와 비슷한 형태를 보인다.

주의사항

1. 호의는 사절
어제는 너무 조심하라고 잘 알려진 것이지만 사원을 올라가는 입구에서 무료라고 하면서 향을 나눠주고 향 값을 요구하는 베트남 사람을 보면 대꾸도 하지 말고 지나쳐가면 된다. 또 불상의 위치를 알려준다는 호의도 무시하면 된다. 불상의 위치를 알려주고 돈을 요구하기도 하는데 룡선사에서의 호의는 다 무시하고 관람하면 문제가 발생하지 않는다.

2. 사원 내부 관람
신발과 모자는 벗고 내부를 관람해야 한다.

나트랑 대성당
Nhà thờ Chánh Tòa Kitô Vua

1934년에 프랑스 고딕 양식으로 세워진 베트남에서 가장 큰 가톨릭 성당 중 하나이다. 나트랑 기차역에서 가까운 낮은 언덕에 자리하고 있다. 프랑스의 지배를 받으며 가톨릭교가 전파된 베트남의 도시들은 대부분 유명한 성당이 하나씩은 있다.

🌐 www.giaoxugiaohovietnam.com

🏠 1 Thái Nguyên, Phước Tân, Thành phố Nha Trang
　（나트랑 여행자의 거리에서 걸어 20분, 택시로 5분, 나트랑 기차역에서 도보 5분）

나트랑도 베트남의 다른 도시처럼 고딕 양식의 나트랑 대성당은 100% 돌로 지어져서 현지인들은 '돌 교회'로 부르고 있다. 교회 입구에 있는 시계탑과 3개의 종이 인상적인데, 1789년 프랑스에서 제작되어 나트랑으로 옮겨온 것이다.

내부 스테인드글라스가 인상적인 곳으로, 새벽과 오후 미사(미사시간 평일 04:45, 17:00/일요일 05:00 07:00 09:30 16:30 18:30) 때는 관광객에게 개방된다. 스테인드글라스가 장식된 내부는 유럽의 다른 성당처럼 웅장한 모습을 갖추고 있다.
묘지는 약 4천개의 무덤이 있던 자리에는 기차역이 확장하면서 교회 내부로 이전하였다.

담 시장
Dam Market

베트남 여행의 재미 중 하나는 바로 전통시장을 구경하는 것
일 것이다. 현지어로 '쩌담^{Chợ Dám}'이라고 하는 나트랑 최대 재
래시장인 담 시장은 사람 냄새 가득하다. 갖가지 먹거리와 로
컬 분위기를 한 번에 느낄 수 있는 진정한 여행자의 거리 분위
기를 느낄 수 있다.
전형적인 재래시장에서는 신선한 과일과 건어물은 물론 다양
한 잡화, 의류까지 재래시장에서 볼 수 있는 모든 것이 구비되
어 수준 높은 기념품까지 얻을 수 있다.

얼음을 동동 띄운 시원한 열대과일 주스 한 잔에 담긴 베트남의 정을 느끼며 더위를 달래
보는 것도 좋은 추억이 된다. 나트랑에서 느낄 수 있는 로컬 푸드에 현지인들의 생생한 모
습을 체험하고 싶다면 주저하지 말고 담 시장으로 향하면 된다. 밤이면 더욱 많은 여행객
이 몰리는 담 시장에는 흥까지 넘치는 야시장의 다른 재미를 만날 수 있다.

🏠 Vạn Thạnh, Thành phố Nha Trang (나트랑 대성당에서 걸어서 10분)
🕐 05~18시 30분

쩜흐엉 타워

Tháp Thẩm Húóng

나트랑을 대표하는 상징물로 만들기 위해 제작되었으나 아직 그 역할을 하지 못하고 있다. 베트남의 국화인 연꽃을 형상화한 건물은 3층처럼 보이지만 내부는 6층으로 설계되었다.

1층은 정원과 그 옆에서 파도가 치는 조각 작품과 2층에는 분홍색 꽃잎이 표현되고 3층에는 탑으로 등대역할을 한다. 꼭대기에는 봉우리를 상징하는 데 경제, 문화적으로 발전한 나트랑의 발전상을 보여주기 위해 만들어졌다. 밤에는 탑의 불빛이 화려해 사진을 찍으려는 관광객이 많다.

🏠 Trán Phự, Lôc Tho, Tp Nha Trang
(인터컨티넨탈 호텔 앞)

탑바온천
Thap Ba Hot Spring

포나가르 사원을 방문한다면 바로 이어서 방문하는 코스가 탑바온천이다. 시내에서 떨어져 있고 포나가르 사원과 가까이에 있기 때문이다.

베트남 나트랑 여행에서 추천하는 베트남의 유일한 야외 온천 탑바온천이다. 이곳은 유명한 머드온천으로 머드를 사용한 사람들은 피부가 윤기 있고 투명해지는 효과가 있다고 입소문이 나 있다. 나트랑 시민들도 즐겨 찾는 곳으로 시내 관광을 하고 나서 피곤한 관광객들이 피로를 풀기에 제격인 여행지이다. 천연 머드 목욕, 수영, 온천욕, 사우나를 각각 선택해서 즐길 수 있으며 모두 이용 가능한 패키지도 선택 가능하다.

⌂ Ngọc Hiệp, Nha Trang, 칸호아 베트남
🕐 7~19시
📞 (+84) 99-654-2680

머드온천과 사우나도 가능하다

탑바 온천 센터
- Nha Trang, Ngoc Hiep, Ngoc Son 15
- (+84)258~3835, 345~3834 939

Nhà hàng I-Resort
- Nha Trang Vinh Ngoc Xuan Ngoc 19
- (+84)258~3838 838

Tram Trung 머드배스 여행지
- Nha Trang, Phuoc Dong, Phuoc Trung, Nguyen Tat Thanh
- (+84)258, 3711 733

갈리나 머드 배스 & 스파
- Nha Trang, Hung Vuong 5
- (+84)258, 3529 998

머드베스(Mudbath)

고대 그리스 시대부터 사람들은 목욕 요법을 통해 긴장을 풀고 건강을 증진시키는 기능을 가진 미네랄 진흙으로 알고 있었다. 지금도 미네랄 진흙은 관절, 피부의 뼈 질환의 미용과 치료에서 사용되곤 한다.

과학적 연구에 따르면 뜨거운 미네랄워터와 천연 미네랄 진흙은 심장, 신경계, 관절과 피부 아름다움에 도움이 되는 에너지가 풍부하고 미네랄이 녹아있는 가스와 라돈이 풍부하다고 알려져 있다. 나트랑으로 오는 관광객들은 진흙 목욕을 경험하고 천연 미네랄워터를 흡수하기 위해 머드 온천을 방문한다.

혼쫑곶
Hòn Chõng

나트랑비치 끝에 포나가르^{Po Nagar} 사원이 있고, 바다 쪽으로 걸어가면 혼쫑곶^{Hòn Chõng}이 있다. 시간이면 다녀올 수 있는 혼쫑은 해안도로를 자전거를 타고 갈 수 있다. 낮은 산들이 병풍처럼 둘러져 있고, 아름답게 잘 보존되어져 있는 해변이 펼쳐져 있는 혼쫑곶은 나트랑비치가 지루해졌다면 찾을 만하다. 혼쫑곶은 동해안의 바닷가에서도 본 것과 비슷한 풍경으로 경치가 좋은 바다는 아니다.

나트랑에서 따가운 햇살을 피해 바위 그늘에 앉아 바다를 보며 시간을 보내기 좋은 곳으로 일상을 떠나 할 일이 없는 여행자가 유유자적 즐길 수 있는 장소이다.

언덕을 내려가면 커다란 바위가 있는 중간에 바위가 끼어 있는 신비한 모습을 보게 된다. 이곳이 사진을 찍는 포인트이다. 이곳을 올라가 곶의 모서리부분까지 가면 바다가 보이는 저편에는 해안전망이 아름답다.

자전거를 타고 돌아가는 길에는 혼조섬^{Hon Do Island}에 있는 투톤 파고다^{Tu Ton Pagoda}를 찾아보는 것도 좋다. 항구에서 무료로 운항하는 배를 타고 섬으로 건너갈 수 있다. 섬 안에 놓여 있는 길을 따라가다 보면, 종교적 제단을 볼 수 있고, 암벽에 서서 바다전망을 감상할 수도 있다.

안개 낀 혼쫑곶

족렛 비치
Dõc Lët Beach

하얀 백사장을 가지고 있어 아름다운 해변으로 유명한 곳으로 쩐푸다리를 건너 40∼50분 정도를 자동차로 달리면 나온다. 비교적 여유롭게 해변을 즐길 수 있는 곳으로 사진을 찍기 위해 많은 관광객이 찾고 있는 곳으로 변하고 있다. 수심이 얕아서 가족 관광객이 찾아서 즐기고 있는 모습을 볼 수 있다.

혼 코이 염전
Hon Khoi Salt Fields

혼 코이 염전Hon Khoi Salt Field은 나트랑 시내에서 자동차로 45분 정도 거리에 있다. 건기인 1~6월까지 여자들이 새벽 4시부터 아침 9시 정도까지 일하는데, 얕은 구덩이에서 채취한 소금이 담긴 무거운 바구니를 어깨에 짊어지고 가서 트럭에 쌓아올린다. 그 소금이 전국으로 유통된다. 잊지 못할 장관을 찍고 싶다면 해 뜨기 전에 도착하는 것이 좋다. 

베트남 다른 지역의 소금밭과 다르게 혼 코이 염전을 봐야 하는 이유는 중년 여성들에 의해 수행되는 격렬한 노동 때문이다. 뜨거운 햇빛과 소금으로부터 자신을 보호하기 위해 작업자는 원추형 모자, 고무장갑, 부츠, 안면 마스크를 착용한다. 혼 코이 염전은 염전의 사진 촬영으로 인기가 있는 장소로 인근의 언덕 꼭대기에 있는 탑처럼 쌓아 올린 소금산과 노동자들의 무거운 바구니를 볼 수 있다.

독 렛 해안Doc Let Beach를 따라 수작업으로 수확한 천연소금을 직접 수확한다. 소금생산은 베트남의 긴 해안선을 따라 만들어진 염전 산업으로 나트랑의 중요한 산업으로 매년 약 737,000톤을 생산한다.

🏠 Ninh Au Co Quang An Tay Ho 🕐 4~9시

사진을 찍고 싶다면?

칸 호아(Khanh Hoa) 소금 회사의 허가를 받아야 한다. 나트랑의 산업이기 때문에 관광객은 혼 코이 염전에서 관광 시설을 기대해서는 안 된다. 이른 아침에 주민들이 일하는 것을 보는 것은 문화적으로 좋은 경험이다.

준비물
원추형 모자, 고무장갑, 부츠, 안면 마스크를 착용해야 한다.

투반 파고다
Tu Van Pagoda(Shellfish Pagoda)

투반 조개 탑[Tu Van Pagoda]은 나트랑에서 60㎞ 정도 떨어져 있다. 1968년 무렵에 세워진 탑은 바다에서 나는 자재로 건설되어 유명해졌다. 39m에 달하는 바오틱[Bao Tich] 타워는 1995년부터 5년에 걸쳐 건설되었다. 타워는 완전히 산호만을 이용하여 세워지고, 조개로 장식되어 조개 탑[Chua Oc]이라는 이름을 얻게 되었다.

1985년부터 10년 동안 승려들은 탑을 건설하기 위해 해변을 따라 어디서나 볼 수 있는 바다의 재료를 수집했다. 후에 여러 개의 탑과 동굴, 터널, 다리를 설계하고 건설한 뒤 해변에서 찾은 재료들로 장식했다.

수년 동안 파고다의 수도승들은 죽은 산호와 조개껍질을 사용해 여러 작품을 만들어 파고다의 공간을 산호와 조개박물관으로 만들었다. 불교에 따르면, 마이트레야 붓다[Mitreya Buddha]가 항해 한 배로 사망 후 불행의 바다를 가로 질러 관대함을 가진 사람들을 운송했다. 보트의 돛에는 불교도의기도 책이 있다. 기도는 방문객을 진정시켜 조용한 영혼을 가진 탑에 들어갈 수 있도록 하기 위한 것이다. 정원을 지나면 방문자는 40m 높이의 바오 티치 타워[Bao Tich Tower]에 도달한다. 부처와 신의 동상의 수백은 탑 안쪽에 자비의 여신상, 각 종려에 천 팔, 천개의 눈과 더불어 탑 자체에 설치된다.

타워 옆에는 커다란 그늘진 나무들로 가득한 정원인 박트 나 호아 비엔[Bat Nha Hoa Vien]과 동물과 바다 생물의 동상이 아름다운 조화를 이루고 있다. 그러나 방문자의 호기심을 일으키는 것은 '지옥으로의 통로[Duong Xuong Dia Ngu]c'라는 작품이다. 지옥을 상징하는 동굴로 이어지는데, 둘 다 죽은 산호와 조개껍질을 사용하여 건설되었다. 지옥의 12층을 상징하는 동굴에는 12개의 문이 있으며, 각 문에는 사람이 평생 동안 저지를 수 있는 죄에 대한 묘사가 있다.

🏠 3 Thang 4 Street, Cam Ranh, Khanh Hoa

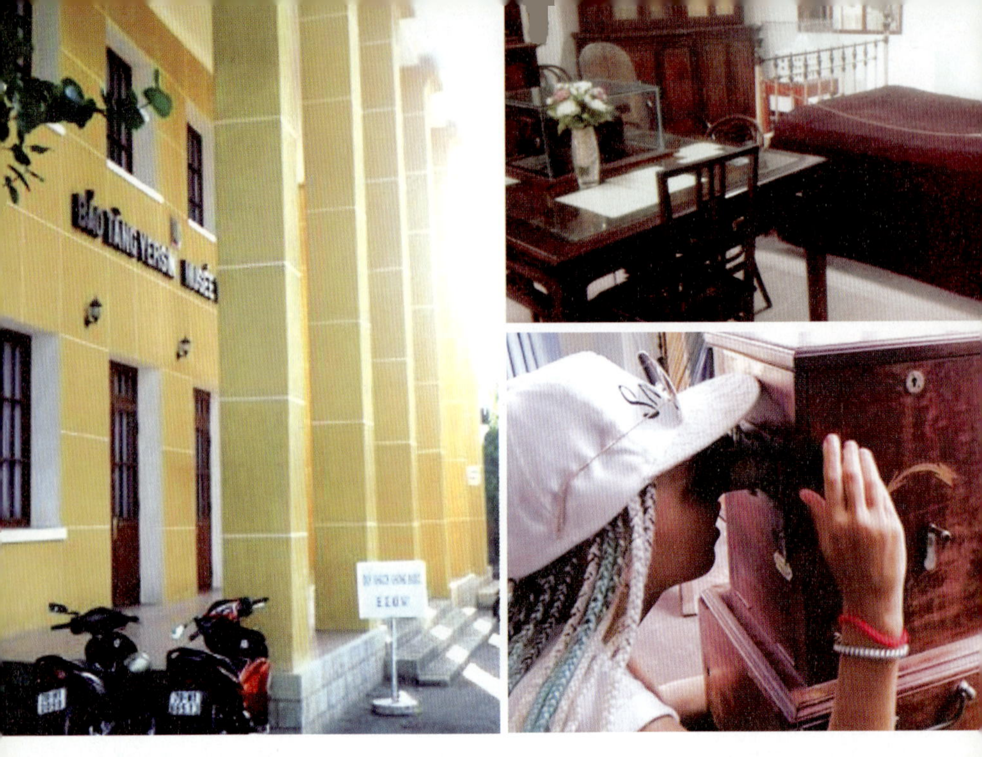

알렉산드르 예르신 박물관
Alexandre Yersin Museum

알렉상드르 예르신 파스퇴르 연구소에 있는 예르신^{Yersin}의 집에서 8~10분 떨어진 트란 푸 거리^{Tran Phu boulevard}에 위치해 있다.

박물관에는 예르신의 장비와 서신이 많이 수집되어 있으며 일반적으로 세균학과 과학에 기여한 바를 묘사하고 있다. 불어로 설명이 되어 있지만 영어와 베트남어로 번역이 제공되고 있다.

⊙ 11~14시, 16시 30분(주말 휴관)
₫ 22,000

알렉산드르 에밀레 진 예르신
(Alexandre Emile Jean Yersin : 1863~1943)

예르신 박사는 1893년에 달랏을 발견한 것으로 베트남에서 유명한 학자이다. 스위스 인으로 프랑스로 귀화한 프랑스 의사이자 세균 학자였다. 나중에 그의 명예 '페스트(Yersinia pestis)'에서 지명된 전염병이나 해충의 발견자로 기억되고 있다.

예르신(Yersin)은 1863년에 태어나 1883~1884년까지 스위스 로잔에서 의학을 전공했다. 루이스 파스퇴르(Louis Pasteur)의 에콜 노마 스페르이에르(École Normale Supérieure) 연구소에 입사하여 광견병 치료제 개발에 참여했다 . 1888년에 박사 학위논문을 받았다. 최근에 만들어진 파스퇴르 연구소(Pasteur Institute)에 1889년 공동 작업자로 참여하여 디프테리아 독소(Corynebacterium diphtheriaebacillus)를 발견했다.

프랑스에서 의학을 연습하기 위해 예르신은 1888년에 프랑스국적을 신청하고 취득했다. 1890년, 그는 동남아시아의 프랑스 인도 차이나의 의사로 만주의 폐렴을 조사하기 위해 프랑스 정부와 파스퇴르 연구소의 요청에 의해 홍콩으로 갔다. 이후 그는 인도차이나로 돌아와 나트랑(Nha Trang)에 작은 실험실을 설치하여 혈청을 제조했다. 1905년 이 연구소는 파스퇴르연구소의 한 부서가 되었다.

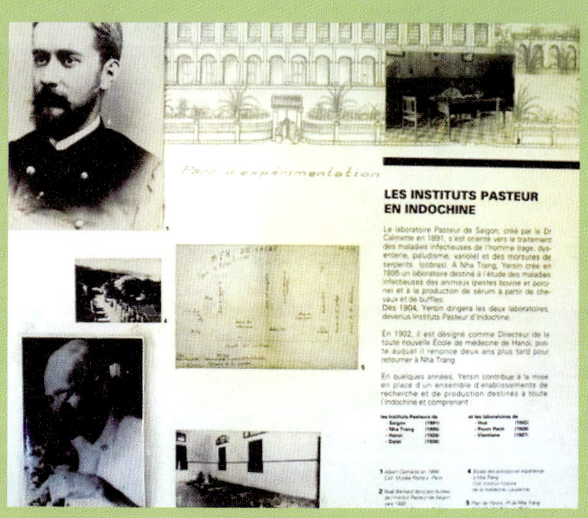

Toastina
토스티아나

쉐라톤 호텔 1층에 위치한 카페로 달달한 케이크와 코코넛 커피가 호텔 가격으로는 저렴한 편이다. 화려하지만 정갈한 인테리어가 먼저 눈길을 사로잡고, 곧이어 미소가 아름다운 직원들이 손님을 맞는다.

케이크와 함께 커피가 낮에는 인기이지만 풍미 있는 와인과 함께하는 도심에서 즐기는 만찬도 더할 나위 없이 좋다.

m.facebook.com.dining/sheration
26~28 Tràn Phú Sheration, Nha Trang
7~23시
+84-91-288-7214

Pavilion
파빌리온

나트랑 시내에 자리한 리조트에 있는
아나 만다라에 있는 베트남 레스토랑
이다. 쉽게 맛보기 어려운 다양한 고급
베트남 요리를 맛깔나게 먹을 수 있다.

특히 갓 잡은 싱싱한 해산물 요리가 베
트남 특유의 향신료가 들어간 로브스
터와 대형 새우인 '랑고스티노'요리가
자랑하는 요리이다. 로맨틱한 기타 연
주가 들려오고 레스토랑 앞의 해변에
서 벌어지는 BBQ 파티는 기분 좋은 추
억을 남길 수 있다.

🌐 www.sixsenses.com
🏠 Beachside, Tràn Phú Boulevard, Nha Trang
🕐 7~10시 30분 / 18~22시 30분
📞 +84-58-352-2222

Green Garden
그린 가든

쩐푸거리Trần Phú에서 스토리 풀을 가려고 도로를 따라 내려가면 큰 규모의 해산물요리 레스토랑이 보인다. 450명을 수용할 수 있는 규모이니 상당한 크기인데 매일 이곳이 많은 사람들로 북적이는 사실도 놀랍게 느껴진다.

220,000동의 가격에 랍스터를 제외하고 모든 해산물요리를 무제한으로 즐길 수 있어 저렴하게 많은 양의 해산물을 먹고 싶은 관광객과 시민들이 찾고 있다.
과일, 아이스크림 등 종류는 다양하지만 고기의 신선도가 떨어지는 단점이 있으나 해산물을 저렴하게 먹을 수 있어 유명한 시푸드 뷔페이다.

🏠 1호점 : Biët Thú Lôc Tho, Tp. Nha Trang
🕐 17~22시
📞 90-807-9077

🌐 www.costaseafood.com.vn

🏠 32~34 Trần Phú Lôc Tho, Nha Trang

🕐 7〜14시, 17〜22시

đ 크랩 미트 샐러드 120,000동, 타이거 새우 튀김 240,000동

📞 258–3737–777

Costa Seafood
코스타 시푸드

인터컨티넨탈 호텔 옆에 있는 나트랑 해산물 레스토랑이다. 나트랑에서 해산물 요리 맛이 가장 좋다고 알려져 있는 레스토랑으로 직원들의 친절한 서비스로도 만족도가 높다. 고급 레스토랑의 장점을 살린 룸이 있어 사전에 예약을 하면 15명 정도까지 조용히 가족이나 일행이 식사를 할 수 있다.

내부의 테이블도 많아 찾는 고객이 많아도 내부는 조용하지만 외부 테이블은 차량의 소음 등이 있어 조용하지는 않다. 어느 메뉴를 주문해도 기본적인 맛을 보장해주는 레스토랑이다.

Louisiane Brewhouse
루이지애나 브루하우스

나트랑의 밤은 뜨겁다. 관광객이 많은 도시인만큼 저녁식사를 끝낸 관광객은 야시장을 즐기다가 밤에도 즐기고 싶은 생각이 많다. 비치 바로 옆에 있는 루이지애나 브루하우스는 생맥주를 마시면서 라이브 공연과 무료 풀장을 이용하고 즐길 수 있다.

가장 핵심인 맥주의 맛은 천연재료와 정화한 지하수로 만드는 생맥주의 맛이 다시 찾도록 만든다. 로맨틱한 시간을 보내고 싶은 나트랑 연인들도 즐겨 찾는 명소로 자리 잡고 있다.

- 🌐 www.louisianebrewhouse.dom.vn
- 🏠 29 Trần Phú Lôc Tho, Nha Trang
- 🕐 7~24시
- ♂ 메인요리 150,000~360,000동
  생맥주 테스팅Set 130,000동
  생맥주 330ml 50,000동
  칵테일 130,000~180,000동
- 📞 258-3521-948

Story Nha Trang Brewery
스토리 나트랑 브루어리

스토리 풀이 수영장과 휴식이 결합되었다면 생맥주를
마실 수 있는 장소가 새롭게 생겨났다. 루이지애나 브
루하우스^{Louisiane Brewhouse}의 인기가 높아지면서 근처에
바다를 보면서 맥주를 즐길 수 있는 곳은 계속 생겨날
것 같다.
현재 2잔에 1잔을 무료로 주는 서비스를 진행하고 있
다. 정통 유럽 맥주를 선보이는 점이 루이지애나 브루
하우스와의 차이점이다. 루이지애나 브루하우스보다
남쪽으로 걸어가야 하지만 오히려 더 한가하게 밤바
다를 즐길 수 있다.

🌐 www.skylightnhatrang.com
🏠 38 Trần Phú Lộc Tho, Nha Trang
🕗 8~14시(레스토랑) / 16시 30분~24시
₫ 스카이덱 입장료 50,000동 / 클럽입장료 150,000동
　(주류 1잔 포함, 20시 이전 / 이후는 200,000동 / 주말 250,000동)
📞 258-3528-988

Skylight
스카이라이트

나트랑에서 가장 유명한 나이트 라이프의 대명사는 누가 뭐라고 해도 스카이라이트이다. 반짝이는 빛과 흥겨운 음악으로 늦은 밤까지 유흥을 즐기는 곳이다.

베스트 웨스턴 하바나 호텔 21층 옥상에 만들어 놓은 나이트클럽은 사방이 뚫려있어 밤바다의 아름다운 풍경을 보면서 루프탑 바의 생생한 음악을 들으면서 춤을 추고 보낸다. 특히 주말에는 많은 사람들로 붐비기 때문에 일찍 입장해야 하며 시끌벅적한 분위기를 싫어한다면 추천하지 않는다.

- 🌐 www.skylightnhatrang.com
- 🏠 38 Trần Phú Lôc Tho, Nha Trang
- 🕐 8~14시(레스토랑) / 16시 30분~24시
- ₫ 스카이덱 입장료 50,000동 / 클럽입장료 150,000동
  (주류 1잔 포함, 20시 이전 / 이후는 200,000동, 주말 250,000동)
- 📞 258-3528-988

Altitude Rooftop Bar
알티튜드 루프탑 바

- 🌐 26~28 Trần Phú Lôc Tho, Nha Trang
- 🏠 17~23시
- 🕐 칵테일 120,000동~, 맥주 85,000동~
- 📞 258-3880-000

쉐라톤 나트랑 호텔 28층에 위치한 루프탑 바로 아름다운 해변을 보면서 칵테일을 즐길 수 있어 인기이다. 특히 루프탑 바인 스카이라이트가 시끌벅적해 싫어하는 관광객이 조용하게 아름다운 음악과 함께 로맨틱한 분위기를 원하여 많이 찾는다.

스카이라이트는 큰 규모이지만 반대로 작은 규모라서 좌석의 숫자가 적어서 17시의 시작과 함께 찾는 사람들이 많으니 미리 와서 자리에 앉아 있는 것이 좋다. 17~19시까지 해피아워Happyhour로 칵테일 주문을 하면 1잔의 칵테일을 무료로 제공해 주기 때문에 17시 입장이 유리하다.

Sailing Club
세일링 클럽

쩐푸거리의 빈콤 프라자^{Vincom Plaza}를 기점으로 남쪽은 로맨틱한 밤을 즐길 수 있고 빈콤 프라자 근처의 해변은 활기찬 젊음의 분위기를 느낄 수 있다.

낮에는 해변의 레스토랑이지만 밤에는 나트랑 젊은이들과 관광객이 찾아 에너지를 발산한다. 성수기인 7~8월, 12~3월 초까지 파티를 열고 이벤트를 벌이면서 세일링 클럽^{Sailing Club}을 모르는 관광객도 알 수 있을 정도로 유명하게 밤 문화를 이끌고 있다.

🌐 www.sailingclubnhatrang.com.vn
🏠 72~74 Trần Phú Lôc Tho, Nha Trang
🕐 8~24시
₫ 버거 250,000동, 맥주 30,000~50,000동, 칵테일 160,000동
📞 258~3524~948

Why not Bar
와이 낫 바

러시안 인들이 많이 찾는 모스크바, 레몬그라스 옆에 있어서 저녁식사를 하고 나이트 라이프를 즐기려는 관광객이 많다.

러시아인들이 많지만 활기찬 분위기를 느끼고 싶지만 스카이라이트가 가격적으로 부담스러운 유럽 배낭 여행자들이 많다.

소리가 커서 한밤중에도 인근의 호텔에서는 잠을 청하기 힘들 정도이다. 다소 조용한 분위기를 원한다면 야외테이블에서 즐기면서 모히토 한잔으로 하루를 마무리해도 좋다.

🏠 **주소_** 26 Trần Quang Khài, Lôc Tho, Tp. Nha Trang
₫ **요금_** 모히토 90,000동, 생과일 주스 35,000동
📞 **전화_** 0258~3811~652

배낭여행자 거리

배낭 여행자 거리라고 해도 호치민의 배낭 여행자 거리와는 다르다.
부이비앤 거리 하나를 통째로 부르는 것과 다르게 다양한 숙소가 모여 있는 거리로
나트랑이 개발이 덜 되었을 때부터 여행자가 모여들면서 부르던 이름이다.
지금도 콩 카페, 랜턴스, 아이스드 커피, 갈랑가 등의 맛집들이 모여 있고 해가 질 때면
모여드는 세일링 클럽의 나이트 라이프가 존재하는 나트랑의 대표적인 장소이다.

나트랑 비치
Nha Trang Beach

나트랑의 대표적인 해변으로 남북으로 가로지르는 쩐푸 거리와 동쪽을 따라 위치한 해변으로, 길이가 5㎞에 달한다. 노보텔 호텔부터 세일링 클럽이 있는 해안까지가 배낭여행자 거리에서 만나는 해안가이다.

바다는 항상 수영과 서핑 등의 해양 스포츠를 즐기는 관광객으로 붐비고 해변은 일광욕을 즐기는 휴양객들로 가득 차 있다. 저녁이 되면 시원한 바닷바람을 맞으며 해변을 즐기기 위한 관광객과 현지인들로 모래사장은 여유롭지는 않은 해변이다.

스토리 풀
Story Pool

스토리 비치 클럽에 있는 야외 수영장으로 나트랑 해변의 새로운 명소가 되고 있다. 복합 쇼핑몰로 만들겠다는 계획에 따라 레스토랑과 스파Spa가 나트랑 중심 해변에 수영장과 함께 있어 더욱 인기를 끌고 있다. 특히 가족 여행자가 많이 찾고 있다. 아이들은 하루 종일 수영장에서 놀고 그 옆의 선베드에서 쉬고 있는 부모가 함께 즐기고 쉬기 좋은 곳이다.

🌐 www.centralpark.vn   🏠 100 Trần Phú, Lộc Thọ
🕐 7~18시   ₫ 선베드 & 타올 250,000동, 구명조끼 35,000동

자이 해변
Bãi Dài

끝없이 펼쳐진 백사장과 푸른 바다로 고급 리조트들이 들어선 자이 해변이 동양의 나폴리라고 불리는 이유가 아닐까라는 생각이 드는 해변이다. 깜란 국제공항에서 20분 정도 지나면 나오는 해변은 고급 호텔과 리조트가 계속 지어지고 있어 매년 이곳을 찾는 여행자들이 늘고 있다.

때 묻지 않은 자연을 만날 수 있는 신비로운 도시, 나트랑의 해변 중에서도 빼어난 경관을 자랑한다. 약 4km 길이의 백사장을 가진 자이 해변은 코코넛 나무가 선사하는 시원한 그늘 아래에서 달콤한 휴식을 취할 수 있다. 신비로운 분위기와 천혜의 자연환경을 자랑하는 자이 해변은 헤엄치기에 딱 좋은 물 온도를 가지고 있다.

나트랑 센터
Nha Trang Center

롯데마트가 품목이 다양하고 세련되어 있지만 외곽에 있어서 찾아가기 힘이든다. 나트랑 센터는 도심 내에 있고 품목도 다양해 관광객이 많이 찾는 쇼핑센터이다.

1층에 현금 인출기(ATM)와 옆에 환전소가 있고 2층에는 슈퍼가 자리하고 있다. 3층의 푸드 코트에 다양한 음식을 주문할 수 있고 푸드 코트에서 보는 바다의 풍경이 아름다워 찾게 된다. 또한 저녁에는 볼링장이 있어 연인이나 가족과 함께 시간을 보내기에도 좋다.

3층의 푸드 코트는 메뉴를 원하는 곳에서 고르고 가격이 적혀있는 종이를 가지고 계산대로 이동해 계산을 한 후, 영수증을 받아서 다시 음식점으로 이동하여 번호가 적혀있는 플라스틱을 받고 기다리면 음식을 직접 가져다준다. 3층의 오락실과 볼링장이 있으므로 가족여행객에게 특히 추천한다.

빅C 마트(Big C Mart)
나트랑 시내에서 가장 멀리 있는 마트로 관광객이 찾기보다 현지인들이 찾는 마트이다. 롯데마트와 빈콤 프라자가 세련된 내부 인테리어를 보여주지만 빅 C 마트는 세련된 분위기는 아니고 조금은 시장분위기의 마트이다. 입구를 통해 들어가면 비어있는 판매대가 있어 관광객이 자주 찾는 마트는 아니므로 외곽까지 가서 쇼핑을 하지 않는다.

🏠 20 Trần Phú, Nha Trang
🕐 9~22시
📞 0258-6261-999

XQ 자수박물관

XQ Sú Quàn

세계적인 베트남 전통자수박물관인 XQ자수박물관
은 약 300년의 전통을 이어 온 베트남 전통자수의
명가로 연간 30여만 명의 관람객이 관람하는 곳으
로 베트남 달랏에 본관을 두고 있다. 배낭여행자 거
리의 하이랜드 커피 건너편에 위치해 있는 박물관은
다양한 공예작품이 전시되어 있다. 무료이기 때문
에 쉬어가는 장소로 잠시 들러 베트남의 공예수준
을 확인할 수 있는 곳이다.

베트남자수를 대표하는 XQ자수박물관은 베트남 전
국에 자수를 놓는 사람만 3,500명에 이르는 대규모
문화기업과 같은 곳으로, 특히 달랏 본관은 각종 자
수와 더불어 베트남의 전통문화 양식의 건축물과
조각, 조경들로 가득 채워져 '베트남 문화의 보고'로
알려져 있다.

🏠 64 Trăn Phú, Lôc Tho, Tp. Nha Trang
🕐 8~21시 30분
📞 0258–3526–579

베트남 자수의 역사

베트남 전통자수는 14세기 중국의
명나라로부터 전해져 온 것으로 베
트남 사람의 특별한 손재주에 베트
남의 문화가 겹쳐져 베트남을 대표
하는 문화상품이 되었다. 자수 작품
들은 비단실로 수를 놓아 작품마다
섬세한 정교함이 극치에 달해 소품
에서부터 5명이 1년 동안 작업한 대
작에 이르기까지 다양한 작품들이
세계 각국으로 팔려나가고 있다.

롱비치
Long Beach

나트랑 캄란 국제공항Cam Ranh International Airport에서 아름다운 경치를 감상할 수 있는 해안도로를 따라 약 40분간 이동을 하게 되면 현대적인 해변휴양지가 나온다. 현지인들은 바이자이 비치Bãi Dài Beach로 부르는 곳이다.

인근 바다를 돌아보는 것도 즐거운 경험이 될 수 있으며 쇼핑, 관광명소, 레스토랑, 바 등이 모두 호텔에서 도보로 이동 가능 한 거리에 위치해 있다.

혼로 항구
Hon Ro Fish Port

나트랑 시내에서 자동차로 약 15분 이동하면 나트랑 최대의 항구인 혼로 항구Hon Ro Fish Port에 도착한다. 매일 수많은 어선들이 항구에 정박하는 항구에는 이른 아침이면 현지 상인들이 줄을 지어 밤새 고기를 잡고 돌아오는 어선을 기다린다.

항구는 신선한 해산물을 구매하는 현지인들로 생기가 넘치고, 한쪽에서는 수천 톤의 멸치가 도시 전역으로 팔려 나가기를 기다린다.

스쿠버 다이빙

스쿠버 다이빙*Scuba diving*은 물속에서도 숨을 쉴 수 있게 해주는 장비를 착용하고 수중 다이빙을 하는 것이다. 1년 내내 따뜻한 기온과 잔잔한 파도를 가진 혼문 섬 근처에서 스쿠버 다이빙을 즐기게 된다.

영어의 'SCUBA'는 원래 잠수 장비를 가리키는 명사였지만 기구를 사용하는 잠수 활동 자체를 스쿠버로 일컫고 있다. 일반인들이 스킨스쿠버를 즐기는 경우, 잠수가 가능한 깊이는 최대 40m 정도이고 잠수를 하는 최대 시간은 3시간 30분 정도이다. 단, 잠수를 깊게 할수록 잠수 시간은 짧아지게 된다.

일반적인 인식과는 달리 사고율이 높지 않고, 여행에 대한 관심이 늘어남에 따라 즐기는 인구가 늘어나는 추세이다. 하지만 물속에서 이루어지는 스포츠이기 때문에 위험 요소를 가지게 되는 것은 당연한 것이다. 물속 압력의 변화에 따른 변화가 감압 병, 공기색전증을 일으키기도 하고 체온이 저하되거나 피부 외상이 일어날 수 있으므로 안전에 주의해 즐겨야 한다.

최대 허용 수심이 40m인 이유

물속에서는 수심 10m마다 1기압(atm)씩 더 가중된다. 40m에서는 5기압의 압력이다. 압력의 영향으로 신체 내 질소 용해량이 올라가게 되며, 갑작스럽게 압력이 낮아질 경우 용해되어 있던 질소가 거품이 되어 혈관과 신경 등을 막아버리는 잠수병에 걸리게 된다. 혈액 속 산소 분압이 1.6을 넘어서는 경우 산소중독에 의한 의식불명 상태를 야기한다.

스쿠버다이빙 투어

1. 7~8시에 숙소로 픽업을 하고 나서 선착장에 모든 투어 참가자가 모이면 배를 타고 혼문 섬으로 이동한다.
2. 혼문 섬까지 이동하는 배에서 스쿠버 장비의 사용법을 알려주는 데 이때 잘 듣고 이해가 안 가는 부분이 있다면 물어보고 알고 있어야 한다.
3. 강사 1명당 2~3명으로 강사가 책임질 수 있는 인원이 그룹으로 나뉘게 된다.
4. 혼문 섬에 도착하면 초보자를 위해 2~3m 깊이의 바다에서 전문 강사가 장비 사용법이나 스쿠버 다이빙에 대한 설명을 하고 실습을 하게 된다.
5. 실습을 통해 물속으로 들어갈 수 있다고 판단을 하면 조금 더 깊은 바다로 이동하여 본격적인 스쿠버 다이빙을 하게 된다.

⑥ 1번의 스쿠버 다이빙을 하고 점심식사를 한다. 한번 물속에서 스쿠버 다이빙을 하면 수영을 하지 못해도 다이빙 장비가 물속에서 돌아다닐 수 있도록 추진력을 만들어 주기 때문에 물속에서 돌아다니는 재미를 알게 된다.

⑦ 추가적으로 스쿠버 다이빙을 하고 나머지 시간에는 스노클링을 하면 1일 스쿠버다이빙 투어는 마치게 된다.

다이빙의 종류

다이빙의 종류에는 비치 다이빙, 보트 다이빙, 섬 다이빙, 리브어보드가 있는데 혼돈 섬에서는 보트 다이빙을 할 수 있다.

보트 다이빙은 보트를 타고 원하는 다이빙 포인트로 이동해서 입수하는 것을 말한다. 바로 깊은 수심으로 떨어질 수 있어 비치 다이빙에 비해 체력소모가 적다. 보트를 이용하므로 비치 다이빙에 비해 투어 비용이 높을 수밖에 없다. 보트에는 직원가 남아서 대기하다가 다이버가 SMB를 띄우면 그것을 육안확인하고 해당 위치로 이동하여 다이버들이 물밖으로 나올 수 있도록 돕는다.

조류 등으로 다이버들이 멀리 이동해버리면 보트에서 SMB를 보지 못하는 경우가 있으므로 다이버용 호루라기를 이용하여 청각신호를 보내거나, 반사경을 갖고 있다면 본인들이 타고 온 보트를 향해 햇빛을 반사시켜 보트를 호출한다.

장비 확인

수트	몸에 맞는지, 내가 들어가려는 다이빙 사이트의 수온과 맞는 두께인지, 찢어진 데는 없는지, 후드/장갑/부츠가 필요에 따라 있는지 확인한다.
웨이트	웨이트 버클이 제대로 되어 있고 허리에 맞는지, 필요 시 쉽게 풀어버릴 수 있는지 확인한다. 정신없이 챙기다보면 웨이트를 뒤집어 끼우는 경우도 있으니 주의한다.
핀	짝이 맞는지, 풀 풋 핀이라면 신고 / 스트랩 핀이면 스트랩 차고 편안한지 확인한다.
물안경 or 스노쿨	물안경의 경우 얼굴에 잘 밀착이 되는지, 스커트 쪽에 문제는 없는지, 신제품이라면 김서림 방지가 제대로 되었는지 확인한다. 스노쿨은 물고 숨을 쉴 때 문제가 없는지 확인한다. 이후 BC에 공기탱크와 호흡기 결합하고 확인한다.
BC	가장 중요한 확인사항으로 몸에 맞는지, 스트랩을 죄었을 때 빈 틈이 생기지 않는지, 인플레이터를 연결하고 주입버튼 눌렀을 때 문제없이 빵빵해지고 비상 디플레이터에서 방구 뿡뿡 소리가 나면서 여분의 공기가 배출되는지, 배출버튼 눌렀을 때 공기가 제대로 나오는지, 혹시 BC 안에 지난 번 잠수 때 들어간 물이 남아있는지를 확인한다.
호흡기	가장 중요한 체크사항이다. 제공되는 공기탱크와 정상적으로 결합되는지, 잔압계에 표시되는 압력이 정상적인지, 새는 부분은 없는지, 2단계로 옥토퍼스 물고 정상적으로 공기가 빨리는지, 배출 버튼을 눌렀을 때 공기가 제대로 빠지는지 확인한다.
공기탱크	남아 있는 압력이 제대로 200bar 또는 3000psi인지, 입으로 빨아 마신 공기에서 이상한 맛이나 냄새가 안 나는지 확인한다.

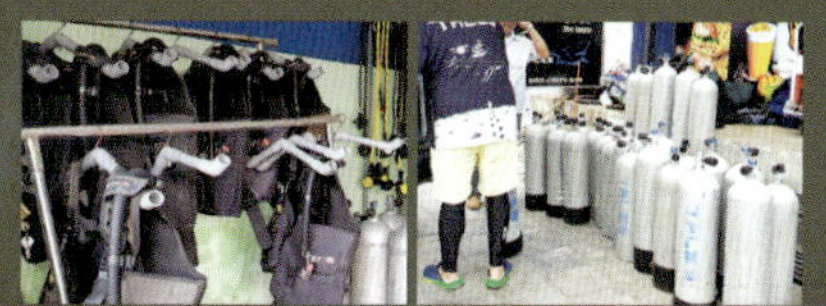

공기 호흡기(breathing apparatus)는 스쿠버 장비로 수중 호흡기(Rebreather), 송기식 잠수, SCBA(Self-contained breathing apparatus), 우주복, 잠수용 호흡기(Underwater breathing apparatus)이다.

준비물
수건과 선크림 수영복을 입고 가야 한다. 수트를 벗게 되면 따로 옷을 갈아입기는 쉽지 않다. 또한 방수 가방에 자신의 귀중품은 따로 넣어두고 핸드폰에 물이 들어가지 않도록 조심해야 한다.

주의사항
물속으로 들어갈 때 강사는 깊이를 체크하면서 들어가지만 물속으로 깊이 들어갈수록 귀가 아프거나 눈이 아플 수가 있다. 이때 손으로 이상 신호를 보내면 약간 위로 올라갔다가 다시 내려가야 압력이 조절이 된다. 무턱대고 아래로만 내려가는 일이 없도록 조심해야 한다.

투어회사
베트남 엑티브(Vietnam Active)
- 주소 : 115 Hùng Vương, Nha Trang
  (리버티 센트럴 호텔 남쪽)
- 시간 : 6시 30분~21시
- 요금 : 스노클링 35$, 초보다이빙 65$,
  스쿠버 다이빙(2회), 스노클링(2), 점심식사,
  물, 장비 일체
- 전화번호 : 0258-3528-119
- 홈페이지 : www.vietnamactive.com
  vietnamactive@gmail.com

나트랑 시스타(Nha Trang Seaster)
- 주소 : 64 Trần Phú, Lộc Thọ, Nha Trang
  (Aquatic Ocean Hotel)
- 요금 : 스노클링 30$, 초보다이빙 75$,
  스쿠버 다이빙(2회), 스노클링(2), 점심식사,
  물, 장비 일체
- 전화번호 : 090-5380-315
- 홈페이지 : www.nhatrangseaster.com / nhatrangseaster@gmail.com

반미 맛집

베트남은 길거리 샌드위치인 반미의 천국이다. 사람들이 지나는 거리 어디든 반미 노점들이 모여 있다. 하지만 나트랑은 상대적으로 반미를 파는 노점들이 적다. 관광객이 많은 도시로 외국인 관광객을 대상으로 다양한 햄버거나 케밥 등이 더 많기 때문에 배낭여행자 거리에는 숫자가 적은 편이다. 현지인들의 인기를 얻고 있는 반미가게들을 선별해 보았다.

반 미 띳 누옹(Bánh mì thịt nướng)

절인 돼지고기가 바삭 바삭한 빵과 약간 매운 칠리소스와 조화를 이루고 오이 슬라이스로 나오는 반미는 10대에게 사랑을 받고 있다. 이른 아침의 시원한 공기에서 구운 고기의 희미한 연기 냄새가 매력적인지 지나가는 행인을 붙잡고 시선을 끌게 만든다.
반미를 만드는 공간이 크지 않고 깨끗하지 않은 것 같아서 맘에 들지 않을 수도 있지만 구워진 빵은 나쁘지 않다.

🏠 17 Phan Chu Trinh, Phuong Xuong Huan   ₫13,000～20,000동   🕐 6～21시   📞 093−576−80−59

반 미 냔 후롱(Bánh mì ngàn hương)

이곳을 발견 한 이래로 나는 다른 곳에서 먹고 싶지 않다고 말할 정도로 나트랑 시민들이 사랑하는 반미 맛집이다. 여기에 있는 빵은 자체적으로 만들기 때문에 다른 반미 빵보다 작지만 두껍고 뜨거워서 맛있다. 가격도 10,000∼15,000동으로 맛은 아주 좋고, 절인 고기는 맵고 짠맛이 나는 소스가 어울려 내는 반미 맛이다. 아침부터 저녁까지 쉽게 먹을 수 있지만 가끔은 빵이 없어서 문을 닫는 경우도 있다. 또한 가게는 맛있는 국수를 값싸게 판매하고 있다. 식당이 혼잡 할 때는 포장해서 가지고 가야한다고 한다.

⌂ 8 Hồng Bàng, Phước Tiền Thành phố
🕐 10,000∼15,000동
📞 093–526–4339

반 미 쩐 후롱(Bánh mì nguyên hương)

향기로운 소시지 빵에 자극적인 고수와 양파가 매운 고추와 간장이 어우러져 뜨겁고 신선한 버거는 환상적이다. 쩐 후롱[Nguyen Huong] 빵이 나트랑 시민들에게 많은 사랑을 받게 만든 이유이다.

친절하고 빠르게 나오는 반미는 빨리 일렬로 늘어서는 고객에게는 큰 장점이다. 뜨겁고 갓 구운 빵은 그냥 먹어도 맛있을 만큼 빵의 퀄리티는 높다. 소박한 종이에 둘러싸여 들어있는 빵 한 덩어리로 아침의 차가워진 손을 데우면서 먹는 맛은 잊을 수 없다.

⌂ 1 Tô Hiên Thành
₫ 12,000∼20,000동   🕐 7∼21시
📞 093–3833–4570

노점 쌀국수

나트랑은 유명관광지임에도 불구하고 호이안Hoi An이나 다낭에 비해 노점의 쌀국수를 파는 가게들이 적다. 중부 지방의 대표적인 미꽝에 비해 면발이 얇은 쌀국수가 대부분이다. 관광객용 레스토랑이 아닌 나트랑 현지인들이 먹는 쌀국수를 찾는 여행자라면 골목길의 허름한 가게도 아닌 작은 의자에서 먹는 쌀국수 한 그릇 만큼 정이 담긴 쌀국수도 없을 것이다. 나트랑 시민들을 단골손님으로 거느린 허름한 가게에서 파는 국수 한 그릇은 푸짐한 양에 맛까지 푸짐하다.

 ## 아이스드 커피가 있는 골목 쌀국수 집

헝부옹Hùng Vương 거리의 아이스드 커피가 있는 골목에 위치한 완탕이 생각나는 가게이다. 가게이름조차 불분명한 쌀국수집이지만 국수 맛을 알게 된 관광객이 서서히 찾고 있다. 다행히 맛을 찾아 나선 많은 여행자가 알려 주면서 인기를 끌고 있다. 얇은 면발 때문에 자칫 밋밋할 수 있는 쌀국수의 국물이 살려주어 맛이 업그레이드가 되었다.
또한 외국인이 오면 미리 고수를 빼놓아 관광객을 배려하고 있다. 짜지 않고 구수한 국물에 고기를 올리고 파를 송송송 썰어 넣어서 다른 채소가 없는 데도 땀이 나게 되는 개운한 맛이 된다. 라임을 짜 넣어서 깔끔하게 먹는 외국 관광객이 많다. 관광객과 다르게 나트랑 시민들은 완탕을 좋아하여 먹는 메뉴에 차이가 있다.

đ 쌀국수(3종) 40,000동, 완탕 75,000동 7~21시

 ## 소피아 호텔 건너편 코너에 있는 아침 쌀국수

따뜻한 국물이 가득한 국수와 고명이 얹어진 국수는 취향에 따라 허브를 넣어 먹을 수 있다. 숙주와 칠리소스를 넣어서 자신의 입맛에 맞는 국물을 만들 수 있다. 관광객보다 현지인을 상대하고 아침에만 장사를 하기 때문에 늦게 일어나는 관광객에게 많이 알려지지 않았다.

그렇지만 아침에 일찍부터 일을 시작하는 나트랑Nha Trang 시민에게 맛있는 쌀국수를 제공해 주기 때문에 아침마다 조그만 의자에 앉아 하루의 일과를 시작하는 시민에게 도움을 주는 쌀국수집이다.

đ 쌀국수 40,000동, 완탕 75,000동   ⏰ 7~10시

나트랑 남쪽 해안은 다양한 해산물을 푸짐하게 먹을 수 있는 천국이다. 미식에서 베트남도 복을 받은 나라 중 하나일 것이다. 그 정도로 풍부한 식재료에 다양한 나라의 관광객이 몰려오면서 중국, 인도, 프랑스 등의 요리가 나트랑에서 요리되고 있다.

Sailing Ciub
세일링 클럽

아름다운 나트랑 해변을 바라보며 식사와 커피 등의 음료를 부담 없이 즐길 수 있는 레스토랑이다. 여행자거리에서 가까워 접근성이 좋은 것이 가장 큰 장점이다. 일몰의 풍경이 아름다워서 해 질 무렵이면 테이블마다 은은한 촛불이 켜지고, 그림 같은 해변과 분위기가 서로 조화를 이뤄 나트랑Nha Trang의 밤을 아름답게 물들인다.

5시 정도만 되도 만찬을 즐기기 위해 모여드는 관광객들로 테이블이 다 차게 된다. 세일링 클럽Sailing club의 '캔들 디너'라고 하는 저녁식사가 끝이 나고 9시를 넘어서면 레스토랑이 시끄러운 클럽으로 변신한다. 레스토랑과 연결된 해변에서 다양한 공연이 펼쳐지고 시끌벅적한 분위기를 북돋우는 흥겨운 음악은 밤이 깊도록 계속된다.

🌐 www.sailingclubvietnam.com
🏠 **주소_** 72~74 Tràn Phú, Lôc Tho, Tp Nha Trang
🕐 **시간_** 7시 30분~새벽 2시
đ **요금_** 파스타 290,000동, 비프 버거 270,000동, 샌들스 셰프 샐러드 290,000동
📞 **전화_** +84-93-558-0205

Refuge
레퓨제

나트랑 해변에 있는 레스토랑으로 유럽 관광객을 대상으로 프랑스요리를 전문으로 요리하는 곳이다. 새우요리와 스테이크를 하우스 와인과 함께 즐기는 관광객이 많다.

프렌치 코스를 주문해도 가격이 저렴하여 나트랑을 찾는 많은 러시아 관광객에게 최근에 인기를 끌고 있다. 간단하게 소시지와 맥주에 악어고기, 치킨, 타조고기, 소고기 등의 스테이크는 매우 맛있는 저녁식사가 된다. 악어고기나 타조고기는 알고 먹지 않으면 소고기 스테이크와 다를 바 없어서 낯선 재료에 대한 선입견이 없어지게 만든다.

- ⊕ www.lanternsvietnam.com
- 🏠 148 Hùng Vúông Quànt Tràn, Tp Nha Trang
- 🕐 8~22시
- ♂ 스테이크 150,000동, 소시지 60,000동, 크림소스와 감자 55,000동
- 📞 전화_

Ttúc Linh 2
쭉 린 2

바다와 접해 있는 나트랑으로 여행을 온 관광객은 한번쯤은 해산물 요리를 먹어보고 싶어한다. 이곳은 여행자거리에서 유명한 해산물 요리 레스토랑이다. 동남아시아 어디를 가든 해산물 레스토랑의 주무하는 시스템은 다 같다. 입구에 있는 랍스터나 타이거 새우, 조개, 오징어 등을 고르면 원하는 대로 요리를 해서 가져다준다.

2010년대에 들어 저렴하게 해산물을 요리해주었던 쭉린은 이제는 규모를 갖춘 레스토랑이 돼서 저녁에는 관광객으로 넘쳐난다. 그러므로 주문을 해도 늦게 나오는 경우도 있고 손님들의 요구가 많아 불친절하기도 해 호불호가 점차 갈리고 있다. 특히 중국인 관광객이 최근에 많이 찾아오면서 인기를 끌고 있다. 핫팟Hot Pot이 대한민국의 탕과 비슷한 요리여서 국물을 먹고 싶다면 추천한다.

- ⊕ www.facebook.com/truclinhrestaurant
- 🏠 18 Biêt Thú, Lôc Tho, Tp Nha Trang
- 🕐 7~22시
- ♂ 랍스터 200,000동, 오징어 60,000동, 타이거 새우(100g 당) 50,000동 핫팟(2인) 250,000동
- 📞 +84-058-521-089

Bún Chà Hà Nôi
분짜 하노이

카페 거리에 있는 작고 허름한 식당이지만 맛만큼은 최고의 분짜^{Bún Chà}를 먹을 수 있다. 할머니와 아저씨가 운영하는 테이블 6개의 식당에는 분짜와 분넴^{Bún Nêm}을 최고의 맛으로 즐길 수 있고 고수를 빼달라고 하면 빼주기 때문에 자신의 기호에 맞추어 먹을 수 있다. 게다가 관광객이라고 불친절하게 대우하지 않고 친절하게 맞아주기 때문에 아침에 일어나서 산책하고 들어가면 현지인처럼 반겨주는 친절함은 현지인의 친절을 느끼게 해주어 하루가 즐겁게 된다. 매일 먹어도 맛있는 곳으로 적극 추천한다.

🌐 www.monngonhanoi.business.site

🏠 1 Ngô Thòi Nhiêm, Tân Lâp, Tp Nha Trang

🕐 7〜21시

♂ 분짜 35,000동, 분넴 35,000동

📞 +84-168-242-6789

Làng Ngon Vietnamese Cuisine Restaurant

랑응온

콩 카페에서 왼쪽으로 나와 500m정도를 가면 만날 수 있는 맛집이다. 레스토랑이름에도 나와 있는 것처럼 베트남 전통음식을 저렴하지만 깨끗한 분위기에서 맛볼 수 있다. 레스토랑 내부는 한적한 시골 전원 식당처럼 꾸며져 있어 시원한 바람을 맞으며 식사를 할 수 있다. 연못 옆에서 반쎄오와 분짜를 먹고 커피나 차를 마시면서 한적하게 대화를 나누어도 좋은 장소이다.

최근에 중국인 관광객이 많아지면서 저녁식사시간에는 한적함이 떨어지고 혼잡함이 남아 씁쓸하지만 저녁시간대만 피하면 맛있는 한 끼 식사를 저렴하게 먹고 만족하게 되는 레스토랑이다. 다만 낮 시간에는 에어컨이 없어서 뜨거운 햇빛에 노출될 수 있으니 시간대를 잘 맞추어 가도록 하자.

⊕ www.langngon.com
⌂ Hem 75A Nguyen Thi Minh Khai, Nha Trang
⊙ 10시 30분~14시 / 16~22시
♂ 분짜 59,000동, 반쎄오 39,000동
📞 +84-91-350-4319

Phở Hồng
포 홍

쌀국수 맛집을 관광객이나 현지
인에게 물어보면 가장 먼저 대답
하는 곳이 포 홍Phở Hồng일 것이다.
베트남여행에서 추억을 이끌어
내는 것이 바로 쌀국수일 것이다.
특히 베트남에서 어디를 가나 먹
을 수 있는 대표적인 쌀국수는 이
제 필수 코스가 되었다.

많은 여행자들이 단 하나의 쌀국
수라고 치켜세울 정도이므로 한
번 먹어보고 평가를 해보길 바란
다. 현지 나트랑 시민들도 자주 찾
는 편인데, 단 하나의 메뉴인 쌀
국수만 판매하고 있다. 보통으로
먹을 것인지, 큰 사이즈로 먹을
것인지만 선택하면 된다.

🏠 40 Lê Thánh Tôn, Tân Lập,
　　Thành phố Nha Trang
🕐 6~21시
₫ 55,000동

Mix Restaurant
믹스 레스토랑

나트랑은 유럽 배낭 여행자들이 많은 여행지이기
때문에 쌀국수 집뿐만 아니라 다양한 국가의 음식
들이 현재 영업 중이다.
장기 여행자들이 쌀국수나 베트남 음식만 먹으면서
지낼 수 없기에 유럽의 음식은 나트랑에 많이 판매
되고 있다. 색다른 메뉴를 먹어보고 싶다면 도전해
도 좋은 레스토랑이다.

베트남 나트랑에서 가장 성공한 유럽 레스토랑으로
알려진 믹스 레스토랑은 그리스 지중해 음식을 소
개하고 있다. 베트남 물가보다 비싸지만 어디에도
소개할 수 있을 정도로 맛있는 그리스 음식을 맛볼
수 있다. 빈티지 인테리어에 고기와 해산물, 그리스
대표 음식인 수블라키Subulaki가 관광객을 유혹한다.

항상 많은 손님으로 붐비기 때문에 점심이나 저녁
시간을 약간 피해가는 것이 기다리지 않고 들어가
는 방법이다. 가장 인기 많은 메뉴인 해산물 미트와
그리스 대표 음식 수블라키이다. 색다른 메뉴 그리
스음식을 경험할 수 있는 믹스 레스토랑이다.

🌐 77 Hùng Vương, Lộc Thọ, Tp. Nha Trang
🕐 11~22시
📞 (+84) 165-945-9197

Bánh canh Co Hà
반칸꼬하

나트랑에서 현지인이 자주 찾는 쌀국수 가게로 국수는 포 국수^{pho noodle}와 같다. 둥근 수프가 아니라, 생선으로 만드는 국물은 오랜 시간이 소요된다.

아침 식사와 점심에 파는 것이기 때문에 아침 식사 전에 6시부터 만들기 시작한다. 생선과 물, 양파만으로 끓여 육수를 만든다. 양파가 굉장히 많아 양파의 단맛이 강한 편이다. 친절하지 않아서 불만이 있는 식당이지만 접시에 양파와 채소를 가져다준다. 약간 엷은 국물과 작고 깨끗하지 않은 내부 인테리어와 의자가 불만인 사람들도 있다.

🏠 14 Phan Chu Trinh
🕐 7~19시 30분
♂ 15,000~28,000동
📞 +84-258-3562-148

Bánh canh Nguyên Loan
반 깐 누엔 로안

생선으로 만든 국물은 대담하지 않지만 진한 맛이 나오는 곳으로 평가받고 있다. 레스토랑에서는 생선 구이와 생선요리 등도 판매하고 있다.

맛있는 수프의 맛은 생선 소스를 오랜 시간 끓이면서 나오게 된다. 달고 시큼한 갈비가 달린 생선에 나오는 생선 소스는 새우, 고추 페퍼와 함께 다양한 맛을 내게 된다.

🏠 Ngô Gia Tú, Phuóc Tien Thanh Phố
🕐 7~21시
♂ 30,000~35,000동
📞 058-351-5634

암소를 이용하는 쇠고기 국물은 맛있다. 신선하고 맛있는 국물이 분 보 후에의 맛을 좌우하는 데 신선한 야채로 자신이 원하는 맛을 추가해 먹을 수 있다.

육류, 튀긴 고기, 후추, 찐 야채 등과 칠리소스를 붓고 맛있는 요리를 할 수 있다. 하노이 같은 대도시에서는 공장화된 분 보 후에를 식당에서 팔고 있지만 이곳은 많은 지방을 가진 고기를 사용하면서 신선도를 유지하고 있다.

🏠 100 Ngo Gia Tu
🕐 7〜22시
₫ 33,000동
📞 +84-258-3511-129

ABC Bakery
ABC 베이커리

베트남의 '파리바게뜨'라고 부르는 ABC 베이커리는 나트랑에 2개의 지점이 있고 호치민, 다낭 등의 대도시에 있는 전문 베이커리이다. 하지만 아직 많은 지점을 가지지는 못했다. 안으로 들어서면 다양한 빵이 내뿜는 냄새가 구수하다.

베트남 반미도 있지만 나트랑 시민들에게 사랑받는 것은 케이크이다. 다양한 조각케이크와 머핀뿐만 아니라 생일 케이크도 판매하고 있다. 현지 브랜드이지만 유럽 관광객도 많이 찾는 브랜드로 바뀌고 있다.

🏠 78A Ly Thanh Ton, P.Phuong Sai
🕐 7〜22시 📞 58-381-5607

여행자거리 맛집

🍴 티 티 레스토랑 (Ti ti restaurants(Beef Steak))

호치민과 나트랑에서 오픈한 유명한 레스토랑이
다. 레스토랑은 응우엔차이^{Nguyen Trai}와 박당^{Bach Dang}
거리 모퉁이에 위치해 있다.

맛있는 음식, 후추 소스, 절인 연어가 들어있는
쇠고기, 싱싱한 감자튀김, 신선한 샐러드 등이 인
기 메뉴이다. 음식을 주문하면 빠르게 요리해 나
오고 아늑하고 편안한 레스토랑 인테리어에 친절
한 직원은 분위기를 더해준다.

쇠고기스테이크 가게이지만 암소는 호주산 쇠고
기와 달리 부드럽고 건조하지 않아 먹기에 좋다.
겉이 단단하고 건조한 빵은 먹기가 어렵지만 소
스에 찍어 먹으면 딱딱함이 누그러져 괜찮다.

🏠 89 Nguyên Trài, Nha Trang

🕐 9시 30분~21시 30분

🍴 쇠고기 스테이크 75,000동 양BBQ 90,000동,
　미국산 쇠고기 스테이크 130,000동

📞 +84-90-343-6061

놈 놈 레스토랑 (Nôm nôm restaurant)

골목에 위치한 작은 상점이지만 찾기가 쉽다. 작지만 고급스러운 내부 인테리아, 조용한 분위기로 젊은이들이 특히 좋아한다. 현지인들은 치즈 피자가 가장 맛있다고 추천하고 있다.

관광객은 커리^{Curry}를 가장 좋아한다. 피자는 맛있고 빵은 바삭하지는 않지만 싱싱하다. 저렴하고 좋은 서비스가 음식 맛에 더해 인기를 얻고 있다.

메뉴는 애피타이저와 메인 요리, 모든 종류의 음료를 제공하지만 저렴한 가격의 맛있는 음식이 장점이다.

28cm의 피자, 라자냐와 타이 패드 등 인기요리는 대부분 80,000동이다. 특히 직원들이 손님이 붐비는 점심에도 친절하다. 너무나 붐비지 않을 식사시간 이후나 이전에 가는 것이 좋다. 다만 베트남에서 신선하게 유지해야 하는 굴 요리는 추천하지 않는다.

- 🌐 www.nomnom.bakery.burger
- 🏠 17/6 Nguyễn Thi Minh Khai, Lôc
- 🕐 7~22시
- đ 28cm의 피자, 라자냐와 타이 패드 80,000동
- 📞 +84-129-2914-606

올리비아 레스토랑 (Olivia Restaurant)

러시아 관광객이 초기에 많이 가던 피자집이었으나 지금은 전 세계의 관광객이 몰리고 현지인에게는 약간 높은 가격이지만 이곳에서 데이트 인증샷을 찍어 올리는 대표적인 피자와 이탈리아 레스토랑으로 정평이 나있다. 특히 빵과 파스타는 맛있고 베트남사람들의 취향에 어울린다고 이야기한다.

피자와 이탈리아 음식이 메인으로 구성되어 있고 현지 음식은 부수적으로 구성되어 있는 듯한 느낌으로 주문도 대부분 피자와 이탈리아 파스타에 몰려 있다.

피자를 굽는 화덕을 지나 2층으로 올라가면서 피자가 구워지는 과정을 볼 수 있어 위생적으로 관리되고 있다.

피자는 작은 사이즈나 큰 사이즈의 가격 차이가 10,000동으로 대부분 큰 사이즈를 주문하고 피자에 덧붙여 와인과 칵테일을 같이 먹는 관광객이 많다.

- 🏠 14B Trăn Quang Khài Phuong Lôc Thò
- 🕐 10~22시
- đ 피자 120,000동~
- 📞 +84-90-8480-736, 0258-3522-752

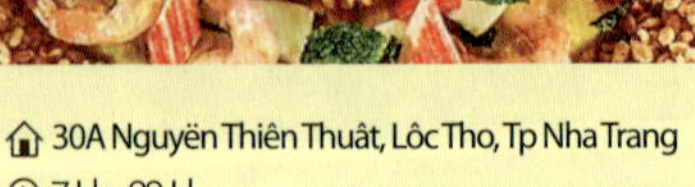

피자 컴퍼니(Pizza Company)

나트랑Nha Trang에는 의외로 피자 가게가 많은데, 그 중에서 대중적이면서 음식서비스의 질에 만족해 유명하며 인기가 있다. 특히 해산물을 토핑으로 새우, 천 섬 소스, 조개 등이 올라간 피자는 두껍지 않아 먹기에 좋다.

피자의 치즈는 쫄깃하게 늘어진 진한 향이 있다. 내부는 깨끗하고 직원은 친절하여 베트남 음식을 먹기 싫을 때에 찾으면 나쁘지 않은 선택이다. 칠리소스를 곁들여서 만든 토마토소스가 훌륭하다. 가격은 다른 피자집보다 비싸지만 품질은 일반적으로 만족할 만하다.

껌 땀 수온 꿰
(Cơm tấm sườn que)

넓고 깨끗하며 앉아서 먹는 것이 편한 인기 있는 장소이다. 전형적인 껌 땀인 쌀밥에 고기를 얹은 껌 땀 리브 스틱은 30,000동으로 저렴하다.

쌀밥의 양은 많지 않지만 매우 맛 좋은 쌀밥으로 정평이 나있다. 고기는 소스의 짠맛과 단맛이 매력적으로 어울린다. 절인 고기로 맛있지만 약간 질기기 때문에 소스로 잡아주고 있다.

길거리 음식 중 나트랑에서 오랜 시간을 사랑받는 음식이었다. 나트랑 최고의 밥 1 위로 인정 받았다. 식당을 찾는 오랜 단골 고객은 땅콩 향기와 향기로운 밥 냄새를 맡으면 배가 고파온다.

🏠 66 Ngo Gia Tu - Nha Trang
🕐 껌 땀 리브 스틱 30,000동
♂ 10~21시(다 팔리면 문을 닫는 데 20시면 문을 닫을 때가 많다)
📞 058-351-4195

맛있고 깨끗한 갈비와 섞인 주먹밥인 껌 땀은 밥맛이 중요하다. 밥 위에 올리는 고기는 다양하게 원하는 대로 선택할 수 있지만 바로 구워 먹어야 밥과 어울리는 고기에 소스를 뿌려 먹는 고기가 맛의 처음과 마지막을 결정하게 된다.

튀기지 않으면 금방 식어버려서 대부분의 식당에서는 튀겨서 올려준다. 이곳은 가격에 비해 질적으로 높은 고기와 쌀밥의 맛을 보장하는 곳으로 나트랑 시민들이 지속적으로 찾는 식당이다. 식사시간에는 상점이 매우 혼잡하지만 서비스가 빠르므로 걱정할 필요가 없다.

고기에 얹어 먹는 생선 소스는 달콤하고 짠맛이 아니어서 상큼하다. 가장 저평가 받고 있는 메뉴는 쌀 립 플레이트+튀긴 계란으로 달걀의 신선함이 떨어진다고 이야기해주지만 내가 먹었을 때는 신선하여 평가를 잘 모르겠다는 생각을 했다.

껌 땀 둥
(Cơm tấm Dung)

🏠 20 Phan Dinh Giot, Phuong Sai Ward
🕐 16시 30분~20 or 21시
♂ 30,000동~, 껌 땀 비프 41,000동,
　　껌 땀 튀긴 계란 33,000동

베트남 사람들이
해산물을 저렴하게 즐기는 방법

베트남은 남북으로 길게 뻗어 해안을 끼고 있는 국토를 가지고 있는 나라이다. 그래서 베트남의 해산물과 생선요리는 저렴할 것이라고 생각하지만 실제로 해산물 요리를 먹으려고 레스토랑에 가면 비싼 가격에 놀라게 된다. 그런데 관광객에게만 해산물 요리가 비싼 것이 아니다. 베트남 사람들에게도 해산물 요리는 매우 비싼 요리로 쉽게 먹을 수 있는 요리는 아니다. 그래서 해안에 사는 베트남 사람들이 해산물과 생선요리를 저렴하게 먹는 방법이 있었다. 그들과 함께 오랜 시간을 보내면서 어촌 마을의 하루를 알 수 있었다.

매일 새벽 해안에서 잡은 해산물은 작고 동그란 배들이 다시 싣고 바닷가로 가지고 온다. 그 전에는 TV타큐멘터리에서 이런 장면이 베트남 중부의 무이네에만 나와서 무이네의 고유한 것들이라고 알고 있었지만 베트남의 해안에는 어디를 가든지 비슷한 장면이 어촌 마을에는 보인다. 무이네, 나트랑, 푸꾸옥 등의 어촌들은 비슷하다.

해안에 도착한 생선들과 해산물은 많은 여성들이 받아서 경매를 하기 시작한다. 크고 신선한 생산과 해산물은 인근의 유명하고 인기 있는 레스토랑과 음식점에서 매일 판매를 해야 하므로 경매로 구입을 한다.

다음으로 작은 식당에서 다시 해산물을 구입하고 나면 아침의 판매는 끝이 난다. 여성들은 빠르게 집으로 돌아가 아침을 자식들을 먹여야 하기 때문에 집으로 돌아간다. 이때가 처음으로 저렴하게 해산물과 생선을 저렴하게 구입할 수 있는 때이다. 잘 흥정을 하면 그냥 돌아가느니 저렴하게라도 팔고 싶은 판매자에게 해산물을 저렴하게 구입할 수 있다.

그렇게 끝이 나는 아침의 경매시장에도 남아 있는 사람들이 있다. 이들은 결혼하지 않은 여성들이 대부분으로 조금 늦게 일어나서 아침을 먹고 나온 여성들이다. 남아 있는 생선과 해산물은 계속 판매를 한다. 아직은 크고 신선한 해산물과 생선요리가 필요한 상인들과 레스토랑이 있기 때문에 판매를 한다.

시간이 지나면서 판매를 하고 남아있는 생선과 해산물은 신선도가 떨어지면서 가격이 떨어지고 점심식사를 하고 나면 거의 해산물과 생선은 없어진다. 오후가 되면 해산물을 먹고 싶은 근처에 살고 있는 사람들이 오면서 남아있는 조개나 크랩 등을 구입하게 된다. 생선은 대부분 오전에 판매를 하고 오후에는 상할 수 있으므로 판매를 하지 않는다.

남아있는 해산물은 모두 떨이로 판매를 하므로 커다란 바구니에 담아 판매를 한다. 신선도는 떨어지고 크지도 않은 해산물이 같이 있지만 바구니채로 판매를 하므로 양이 많고 저렴하다. 대부분 현지에 사는 사람들에게 판매를 하기 때문에 저렴하게 빨리 팔고 돌아가려는 판매자들도 가격을 비슷하게 부르기만 하면 주게 된다. 흥정이 많이 필요하지 않다. 왜냐하면 여기서 못 팔게 되면 어차피 상하여 버리게 될 수밖에 없기 때문이다.

100,000~200,000동(약 5,000~10,000원)에 엄청난 양의 해산물을 먹을 수 있다. 구입한 해산물은 인근 레스토랑에서 요리를 해 온다. 오후가 되면 인근의 레스토랑은 저녁 장사를 하기 위해 판매를 준비하고 요리를 할 수 있도록 불도 피워놓기 때문에 저렴하게(30,000~50,000동) 요리를 해준다. 그렇게 요리까지 되면 가족들이 모두 모여 해산물을 먹으면서 이야기꽃을 피운다.

내가 이들과 같이 흥정하기도 하지만 베트남어를 못하는 내가 이 장소에 있다는 것만으로 현지인들은 신기해하고 원하는 가격에 해산물이 가득 찬 바구니를 주었다. 오히려 나에게 더 저렴하게 주기 때문에 내가 흥정에 나서는 것이 더 저렴할 때도 많아지는 신기한 경험을 할 수 있었다.

베트남 라면, 쌀국수

베트남은 500개 이상의 라면 상품이 경쟁하는 라면 소비국이다. 베트남의 총 라면 소비량은 50억 6천만 개로 세계에서 5번째로 라면 소비를 많이 하고 있다. 연간 1인당 라면 소비량은 1위인 대한민국이 73.7개에 이어 53.5개인 베트남이 2위이다. 베트남은 봉지라면 시장이 컵라면 시장보다 압도적으로 높았지만 최근에 편의점 증가로 컵라면 소비가 증가할 것으로 전망하고 있다.

 ## 하오하오(Hao Hao) 라면

베트남 사람들에게 가장 사랑받는 라면 브랜드는 하오하오 Hao Hao라고 한다. 1993년 베트남 라면시장에 진출한 일본의 에이스쿡 베트남은 하오하오 Hao Hao 브랜드를 포함한 라면 브랜드를 만들어내면서 베트남 라면시장의 절대 강자로 알려져 있다.

일본에서 온 기업이 일본의 기술로 안전하고 위생적으로 만든 제품이라는 점을 부각시키면서 베트남 소비자들에게 크게 다가왔기 때문이다. 저렴한 제품가격으로 시장경쟁력을 높이고 성공을 거두었으나 48.2%에 달하던 시장 점유율이 최근에 32.2%까지 떨어졌다.

'새우 향이 들어간 시고 매운 맛 vi tom chua cay'의 제품을 가장 먼저 출시했고, 변화하는 현지의 라면 트렌드에 맞춰 다양한 맛과 향의 제품을 개발해 현재 7가지 맛의 하오하오 Hao Hao 라면이 출시되어 있다.

하오하오(Hao Hao)의 다양한 라면들

새우라면

새우 라면은 "Hao Hao Tom chua cay"라고 써 있다. 'Tom chua cay'은 새콤하고 매운 새우 라면이라는 뜻으로 베트남을 여행하는 한국인 관광객에게 가장 인기 많은 라면이다. 라면을 맛보면 고수 맛과 신맛이 느껴지는 전형적인 베트남 라면이다. 국물은 조금 매콤하고 면발은 쫀득쫀득한 느낌이 든다.

돼지고기라면

돼지고기라면은 'Thit bam bi đo'이라고 적혀있다. 잘게 썰어진 돼지고기가 들어가 있는데, 개인적으로 베트남 라면 중에서 가장 좋아하는 맛이다. 투명한 봉지 안에 돼지고기 국물 맛을 내기 위해 들어있는 소스에서 참기름 같은 냄새가 나서 고소한 맛이 느껴진다. 면발이 탱글탱글하게 유지되어 더 맛있게 느낀다. 맵지 않고 돼지고기 같은 진한 국물이 느껴져 무난하게 추천할 수 있는 라면이다.

오마치(Omachi) 라면

프리미엄 라면 시장에는 마산[Masan]이 '코코미[Kokomi]'와 '친수[Chinsu]'의 브랜드를 출시했으나, 시장에서 호응을 얻지 못했다. 오랜 연구개발 끝에 오마치가 성공을 거두었다. 베트남 사람들은 밀가루가 함유된 음식을 많이 섭취하면 신체의 온도가 높아져 피부 트러블이 생기므로 건강에 해롭다는 인식이 라면 소비를 꺼리게 만드는 원인이었다.
감자전분으로 만든 라면 오마치는 '맛있으면서 열도 나지 않는다.(응온 마 콤 써 놈[Ngon ma khong so nong])' 문구로 베트남인들을 사로잡았다.

짝퉁 라면 하오 항(Hao Hang)

기존의 라면보다 작은 크기로 포장돼 나오는 하오하오 디자인을 아시아 푸즈사가 도용해 유사 라면인 하오 항을 만들어 일시적으로 성공을 거두었으나 소비자의 외면을 받으면서 현재 생산을 중단한 상태이다.

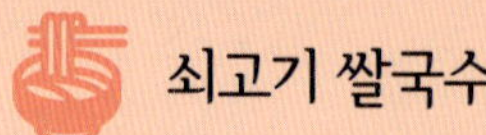 쇠고기 쌀국수

비폰(Vifon)

'Thit Bo'는 '쇠고기'라는 뜻으로 비폰의 쇠고기 쌀국수는 베트남 마트에서 인기가 많은 쌀국수로 알려져 있다. 비폰의 쇠고기 쌀국수는 베트남 식당에서 파는 쌀국수의 맛과 비슷하게 만들기 위한 흔적이 보인다.
쌀국수 면과 쇠고기, 분말스프, 소스를 넣어 국물을 만드는 스프와 칠리소스, 채소가 들어가 있다. 쌀국수 면이 넓고 두꺼워 골고루 익을 수 있도록 1∼2분 정도 더 시간을 두고 나서 먹으면 더욱 맛이 좋다.

마이 마이 포 보(Nho Mai Mai Pho Bo)

에이스쿡Acecook은 '오래가는 기억Nho Mai Mai Pho Bo'이라는 문구로 소비자에게 어필을 하고 있다. 오래 간직할 수 있는 베트남의 전형적인 쌀국수 맛을 담도록 만들었다. 비폰의 쌀국수가 소고기 맛이 진하게 느껴진다면 에이스쿡의 쌀국수는 피시소스 맛이 느껴지는 것이 차이점이다.

포24(Pho24)

포24는 베트남에서 유명한 쌀국수 체인점이다. 대표적인 베트남의 쌀국수를 집에서도 간단하게 조리해 먹을 수 있도록 개발되었다. 포24의 쌀국수에는 체인점과 동일하게 채소, 쌀국수 면, 국물을 그대로 담도록 노력했다고 한다.
양념도 네 가지나 들어가 있어서 개인적인 입맛에 맞도록 양념을 넣으면 된다. 다른 쌀국수 제품과 비교했을 때 국물과 향은 평범해서 식상해질 수 있는데 면으로 쫄깃한 맛을 느낄 수 있어 씹는 느낌이 좋다.

Vinpearl Condotel Beachfront Nha Trang

빈펄 콘도텔 비치프론트 나트랑

2018년 9월에 빈펄 체인의 호텔로 비치프론트에 있는 빈콤프라자 건물에 있어 쇼핑과 해변과의 거리는 너무 가깝고 시내 관광에 최적이다. 황금빛 골드로 된 내부 인테리어는 고급스러운 분위기를 풍기고 천장은 높아서 시원스러운 느낌이다. 1층의 로비 바가 23시까지 운영 중이라 다른 루프탑 바보다 쾌적하게 나이트라이프를 즐길 수 있다.

🏠 78~80 Trán Phư, Lôc Tho, Tp Nha Trang
♂ 킹 스튜디오 시내 전망 176,000원(159$~),
   트윈 스튜디오 도시 전망 207,000원(180$~)
📞 +84-258-3598-900

Six Senses Ninh Van Bay

식스센스 닌반베이

나트랑 북동부에 자리한 최고급 5성급 리조트로 나트랑 해안의 복쪽, 외진 곳에 위치해 있다. 식스센스 닌반베이 리조트는 사람의 손길이 많이 닿지 않아 더 매력적으로 다가온다. 전통적인 베트남의 건축이 때 묻지 않은 정글과 만나 태초의 자연 속에서 고품격 휴식이 가능하도록 설계되었다.

앞에는 넓게 펼쳐진 해변과 백사장이 있고, 뒤에는 산과 수풀이 리조트를 병풍처럼 둘러싸고 있어서 안정감이 느껴진다. 나트랑 최고의 명당으로 평가받는 위치로 사람들의 발길이 드물어 조용하게 휴가를 즐기려는 관광객이 주고객이다. 환경 친화적으로 설계된 우아한 건축은 큼직하고 넓은 선 데크를 갖추고 있어 개인 사생활을 확실하게 보장한다. 총 58개의 풀 빌라에 앞으로는 바다가 있고, 개인 풀이 갖춰진 최고의 리조트이다.

🌐 www.sixsenses.com
🏠 Ninh Van Bay, Ninh Hoa, Khanh Hoa, 57000
📞 +84–58–3524–268

Diningby the Rocks
다이닝 바이 더 록스

식스센스 닌반베이 리조트에 있는 최고의 음식을 만들어내는 레스토랑이다. 닌반베이 앞쪽의 제일 높은 곳에 위치해 시원한 바람을 맞으면서 식사를 할 수 있는데, 주로 해가지는 저녁에 식사를 많이 한다.

압도적인 풍경이 펼쳐지는 우든데크에서의 저녁 만찬은 로맨틱한 분위기가 연출된다. 6개의 코스 메뉴와 고품질 음식을 선보인다. 주방이 오픈된 구조로 나트랑 만에서 잡히는 싱싱한 해산물 요리가 인기이다.

🌐 www.sixsenses.com
🏠 Ninh Van Bay, Ninh Hoa, Khanh Hoa, 57000
🕐 19〜22시 30분
📞 전화_ +84-58-3524-268

Vinpearl Resort
빈펄 리조트

베트남에서 가장 친숙하게 다가오는 단어인 빈 그룹의 나트랑 지점으로 시내에서 바다를 보면 보이기도 한다. 혼째^{Hon Tre} 섬을 모두 리조트로 만들어 육지와 섬을 케이블카로 연결했고 보트로도 이동이 가능하도로 시스템을 완성시켰다.

울창한 산림을 뒤로하고 앞으로는 드넓은 바다가 펼쳐진다. 4개의 리조트에는 빈펄 나트랑 리조트, 빈펄 럭셔리 나트랑, 빈펄 나트랑 베이 리조트 & 빌라, 빌펄 골프랜드 리조트 & 빌라가 있다. 키즈 클럽과 수영장, 해양스포츠가 가능하도록 한 곳에 모두 모아 놓은휴양 단지이다. 대자연의 한가운데서 느긋한 휴식을 만끽할 수 있다.

🌐 www.vinpearl.com/nha-trang-resort
🏠 혼째 섬
🕐 스탠다드 145,000원~(120$~)
📞 +84-258-3598-222

Citadines Bayfront
시타딘스 베이프런트

나트랑 비치 중심에 위치한 호텔로 빈콤 프라자와
세일링 클럽 등의 레스토랑과 식당, 해변이 모두 가
까워서 도보로 이용하기 좋은 아파트 호텔이다.
현대적인 내부 룸은 아파트같은 분위기를 자아내
서 집에서 묵는 듯한 느낌을 받게 한다. 해변을 바
라보는 전망은 아름다워서 아침, 저녁으로 머물게
만든다.

🏠 62 Trần Phú, Lôc Tho, Tp Nha Trang
₫ 스탠다드 도시 전망 90,000원(80$~),
⏱ 바다 전망 100,000원(90$~)
📞 +84-258-3517-222

Sheraton Nha Trang Hotel

쉐라톤 호텔

쉐라톤 호텔Sheraton Hotel의 최대 장점은 어느 룸에 숙박을 해도 바다 전망을 볼 수 있는 것이다. 나트랑 비치 앞에 있어서 나트랑 어디로든 걸어서 이동이 가능한 호텔이다. 스위트룸부터 침대 사이즈가 킹 사이즈로 커지지만 디럭스와 클럽 룸도 쾌적한 숙박이 가능하다.

6층의 인피니티 풀은 여유롭게 바다를 보면서 수영을 즐기고 음료를 즐기면 기분이 좋아지게 만드는 풀장이다. 쉐라톤 호텔의 최대 장점은 루프탑 바인 얼트튜드 바Altitude Bar가 같은 호텔 내부에 있어 아침부터 저녁까지 호텔에서만 머물러도 지루하지 않게 지낼 수 있다는 점이다.

🌐 www.sheratonnhatrang.com ₫ 디럭스 180,000원(130$~), 클럽 230,000원(190$~)

🏠 26~28 Trán Phu, Lôc Tho, Tp Nha Trang 📞 +84-258-3880-000

Novotel Nha Trang
노보텔 나트랑

현대적인 분위기의 4성급 호텔로 나트랑 시내 어디로도 걸어서 이동할 수 있는 위치가 좋은 것이 장점이다. 아름다운 바다전망을 자랑하는 호텔은 야외 수영장과 식사는 만족스럽고 객실은 무채색으로 꾸며져 단조롭지만 깨끗한 분위기이다.

자연 채광을 하도록 전용 발코니를 갖추고 있다. 세련된 스파는 해변에서 놀고 피로한 몸을 편안하게 만들어준다. 비치타올이 없어도 빌려주기 때문에 해변에서 즐기는 데 도움을 주고 직원들의 친절한 행동은 투숙객의 마음을 여유롭게 도와준다.

🏠 50 Trán Phụ, Lôc Tho, Tp Nha Trang
♂ 스탠다드 90,000원(83$~),
　수페리어 110,000원(100$~)
📞 +84-258-6256-900

Sunrise Nha Trang Beach Hotel & Spa
선라이즈 나트랑 비치 호텔 & 스파

나트랑에서 가성비 높은 5성급으로 알려진 선라이즈 호텔은 안락하고 편안한 침구와 웅장한 풀장과 해변 전망까지 만족도가 높다. 베트남 자체 5성급 호텔로 다낭과 호치민에도 체인을 가지고 있는 호텔그룹이다.

다른 5성급 호텔에 비해 시설이 떨어질 수 있지만 가격은 4성급 호텔과 동일한 가격에 지닐 수 있어 가성비를 따지는 고객에게 만족도가 높다. 12개의 기둥에 둘러싸인 호텔 풀장은 웅장한 신전에서 수영하는 느낌이다.

🏠 12~14 Trán Phụ, Lôc Tho, Tp Nha Trang
♂ 스탠다드 95,000원(88$~)
📞 +84-258-3820-999

InterContinental Nha Trang
인터컨티넨탈 호텔

5성급 호텔이 대부분 시내에서 떨어진 위치에 있어서 접근성이 낮지만 쩐푸 거리에 위치해 나트랑의 모든 곳을 쉽게 걸어서 이동할 수 있다. 고급스럽고 우아한 갈색톤의 객실은 인상적이다. 바다 전망은 기본이며 친절한 직원서비스에 넓은 발코니와 대리석 욕실은 최고의 호텔로 손색이 없다. 개인적으로 조식 뷔페가 다양하고 맛이 좋아 매일 푸짐하게 먹을 정도로 좋았다.

🏠 32~34 Trán Phư, Lôc Tho, Tp Nha Trang　　đ 스탠다드 145,000원(120$∼)　　📞 +84-258-3887-777

StarCity
스타시티 호텔

나트랑 비치에 있어서 빈콤 프라자와 세일링 클럽 등의 레스토랑과 식당, 해변이 모두 가깝다. 가격이 저렴한 데도 방음이 잘 되고 깨끗한 내부 분위기로 가성비가 높은 호텔로 알려져 있다.

도보로 이용하기 좋고 전용 해변 구역과 스파를 이용할 수 있어 여성들의 만족도가 높다. 개인적으로 직원들이 친절하게 진심으로 도와준다는 인상을 받아 다시 오고 싶은 호텔이다.

🏠 72~74 Trán Phư, Lôc Tho, Tp Nha Trang

đ 수페리어 65,000원(59$∼),
　수페리어 킹룸 73,000원(65$∼)

📞 +84-258-3590-999

Ana Mandara Resort
아나 만다라 리조트

나트랑 유일의 해변 리조트로 나트랑 시내 남쪽의 번화가에서 가까워 편리하게 지낼 수 있는 리조트이다. 게다가 전용해변이 있어 한적하게 해변을 거닐고 밤에도 유유자적하며 쉴 수 있다. 작지만 아름다움 풍경의 수영장과 앤틱 분위기의 빌라와 정원이 조화를 이루고 있다. 호텔 투숙객을 위해 자체적으로 수상스포츠를 운영하여 스노클링이나 스쿠버 다이빙의 프로그램을 제공하는 리조트이다. 오토바이를 대여해 나트랑 시내를 둘러볼 수 있도록 편의성을 높여 만족도가 높다.

부대시설로는 야외수영장(2개), 키즈클럽, 레스토랑, 바(2개), 식스센스 스파, 피트니스 센터, 테스니장 등이 있다.

🌐 www. sixsenses.com 🏠 102 Trán Phư, Lôc Tho, Tp Nha Trang

đ 스탠다드 정원 전망 340$~, 슈페리어 바다 전망 440$~ 📞 +84-258-3522-222

Fusion Resort Cam Ranh
퓨전 리조트

최근 노보텔에서 이름이 바뀐 퓨전 리조트는 완벽한 베트남 남부 휴양을 위해 만들어졌지만 나트랑 시내 중심에서 차로 5분 거리에 있는 것이 단점이다.

오랜 기간 휴양을 원하는 러시아 여행자들이 많이 찾고 있다. 리조트 전용 비치, 수영장, 테니스 코트, 농구 골대까지 있어, 다양한 스포츠를 즐길 수 있는 장점이 있다. 투숙객들이 가장 좋아하는 장소는 역시 전용 비치 앞에 놓인 선베드로 추운 러시아에서 온 여행자들이 이른 아침부터 점령해 선베드는 부족할 수 있다. 바람과 파도가 세고, 햇빛도 강해 선베드에서 태닝을 즐기는 이들이 많다. 조식 메뉴도 훌륭하고 만족할 만한 부대시설을 구비해 놓았다.

Lô D10b Bâc Dào Cam Ranh,
Dai Lô Nguyên Tât Thành, Cam Lâm, Tp. Nha Trang

스탠다드 260$~, 슈페리어 340$~

+84-258-3989-777

가성비 높은 호텔

퓨전 리조트
Fusion Resort Cam Ranh

배낭여행자 거리에 있는 로사카 호텔Rosaka Hotel은 전망은 좋지 않지만 깨끗한 내부와 직원들의 친절한 행동은 다시 머물도록 만드는 힘이다.
여행자거리에 있는 호텔 중에는 저렴한 호텔은 아니지만 나트랑의 다른 호텔에 비하면 상당히 저렴한 호텔이다. 22층에 있는 루프탑 수영장이 있지만 관리는 잘되고 있지 않지만 바다를 볼 수 있어 인기가 있다.

리버티 센트럴 호텔
Liberty Central Hotel

배낭여행자거리에서 해변으로 나가는 코너
에 있는 호텔로 해변은 보이지 않지만 나트
랑의 약속장소로 잡을 만큼 위치가 좋다.
해변도 3분 정도 걸으면 보이기 때문에 접
근성이 좋고 건너편에는 하이랜드 커피와
다른 레스토랑이 즐비해 맛집 탐방하기에
최상의 조건을 가지고 있다. 4층에 야외수
영장이 있고 루프탑에는 스카이라운지가 있
어 야경을 보기 좋다.

안 남 호텔
An Nam Hotel

나트랑 해변까지 5분 정
도의 거리에 여행자거리
에 있는 다양한 레스토
랑과 맛집을 쉽게 찾을
수 있으며 친절한 직원
의 소개로 다른 도시로
버스 예약도 쉽다. 다만
골목 안에 있어서 처음
에 찾아가기가 쉽지 않
고 룸 내부에 가끔씩 개
미들이 보이는 단점이
있다. 저렴한 가격에 깔
끔한 내부 인테리어는
가성비가 높은 호텔로
알려져 있다.

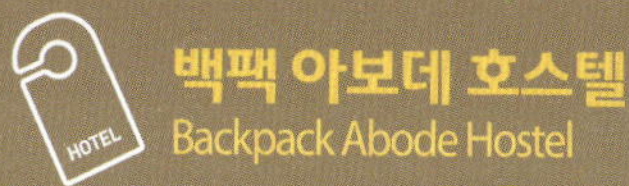

백팩 아보데 호스텔
Backpack Abode Hostel

나트랑에서 배낭 여행자들이 가장 많이 찾는 호스텔로 저렴한 가격과 깔끔한 시설로 인기를 끌고 있다. 작고 웃는 얼굴로 맞이하는 여성 스텝이 영어를 잘해 여행자들과 수다를 떨고 친절하게 상담을 잘해준다.

6층 건물에 6~8명의 도미토리 룸이 편안하게 2층 침대로 준비되어 있다. 오후 6시에는 1시간동안 무료로 비어타임이 있고 아침에는 조식까지 먹을 수 있다. 또한 나트랑에서 할 수 있는 다양한 투어를 저렴하게 예약할 수 있다.

79/1 Nguyên Thiên Thuât, Lôc Tho. Tp. Nha Trang
스탠다드 35,000원~(28$~)
+84-258-3529-555

맛집

베트남과 러시아는 오래 전부터 우방국이어서 러시아에 베트남의 나트랑^{Nha Trang}과 무이네^{Mui Ne}가 휴양지로 알려져 있다. 러시아 여행자들은 베트남에서 2~3주 동안 휴가를 즐기고 있다. 그래서 나트랑에는 러시아 관광객이 찾는 레스토랑과 카페가 많다. 러시아인들을 대상으로 하는 레스토랑은 주로 해산물 요리와 볶음밥, 쌀국수가 러시아인들의 입맛에 맞게 바뀌어 있는 것이 특징이고 메뉴가 서양요리부터 베트남요리까지 다양해 주문하기가 힘들다는 단점이 있다.

카페 미나우카(Cafe Minauca)

클러스터 64 주변의 트란 푸 거리^{Tran Phu Street}에 있는 카페로 오래전부터 러시아인에게 유명한 카페이다. 많은 호텔이 있고 붐비는 거리인 헝 부옹^{Hung Vuong}으로 돌아 가야한다. 시원하고 조용한 멜로디의 음악이 흘러나오고 양질의 저렴하고 맛있는 음식을 맛볼 수 있는 카페이다. 또한 맛이 다양한 음료가 많다. 좋은 전망과 내부는 시원하고 조용한 분위기라서 친구, 동료, 가족과 이야기를 나누기 좋다.

나무가 있어 내부는 크고 시원한 느낌이고 직원들은 친절하다. 좋은 커피원두를 사용하지만 조금. 달콤한 맛이 나는 원두이므로 호불호가 갈린다. 차가 향기로워서 마시기에 좋다.

⌂ 111 Hung Vuong　⊙ 8~23시　₫ 16,000~50,000동　☎ 058-352-6027

22 Trần Quang, Khài, Lôc Tho, Thành phõ　9~23시　₫ 40,000~150,000동　058-352-5983

모스크바(MOCKBA)

양질의 저렴한 음식가격과 크고 멋진 공간, 직원이 친절하여 러시아 관광객이 특히 많이 찾는다. 넓고 개방적인 공간에 음식은 합리적인 가격이다. 보통 코스 요리로 디저트와 차를 마시는 러시아 관광객이 대부분이다. 코스요리 전체를 잘 주문하지 않는 손님에게는 또한 불친절하기도 하다.

여행자거리 남쪽에 나트랑 해변으로 가는 길에 큰 도로에 있어 쉽게 찾을 수 있는 가게위치도 장점이다. 친절하고 열정적인 직원의 서비스도 기분이 좋아지도록 만들어준다. 조개 스프가 있고, 찐 생선이 가장 인기 있는 메뉴이다. 바로 왼쪽 옆에 해산물 바가 있어 나이트 라이프를 즐기는 러시아인들이 많다.

메카 레몬그라스(Mecca Lemongrass)

한국어로 된 메뉴판이 있을 정도로 러시아인뿐만 아니라 한국인 관광객에게도 유명하다.
깨끗하고 정돈되고 조용한 분위기는 음식을 즐기기에 좋다. 해산물 요리가 주 메뉴에 코스
요리로 주문을 많이 하므로 단품에 익숙하지 않아 처음에는 불친절하기도 했지만 점차 늘
어나는 한국인 관광객의 특징에 따라 단품 요리도 이제는 주문하기 쉬워졌다. 해산물 샤브
샤브와 비비큐가 인기가 많다.

🏠 22 Trăn Quang, Khài, Lôc Tho, Thành phố   🕙 9〜22시   ₫ 50,000〜250,000동   📞 058-352-5269

나트랑 쇼핑몰

 ## 빈콤 프라자(Vincom Plaza)

세계 최고의 디자이너 브랜드들이 입점해 있는 건물은 나트랑의 가장 큰 쇼핑 중심지이다. 롯데마트가 시내에서 떨어져 있는 것에 비해 빈콤 프라자는 유일하게 도심 내에 있는 쇼핑몰이다. 빈콤 쇼핑몰 안에 있는 브랜드 플래그십 스토어에서 쇼핑을 즐기고 푸드 코트에서 판매하는 식사를 하거나 쇼핑몰 내 베이커리에서 갓 구운 맛있는 빵을 맛볼 수 있다.

빈콤 쇼핑몰은 시내의 번화한 중심가와 해변이 서로 마주보고 있는 건물에 있다. 창문 아래로 다양한 신상품 의류, 보석, 향수들이 진열되어 있고 새로운 옷 한 벌로 스타일을 바꿔보거나 소중한 사람을 위한 선물을 준비할 수 있어 많은 관광객이 찾는다.

갖고 싶었던 휴대폰, 최신 태블릿, 노트북, MP3 플레이어 등을 볼 수 있고 넓은 면적의 홈 데코 전시관과 1층의 푹롱에 들러 매일 갓 구워 판매하는 다양한 페이스트리, 빵, 디저트 등도 먹을 수 있다. 4층의 갈랑가, 홍대, King BBQ 등의 다양한 한국 음식점도 있다.

롯데마트(Lotte Mart)

국내 유통업체 최초로 베트남 시장에 진출한 롯데마트는 롯데그룹이 베트남 시장 확대에 공을 들이며 만든 대형마트이다. 나트랑 롯데 면세점이 베트남에서 2번째로 문을 열었다. 2008년 12월 호치민 남 사이공점을 시작으로 다낭, 나트랑 등 13개 지점을 운영하고 있다. 롯데마트는 베트남에서의 실적이 좋아 베트남 점포가 계속 늘어가는 추세이다.

베트남에서 물품 절도가 많아 입장하기전 가방이나 짐을 맡기고 입장해야 한다. 롯데마트는 한마디로 대한민국의 롯데마트와 똑같다. 친숙한 분위기 때문에 물건을 찾기가 쉽고 깔끔하게 되어있어서 여성들이 특히 좋아한다. 길거리의 물건이나 시장의 제품들 보다는 깨끗해 보이지만 가격이 더 비싼 단점이 있다. 둘러보면 베트남 제품과 한국 제품이 동일할 정도로 많기 때문에 여행의 막바지에 꼭 들르는 장소가 되고 있다. 먹거리와 생활용품 등 또한 많고 쇼핑 품목을 모른다면 물어보고 살 수 있어서 편리하다.

1층에 식품, 음료수, 맥주 등의 코너가 있고 2층에는 커피, 기저귀 등이 있다. 환전소가 1층에 있는데 환전 율이 좋으므로 많이 이용한다. 태그에 한글로 뚜렷하게 적혀 있어 베트남어를 몰라도 쇼핑에 문제가 없다. 대한민국보다 저렴하지만 베트남 물가수준과 비교하면 비싼 편일 수 있으므로 비교하고 구입하는 것이 좋다. 다만 대한민국의 제품은 수입품이므로 당연히 더 비싸다는 생각을 하고 물품을 보아야 한다. 숙소 가까이 있다면 장보는 재미도 있고, 종류도 다양해서 커피, 치약, 베트남 라면, 망고과자 등 선물용도 많이 사갈 수 있다.

나트랑 편의점

나트랑에서 거리를 지나가다가 보이는 작은 아 마트[A mart]와 79 마트[79 mart]는 늦은 시간인 23시 30분까지 영업을 하고 있다. 이 두 마트는 나트랑의 대표적인 편의점으로 알려져 있는데 실제로 24시간을 영업하지는 않는다. 늦게까지 영업을 하는 작은 슈퍼마켓이라고 생각하는 것이 더 맞는 것 같다.

빈 마트나 롯데마트가 밤까지 운영을 하지 않으므로 밤에 필요한 물건은 이 두 마트를 이용하게 된다. 대한민국의 관광객보다 중국인들이 실제로 많이 이용하고 있으며 일부 물품의 가격은 빈 마트나 롯데마트와 차이가 나지 않는 물건들도 있다.

나트랑 시내에만 약 15개의 편의점과 미니 슈퍼마켓이 있다. 특히 여행자거리에는 5~6개의 아 마트[A mart] 매장이 있고 79 마트[79 mart]도 2개나 있다. 미니마트[Minimart], 777스토어[777 store], Ngoc Thach shop 등이다. 미마트[Mimart], 부이 마트[Bùi Mart], 지 마트[G Mart]와 같은 새로운 편의점이나 미니 슈퍼마켓이 계속 생겨나고 있다.

 아 마트 나트랑(A mart Nha Trang)

합리적인 가격을 표방하고 있는 아 마트는 식량, 음료, 가정 물품, 화장품 등 품질이 보증된 품목이 많다. 아 마트는 나트랑에만 16개의 매장을 가지고 있으므로 어디에서든 쉽게 찾을 수 있는 마트이다. 여행할 때 필요한 물건을 준비하여 판매하는 전략으로, 여행 중에 필요한 개인용품에 대한 판매가 가장 많다.
음식, 음료, 가정용품, 개인용품, 화장품 등이 대부분이며 베트남 커피도 구비해 놓고 있다. 늘어나고 있는 관광객의 요구를 충족시키기 위해 24시간 영업을 하려고 하지만 직원을 채용하기가 어려워 새벽 2시가 가장 늦은 영업시간이다.

영업시간_ 7시 30분~23시 30분

 79 마트(79 mart)

모두 작은 크기의 매장을 가지고 있지만 아 마트보다 매장의 크기는 큰 편으로 매장마다 동일한 특성을 지니고 있다. 영업시간은 8~23시까지지만 매장마다 영업시간도 조금씩 차이가 있는데, 주말에는 손님을 끌어들이기 위해 새벽 1~2시까지 영업하기도 한다. 편의점보다 미니 슈퍼마켓에 가까워 아 마트보다 품목의 수가 많고 저렴한 가격도 상당수이고 매장 판매 서비스를 늘려나가고 있다.

 # 맥시 마크(Maximark) 슈퍼마켓

2010년에 시작한 슈퍼마켓으로 나트랑 시민들이 주로 이용하고 있다. 나트랑 시민에게 크고 현대적이며 넓은 슈퍼마켓으로 알려져 있다. 작고 좁은 구식 슈퍼마켓을 대체하는 막시 마크Maximark 쇼핑센터는 현대적인 매장을 가지고 있다. 대부분은 관광객이 아니고 현지 시민들이 사용하는 물품을 판매하고 있다. 1층은 자체 매장을, 2, 3층은 패션 의류, 화장품, 신발, 시계, 보석 등의 일반적인 품목이다.

현대적인 매장을 갖춘 슈퍼마켓을 베트남 사람들에게 가져다 주는 것이 목표라고 한다. 냉동 가공식품, 생선, 고기, 야채와 같은 신선한 식품을 고객에게 제공하는 대규모 냉동고 시스템이 대표적이다. 제품은 다양하고 가격이 비싸지 않으며 샴푸, 비누, 치약 같은 많은 화장품도 있다. 매장의 통로를 넓게 배치하고 품질이 보증된 다양하고 신선한 야채로 신선식품을 판매하고 있다.

WUKO
CHILL
NHA TRANG
QUẢNG TRƯỜNG 2/4
15 - 07
VÀO CỔNG
MIỄN PHÍ
AND I STILL
DON'T KNO IT K

배낭 여행자 거리 지도

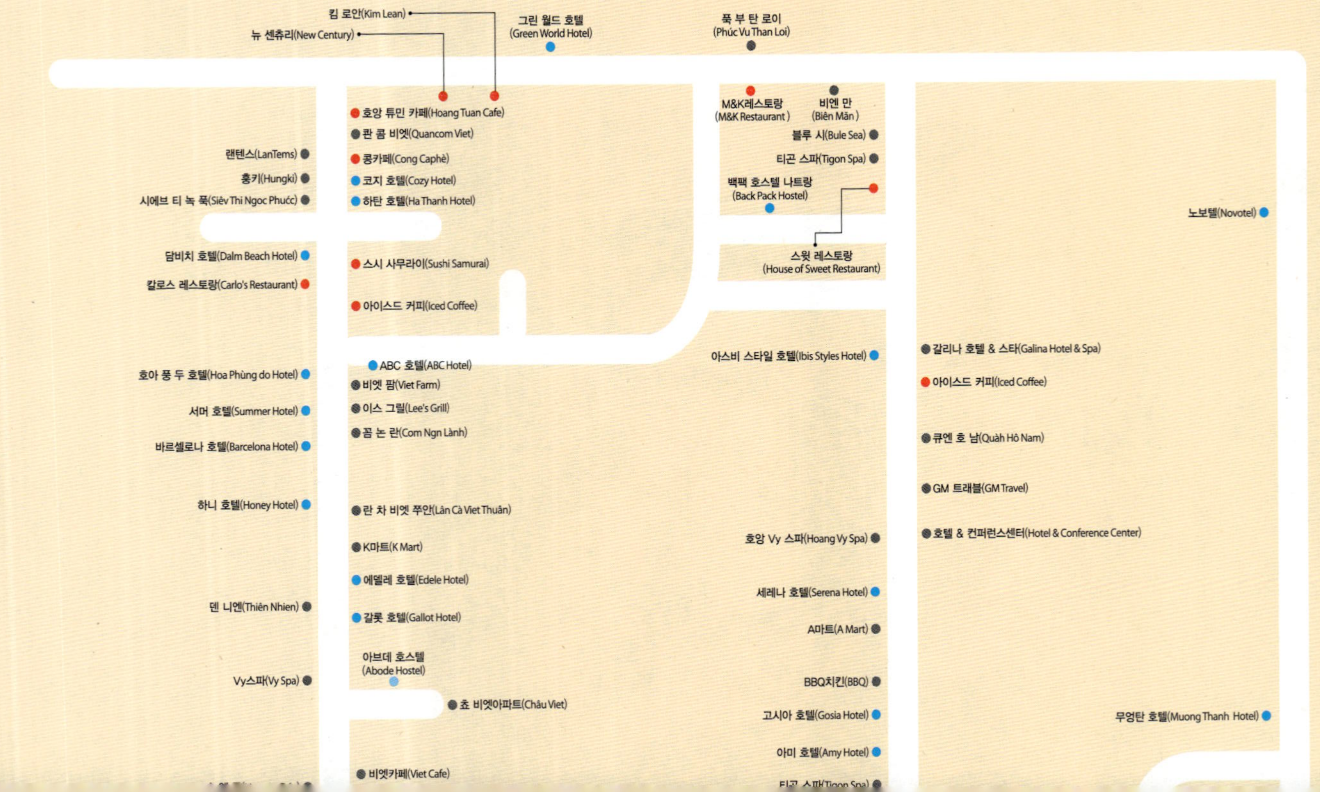

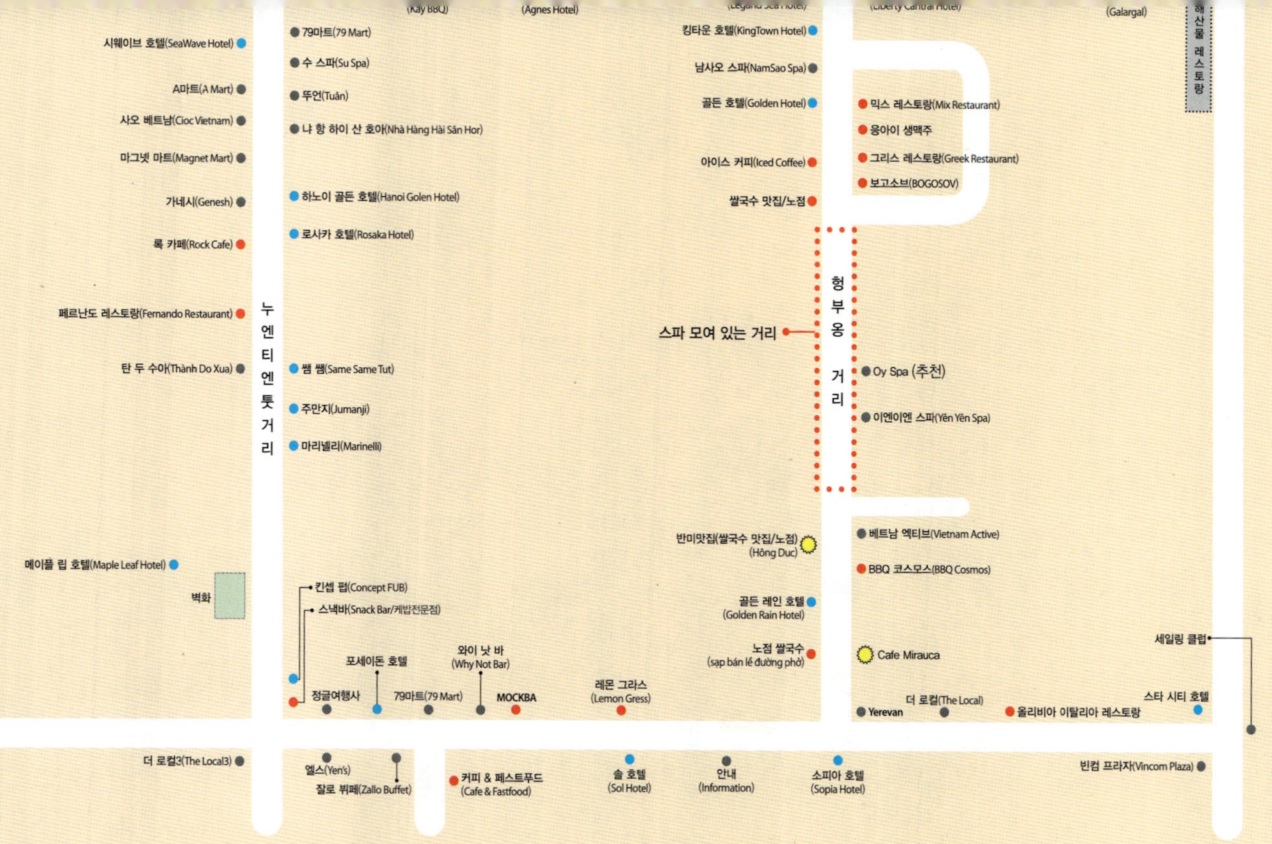

(Kay BBQ)
(Agnes Hotel)
(Legend Sea Hotel)
(Liberty Cantral Hotel)
(Galargal)
해산물 레스토랑
킹타운 호텔(KingTown Hotel)
남사오 스파(NamSao Spa)
골든 호텔(Golden Hotel)
믹스 레스토랑(Mix Restaurant)
응아이 생맥주
그리스 레스토랑(Greek Restaurant)
보고소브(BOGOSOV)
아이스 커피(Iced Coffee)
쌀국수 맛집/노점
시웨이브 호텔(SeaWave Hotel)
A마트(A Mart)
사오 베트남(Cioc Vietnam)
마그넷 마트(Magnet Mart)
가네시(Genesh)
록 카페(Rock Cafe)
79마트(79 Mart)
수 스파(Su Spa)
뚜언(Tuân)
냐 항 하이 산 호아(Nhà Hàng Hài Sàn Hor)
하노이 골든 호텔(Hanoi Golen Hotel)
로사카 호텔(Rosaka Hotel)
헝 부 옹 거 리
스파 모여 있는 거리
Oy Spa (추천)
이엔이엔 스파(Yên Yên Spa)
페르난도 레스토랑(Fernando Restaurant)
탄 두 수아(Thành Do Xua)
쌤 쌤(Same Same Tut)
주만지(Jumanji)
마리넬리(Marinelli)
누 엔 티 엔 툿 거 리
베트남 엑티브(Vietnam Active)
반미맛집(쌀국수 맛집/노점)(Hông Duc)
BBQ 코스모스(BBQ Cosmos)
골든 레인 호텔(Golden Rain Hotel)
노점 쌀국수(sạp bán lẻ đường phở)
메이플 립 호텔(Maple Leaf Hotel)
벽화
킨셉 펍(Concept FUB)
스낵바(Snack Bar/케밥전문점)
포세이돈 호텔
와이 낫 바(Why Not Bar)
레몬 그라스(Lemon Gress)
Cafe Mirauca
세일링 클럽
정글여행사
79마트(79 Mart)
MOCKBA
Yerevan
더 로컬(The Local)
올리비아 이탈리아 레스토랑
스타 시티 호텔
더 로컬3(The Local3)
엘스(Yen's)
잘로 뷔페(Zallo Buffet)
커피 & 페스트푸드(Cafe & Fastfood)
솔 호텔(Sol Hotel)
안내(Information)
소피아 호텔(Sopia Hotel)
빈컴 프라자(Vincom Plaza)

COFFEE & CAFE
Best 8

하이랜드 커피 (Highlands Coffee)

베트남 어디를 가든 볼 수 있는 가장 대중적인 인기를 누리는 프랜차이즈 카페이다. 진한 커피 향기와 다양한 케이크, 반미로 나트랑 관광객의 발길을 사로잡는 카페이다. 실내가 크지만 항상 사람들로 북적이는 커피색 디자인이 눈에 띈다. 우리가 마시는 친숙한 맛의 커피를 주문할 수 있어서 주문 후에 진동 벨을 받아 기다리면 벨이 울리고 받아오는 방식이 익숙해 서울 한복판에 있는 것 같기도 하다.

수도 하노이에서 시작된 하이랜드 커피는 베트남의 스타벅스라는 별명으로 베트남 인들에게 가장 성공한 커피 브랜드로 알려져 있다. 롯데마트에도 같이 있어 마치 롯데가 운영하는 커피 전문점처럼 생각하는 관광객도 많다.

🌐 www.highlandscoffee.com.vn 🏠 Trần Phú, Lộc Thọ, Tp. Nha Trang
🕐 7~23시 ☕ 아메리카노 44,000동~,000동 📞 +84-258-6261-999

🏠 99 Nguyễn Thiên Thuật, Tân Lập, Tp. Nha Trang
🕐 7~23시 30분 ♂ 코코넛 커피 스무디 45,000동~ 📞 +84-258-6262-240

2 콩 카페(Cong Caphe)

베트남에 가면 누구나 들르는 콩 카페는 이제 관광명소처럼 느껴지기도 한다. 베트남 커피 전문점하면 대한민국 여행자에게 가장 알려진 콩 카페는 대한민국에서 먹기 힘들지만 베트남에서만 맛볼 수 있는 가슴속까지 시원한 코코넛 밀크 커피를 마시기 위해서이다.

랜턴스^{Lanterns}에서 저녁식사를 하고 나서 후식으로 콩 카페를 방문하는 관광객이 많다. 내부로 들어가면 호치민 같은 낡은 베트남 전쟁에서나 나올법한 분위기를 기대했는데, 의외로 현대적인 베트남 분위기라서 놀랐다. 코코넛 커피 스무디를 마시는 고객이 대부분이지만 코코넛 밀크 워드 코코아도 상당히 많다고 한다.

3 아이스드 커피(Iced Coffee)

어디에서나 볼 수 있는 전형적인 카페여서 깨끗하고 정돈된 프랜차이즈 커피 전문점이지만 우리가 마시는 커피와 다르게 맛이 진하기 때문에 특색이 있다. 나트랑에 3개의 지점이 있는 나트랑 커피 전문점이라고 생각하면 된다. 세일링 클럽에서 가까워서 덥고 힘들어 지친 관광객이 찾으면 시원한 에어컨에 마음을 빼앗긴다.

아침에는 카페 쓰어다에 패스츄리 메뉴로 한적하게 즐겨도 좋다. 라떼, 마끼아또 등은 달달하므로 단맛을 싫어한다면 커피를 주문하면 된다. 커피 이외에 다양한 식사 메뉴도 있어서 커피 전문점이 아닌 듯한 인상을 받기도 한다.

🌐 www.icedcoffee.vn   🏠 49 Nguyễn Thiên Thuật, Tân Lập, Tp. Nha Trang
🕐 77~22시 30분   ♂ 카페 쓰어다 45,000동~, 바닐라 라떼 55,000동~   📞 +84-258-6524-524

🌐 www.rainforest.com 🏠 146 Võ Trú, Tân Lập, Nha Trang
🕐 7~22시 🍴 아메리카노 45,000동~, 생과일 스무디 55,000동~ 📞 +84-98-698-0629

4 레인포레스트(Rianforest)

TV프로그램인 〈배틀트립〉에 소개되면서 유명해진 곳이다. 맛보다 숲속 분위기를 연출한 인테리어로 SNS에서 인기를 끄는 장소이다. 커피와 생과일 스무디도 판매하지만 햄버거와 쌀국수도 판매하고 있다.

부모님이나 자녀와 함께 나트랑으로 여행 온 관광객은 커피가 아니어도 아이들은 미끄럼틀에서 시간을 보낼 수 있고 부모님은 쌀국수로 한끼 식사를 할 수 있어 가족여행자가 많이 찾는다. 고급스러운 분위기이지만 에어컨이 없어서 낮에는 습하여 오랜 시간을 머물기가 힘들다. 또 직원들도 같이 짜증을 내기도 하여 기분이 나쁘다는 관광객도 있다.

5 쯩웅우엔 레전드(Trung Nguy n Legend)

베트남 사람들이 커피 맛으로 인정하는 프랜차이즈 커피전문점이다. 하이랜드 커피는 외국인들을 위한 맛이라고 하고 쯩웅우엔 레전드는 베트남인들을 위한 커피 전문점이라고 할 정도로 맛이 다르다. 달랏에서 재배한 신선한 원두만을 사용해 직접 추출한 커피맛이 진하여 처음에는 쓴 맛만 느껴질 수 있다.

단순한 인테리어에 커피를 한잔 마시기 좋은 정통 베트남의 커피를 내준다. 넓은 공간에 높은 천장이라서 틴인 느낌으로 연인과 친구와 커피를 마시며 밀린 이야기를 하기 좋은 장소이다. 3층 건물을 모두 사용하는 카페는 1층에 G7커피 같은 커피들을 판매하고 2층부터 테이블에 사람들이 주로 앉아 있다.

🌐 www.trungnguyen.com.vn 🏠 148 Võ Trú, Tân Lập, Nha Trang
🕐 7~22시 ♂ 카페 쓰어다 59,000동~, 카페라떼 55,000동~ 📞 +84-258-3816-279

 루남 비스트로(RuNam Bistro Nha Trang)

하노이와 호치민을 시작으로 다낭 등의 대도시에 문을 연 고급 카페 브랜드인 루남은 유럽 스타일의 세련된 분위기를 연출한다. 앤틱하고 유니크한 인테리어는 베트남에서는 볼 수 없는 세련미가 더해져 베트남의 카페라고 생각이 들지 않는다.

최근의 커피에 디저트를 좋아하는 베트남 젊은이들은 식사와 커피, 디저트를 한꺼번에 열리는 활기찬 느낌의 카페를 좋아한다. 메뉴의 종류도 다양하고 식사와 디저트까지 동시에 즐길 수 있는데 커피도 정통 베트남커피의 진한고 쓴 커피가 아니고 에스프레소 느낌의 커피 맛이 나온다.

🏠 32~34 Trần Phú, Lộc Tho, Tp. Nha Trang
🕐 8~23시　♂ 카페 쓰어다 65,000동, 레드벨벳케이크 90,000동~　📞 +84-258-3253-186

7 안 카페(An Cafe)

나트랑에서 2개의 카페를 운영하고 있는데, 마치 서울 인사동의 카페가 나트랑으로 옮겨 간 것 같은, 작은 숲 같은 조용한 카페이다. 현지인들이 쉬어가는 카페이다 보니 간판도 없고 안으로 들어가야 카페인지 확인이 된다. 안에서 밖을 바라볼 수 있는 테이블은 도심 속의 한적하게 만든 휴식 공간 같다. 커피뿐만 아니라 케이크도 상당히 달고 맛있다.

테이블, 의자, 천장의 분위기는 운치 있도록 구성하였고 파란 하늘을 볼 수 있도록 뚫어 놓은 천장은 오히려 상쾌한 공기를 마실 수 있어 상쾌하다. 많은 사람들로 붐비지 않는 낮 시간에 갈 것을 추천한다. 커피의 맛을 진하게 우려내는 이곳은 나트랑의 진한 여행 추억을 만들어 낼 수 있다.

⌂ 4C Biêt Thú, Lôc Tho, Nha Trang   ⊙ 7~17시
♂ 아이스 아메리카노 45,000동, 아이스 카페 라떼 50,000동~, 크레페 40,000동   ☏ +84-258-3254-114

8 쿠파 커피(Cuppa Coffee)

우리가 즐겨먹는 아메리카노를 쉽게 주문할 수 있는 커피 전문점으로 빵과 바케뜨, 크레페 등과 진한 커피 맛을 제공한다. 러버티 센트럴 호텔 건너편에 있어 해변에서 강렬한 햇빛으로 휴식을 취하기 위해 많이 찾는다. 전형적인 로컬 카페가 현대화된 것 같은 느낌의 커피 전문점으로 9시까지 조식도 판매하고 있다. 바게뜨 빵과 커피가 일품이며 현지인이 주로 찾는다.

커피 & 차 전문점

커피 브로미데 호미스(Coffee bromide homies Nha Trang)

나트랑 시민들이 새로이 찾는 커피와 티^{Tea}전문점으로 내부 인테리어는 아름답고 낭만적이라서 SNS를 위해서도 찾는 곳이다. 다만 몰려드는 고객에 응대하는 직원들은 전문성이 부족하여 친절하지 않다는 것이 단점이다. 가격이 저렴하고 맛있는 치즈 밀크 케이크와 티는 인기 메뉴이고 맛있는 케이크, 크림치즈 우유 차는 특히 여성들이 자주 주문한다. 티라미수는 가끔 오래된 것들도 있으므로 냄새로 확인을 하는 것이 좋다.

이곳이 커피 전문점이지만 다른 커피전문점과 다른 점은 저렴하게 선택할 수 있는 케이크가 많다는 것이다. 치즈 케이크와 함께 우유 차는 조금 달콤하여 단맛을 싫어하는 사람들은 좋아하지 않을 수 있다.

🌐 www.nhatrangclub.vn

🏠 52 Ly Tu Trong　🕐 9~21시

₫ 커피 20,000~40,000동, 작은 사각형 케이크 30,000동, 크림 치즈케이크 39,000동

📞 +84-702-404-646

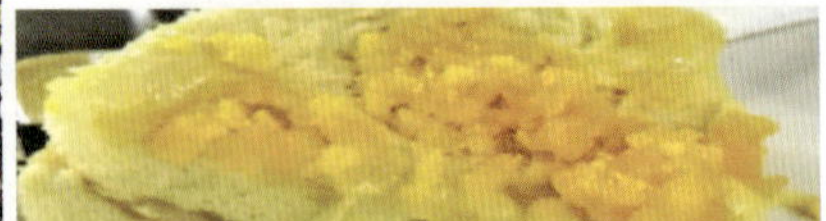

푹 롱 커피(Phuc Long Coffee)

녹차와 프리미엄 커피 원두를 50년 동안 관리한 경험을 바탕으로 호치민에 본사를 두고 2018년부터 베트남 전역으로 확장하고 있는 커피 브랜드이다. 커피 맛은 대한민국에서 먹던 커피 맛과 다르지 않아서 베트남 커피의 쓴맛보다는 친숙한 맛이 장점이다. 또한 다양한 차^{Tea} 메뉴가 있어서 한 곳에서 커피와 차를 즐길 수 있다.

브랜드의 바탕이 스타벅스와 같은 초록색인 것도 특징이다. 베트남의 대표적인 커피 브랜드인 하이랜드 커피^{Highlands}처럼 퍼져나가는 커피 전문점으로 나트랑의 빈콤 프라자 1층에 입점하였다. 푹 롱$^{Phuc Long}$은 차와 커피 산업의 선도자가 되려는 브랜드로 앞으로 베트남 여행을 하면서 친숙한 커피전문점이 될 듯하다.

⊕ www.nhatrangclub.vn
⌂ L1 06 Vincom Plaza Tran Phu
⊙ 7〜22시 30분
₫ 커피&차 20,000〜70,000동,
　　우유 차 45,000동, 케이크 35,000동
☎ +84-258-3524-777

뜨라 수아 레오 티(Trà sữa Leo tea)

학생들에게 익숙한 밀크 티 브랜드로 좋은 품질과 저렴한 가격으로 인기를 끌면서 점차 대중적인 차^{Tea} 브랜드로 나트랑$^{Nha Trang}$에 알려져 있다. 우유 차로 가장 인기를 끌고 있는 브랜드로 신선한 우유는 소문만큼 좋다. 여러 곳에서 우유 차를 마셔보았지만, 레오티^{Leotea}는 최고라고 말하는 나트랑 사람들이 많다.

차는 중간 정도의 맛과 다른 상점만큼 달지 않아서 좋다. 복숭아 차와 검은 설탕을 섞은 신선한 우유도 인기가 많다. 작은 공간이지만 사람들이 몰리는 점심시간 때에도 직원들은 친절하다.

⌂ 62 Nguyên Thi Minh Khai Tân Lâp
⊙ 8〜22시 30분
₫ 커피 & 차 12,000〜20,000동
　　밀크티 15,000동
☎ +84-90-804-61-88

베트남어 메뉴판

베트남에서 현지 식당에서 주문을 할 때 가장 애로사항이 되는 것은 무엇인지를 몰라 주문을 제대로 했는지 잘 모르겠다는 것이다. 사진으로 된 메뉴판을 가지고 있다면 관광객이 오는 완전 로컬 식당은 아니다. 로컬 식당은 저렴하기도 하지만 직접 베트남 사람들이 먹는 음식들을 주문할 수 있고 바가지를 쓰지 않게 되므로 보면서 확인하고 주문하면 이상 없이 현지인들과 함께 식사를 하고 즐거움을 나눌 수 있다. 메뉴판에 직접 표시하여 현지에서 보면서 주문하면 도움이 될 것이다.

Bạch Tuộc (낙지)	59,000		Bò Luộc (삶은 소고기)	59,000
Con Tôm (새우)	59,000		Bò Nướng Cục (양념 소고기 구이)	59,000
mực (오징어)	59,000		Bò Nướng Tảng (양념 육우 구이)	59,000
Cá trứng (삶은 계란)	50,000		Bò Lụi Sả (소고기 레몬그라스 꼬치)	50,000
Ếch (개구리)	60,000		Suờn Nướng (개구리)	60,000
Lòng Non (곱창)	49,000		Bắp Nướng (옥수수 구이)	49,000
Ba Chỉ Heo (돼지)	59,000		Thăn Bò Nướng (소고기 안심 구이)	59,000
Suờn Heo (새끼 돼지 갈비)	59,000		Gân Hấp Sả (레몬 그레스 & 힘줄)	59,000
Bao Tứ Cá Ba Sa (물고기 내장)	59,000		Nấm Sữa Nướng (구운 소세지)	59,000
Sụn Gà (닭 연골)	59,000		Bò Lá Lốt Mỡ Chài (소고기 & 물고기 기름)	59,000
Mề gà (닭 똥집)	59,000		Gân Bò Tiềm (소고기 힘줄)	59,000
Vây Cá hồi (연어 지느러미)	49,000		Lá Sách, Tổ Ong, Thăn Long Hấp	49,000
Suờn cá sấu (악어 갈비)	59,000		Lẩu Duôi Bò (소꼬리 전골)	59,000
Heo Tộc Nướng (구운 돼지고기)	59,000		Lẩu Dụng Bò (암소 전골)	59,000
Nai Nuối Nướng (구운 사슴고기)	59,000		Lẩu Bò (소고기 전골)	59,000
Vú dê (염소 가슴)	59,000			

Cá Viên Ran Củ (야채 생선 꼬치)	59,000	Gà Thả Vườn(닭고기)	
Tôm Viên Saté (새우 꼬치구이)	59,000	+ Hấp Hành (찐 양파)	145,000
Hồ Lổ Nướng (소세지 꼬치구이)	50,000	+ Nướng (그릴)	145,000
Dậu Bắp (오크라)	60,000	+Tiếm Ớt Sim (삶은 닭)	160,000
Bò Viên Sa Tế (소고기 완자)	49,000	Cơm Chiên(볶음밥)	
Thanh Cua Nướng (개살 구이)	59,000	+ Trứng (계란 후라이)	145,000
Tôm Hùm Viên (바다 가재)	59,000	+ Bò Bằm (암소)	145,000
Chạo Sả (어묵 레몬그라스 꼬치)	59,000	+ Gà Xé (닭고기)	160,000
Chạo Thịt Cuộn Mía Lau		+ Cá Mặn (생선)	160,000
(다진 고기롤 & 사탕수수)	59,000	Mí Xào (라면볶음)	
Xúc Xích Dức (독일 소세지)	59,000	+ Xào Bò (소고기 튀김)	145,000
mực Viên (먹물 오징어)	49,000	+ Xào Rau (야채 볶음)	145,000
Ốc Viên (달팽이)	59,000	+ Salad Trộn Trứng (삶은 달걀 샐러드)	160,000
Bò Muối Ớt (매운 소고기)	59,000	+ Salad Trộn Bò (소고기 샐러드)	160,000
Ba Chỉ Cuộn Nấm (버섯 롤)	59,000	+ Salad Cá Hộp (참치 샐러드)	160,000

나트랑 여행지

1 양베이 폭포(Yang Bay Fall)

칸 호아Khanh Vinh 지구, 칸 호아의 깊은 녹색 숲 한가운데에 위치해 있다. 나트랑Nha Trang 시내에서 약 45㎞ 떨어져있는 양바이Yang Bay 생태관광지는 그림 같이 아름다운 폭포, 커다란 고목(古木), 광대한 숲과 멋있는 자연 풍경으로 유명하다.

폭포의 순수하지만 손길이 닿지 않은 풍경을 특징을 가진 양베이 폭포Yang Bay Waterfall 관광지역에서 많은 주목을 받지 못했다. 그러다가 생태관광이라는 것을 테마로 저렴하게 즐길 수 있는 현지 가족관광객이 늘어나고, 러시아 관광객이 온천을 즐길 수 있다는 사실이 알려지면서 인기를 끌고 있다.

양 베이(YANG BAY) 폭포의 전설

저 멀리 산속의 푸른 공간을 가로지르는 폭포가 흐른다. 쾌적한 경치와 신선한 공기의 즐거움이 있는 양 베이 폭포는 라글라이(Raglai)족 사람들이 부르는 이름이다. 양 바이(Yang Bay)는 '하늘 폭포'라는 의미를 가지고 있다. 그것은 전설에 따르면 천국의 폭포로 산맥에는 정사각형의 판처럼 평평한 많은 돌판이 있어 황제들이 머무르고 요정들은 나가서 봄의 시작을 축하하기 위해 내려온다고 알려져 있다.

폭포와 아름다운 골짜기 풍경지역에 화려한 꽃이 있는 숲의 아래에 큰 바위가 있다. 더운 베트남에서 숲으로 둘러싸여 시원한 지역이 많지 않아서 더운 여름에 특히 인기가 높다. 숲으로 둘러싸인 평화로운 폭포 지역의 생태관광지 YANG BAY Tourist Park이다. 아름다운 풍경을 감상하고, 베트남 현지의 놀이를 체험하는 공간으로 만들어져 있다.

양베이 폭포 Yang Bay Waterfall는 나트랑 도심에서 약 45㎞ 떨어져있어 택시나 오토바이로 올 수 있다. 대체로 현지인들은 오토바이를 이용하고 관광객은 택시를 이용했지만 택시 요금이 비싸서 차를 렌트하는 경우가 많았다. 하지만 베트남에서 운전을 하는 것이 안전하지 않고 사고가 많았다. 관광객이 많아지면서 최근에 투어 상품으로 운영하고 있다. 관광버스보다 작은 코치버스나 봉고차 정도의 차량이 주를 이룬다.

가는 방법

나트랑 시내에서 디엔 칸 방향으로 이동하여 달랏 Da Lat에 이르는 칸 빈 Khanh Vinh 도로의 방향을 따라 직진하면 딴 칸 Danh Thanh으로 향한다.

리조트 안으로 들어가 약 10분 동안 계속해 가면 왼쪽에 있는 양베이 폭포로 향하는 표지판을 볼 수 있다. 4차선 도로에 차량은 많지 않아서 위험하지는 않다.

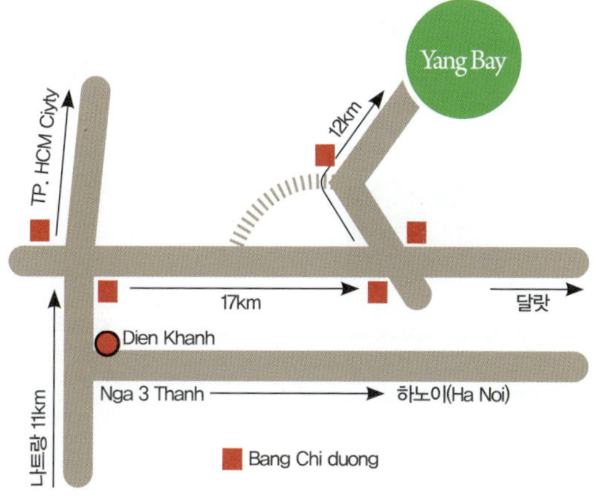

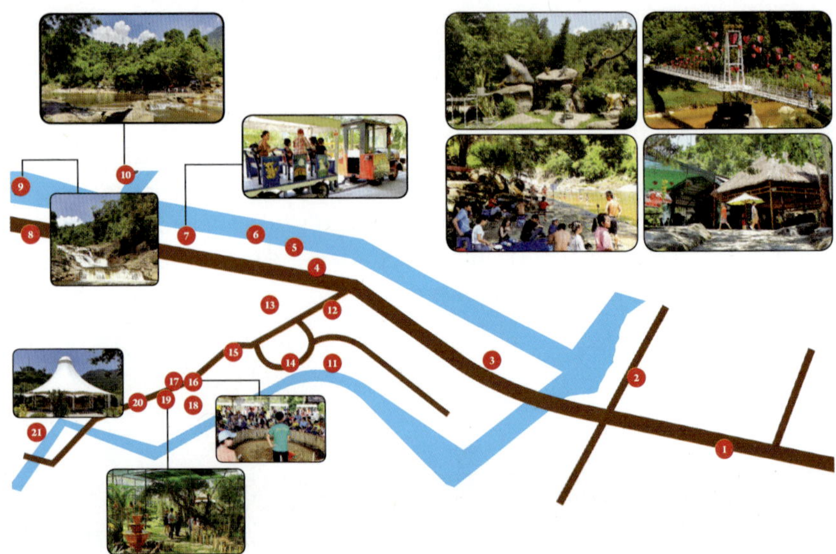

1. 못 딴 트리(Môc Thàn tree)
2. 악어농장(Crocodile fishing)
3. 매표소(Booking Office)
4. 난 룽 비엔 레스토랑(Nhac Rung Vien Restaurant)
5. 다이 쫑(Dai Ngan Restaurant)
6. 차피 레스토랑(Cha Pi Restaurant)
7. 양 바이 정류장(Yang Bay Station)
8. 무대(Stage)
9. 양 바이 폭포(Yang Bay Waterfall)
10. 양 깡 폭포(Yang Khang Waterfall)
11. 호스텔(Hostel)
12. 피치 가든(Peach Garden)
13. 페어리 가든(Fairy Garden)
14. 다오 녹 레스토랑(Dao Ngoc Restaurant)
15. 곰 사육 지역(Bear Farming Area)
16. 닭 싸움장(Chicken Fighting)
17. 호 초 정류장(Ho Cho Station)
18. 돼지 경주장(Pig Racing)
19. 새 정원(Bird Garden)
20. 오스트리치 드라이빙(Ostrich Driving)
21. 머드 온천(Mud Hot Spring)

투어 일정 | 8:00~8:30 – 숙소에서 픽업해 투어 인원 집결

9:30 – 양 베이Yang Bay 도착, 놀이 체험(돼지 경주, 다락싸움, 활쏘기 등)

10:15 – 민속악기 공연 감상

11:30 – 점심식사

12:15 – 양베이Yang Bay 폭포 관람, 온천(머드 온천 포함)

15:00 – 숙소 도착

주소 | Nga Hai Village, Khanh Phu, Khanh Vinh

전화 | 0258.370.77.79

홈페이지 | www.yangbay.khatoco.com / yangbay @ khatoco.com

yangbaytourist @ gmail.com

시간 | 7시 30분~17시

국립 해양 박물관(National Oceanographic Museum)

1922년에 지어진 오래된 프랑스 식민지 시대의 건물에 있는 국립 해양 박물관은 창립 이래 많은 방문자들이 다녀갔다. 수많은 해양 생물을 구경할 수 있는 나트랑 해양 박물관은 총 7개의 연구소 건물에 다양한 전시관이 있다. 살아 있는 어종은 많지 않지만 멸종 위기의 어종들을 다수 포함하고 있다.

1994년 한 어부에 거대한 뼈 표본을 비롯해서 박제된 상어, 수많은 6만 여종의 해양 생물의 표본들이 진열되어 있다. 베트남 해양 연구소의 부속 박물관에는 1만 종 이상의 해양 생물이 전시되어 있다. 2층에는 해양 유물, 화석, 전시물을 통해 베트남 주위지역의 해양 생물을 탐험할 수 있다.

나트랑 선착장 근처에 위치한 국립 해양 박물관은 저렴한 가격에 다양한 해양 동물들을 구경할 수 있다. 작은 공간에 야외에 위치한 수족관에 있는 해양생물을 보고 실망할 수 있지만 베트남에서 해양 박물관이 많지 않아서 해양 박물관은 자녀의 교육적인 목적과 함께 나트랑 가족여행에서 찾아가는 1순위 관광지이다.

주소_ Cầu Đá – Hòn Một, Vĩnh Hoà, Thành phố Nha Trang Khánh Hòa 요금_ 성인 40,000동/어린이 7,000동
시간_ 6~18시 전화_ +84-258-3590-048

베트남에 가면 워터파크의 대명사가 빈펄 랜드Vinpearl Land이다. 현재 휴양지로 성장하는 다낭, 푸꾸옥과 함께 나트랑에서 관광객을 맞이하고 있다. 아직 대한민국의 워터파크처럼 크지는 않지만 상대적으로 이용하는 고객이 적어 쾌적하게 워터파크를 이용할 수 있는 장점이 있다.

빈펄 랜드는 3,320m, 높이 115m의 케이블카를 타고 바다를 건너기 때문에 케이블카를 타고 들어가는 입구부터 마치 빈펄 랜드를 가는 것 같은 기분이 들게 된다. 아이들은 이 케이블카부터 "와~~"라는 소리와 함께 들뜨는 기분을 만끽하게 된다. 케이블카는 해상 리프트 전문회사인 프랑스의 포마Poma사가 만들었기 때문에 안전하다고 판단해도 된다. 13분 정도 케이블카를 타고 가면 밑에 보이는 놀이동산과 워터파크, 동물원, 식물원, 아쿠아리움 등이 보이고 기대감은 더욱 커지게 된다.
통합입장권을 구입하면 게임기까지 모두 추가비용 없이 880,000동(어린이, 60세 이상 700,000동)에 이용할 수 있다. 1m이하의 어린이는 무료로 이용이 가능하고 16시 이후에 입장하면 50%할인을 받을 수 있다.

최근에 워터파크도 시설을 새로 정비하고 놀이기구도 추가로 설치하였다. 베트남의 놀이동산 수요는 끊임없이 늘어나고 있어서 시설이 노후화되는 문제는 발생하지 않는다. 아직도 이동을 하다보면 새롭게 공사를 하고 있는 현장을 볼 수 있으므로 계속 새로운 놀이기구나 워터파크의 즐거움은 증가될 것이다.

워터파크 (Water Park)

더운 나트랑에서 빈펄 랜드에 도착하면 가장 먼저 이용하는 것이 워터파크이다. 그래서 당일치기로 이용하면 워터파크에서 대부분 시간을 보내기 때문에 워터파크를 이용하면 피곤하여 놀이동산 이용시간은 줄어들게 된다. 놀이기구와 커다란 워터풀이 있는 워터파크는 바다와 인접해 전용비치도 같이 이용할 수 있어 생생한 느낌이 더 다가온다. 6개의 라인을 자랑하는 멀티 슬라이드는 15m 높이에 100m 길이로 아이들이 가장 좋아하는 놀이기구이며 2017년에 문을 연 스플래시 베이$^{Splash\ Bay}$가 물 위에서 즐기는 시설로 인기를 새롭게 끌고 있다.

워터파크는 어디든 비슷한 구조를 가지고 있다. 연령에 상관없이 즐길 수 있는 파도풀$^{Wave\ Pool}$과 워터파크에서 만들어 놓은 물길을 따라가는 레이지리버$^{Lazy\ River}$, 커다란 튜브를 이용해 지그재그로 내려오는 슬라이더로 만들어져 있는데 빈펄 랜드도 같은 구조이다. 다만 파도풀이 대한민국에서 즐기던 것과 비교해 재미가 떨어지는 것은 사실이다.

▶ 이용시간 9~18시

주의사항

아이들이 가장 좋아하는 워터파크는 바다와 가까워 시원한 바람이 불어오므로 시원하게 즐기는 장점이 있다. 하지만 이것도 더운 여름에는 뙤약볕에서 너무 오래 있으면 일사병 증세를 보일 수 있으므로 적당히 즐겨야 한다.

VinPearlLand
Nha Trang
Đường đi Vinpearl Resort Nha Trang
To Vinpearl Resort Nha Trang
Đường đi Vinpearl Nha Trang Bay Resort & Spa
To Vinpearl Nha Trang Bay Resort & Spa
TATA WORLD
23 - Coming soon
ADVENTURE WORLD
Coming soon

VINPEARL
Đường đi Vinpearl Resort Nha Trang
To Vinpearl Resort Nha Trang
Đường đi Vinpearl Discovery Nha Trang
To Vinpearl Discovery Nha Trang
Đường đi Vinpearl Luxury Nha Trang
To Vinpearl Luxury Nha Trang
09 ~ 14 실내 게임장
15 ~ 16 푸드 스트리트
17 ~ 24 패밀리 랜드
25 ~ 31 오션 스퀘어
32 ~ 52 버블 랜드(워터파크)
55 ~ 56 쇼핑 거리
57 ~ 62 킹스 가든(동물원)
63 ~ 74 놀이동산
75 ~ 83 블루밍 힐(식물원)
04 스피드보트 선착장
27 아쿠아리움
28 음악분수
38 탈의실, 사물함
47 파도풀
52 스플래시 베이
59 동물쇼 공연장
61 롯데리아
71 익스트림 런처
86 스카이 휠
90 조류관
화장실
응급실
사진 키오스크
안내센터
툭툭 정류장
기념품 상점
휴식 공간

워터파크와 함께 가장 인기 있는 장소이다. 1박을 한다면 하루는 워터파크에서 즐기고 하루는 놀이동산에서 즐기는 것이 일반적이다. 놀이동산은 뜨거운 햇빛이 비치는 낮에는 이용하기 힘들기 때문에 2일차에 아침 8시 30분에 시작과 동시에 기구를 타는 것이 가장 효율적으로 즐기는 방법이다. 1인용 롤러코스터라고 부르는 알파인 코스터Alpine Coaster가 가장 인기 있는 놀이기구이다. 놀이동산에서 보는 빈펄 랜드와 나트랑 만을 보면서 즐기는 놀이동산은 어른들에게도 시원한 느낌을 받으며 어린 시절로 돌아갈 수 있다.

알파인 코스터(Alpine Coaster)

1인용 롤러코스터인데 베트남 전역에서 가장 인기가 있는 놀이기구이다. 속도는 개인적으로 조절할 수 있기 때문에 개인이 원하는 대로 속도를 늘이거나 줄일 수 있다. 스틱을 뒤로 올리면 브레이크작용을 하여 멈추고 앞으로 내리면 속도가 올라간다. 다만 안전상 문제가 발생할 수 있으므로 안전벨트를 반드시 하고 앞 알파인 코스터와의 간격을 25m이상 유지해야 하는 점은 주의해야 한다.

주의사항

1. 몸이 앞으로 나가기 때문에 아이와 함께 탑승하면 안전벨트를 착용하고 천천히 내려가야 한다.
2. 속도만을 즐기려고 무리하게 앞으로 스틱을 내리면 과한 속도를 탑승자가 유지하기 힘들어 롤러코스터를 이탈할 수 있으므로 적당한 속도를 유지한다.
3. 앞 사람과의 간격은 최소 25m를 유지해야 한다.

스카이 휠(Sky Wheel)

120m 높이의 거대한 관람차이다. 다른 곳에서 본 관람차보다 크지는 않지만 세계 10대 대관람차에 선정되었다고 하는데 크기보다는 관람차에서 보는 풍경이 아름다운 이유가 아닐까 생각한다. 60개의 관람차에 총 480명을 수용할 수 있다고 한다.

강렬한 햇빛이 사라지고 선선한 바람이 불어오는 저녁에 연인이나 부부가 함께 하는 멋진 야경을 같이 보는 것을 추천한다.

범퍼카(Bumper Car)

놀이동산의 어디를 가든 무섭고 짜릿한 놀이기구를 원하지만 초등학교 4학년 이하의 아이들은 의외로 무서움에 못타는 아이들도 많다. 이때 가장 아이와 교감을 나누면서 재미를 느낄 수 있는 것이 범퍼카이다. 또한 햇빛에 너무 많이 노출되었다면 그늘에서 쉬면서 휴식을 취하는 순기능도 있으니 잘 활용하자.

▶ 이용시간 : 9∼18시

오션 무비 캐슬(Ocean Moive Castle)

200석 규모의 4D 영화관으로 3개의 대형스크린에서 나오는 입체감 있는 4D 영상을 실감나게 느낄 수 있어 아이들이 특히 좋아한다.

▶ 이용시간 : 9∼21시(9∼5월은 11∼19시까지)

워터파크 옆으로 가면 동굴 모양의 입구가 나온다. 이곳이 아쿠아리움 입구인데 크지 않아 실망하는 관광객도 있다. 아이들을 위한 해양 동물을 볼 수 있으나 큰 기대는 금물이다. 11, 15시에 10분씩 인어 쇼가 펼쳐지므로 아이와 함께 왔다면 시간에 맞춰보면 아이가 좋아할 것이다.

돌고래 쇼(Dolphin Show)

아쿠아리움 옆에서 돌고래 쇼를 하는 데 대단한 쇼는 아니기 때문에 큰 기대 없이 보면 즐길만하다. 아이들은 돌고래가 뛰어 오를 때마다 환호성을 지른다.

▶시간 : 15시 30분~16시(월요일)
　　　　11시 30분~12시(화~일요일)

▶공연종목과 시간

돌고래 공연(Dolphins Show) | 11:30, 15:30(월요일은 15:30 1회 공연, 각 30분간)

새 공연(Bird Show) | 10:30, 14:30(20분간)

인어 공연(Mermaid Show) | 11:30, 15:00(10분간)

먹이 주기 시연(피딩 쇼) | 10:00, 17:00(각 15분간)

음악분수(뮤직 워터 파운틴 쇼) | 19:00(25분간)

길거리 퍼레이드(유로파카니발) | 16:15(30분간)

길거리 밴드공연(스트릿 밴드) | 19:15(1시간간)

빈펄 리조트

1. 빈펄 리조트에 숙박을 한다면 무료로 이용이 가능한 정책이 바뀌어 티켓은 따로 구입해야 한다.
2. 빈펄 랜드 입장권을 구입하지 않으면 케이블카를 이용할 수 없으므로 사전에 반드시 구입하고 케이블카를 탑승하러 가야 한다.
3. 보트로 섬에 도착하면 전동차가 대기하고 있으므로 빈펄 랜드로 쉽게 이동이 가능하다.
4. 빈펄 랜드만 이용하는 관광객은 빈펄 리조트 전용 스피드보트는 이용할 수 없다. 빈펄 리조트 숙박하는 관광객이 나이가 많은 숙박객이 많기 때문에 티켓을 구입하면 케이블카를 무조건 탑승하는 것은 아니고 고소공포증을 가진 관광객을 위해 스피드보트로 이동할 수도 있다.

빈펄 랜드의 오른쪽 언덕에 위치한 동물원은 크지 않다. 하지만 어린 아이들은 기린이나 호랑이를 보고 좋아한다. 특히 조류관의 새들이 사람에게 다가오는 것을 특히 신기해한다. 항상 새들은 눈 가까이에서 마주치는 것을 부리로 공격을 할 수 있으므로 조심해야 한다.
▶ 이용시간 : 10~18시

대관람차 뒤에는 카페가 있고 바오밥 나무를 심어놓은 아프리카 사막분위기로 연출한 식물원은 어른들이 더욱 신기해 한다. 선인장, 화려한 꽃들을 볼 수 있다.
▶ 이용시간 : 10~18시(주말, 공휴일 9시부터 시작)

빈펄 랜드 비치 (Vinpearl Land Beach)

비치 의자들이 가지런히 놓여있고 해상 놀이기구인 스플래시 베이가 설치되어 있는 상태에 안전을 대비해 안전요원은 항상 상주하고 있다. 이곳만의 다양한 해양 스포츠를 즐길 수 있는 데 비용이 저렴한 편은 아니다. 해 뜨는 선라이즈 풍경과 해 지는 선셋 풍경은 항상 아름답다.

스플래시 베이 (Splash Bay)

대형 튜브에 공기를 주입해 얕은 바다에 설치해 만들어 놓은 놀이시설이다. 어린이들은 평범하게 건너가는 것과 미끄럼틀에도 좋아하지만 어른들은 정글짐과 트램펄린을 특히 재미있어한다.

▶ **이용시간** : 9시 30분~17시 30분

레스토랑

워터파크와 놀이동산에서 놀다보면 금방 배가 고파진다. 바비큐와 패스트푸드가 가장 인기가 높은 데 우리에게 익숙한 브랜드인 롯데리아가 있어 거부감이 덜하다.

WELCOME
TO
VINPEARL

VINPEARL LAND

짝퉁 중국기업

동남아시아에서 한류의 인기가 높은데, 베트남에서 한류는 특히 인기가 있다. 대한민국에 대한 관심이 높아지고 한류의 인기도 하늘을 찌를 듯한 것을 이용해 엉뚱한 중국 기업이 마치 한국 기업인 것처럼 행세하고 있다. 지금은 알려져 알고 있는 사람들이 있지만 모르는 사람들도 많아서 지속적으로 알려져야 점차 베트남 사람들에게 알려질 수 있을 것이다.

대한민국의 국화(國花)인 '무궁화'를 따서 지은 '무무소^{MUMUSO}와 무궁생활이라는 중국 기업이다. 중국의 회사임에도 대한민국 이미지를 내세워서 홈페이지에도 한국어로 표기하고 홈페이지 주소에도 'kr'을 쓰기 때문에 베트남 사람들은 한국기업이라고 알고 있는 사람들이 많다. 다행히 최근에 조금씩 중국기업이라는 사실이 알려지고 있지만 모르는 사람들이 더 많다.

무무소(MUMUSO)

많은 매장을 보유한 다이소를 따라한 이름에 생필품을 저가로 파는 것도 동일한 컨셉으로 동남아시아에서 20개 이상의 매장을 보유하고 한국 기업을 이용해 대한민국을 이용해 물건을 판매하고 있다.

매장의 판매물품에는 한글로 적힌 물건이 있어 보면 어설픈 문구로 적혀있어 웃음만 나온다. 화장품, 캐릭터 상품, 생활용품 등 베트남 사람들이 관심이 많은 화장품에도 대충 보면 한국의 제품과 똑같다.

정식 명칭도 '무무소 코리아'로 써 놓고, 제품에도 '거품 새수 크림'이라고 표기돼 있다. 한국인이 봤을 때 '세수'가 아닌 새수로 적힌 단어를 보면 이상하다고 생각할 수 있다. 필자도 처음에 무심코 들어갔다가 한류의 영향이 크다고 생각했는데, 친구가 알려줘 중국기업이라는 사실을 알았고 제품을 보니 대부분 어설픈 중국제품인 경우가 많았다.

무궁생활

'무궁생활'이라고 한글로 적힌
간판도 볼 수 있다. 가장 기분
이 나쁜 것이 손님이 들어오면
"안녕하세요"라고 인사를 한
다. 제품도 무무소와 차이가
없다. 생필품을 파는 상정이기
때문에 제품의 품질이 나쁘다
면 한국제품은 좋지 않다는 인
식을 심어줄 수 있다는 사실이
이다.

무무소 본점, 중국 상하이

베트남에서는 중국에 대한 이미지는 좋지 않고 대한민국에 대한 이미지도 더 이상 좋을
수 없을 정도이다. 2018년에 박항서 감독의 우승이라는 성과로 더욱 한류 이미지는 공고해
졌다. 무무소 본점은 중국 상하이에 있다고 하는데 중국인들도 자신들의 제품과 이미지로
제품을 판매할 자신이 없다는 사실은 아는 것 같다.

문제점

한국 제품과 매우 흡사한 외형을 가진 제품을 판매하기 때문에 쉽게 따라할 수 있다는 점
이 문제가 된다. 제품의 질이 따라주지 않는 저가 폼 클렌징, 마스크 팩, 크림 등으로 대표
적인 화장품 회사인 이니스프리 상품 '그린티 폼클렌징'을 로고만 살짝 바꾸고 판매하고
있다. 더 페이스샵의 마스크팩, 핸드크림도 마찬가지이다. 필자가 가장 많이 사용하는 네
이처 리퍼블릭의 '알로에 수딩 젤'도 외관상으로 거의 같아서 한글로 적힌 것을 보아야 알
수 있다.

오랜 시간 동안 이어온 영토 분쟁과 중국산의 저질 상품으로 인한 피해가 베트남 사람들
의 중국인에 대한 나쁜 감정 때문에 한류의 이미지를 이용해 판매하고 있는 것이라서 피해
는 대한민국이 보고 있는 것이다.

중국의 짝퉁 3GROUPS(3GS)

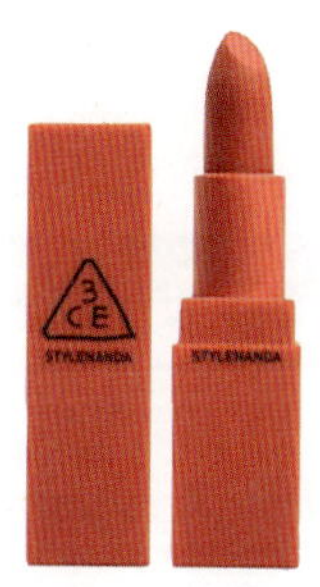

3Concept eyes(3CE)

더위를 쫓기 위해 마시는 음료

무더운 날씨의 베트남 여행을 하면 길을 걷다가 달달하고 시원한 음료수를 마시고 싶은 생각이 굴뚝같아진다. 베트남 여행에서 상점이나 편의점, 마트에서 구입하는 음료수를 마시는 것 보다 길거리나 카페에서 맛볼 수 있는 다양한 음료수로 더위를 식히곤 한다.

1 열대과일 셰이크

베트남에서 20,000~30,000동의 금액이면 길거리에서 열대과일 셰이크를 마실 수 있다. 더운 날씨의 무더위를 날려줄 음료가 1,000~1,500원 정도라니 행복하다. 생과일 셰이크를 즐길 수 있다는 사실만으로도 행복한데 저렴한 가격은 부담이 덜어진다.

망고나 패션 프루트, 코코넛, 파인애플, 수박, 아보카도 등 원하는 과일을 선택할 수 있다. 한 가지 과일만 선택해도 되고, 섞어서 마실 수도 있다. 각 도시마다 열대과일 셰이크 맛집들이 있지만 그보다는 갈증이 다가올 때 길거리에서 마시는 음료가 더 맛있을 것이다.

2 연유 커피

베트남을 대표하는 커피는 전국 어디서나 쉽게 볼 수 있는 베트남 전국민의 음료수 이다. 특히 더운 여름날에는 달달한 연유 커피가 제격이다. 쓰어(연유)와 다(얼음)를 넣어 달달한 커피가 목구멍을 넘기는 시원함은 가슴까지 내려오기 전에 무더위를 없애준다.

진한 에스프레소에 연유를 넣어 만드는 아이스커피는 '아메리카노'로 대변되는 아이스커피보다 진하고 단맛이 강하다. 베트남 커피는 쓴맛과 단맛이 함께 느껴지므로 짜릿함이 더욱 강하게 느껴진다. 다만 양이 적으므로 얼음이 녹아 양이 많아질 때까지 기다려야 할 때도 있다.

3 코코넛 아이스크림

코코넛을 단순하게 마시거나 얼려서 젤리처럼 만들어서 먹기도 한다. 또는 코코넛 안에 아이스크림을 담아 주기도 한다.

아이스크림 위에 각종 과일과 생크림을 듬뿍 얹어 주기도 하는데 코코넛을 손으로 잡기만 해도 맛있다. 아이스크림 안에는 코코넛 안에 하얀 과육이 더욱 단맛을 내주고 젤리처럼 쫄깃함까지 먹도록 해준다.

4 사탕수수 주스

사탕수수를 기계로 짜서 먹는 시원한 사탕수수 주스는 단맛이 강하지 않다. 주문을 하면 그 자리에서 사탕수수 즙을 내서 준다. 수분이 강해 더위에 지칠 때 예부터 마시던 주스이다. 시원하지만 밍밍하다고 하는 사람들도 있지만 베트남의 길거리에서 한번은 맛보기를 추천한다.

4 코코넛 밀크 커피

서울에도 문을 연 콩카페 덕에 핫한 코코넛 밀크 커피는 베트남 여행에서 어느 도시를 가도 빠지지 않고 마시는 커피이다. 진하고 쓴 베트남 커피와 코코넛 밀크가 어우러진 인기가 핫한 커피이다. 특히 다낭이나 호치민, 하노이, 나트랑 등을 여행하면 한번은 찾아가는 코코넛 밀크를 갈아 커피 위에 얹어 주는 커피이다.

스푼으로 코코넛을 떠 먹으며 마치 스무디에 가깝다는 생각이 든다. 얼음을 넣은 커피보다 시원하고 코코넛 특유의 달콤한 맛이 온몸으로 느껴진다. 가장 유명한 곳은 '콩카페'로 베트남 대도시를 여행하면 관광지처럼 찾아가는 곳이다.

맥주의 변화

베트남의 맥주 소비량은 31억ℓ로 동남아시아 국가 중 최대로 아시아로 넓혀도 일본, 중국 다음으로 맥주 소비가 많은 국가이다. 베트남은 매년 6%에 가까운 경제성장률을 거두면서 베트남 소비자들의 생활수준이 향상되고 있다. 그래서 저녁의 맥주 소비가 즐거운 저녁시간을 가질 수 있게 되었다. 실제 통계에서도 베트남의 맥주 생산량은 31억 4000만ℓ로 8.1% 성장하여 베트남의 맥주 소비와 생산량은 37억~38억ℓ에 달할 것으로 예상하고 있다.

2018년에 박항서 감독은 베트남 축구의 변화를 이끌고 베트남 사람들의 자존심을 세워주는 역할을 했다. 그런데 베트남의 축구경기를 하는 날에는 맥주를 주문하는 것을 보면서 상당한 변화가 있다는 사실을 알게 되었다.

예전 같으면 저가 생맥주인 비어 허이^{Bia hoi}를 주문해 마셨을 사람들이 비아 사이공^{Bia Saigon}을 주문하거나 베트남에서 고급 맥주로 알려진 타이거 맥주^{Tiger Beer}를 주문해 마시고 있는 것이었다. 병맥주와 캔 맥주 생산량이 증가하면서 저가가 아닌 고급 맥주시장인 병맥주와 캔 맥주 시장이 뜨고 있다. 그래서 박항서 감독은 베트남의 고급 맥주 시장을 열어주고 활성화시킨 장본인이라고 할 정도로 고급 맥주의 소비를 급등시켰다.

로컬 맥주 비비나 맥주(Bivina Beer)

1997년 10월에 비비나 맥주는 푸꾸옥에서 생산을 하기 시작했다. 아로마 & 곡물 맛이 건조하고 평균적이지만 상쾌한 맛을 낸 전통 맥주이다. 부드럽고 시원한 향을 내지만 맛이 약해서 호불호가 갈린다. 점점 마시는 사람들이 줄어들면서 하이네켄^{Heineken} 맥주와 함께 푸꾸옥에서 생산하고 있다. 다만 맥주의 맛은 하이네켄과 전혀 다르다.
타이거 하이네켄과 함께 인기 있는 프리미엄 브랜드로 성장시키기 위해 맥주 생산을 하지만 인지도는 높아지지 않고 있다. 우리가 마시던 '카스'와 비슷한 맛을 낸다고 볼 수 있다.

비어허이(Bia hoi)의 단점

보리가 아닌 쌀, 옥수수, 칡 등의 값싼 원료로 만들어진 생맥주로 거리 노점이나 현지 식당에서 잔이나 피쳐 등으로 판매되고 있다. 잔당 가격이 6,000~10,000동(300~500원)으로 아직 지갑이 가벼운 서민들에게 크게 사랑을 받은 맥주의 대명사였지만 최근에 고전 중이다.
대형 맥주회사에서 비어 허이를 생산하지만 대부분의 비어 허이는 정부로부터 사업 허가를 받지 않은 영세 사업장에서 생산된 것이다. 제조, 운반 과정에서의 위생 상태를 보장할 수 없고 다량생산을 위해 제조 과정에서 충분한 발효기간을 거치지 않고 출고하는 경우가 많았다. 비어 허이를 많이 마시면 두통이나 어지러움 등의 증상이 유발된다고 하는데 충분한 발효과정을 통해 제거되지 못한 맥주 효모 속 독소 때문이라고 한다.

베트남 캔 커피

'Ca Phe'는 커피라는 뜻이고 'Sua'는 우유, 'Da'는 얼음을 뜻하는 베트남어이다. 600~700원의 가격에 캔 커피가 베트남의 마트에서 판매가 되고 있다. 세계에서 두 번째로 큰 커피 수출 국가인 베트남에서 캔 커피로 대변되는 인스턴트 커피산업은 성장하지 못하고 있다.

베트남 마트에 있는 음료수가 있는 냉장고를 보면 버디[Birdy], 네스카페[Nescafe], 하이랜드 커피[Highland Coffee], 마이 카페[My Café] 4가지 캔 커피 브랜드는 다른 음료수 중 하나일 뿐이다. 베트남 사람들은 원두커피를 좋아하기 때문에 캔 커피에 대한 관심은 떨어진다. 하지만 경제 성장이 높아지는 나라들이 인스턴트커피에 대한 관심이 높아지고 소비되는 것을 보면 베트남에서도 관심이 올라갈 것으로 보인다.

버디[Birdy] 캔커피 브랜드를 일본 기업이 처음으로 베트남으로 가져와 치열하게 경쟁하고 있다. 네슬레는 동나이[Dong Nai]성에 캔커피 생산공장을 재빨리 세워 인스턴트 커피시장에 진출해 있다. 딴협팟[Tan Hiep Phat]의 병 포장 커피와 하이랜드 커피[Highland Coffee]의 캔커피 2가지 제품이 더 있다.

펩시, 하이랜드 커피[Highlands Coffee], 네슬레[Nestlé], 아지노모토[Ajinomoto] 등의 상표가 있다. 베트남 친구들에게 물어보면 캔 커피는 단맛만 있고 커피의 풍미는 부족하여 캔 커피를 좋아하지 않는다고 한다. 또한 가격도 로컬에서 마시는 원두커피과 비슷하거나 비싸기 때문에 관심이 없다고 한다.

캔 커피 시장이나 편의점 같은 것들이 대한민국에서는 흔하지만 베트남 시장에 진입을 하고 있어서 베트남 사람들이 친숙하지 않을 수도 있다. 베트남 여행을 하다보면 가끔씩 상점에서 볼 수 있는데, 새로운 캔 커피 제품에 대한 소비 잠재력은 여전히 크다고 한다.

BTS에 빠진 베트남 소녀들

작년 뉴스에서 방탄소년단과 박항서 감독이 베트남 학교에서 시험문제로 등장해 화제라는 기사를 접한 적이 있다. 현지 고등학교의 문학 시험지에 '베트남 축구 영웅 박항서 감독과 방탄소년단(BTS)의 미국 빌보드 활약상'을 소개하며 '문화 대사'의 역할을 묻고 있다는 문제였다."

베트남에서 20대까지는 방탄소년단에 푹 빠져 있다면 중, 장년층은 박항서 감독에 빠져 있다. 가히 쌍끌이 인기를 누리고 있다. 전 세계의 주목을 받고 있는 K팝의 간판그룹인 방탄소년단은 K팝에 열광하는 동남아시아에서도 가히 압도적이므로 다양한 관심을 나타나게 해준다면 박항서 감독의 베트남 축구대회 성적은 대한민국의 기업들이 베트남 시장을 더욱 깊게 파고들 수 있게 도와주고 있다.
10~20대 젊은 층이 향유하던 베트남 한류가 박항서 감독의 축구 시장의 성취로 중장년층까지 인기가 번져가는 중이다. 이들은 자신들도 할 수 있다는 생각을 방항서 감독을 통해 전달받는다고 할 정도니 이해할 수 있을 것이다.

학교에서 돌아와 바로 방탄소년단(BTS) 노래에 빠진 소녀팬

방탄소년단(BTS)의 인기는 몬스타엑스. 더보이즈 등 현재 K팝의 유행을 이끄는 아이돌 그룹들이 베트남에서 폭발적인 인기를 끌도록 진두지휘하는 모양새다. 실제로 베트남에 있으면서 중, 고등학생들을 만나보면 '작은 것들을 위한 시'의 새로운 노래와 함께 '기존의 페이크 러브' 등 방탄소년단의 노래로 아침을 시작하고 TV에서 춤을 따라하는 소녀 팬들이 많다. 베트남에서 K팝의 첨단을 빠르게 흡수하고 있다는 것은 압으로 대한민국에 대한 인식이 지속적으로 개선되는 효과를 줄 것이다.

호이안^{Hoi An}에서 3개월 이상을 머물면서 가정집의 학생과 그 친구들과는 대화를 나누면서 시간을 보내곤 한다. 그런데 그 대화의 50%는 방탄소년단 이야기이다. 반 친구들 대부분은 방탄소년단(BTS)의 노래를 부른다. 노래를 몇 번이 아니라 100번 이상은 들었을 것이라고 대답한다. 방탄소년단 멤버 중 특히 베트남에서 인기가 높은 멤버 '지민'의 캐릭터를 본뜬 연등과 달력이 만들질 정도라고 들었다.

베트남에서도 영어는 학교시험에서 중요한 과목이고 대학교에서 영어 전공자나 영어회화를 잘하는 학생들은 취업이 쉽다. 그래서 영어로 대화를 하는 주제와 소재는 방탄소년단(BTS) 이야기를 하게 된다. 베트남은 아직 경제적으로 부유한 국가가 아니다. 하지만 6년이 넘도록 경제 성장이 6%를 넘는 고속 성장을 이어가고 있다. 경제가 급성장하고 있어 현재보다는 미래에 더 중점을 두고 사는 사람들의 행복한 미소는 저성장에 시름하는 대한민국과 대조적이다.

베트남이 아직 1인당 국민소득이 낮지만 앞으로 베트남이라는 나라는 성장하면서 경제적 부를 나누고 그 속에서 대한민국이 긍정적인 인식을 받고 있고, K팝의 선두주자 방탄소년단 같은 인기에 앞으로도 대한민국은 베트남에서 중요한 역할을 하게 될 것이라고 생각한다. 여행에서도 베트남과 대한민국 인들이 서로 여행을 많이 하면서 더욱 많은 교류를 하게 될 것이므로 K팝은 더욱 인기를 얻을 가능성이 높다. 양국을 여행하는 여행자가 늘어 서로 좋은 파트너로 성장하면 좋을 것이다.

한류의 봄이 온다.

13일 오전(현지시간) 베트남 하노이. 이리저리 도심을 거닐던 중 '빅C' 마트 앞에 정차된 개인택시 한 대가 문득 눈에 띈다. 택시 뒷문 전면에 베트남 축구대표팀을 맡고 있는 박항서 감독 사진이 큼지막하게 붙어 있었던 것. 멀쑥한 카키색 정장 차림에 엄지손가락을 쭉 내뻗은 광고 사진이었다. 푸근한 미소를 짓고 있는 박 감독 옆엔 빨간 글씨로 다음 문구가 새겨져 있었다.

그 모습이 친근해 가만히 웃음 짓는데, 택시기사 기앙 씨(46)가 말을 붙인다. "한국인이에요? 박항서 훌륭해요, 박항서 최고예요!" 그는 베트남 축구대표팀 부임 3개월 만에 동남아시아 국가 최초로 아시아축구연맹 U-23 챔피언십 준우승이라는 쾌거를 이뤄낸 박 감독을 모르는 사람이 없다고 했다.

10~20대 젊은 층이 향유하던 베트남 한류가 최근 박 감독 사단의 전에 없던 성취로 중장년층까지 그 인기가 번져가는 중이다. 이날 베트남 현지 음식 '반미'를 팔고 있던 티엔 씨(38)는 딸이 드라마 〈태양의 후예〉의 송중기 사진을 방 구석구석 붙여놓은 게 이해가 안 갔는데, 요즘엔 나도 한국 드라마를 본다며 웃음 지었다.

실제로 베트남 호찌민과 하노이 등 도시권을 중심으로 'K컬처(K팝 · K뷰티 · K무비 · K드라마 등)' 인기는 대단했다. 14일 베트남 하노이에서 만난 푸엉 씨(24)는 '코리안 뷰티' 얘기가 나오자 양손 엄지손가락을 치켜세웠다. "베트남 여자들, 한국 화장품 "진짜, 진짜 좋아해요! 특히 립스틱이랑 아이섀도요(웃음)." 브랜드로는 '3CE' 인기가 최고라고 했다.

TV에 나오는 방탄소년단(BTS) 뮤직비디오

푸엉 씨는 하노이 부촌 아파트 로열시티에 사는 베트남 최상류 계층. 원래 집은 사업가인 부모님이 사는 호찌민 선라이즈시티다. 서울로 치면 도곡동 타워팰리스쯤 된다. 매일 오후 2시면 집 근처 학원에서 한국어 수업을 듣는다고 했다. 배우는 이민호를 좋아하고, 가수는 한때 빅뱅을 좋아했는데 이젠 방탄소년단(BTS) 열혈 팬이다. "10월에 한국 가요. 언니가 거기 살아요. 떡볶이, 김밥도 먹고 에버랜드에도 가려고요."

비단 푸엉 씨만의 얘기가 아니다. 한국에서 그날 회차 드라마가 방영되면 2∼3시간 뒤에 곧바로 자막 깔린 영상이 온라인에 공개된다고 한다(물론 불법이다).
가수는 단연 방단소년단(BTS)였다. 어림잡아 열에 일곱은 BTS를, 나머지는 빅뱅을 최고로 꼽았다. 호찌민 타잉록고교 1학년 응우엔타이민 군(17)은 "반 친구들 상당수가 BTS, 빅뱅 노래를 흥얼거린다"고 했다. "저는 오전에만 빅뱅 '판타스틱 베이비'를 스무 번은 들었을 걸요?"

한국어에 대한 관심도 적지 않았다. 하노이대 한국어학과 여학생 링단 씨(21)가 그중 한 명. 한국에서 유행하는 동그란 뿔테 안경을 쓴 그는 전날 만난 푸엉 씨보다 한국어가 유창했다. "전문 통역인이 되고 싶다"고 했다. "한국어 통역가는 보수가 굉장히 세요. 졸업하면 멋진 통역가로 폼나게 살려고요(웃음)."

RTH
BOARDING

Mui Ne

무이네

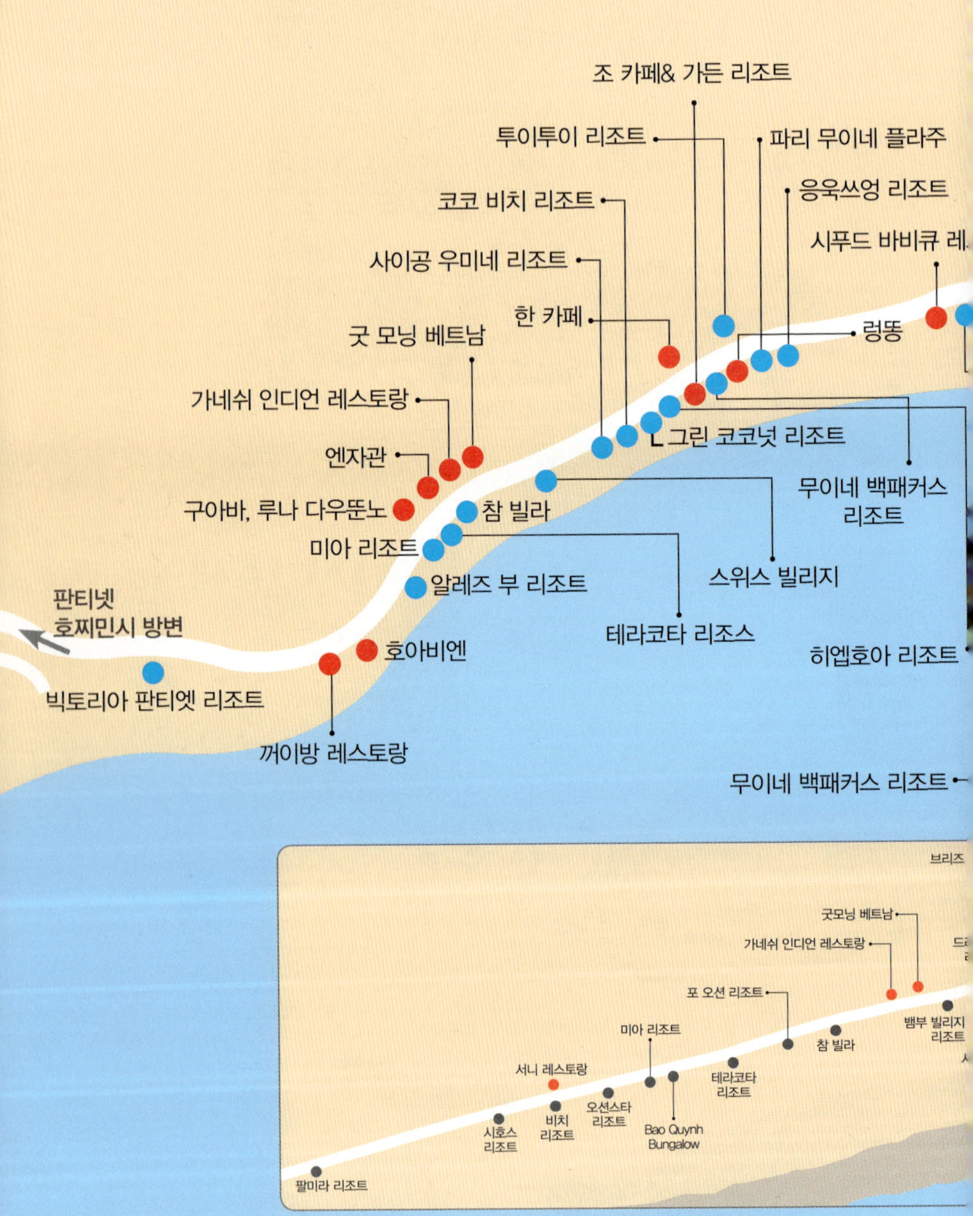
조 카페& 가든 리조트
투이투이 리조트
파리 무이네 플라주
응욱쓰엉 리조트
코코 비치 리조트
시푸드 바비큐 레
사이공 우미네 리조트
한 카페
렁똥
굿 모닝 베트남
가네쉬 인디언 레스토랑
그린 코코넛 리조트
엔자관
무이네 백패커스
리조트
구아바, 루나 다우뚠노
참 빌라
미아 리조트
스위스 빌리지
알레즈 부 리조트
판티넷
호찌민시 방변
테라코타 리조스
히엡호아 리조트
호아비엔
빅토리아 판티엣 리조트
꺼이방 레스토랑
무이네 백패커스 리조트
브리즈
굿모닝 베트남
가네쉬 인디언 레스토랑
드
포 오션 리조트
뱀부 빌리지
리조트
미아 리조트
참 빌라
서니 레스토랑
테라코타
리조트
오션스타
리조트
시호스
리조트
비치
리조트
Bao Quynh
Bungalow
팔미라 리조트

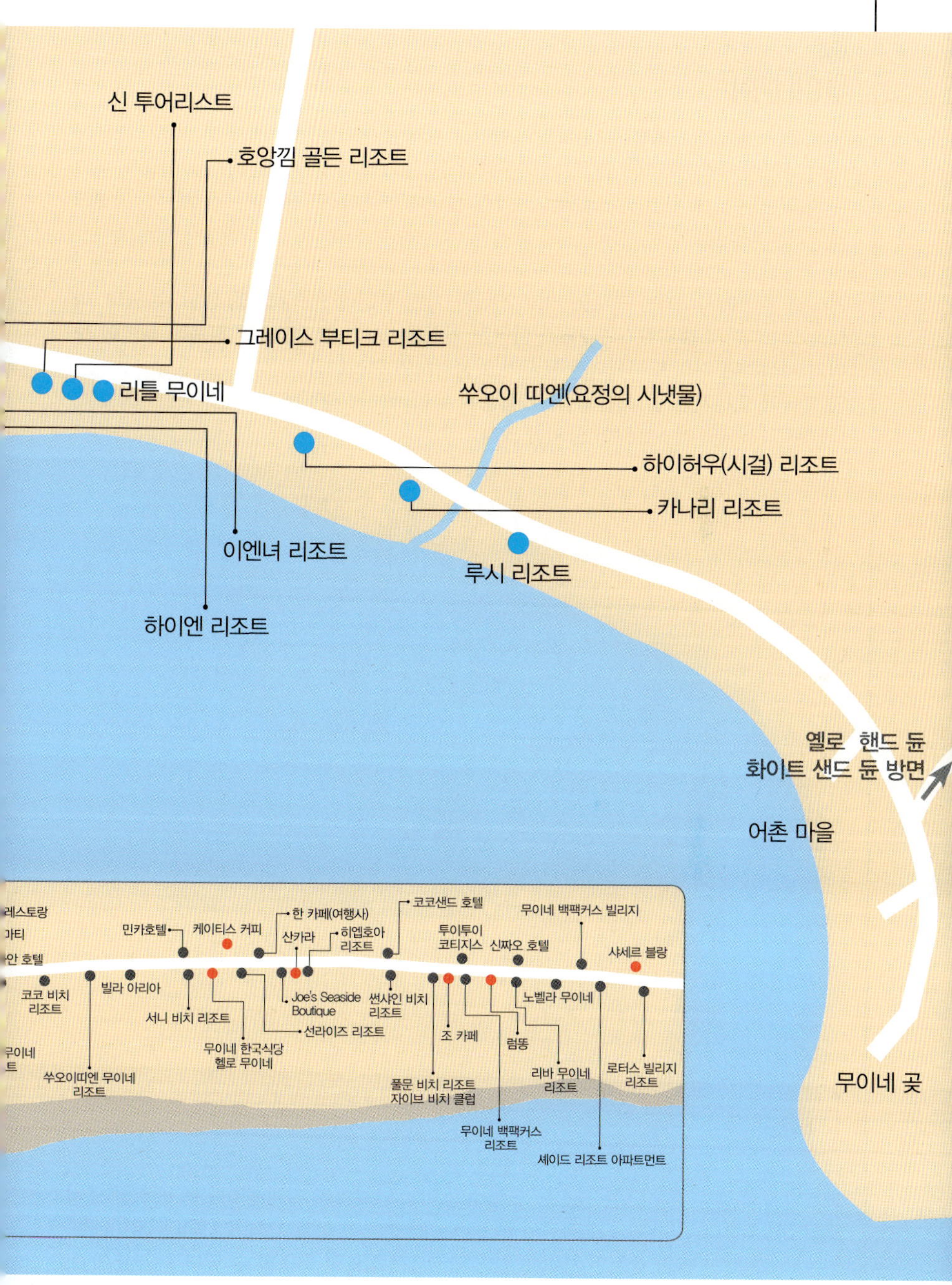

신 투어리스트
호앙낌 골든 리조트
그레이스 부티크 리조트
리틀 무이네
쑤오이 띠엔(요정의 시냇물)
하이허우(시걸) 리조트
카나리 리조트
이엔녀 리조트
루시 리조트
하이엔 리조트
옐로 핸드 듄
화이트 샌드 듄 방면
어촌 마을
무이네 곶
레스토랑
마티
안 호텔
민카호텔
케이티스 커피
한 카페(여행사)
산카라
히엡호아 리조트
코코샌드 호텔
투이투이 코티지스
신짜오 호텔
무이네 백팩커스 빌리지
샤세르 블랑
코코 비치 리조트
빌라 아리아
서니 비치 리조트
Joe's Seaside Boutique
썬샤인 비치 리조트
노벨라 무이네
쿠이네 트
쑤오이띠엔 무이네 리조트
무이네 한곡식당 헬로 무이네
선라이즈 리조트
조 카페
럼똥
리바 무이네 리조트
로터스 빌리지 리조트
풀문 비치 리조트 자이브 비치 클럽
무이네 백팩커스 리조트
세이드 리조트 아파트먼트

무이네 IN

무이네Mui Ne를 가는 방법은 버스와 기차인데 기차는 판티엣Phantiet에서 하차하기 때문에 다시 무이네Mui Ne까지 버스를 타고 이동해야 한다. 그래서 대부분은 버스를 이용해 무이네로 이동한다. 호치민에서 207㎞ 떨어진 무이네Mui Ne에 도착했다는 신호는 판티엣에 도착했을 때이다.

판티엣Phantiet에서 706번 도로를 타고 20㎞만 가면 무이네Mui Ne 해변을 만날 수 있다. 나트랑Nha Trang에서 출발했다면 216㎞ 떨어진 거리를 5시간 정도면 도착하는데 해변이 보이기 시작하면 거의 도착했다는 표시라고 생각하면 편리하다.
약 10㎞에 이어지는 긴 해변을 따라 형성된 무이네Mui Ne 중심 도로에는 리조트와 호텔, 다양한 가격대의 레스토랑이 줄지어 있다.

버스

베트남을 여행할 때 버스는 중요한 교통수단이다. 남북으로 길게 뻗어있는 베트남 도시들은 하노이, 다낭Da Nang, 나트랑Nha Trang, 호치민Hochimin이 중심 거점 도시이다. 무이네Mui Ne는 나트랑Nha Trang과 호치민 사이에 있어 약 5시간 정도면 이동할 수 있다. 대부분의 여행자가 버스를 이용해 여행할 정도로 활성화되어 있다.

호치민에서 무이네Mui Ne까지 4편(7, 11, 14, 20시)만 이동한다고 알고 있지만 버스 회사가 늘어나면서 회사마다 시간대가 다르기 때문에 몇 편의 버스가 운행하는지 모를 정도로 많이 다닌다. 달랏Dalat까지는 매시간 버스가 다니므로 버스회사의 시간표를 잘 확인하고 예약하면 된다.

무이네Mui Ne는 해변을 따라 길게 뻗어있는 타운이라서 706번 도로를 왔다 갔다 하는 버스가 운행하고 있다. 짧은 거리는 6,000동부터 시작하고 판티엣Phantiet(빨강색 9번 버스)까지는 18,000동에 다녀올 수 있다. 판티엣을 가는 경우는 대부분 롯데마트를 다녀오기 위해 판티엣Phantiet행 버스를 탑승한다.

TIP

슬리핑 버스

버스는 코치버스의 개념이지만 슬리핑 버스라고 부르는데 140도 정도로 누워서 잘 수 있도록 개조된 버스이다. 침대버스라고 하여 야간에만 잠을 자면서 이동하는 버스를 슬리핑버스라고 불렀으나 최근에는 낮에 이동하는 버스의 대부분도 슬리핑버스와 구조가 동일하다.

버스 예약

동남아시아 대부분의 이동하는 버스나 투어는 숙소와 연결이 되어 있어 투어사무실에서 예약과 구입이 가능하지만 약간의 수수료를 받고 숙소에서 대행하고 있어서 굳이 나가서 알아보고 버스를 예약하지 않는다. 다만 기차는 직접 예약해야 하므로 사전에 확인해야 하는 번거로움이 있다.

오토바이

대중교통이 좋지 않은 무이네는 많은 여행자가 오토바이를 대여해 타고 다닌다. 1일 렌트 비용은 7~10달러이며 자전거(50,000동)는 숙소에서 렌트할 수 있지만 도로가 좁아서 잘 이용하지 않는다.

무이네 투어

강력한 열대풍의 침식 작용으로 형성된 경이롭고 광활한 사막 위를 걸어서 둘러보거나 사륜차로 질주해 보는 장면을 상상해본 적이 있는가? 사륜 오토바이를 타고 무이네Mui Ne 모래 언덕의 붉고 하얀 모래 언덕을 달려 보거나 관광객이 즐겨 이용하는 모래 썰매에 도전할 수 있다. 사구 사이의 굽이진 하천을 따라 높다란 모래 언덕으로 올라가 아름다운 노을을 감상하는 것은 새로운 감동이다.

무이네Mui Ne 모래 언덕은 사구로 이루어져 있다. 한쪽에는 붉은 모래 언덕이 다른 쪽에는 흰 모래 언덕이 펼쳐져 있다. 이 두 사구가 만나는 지점은 걸어서도 쉽게 돌아볼 수 있다. 두 모래 언덕의 아름다운 경관을 만끽할 수 있는 다양한 방법이 있다.

무이네투어는 일출과 일몰투어가 있는데 대부분은 일출의 풍경이 더 아름답기 때문에 일출투어를 선택한다. 또한 투어를 예약하면 지프차가 배정이 되어 투어를 진행하기 때문에 투어는 다 동일하게 진행된다는 사실을 알고 있어야 한다.

프라이빗 투어와 동일하게 진행되므로 개인만의 투어를 선택했다는 것은 사실이 아니다. 누구나 투어는 4명을 기준으로 투어가 진행되고 투어 회사에서 지프차를 배정하게 되는 시스템이다.

일출 투어 vs 일몰 투어

일출투어(Sunrise)

새벽 4시에 숙소에서 기다리면 지프차가 도착하여 4명을 채워 이동하면 시작이 된다. 어둠을 뚫고 4시에 이동하는 이유는 화이트 샌듄White Sand Dune 거대한 모래언덕에서 일출의 아름다운 장면을 보기 위해서이다.

일몰투어(Sunset)

일몰투어는 지프차나 버기카 등을 타고 즐길 수 있는 장점이 있다. 지프차를 타고 이동하면 해가 질 때까지 시간적인 여유가 있어서 지프차를 타고 사막을 달린다거나 버기카를 타고 바람을 가르며 속도를 직접 만끽할 수 있는 장점이 있다.

일몰투어(Sunset Tour)

낮에는 모래 온도가 몹시 뜨거울 수 있기 때문에 샌들보다는 운동화를 착용하는 편이 좋다. 흰 모래 언덕에 있는 가판대에서는 음식과 음료를 구입해 먹을 수도 있다.

주의사항

일출투어에서 새벽을 가르며 도착한 처음 내리자마자 사람들이 다가오면서 버기카를 탈 거냐고 물어본다. 잠에서 깬지 얼마 안 된 관광객들은 영문을 모르고 가격을 물어본다. 대부분 20만 동이지만 한국인이 많은 투어에서는 30만 동을 부르게 된다. 20만 동이 적정가격인데 한국인만 가격을 높이고 절대 낮춰주지 않는다.

걸어서 올라가도 될까?

투어비용이 265,000동인데 버기카를 타는 가격이 20~30만 동이라는 것은 기분이 썩 좋은 일은 아니다. 그래서 버기카 흥정이 안 되거나 버기카 타는 비용이 불합리하다고 생각하는 관광객은 걸어서 올라가기도 한다.

실제로 걸어서 올라가도 20~30분 정도면 올라갈 수 있다. 모래로 된 언덕을 올라가는 것이지만 완만한 언덕이 처음에 시작되고 경사가 급한 언덕은 마지막에 나타나기 때문에 대단히 힘들지는 않다. 다만 사전에 물을 준비해가면 힘들어도 마시면서 올라갈 수 있다. 또한 새벽이라 해가 뜨지 않아서 생각만큼 힘들지 않을 것이다.

지프차 VS 버기카

화이트 샌듄에서 즐기는 또 다른 즐거움은 지프차나 버기카를 타고 사막을 가로지르는 짜릿한 속도감이다. 얼굴로 직접 맞는 속도감은 빠른 속도는 아니지만 실제 느끼는 속도는 100km/h이상의 속도를 느끼고 얼굴에 바람에 찌그러지는 얼굴을 느끼게 된다. 하지만 그 짜릿한 즐거움은 무이네만의 특별한 맛이다.

놀거리 & 볼거리

화이트 샌듄(White Sand Dune)

하얀 모래 언덕에 올라가 바람이 남기고 간 인상적인 모래 언덕을 보고 있으면 사막이 떠오른다. 사륜 오토바이나 버기카dune buggy를 빌려 타고 모래 언덕을 달리면서 바람에 머리가 날리는 짜릿함을 만끽할 수 있다. 좀 더 여유롭게 즐기고 싶다면 걸어서 사구를 둘러보면 일몰과 일출의 아름다운 풍경을 사진에 담을 수 있다.
일몰보다는 일출의 광경이 더 아름답다. 오후에 화이트 샌듄White Sand Dune에 온다면 무이 네 모래 언덕은 가급적 늦은 오후에 둘러보도록 일정을 세워야 한다. 끝없이 펼쳐진 사구 너머로 지는 노을은 그야말로 장관을 이룬다.

레드 샌듄(Red Sand Dune)

좀 더 신나게 즐기고 싶다면 붉은 모래 언덕으로 발걸음을 옮겨 모래 썰매에 도전한다. 이 곳은 모래 입자가 단단해서 플라스틱 썰매를 타고 사구 아래로 미끄러져 내려가기 화이트 샌듄White Sand Dune보다 더 좋다. 장판을 잘라서 만든 썰매를 빌려 탈 수 있다. 단 썰매를 이 용하기 전에 요금을 정확히 정해야 한다는 점은 잊지 말자.

왜 레드샌듄인가?
레드샌듄에서는 화이트 샌듄보다 색이 더 진해서 마치 빨강색으로 보인다고 붙여진 이름이다.

모래 썰매
빨간 사막이라고 해도 화이트 샌듄보다 규모가 작고 언덕이 높지 않아서 실망하기가 쉬우나 모래썰매 를 즐기는 맛도 있다. 레드 샌듄에 도착하면 아주머니들이 썰매를 타라고 이야기하기 시작한다. 비용을 지불하는데 협상이 중요하다. 썰매를 타게 되면 아주머니들이 위에서 밀어주기 때문에 썰매타기를 도 와주는 비용까지 포함된다고 생각하면 된다.

피싱 빌리지(Fishinf Village)

베트남 전통의 작고 동그란 고기잡이배들이 어촌 마을 인근에 조화롭게 떠 있는 모습은 너무도 따뜻한 풍경으로 다가온다. 예부터 먼 바다로 나간 커다란 배들이 새벽 물고기 잡이를 하여 가지고 온 싱싱한 물고기가 큰 배들은 따로 부두가 없어 물고기를 나를 방법이 없었다.

대나무로 만든 베트남 고유의 둥근 배를 바다에 띄워 고기잡이배까지 다가가 어부가 잡아온 물고기를 받아오는 방식이 무이네^{Mui Ne}만의 특이한 어촌 풍경을 만들어냈고 이것이 투어상품으로 이어져 관광객의 관심을 받게 된 것이다. 그리고 그 고기를 갖고 즉석에서 어시장을 열어 흥정하는 모습까지 전통 모자 논^{Non}을 쓴 무이네^{Mui Ne} 어촌 사람들의 삶이 그대로 전해온다.

요정의 샘(Fairy Spring)

가장 인기 있는 경로를 따라가다 보면 사구 꼭대기에서 바다를 향해 흘러 내려가는 요정의 샘Fairy Spring이라는 하천이 나온다. 해변에서 출발해 울창한 소나무 숲과 흥미진진한 몇 군데 암석 지대를 지나간다. 요정의 샘을 완주하려면 가는 데에만 30분 이상 걸어가야 한다.

화이트 샌듄
White Sand Dunes

TV프로그램인 '짠내 투어' 호치민 편에서 호치민이 주목을 받은 것이 아니고 베트남 사막에서 나온 장면이 더 인상 깊었다. 당시 방송을 보며 '다들 베트남에 사막이 있다'는 사실이 놀랍기만 했다. 정확한 이유는 모르겠지만 분명한 건 모래언덕이었는데 지금은 정말 사막처럼 모래언덕이이 점점 넓어지고 있다는 사실이다. 동 서풍에 의해 바닷가의 모래가 날아와 쌓이는 것인데 그 규모가 해가 갈수록 꽤 크게 진행되고 있다고 한다.

어느새 높은 모래 언덕이 여러 개 생긴 화이트 샌듄Whie Sand Dunes은 여행자들 사이에서는 최고의 일출 장소로 정평이 나 있다. 동이 트기 전 올라가지 않으면 한낮에는 모래가 달궈져 쉽게 올라갈 수가 없어서 투어상품도 일출과 일몰 투어만 판매하고 있다. 모래 언덕이기에 신발을 신고 올라가면 신발에 들어오는 모래들은 어쩔 수 없어서 맨발로 올라가는 관광객이 많고, 스포츠 샌들이나 신고 올라가기가 쉽다. 모래 언덕에 올라가야 일출이든 주위 경관을 내려다볼 수 있어서 도착하여 지프차에서 내리면 버기카를 타라고 호객하는 경우가 다반사다.
새벽 5시에서 6시 사이에 어김없이 해가 뜨기 때문에 이때에 맞춰 모래 언덕에 도착하는 게 포인트이므로 투어상품은 새벽4시에 시작이 된다. 새벽 4시에 숙소 앞에서 기다리고 있으면 지프차 운전기사와 만나야 하는 것은 여행자 입장에서는 꽤 부담스러워 전날에는 대

부분 일찍 잠자리에 든다. 지프차에 타는 4명의 관광객을 태우고 가장 먼저 화이트 샌듄 White Sand Dunes으로 이동하여 일출을 보게 된다.

하지만 사막 투어를 마치고 나면, 일찍 일어난 새가 더 많은 벌레를 잡는다는 속담을 실감하면서 만족감을 나타낸다. 누가 찍든 사진작가 못지않은 멋진 풍경을 카메라에 담을 수 있기 때문이다. 사막 언덕을 내려온 후 입구에 있는 로컬 카페에서 시원한 아이스커피 한 잔을 마시려고 해도 다른 투어 고객이 동의해야만 가능한데 대부분 새벽잠을 쫓고 싶기에 동의하게 된다.

TIP

사막 지프 투어

일출 장소와는 확연히 다른 감동을 체험하게 된다. 일출 후에는 사륜구동이나 샌드 보드를 이용해 사막 액티비티에 도전하는 것도 좋다. 대부분 인근 지역의 청소년과 아이들이 장사에 나서는데, 적절한 선에서 흥정해야 한다. 종종 샌드 보딩을 하려고 옆에 놔둔 가방 등이 없어지는 경우도 생기기 때문에 동행인과 차례로 사막을 즐기는 것이 중요하다.

개별적으로 찾는 나홀로 여행자

무이네(Mui Ne)를 개별적으로 찾는 나홀로 여행자를 위해 수많은 여행사에서 지프 사막 투어 상품을 내놓았다. 대부분 오토바이를 끌고 찾아가고 싶으나 너무 멀고 찾기 힘든 유럽이나 호주의 장기 배낭 여행자가 많다. 다행히 화이트 샌듄(White Sand Dunes)은 개별적으로 찾아갈 수 없기에 지프 사막 투어는 장기 배낭 여행자가 가장 좋아하는 상품이다. 하지만 2017년부터 투어상품도 개별적으로 찾아가는 나

홀로 여행자의 상품가격과 차이가 없어진 후에 대부분 나홀로 찾아가는 여행자는 사라지고 있다. 여행사마다 가격과 투어 시간이 조금의 차이는 있지만, 대부분 4명이 한 지프에 타는 4시간 투어에 265,000동이 적정한 가격이다.

무료옵션

각 여행사의 프로그램에 따라 사막 투어 외에 무료 옵션으로 무이네(Mui Ne) 관광도 포함될 수 있으니 비교한 후 예약하는 것이 좋다. 여행사는 무이네(Mui Ne) 도로를 걷다보면 어디에서든 만날 수 있다.

레드 샌듄
Rad Sand Dunes

베트남에 사막이 있는 것도 신기한데, 붉은 빛깔의 모래언덕은 더 경이롭게 다가온다. 모래 입자가 훨씬 작아 맨발에 부드럽게 닿는 감촉이 기분을 좋게 한다. 2~3㎞ 규모의 붉은 모래언덕은 흰 사막 언덕보다 작지만, 이곳도 점차 규모가 커지고 있다고 한다.

화이트 샌듄White Sand Dunes에서 자동차로 10분 정도 이동하면 만날 수 있는 레드 샌듄Rad Sand Dunes은 무이네Mui Ne 중심에서 얼마 떨어져있지 않아 누구나 쉽게 찾아갈 수 있다. 언덕을 내려오면 간단한 식사를 할 수 있는 식당과 카페가 있고, 그 바로 옆으로 기념품 상점을 둘러보는 일도 꽤 흥미롭다. 나무 그늘이 있는 언덕 위에서 바다를 내려다보며 한참을 앉아 있을 수도 있고, 인근의 베트남 사람들이 파는 건어물 종류의 간식과 시원한 차도 마실 수 있다.

🏠 무이네 중심 도로에서 약 5km 떨어져 있다.
　약 10분 소요.

TIP

샌드 보딩? 화이트 샌듄 VS 레드 샌듄

어린 아이들이나 여성들이 샌드 보딩을 하라며 끈질기게 호객행위를 하는데, 참고로 샌드 보딩을 하기에는 화이트 샌듄(White Sand Dunes)이 경사가 급해 더 다이내믹하다. 하지만 워낙 모래 빛깔이 이색적이고 아름다워 베트남 예비부부들의 웨딩 촬영 장소로 인기가 있다. 뜨거운 태양 아래 서서히 달궈지는 붉은 모래 위에서 하얀 웨딩드레스를 입고 서 있는 예비 신부의 모습은 수많은 여행자의 카메라 세례를 받을 만큼 이색적이다.

일몰

해가 지는 시간이면, 사막 전체가 노을과 어우러져 불타오르는 장관을 보기 위해 바쁘게 언덕으로 올라가 사진을 찍는 것으로 유명하다.

요정의 샘
Fairy Stream

베트남 남부에 미국의 '그랜드 캐니언' 못지않은 붉은 협곡이 있다는 말을 누군가 나에게 한적이 있다. 그때 나는 "뻥 좀 치지마"라고 답했는데 내가 틀렸다. '수오이 띠엔^{Suoi Tien}'이라고 부르는 요정의 샘^{Fairy Stream}이 그랜드 캐니언의 규모를 따라갈 수는 없어도 분위기는 따라갈 수 있다. 계곡을 직접 발로 누빌 수 있다는 점에서 친근감이 더 높은 '리틀 그랜드 캐니언'이라고 할 것이다.

수오이 띠엔^{Suoi Tien}을 찾으면 쉽게 길을 찾을 수 있다. 베트남 남부에서는 주소보다는 현지어로 된 정확한 지명을 말하면 쉽게 의사소통이 된다. '요정의 샘' 표지판도 도로에 표시가 되어 있으니 주의만 기울이면 찾을 수 있다.

침식작용으로 붉은 모래언덕이 내려앉은 곳에 석회수가 흘러내려 긴 계곡을 이루고 있고, 발목까지 오는 깊이로 얕아서 누구나 걸어서 다닐 수 있다. 시작점에서부터 약 850m의 계곡을 따라 걷다보면 작은 샘이 나오는데, 약 450m 지점에서 깊이가 갑자기 깊어져, 끝까지 도달하기에 쉽지 않은 거리라서 대부분은 중간에 돌아오게 된다. TV 프로그램 짠내 투어에서도 중간에 언덕으로 올라가고 대부분의 화면은 드론촬영으로 채웠었다.
중간에 돌아온다고 해도 계곡 사이로 모래와 바람, 시간이 만들어놓은 자연 조형물을 눈으

🏠 무이네 중심에서 동쪽에 위치　₫ 10,000동

로 확인하고 돌아올 것을 조언한다. 작은 물길 어딘가에서 요정들이 내려다볼 것 같은 신비하기만 한 풍광이 관광객을 홀리게 된다.

발바닥에 착착 감기는 계곡물과 모래 바닥은 모래언덕의 뜨거움을 자연스럽게 진정시켜주는 효과가 있다. 주의할 점은 기암괴석처럼 보이는 풍경이 대부분 물과 바람이 만든 모래라는 점을 생각하면 아무렇게나 올라가는 일은 조심해야 한다.

비가 많이 온 다음날에는 붉은 협곡 양옆을 올라가는 것도 붕괴의 위험이 있으니 자제하는 것이 좋다. 그저 개울을 따라 올라갔다 내려오는 것만으로도 아름다운 요정의 샘을 충분히 체험할 수 있다. 400여 미터를 걷다보면 오른쪽으로 작은 카페도 발견할 수 있는데, 이곳에서 시원한 열대 과일 음료를 마시며 쉬었다고 대부분 돌아오게 된다.

무이네 어촌 마을
Mui Ne Fishing Village

사막 투어에도 포함된 것이 바로 무이네 어촌 마을^{Mui Ne Fishing} ^{Village} 방문이다. 쉽게 말해 무이네 어촌 마을^{Mui Ne Fishing Village}을 둘러보는 것인데, 말로만 들었을 때와 달리 실제로 눈앞에 펼쳐진 바닷가 풍경은 신기하다 못해 황홀하기까지 하다. 우리네 어촌에서 보던 고기잡이배와는 완전히 다른 동그란 장난감 배 같은 느낌이다.

베트남 전통의 고기잡이배들이 어촌 마을 인근에 조화롭게 떠 있는 모습은 신기하고 따뜻하게 다가온다. 따로 부두가 없어 대나무로 만든 베트남 고유의 둥근 배를 바다에 띄워 고기잡이배까지 다가가 어부가 잡아온 물고기를 받아오는 방식으로 무이네 어촌은 고기를 가져다 팔기 시작한 것이 이제는 관광 상품이 되었다.

배들은 가져온 고기를 가지고 즉석에서 어시장을 열어 흥정하는 모습까지 전통 모자 논^{Non}을 쓴 무이네^{Mui Ne} 어촌 사람들의 삶은 보기만 해도 체험 그대로 전해온다. 여행자의 카메라 세례가 귀찮기도 하지만 아직까지 순박한 사람들의 얼굴은 마냥 친근하다. 어촌마을^{Mui Ne Fishing Village}은 수산시장과 같은 역할을 하는 바닷가이므로 비린내는 감수해야 한다.

저렴하게 구입이 가능할까?

한국에서는 쉽게 볼 수 없는 다양한 수산물을 한자리에서 확인할 수 있고 직접 구입도 가능하다. 관광객이 구입한다고 하면 싱싱한 물고기 가격이 저렴할 거라고는 생각하지 말자.

가장 저렴하게 구입하는 방법은 오후 3시 정도에 어촌 마을에 가면 다 팔고 지금 팔지 못하면 버려야 하는 순간이 가장 저렴하다. 해산물은 인근 식당에 가져가면 요리를 해준다.

무이네 비치
Mui Ne Beach

베트남 남부에 자리 잡은 무이네 비치Mui Ne Beach에서 청정 해변의 야자수 그늘 아래에 누워 휴식을 취하거나, 서핑이나 카이트서핑 같은 짜릿한 스포츠를 경험할 수 있다. 아름다운 무이네 비치Mui Ne Beach에서 다양한 수상 스포츠에 도전해 보자. 아니면 자연 그대로의 모래사장에 누워 일광욕을 즐기거나 리조트 호텔에서 음료와 식사를 하면서 봐도 좋다.

해변에 수많은 리조트 호텔이 모여 있는데도 평온하고 아름다운 무이네 비치Mui Ne Beach에서는 목가적인 분위기가 그대로 유지된다. 해변 양옆으로 조금만 걸어 나가면 거의 언제나 5㎞에 걸쳐 펼쳐진 모래사장에서 마음에 드는 자리를 찾아 나만의 해변을 즐길 수 있는 것은 특혜이다.
최근 무이네 비치Mui Ne Beach는 짜릿한 모험을 찾는 관광객 사이에서 큰 인기를 얻고 있다. 온화한 바람이 계속 불어와서 카이트서핑을 즐기기에 안성맞춤인 곳이기 때문이다. 따뜻하고 수정처럼 맑은 바다에서 카이트서핑이나 서핑을 배울 수 있다. 해변의 여러 강습소에서는 개인/단체 교습 과정을 운영하고 있다. 숙련자라면 해변에 있는 매장에서 장비를 대여해 직접 즐길 수도 있다.

무이네Mui Ne는 파도가 일정하고 잔잔해서 초중급자에게 적합한 베트남 최고의 서핑 명소이기도 하다. 해변에서 강습을 예약하거나 보드를 대여할 수 있다. 몇 시간 정도 파도를 즐긴 뒤 고운 모래사장에서 휴식도 취하거나, 바다 위에서 놀라운 묘기를 선보이는 재주 많은 현지인들의 모습을 구경하거나 선 베드에 누워 낮잠에 빠진다. 나만의 시간을 원한다면 리조트 호텔 앞 해변에서 벗어나 위쪽이나 아래쪽 지역으로 산책에 나서는 관광객도 많다.

무이네 비치Mui Ne Beach는 하루에 몇 번씩 정기 버스가 운행되기 때문에 자신이 원하는 비치가 숙소에서 멀다면 한번은 현지 시내버스를 이용해보는 것도 좋을 것이다. 비치 리조트에서는 선 베드와 파라솔을 대여해 주고, 대부분의 리조트에서 바를 운영하고 있어서 밤에도 숙소 앞에서 한적한 휴가를 누릴 수 있다.

무이네 해변(Mui Ne Beach)이 유명한 이유

카이트 서핑과 서핑을 할 수 있다는 것이다. 아시아에서 가장 강력한 해풍과 육풍이 교차해 불고 있다는 무이네는 다양한 수상 스포츠를 즐기기에 최적의 환경이다. 그래서 수상 스포츠 업체들이 여행자를 상대로 호객행위도 없이 바람이 잘 불기만 기다리면 많은 관광객이 서핑이나 카이트 서핑을 배우기 위해 몰려온다.

무이네 곶
Mui Ne Cape

더없이 평화로운 무이네^{Mui Ne} 해변에 누워 온종일 책을 읽고 낮잠에 빠져 볼 수 있다. 물론 바다에서 수영을 즐겨도 좋다. 해 질 녘이 되면 리조트 바로 앞에 음료와 맛있는 저녁식사를 할 수도 있다. 그 다음 날에도 여유로운 일상이 이어진다.

무이네^{Mui Ne}는 몇 십킬리미터를 따라 자리 잡은 동쪽의 무이네 곶

에 가면 관광객으로 가득한 인파에서 벗어날 수 있다. 해변을 따라 다양한 숙소와 마을이 형성되어 큰 도시가 형성되지 않아서 무이네^{Mui Ne}는 한적함이 매력이다. 나만의 열대과일 주스를 마시며 천국을 즐기고 싶다면 이 넓고 한적한 모래사장에서 찾을 수 있다.

넓고 고운 모래사장에서 일광욕이나 공놀이를 즐긴 뒤 바다에 들어가 열기를 식히고 앞의 바다에는 카이트서핑과 서핑을 즐기는 마니아들이 즐비하다. 해변 근처 바다는 수심이 얕아서 수영을 하기에 안성맞춤이다. 자주 이는 낮은 파도가 해안에서 부드럽게 부서질 때 파도 위를 뛰어넘는 관광객을 쉽게 볼 수 있다. 무이네Mui Ne 해변 리조트 중 한 곳에서 카이트 서핑이나 서핑 장비를 빌린 뒤 바다로 나가 엑티비티를 즐겨도 좋다.

모래사장을 따라 북쪽으로 걸어가면서 저 멀리 아른거리는 무이네Mui Ne의 모습을 바라보고, 그날 낚은 물고기를 싣고 항구를 오가는 작은 어선들도 구경할 수 있다. 온종일 태양을 만끽한 뒤에는 해변에서 해안가 리조트로 발걸음을 옮겨 보자. 대다수 리조트에는 바가 있는 예쁜 정원이 자리해 있다. 반짝이는 바다 너머로 사라지는 태양을 바라보며 칵테일을 한두 잔을 즐겨 보고 저녁에는 갓 잡은 해산물을 요리한 맛있는 음식도 맛볼 수 있다.
숙소가 해변에서 떨어진 곳에 있다면 택시를 타거나 오토바이, 자전거를 대여해 갈 수 있다. 무이네Mui Ne 비치의 여러 리조트에서는 소정의 요금을 지불하면 선베드와 파라솔을 빌릴 수 있다.

무이네는 다른 베트남의 도시처럼 쌀국수나 레스토랑이 적은 편이다. 해변을 따라 아침마다 잡아온 신선한 해산물로 보케 시장에 있는 해산물 레스토랑에 관광객이 몰린다. 해산물 레스토랑은 많지만 다른 커피점이나 쌀국수 등은 먹을 곳이 많은 편은 아니다. 그래서 1주 정도면 쌀국수 가게와 커피점은 다 갈 수 있다고 보면 된다.

관광객을 대상으로 영업을 하는 레스토랑과 식당이 대부분이기 때문에 다른 베트남 도시보다는 가격이 비싼 편이다. 다만 현지인들이 이용하는 쌀국수와 식당은 저렴하지만 해변에서 떨어져 무이네 시내에 있어 관광객의 이용은 적은 편이다. 인도 레스토랑과 케밥 레스토랑도 한 곳이고 해산물과 서양 관광객을 대상으로 하는 햄버거나 스테이크 레스토랑이 많다.

레스토랑은 오후에 문을 여는 곳이 많아서 점심을 먹을 레스토랑은 더욱 적다. 해산물 레스토랑이 점심에도 이용할 수 있지만 이용하는 손님을 많지 않다.

Tram An
트람 안

무이네에 유일하게 있는 케밥레스토랑으로 작은 규모이지만 러시아와 서양 관광객이 주로 찾는다. 케밥은 4~6만 동으로 저렴하지만 햄버거는 다른 레스토랑과 가격이 비슷하다. 맥주는 다른 레스토랑보다 저렴하다. 간판도 '도너 케밥'이라고 한글로 적혀 있어 도로를 걷다보면 쉽게 찾을 수 있다. 저녁에만 영업을 하므로 시간을 맞춰 가야 한다.

🏠 133 Nguyen Dinh Chieu　🕐 16~23시

₫ 케밥 40,000동~ / 햄버거 120,000동~　📞 +84-252-3741-047

Barista Bike
바리스타 바이크

무이네에는 커피점이 숫자가 작다. 현지인이 즐기는 커피점은 대부분 해변보다는 무이네 시내에 있으므로 관광객이 이용할 가능성은 적은 편이다. 더군다나 커피점이 비싸고 맛이 우리 입맛에 맞지 않아서 보이면 찾아가는 관광객이 많은 데 유일하게 바리스타가 커피를 만들어주는 곳이다.
대한민국 관광객을 위해 아이스 아메리카노를 준비해서 편하게 이용한다. 러시아인들은 아침에는 뜨거운 커피를 마시지만 더운 날씨 때문에 점심에는 아이스 커피를 마시는 비율이 높다. 배달도 가능하여 인근에서 배달 수요도 많다. 내부에 테이블이 몇 개 없어서 주문하고 가지고 가는 경우가 많다.

🏠 97 Nguyen Dinh Chieu　　　7~17시
₫ 케밥 40,000동~ / 햄버거 120,000동~아메리카노 30,000동아이스 아메리카노 32,000동, 핫 커피 25,000동~
📞 +84-094-391-9441

무이네는 해변을 따라 마을이 형성되어 있어서 도시는 아니고 마을 정도로 작은 규모이다. 무이네의 숙소는 바다를 보고 있으면 숙소비용이 비싸고 도로를 건너 바다를 보지 못하면 저렴하다. 저렴한 숙소 중에서 게스트하우스는 수영장은 없고 작은 규모이고 호스텔은 조금 더 규모가 크다. 해변을 따라 형성된 리조트와 호텔은 대부분 이름만 다르고 규모는 비슷하다. 또한 러시아인들이 20년 이상 오랜 시간동안 머물고 있어서 아파트도 있지만 1달 이상의 장기 여행자가 아니면 구하기가 힘들다.

Mui-ne Backer Village
무이네 백팩커 빌리지

호주 인이 운영하는 호스텔로 전 세계 어디에 비교를 해도 호스텔 중에서 가장 시설이 좋을 것이다. 대부분의 손님은 유럽인과 호주 인이지만 최근에 대한민국의 여행자가 찾고 있다. 너무 저렴한 '백팩커'라는 말이 잘 어울리는 숙소이다.

베트남의 호스텔은 저렴하지만 개미도 나오고 청결하지 않지만 1층의 침대와 매일같이 청소를 전문 인력이 하고 있어서 깨끗하다. 100,000동(약 5,000원)의 저렴한 가격이지만 침대도 좋고 아침도 주고 저녁 6시부터는 '프리 비어' 시간이 있어서 1

🏠 137 Nguyen Dinh Chieu
đ 도미토리 97,000동~ / 트윈룸 340,000동~
📞 +84-252-3741-047

시간 동안 맥주를 공짜로 마실 수 있는 시간이 있는 데 정말 많이 마셔도 무료인 것이 주머니가 가벼운 여행자에게 희소식일 것이다.

성수기에는 너무 빨리 맥주가 없어져서 30분 정도에는 마감이 되는 경우도 있다. 12~2월, 7~8월의 성수기에는 100% 예약이 마무리 된다. 넓은 면적의 호스텔 부지에는 건물의 중앙에 커다란 수영장이 있어서 매일 선텐을 즐기는 여행자와 수영장에서 다양한 활동을 하고 있다. 옆에는 당구대와 탁구대가 있고 수영장 위에는 식당이 있어서 여행자는 밖으로 나가지 않고 호스텔 내에서 대부분의 시간을 보낸다. 여행상품의 예약도 길거리에 있는 여행사보다 저렴하기 때문에 안내데스크에 이야기를 하면 다른 도시로 이동하기도 수월하다.

카이트 서핑

해상에서 카이트(연)을 사용하여 보드를 탄 상태에서 수상을 활주하는 수상 스포츠이다. 카이트 보드는 카이트 보딩Kite boarding과 카이트 서핑Kite surfing으로 나뉘게 된다. 카이트 서핑은 웨이크 보드처럼 글러브나 롤 등의 사용을 주목적으로 하고, 프리 라이딩 또는 프리 스타일로 불리는 반면에, 카이트 서핑은 서핑과 파도를 타는 것을 주목적으로 하는 것으로 웨이브 라이딩 또는 웨이브 클래스로 불린다.

카이트 보드의 동력은 돛 대신 연Kite을 이용하기 때문에, 카이트 세일링라는 호칭을 사용하는 예는 드물지만, 카이트 보드에서 '활주'를 '항해'라는 표현으로 부르는 경우도 있다. 카이트 보드에서 사용하는 주된 추진력은 캐노피의 표면을 바람이 흐르게 함으로써 생기는 양력이며, 5~15m/s의 풍속에 따라 5~20m²의 캐노피를 사용한다. 캐노피에 연결된 20~27m의 라인을 80㎝ 전후의 컨트롤 막대에 연결하고, 이 컨트롤 막대를 손으로 조작하면서 발로 보드를 조작한다. 최근 도구의 발달로 형태로서는 완성 영역에 들어 가 있다.

카이트 서핑을 즐기는 인구도 초창기인 1998년에는 세계에서 30명을 밑돌았지만, 2018년에는 500,000명이 넘는 것으로 추정되고 있다. 적합한 기상 조건과 지형뿐만 아니라 바람의 힘을 추진력으로 한다는 점에서 윈드서핑과 겹치기도 하지만, 윈드서핑 쪽이 상대적으로 강풍을 선호하기 때문에 풍속에 따라 모두 즐길 수도 있다. 같은 공간에서 플레이를 할 경우 충돌을 포함한 사고의 위험을 따르기도 한다.

기본적으로는 서핑과 윈드서핑에 우선권이 있는 것을 이해하고 서로 안전하고 좋은 관계를 유지하기위한 교류와 협의가 이루어지고 있다. 무이네[Mui Ne]도 충돌사고를 방지하기 위해서 카이트 서핑 지역과 서핑 지역은 구분해 놓았다.

카이트 서핑에 사용되는 도구는 카이트 보드, 하네스, 잠수복으로 크게 구분할 수 있다.

캐노피는 패러글라이딩에 이용하는 것과 유사한 소재와 모양이지만, 해상에 낙하할 때 떨어지는 것을 개선하는 등 카이트 보드 전용 소재와 모양으로 발달하고 있다. 날개의 호칭뿐만 아니라 공기가 흐르는 방향을 리딩 엣지, 밑 바람 쪽을 트레이 링 엣지라고 하며, 조작자 쪽을 바텀, 바텀의 반대쪽 면을 서피스, 조작자 측에서 볼 때 왼쪽을 라이트 칩, 조작자 측에서 볼 때 오른쪽을 레프트 칩이라고 부른다. 리딩 에지와 트레일링 에지 이외의 호칭은 일반적으로 배튼이라고 부른다.

무이네Mui Ne에 카이트 서핑을 강습하는 많은 교습소가 있다. 대부분은 러시아인들이 소유하고 무이네 강사가 진행하는 경우가 많지만 유럽에서 건너온 강사들도 늘어나는 추세이다. 빨리 배워서 카이트 서핑을 타는 자신의 모습을 상상하지만 해상에서 이루어지는 스포츠이므로 안전에 더욱 유의해야 사고가 발생하지 않는다.

가장 중요한 사실은 연을 놓지 않는 것이 중요하지 않고 자신이 가장 중요하므로 문제가 발생하면 지체하지 말고 "Let go"시켜서 연을 몸에서 떨어뜨려야 한다. 그래야 다치지 않는다는 사실은 반드시 숙지해야 한다.

▶1일차(교습시간 1시간)

카이트 서핑을 이해하기 위해 지상에서 작은 연Kite을 가지고 훈련을 하게 된다.

이 작은 연Kite을 가지고 바람에 따라 조절하는 훈련을 한다. 작은 연Kite을 가지고 하는 훈련에서 잘한다고 빨리 배우는 것은 아니므로 연에 대해 이해하는 것이 중요하다.

▶2일차(교습시간 2시간~)

2일차부터 본격적인 시작이다. 처음에 장비를 지급받고 착용하는 법을 배우고, 이제는 실전으로 큰 연Kite을 가지고 지상에서 조절하는 훈련을 하게 된다.

빠르게 배운 수강생은 바다로 직접 나가 파도를 뚫고 연을 강사와 함께 조절하는 훈련을 하기도 한다.

▶3일차(교습시간 2시간~)

어제의 훈련을 바탕으로 바다에
서 계속 연을 조절하는 훈련을
하는 데 얼마나 잘 조절하느냐에
따라 보드를 탈 수 있느냐 없느
냐가 결정된다. 보드를 탄다고
해서 바로 혼자서 보드와 연을
끌고 나가는 것은 아니고 강사와
함께 보드를 타고 혼자서 조절을
한다. 이때부터 강사와 떨어져서
혼자서 연을 조절하면서 보드를
타게 된다. 바람에 따라 연이 바

람을 심하게 타면 바다에서 내동댕이쳐지기도 하므로 조심해야 한다.

▶4일차(교습시간 2시간~)

본격적으로 혼자서 얼마나 연을 잘 컨트롤하면서 탈 수 있느냐가 중요하다. 처음부터 잘하
는 것보다는 안전에 유의하면서 배우는 것이 좋다. 혼자서 바다에 나가 타게 되는 데 연이
바다에 떨어지게 되면 그 연을 다시 일으켜 세우는 것은 쉬운 일이 아니다. 더군다나 파도
는 계속 밀려오고 파도를 헤치고 바람을 보면서 연을 일으켜서 보드를 타고 다시 파도 위
로 올라서는 과정은 의외로 힘들고 바닷물을 마시는 것은 기본이며, 위험하기도 하다.

Dalat

달랏

달랏

럼비엔(Lâm Viên) 고원에 자리한 달랏(Đà Lạt)

베트남의 람동 성Lâm Đồng의 성도로 럼비엔Lâm Viên 고원에 자리한 달랏Đà Lạt은 해발 1,500m 고도에 넓이는 393.292㎢이며 인구는 21만 명이다. 나트랑Nha Trang에서 버스로 4시간 30분 ~6시간 정도 소요된다.

고도에 핀 시원한 휴양지

프랑스 식민지 정부가 달랏^{Đà Lạt}이라는 이름을 정식으로 라틴어로 "어떤 이에게는 즐거움을, 어떤 이에게는 신선함을^{Dat Aliis Laetitiam Aliis Temperiem}"에서 가지고 왔다고 한다. 베트남에서 달랏^{Đà Lạt}은 특히 유럽 관광객에게 인기 있는 관광지로 알려져 있다. 달랏^{Đà Lạt}의 특징적인 풍경은 우거진 소나무 숲과 그 사이로 난 오솔길이며, 겨울에는 트리메리골드가 피어난다. 1년 내내 잦은 안개도 달랏^{Đà Lạt}의 특징 중의 하나이다.

생명공학의 명성

달랏^{Đà Lạt}은 생명공학과 핵물리학 분야의 과학 연구 지역으로도 명성이 높다. 고원 지대답게 서늘한 날씨가 1년 내내 이어지며, 배추류나 화훼류, 고구마, 장미 등이 경작된다. 본래 1922년에 지어진 달랏 왕궁^{Đà Lạt Palace}이었던 소페텔 달랏은 현재 호텔로 사용되고 있다.

1890년대 이 지역을 탐사한 박테리아 학자 알렉산드르 예르생과 프랑스 화학자 루이 파스퇴르가 코친차이나의 영토였던 이곳을 보고, 프랑스 식민정부 총독인 폴 두메르에게 고원에 리조트를 만들어 달라고 요청한다. 이후 프랑스의 대통령이 되는 두메르는 흔쾌히 동의를 했다. 1907년 첫 번째 호텔이 지어지고, 도시계획이 어니스트 에브라^{Ernest Hébrard}에 의해 실행되었다. 프랑스 식민정부는 이곳에 빌라와 기지 등을 제공하여 달랏^{Đà Lạt}이라는 도시가 시작되었다. 이곳은 오늘날에도 남아 있다.

연중 내내 화창한 시원한 달랏(Đà Lạt)

달랏Đà Lạt은 베트남의 떠오르는 여행지로, 연중 날씨가 상대적으로 온화한 봄에 가깝다. 달랏Đà Lạt은 맑은 날이 300일 가까이 될 정도로, 흐린 날을 손에 꼽는다. 하지만 이로 인해 건조한 사막화현상이 생겨나고 있다. 연중 내내 화창한 날씨는 수많은 여행자를 유혹하는 매력이다.

베트남의 유럽

단조로운 사회주의 건축 대신 우아한 프랑스 식민지 시절의 별장이 도시의 언덕을 채우고 있다. 달랏은 식민 시절, 프랑스인들이 휴양지로 이용한 해발 1500m의 도시다. 늘 봄 같은 날씨를 자랑하고 프랑스풍 건물이 많아 매력적이다. 프랑스 점령 시절, 프랑스인들이 사랑한 고원도시 달랏Đà Lạt은 해발 1000m가 넘는 곳에 자리한 도시답게 늘 봄 같은 날씨를 자랑하고 프랑스풍 건축물도 많다.

다양한 즐길 거리

예쁜 도시를 여행하거나 주변 산에서 하이킹을 즐기는 여행자가 많다. 달랏 시내에는 근사한 카페, 아기자기한 갤러리도 많다. 베트남의 다낭이나 나트랑^{Nha Trang}은 휴가지로 발전하면서 도시화가 급속히 진행되고 있지만 달랏^{Đà Lạt}는 아직도 옛 분위기 그대로의 아름다운 자연을 잘 간직하고 있다.

밤이 되면 열리는 야시장에서 달랏^{Đà Lạt} 피자, 꼬치구이, 반미 등 저렴한 가격의 길거리 음식을 즐길 수 있다. 파스텔톤의 유럽풍 건물들과 베트남 오토바이 부대의 행렬이 조화를 이룬 신비한 도시는 달랏^{Đà Lạt}이다.

융합의 도시

달랏^{Đà Lạt}은 아시아와 프랑스의 문화가 잘 융합된 곳으로 독특한 문화를 경험할 수 있다. 그렇기 때문에 최소한 2일 이상 머물 가치가 있으며, 시간이 멈춘 곳이라는 타이틀에 걸맞은 여유로운 관광을 하기에 좋은 도시이다.

베트남의 대표 커피 산지

베트남의 뜨고 있는 또 다른 여행지 '달랏Đà Lạt'은 베트남을 대표하는 고급 커피 산지다. 해발고도 1,400~1,500m의 람비엔 고원지대에 자리한 고산도시다. 1년 내내 18~23도의 쾌적한 날씨를 자랑하는 이곳은 카페 쓰어다로 유명한 베트남 최고의 커피 생산지다. 베트남에서도 고급 아라비카 커피가 많이 나는 지역이어서 카페 문화도 발달했다.

크레이지
하우스

팁

1 낮에는 강한 햇빛으로 겨울에도 따뜻하지만 고원지대여서 저녁만 되면 쌀쌀한 기온으로 체온을 보호해줄 외투를 챙길 것을 추천한다. 현지 시민들은 경량패딩을 주로 입고 다닌다.

2 대부분의 달랏^{Đà Lạt} 관광지의 이동 거리는 가깝기 때문에 걸어서 다니거나 자전거로 이동이 가능하다. 베트남 여행자는 주로 오토바이를 빌려 관광지를 여행하고 다닌다.

3 달랏^{Đà Lạt}의 날씨가 선선할지라도 자외선차단제는 꼭 챙겨야 한다.

달랏

베트남에서 특별한 휴가를 보내고 싶다면, 베트남에서 가장 인기 있는 휴양 도시, 시간이 멈춘 곳으로 특별한 분위기를 자아내는 달랏^{Đà Lạt}을 추천한다. 봄꽃으로 새로운 시작이 되었다는 즐거움이 있어야 할 시기에 초미세먼지, 황사로 눈 뜨고 다니기 어렵고 숨 쉬는 것조차 조심스러워 외부출입이 힘들다. 꽃놀이는 커녕 외출도 자제할 이시기에 시원하게 불어오는 바람을 맞을 수 있는 뜨거운 햇빛이 비추는 해변이 아닌 베트남의 색사른 도시가 있다.

우리가 알고 있던 베트남과 전혀 다른 베트남을 보고 느낄 수 있는 초록이 뭉게구름과 함께 피어나는 깊은 숨을 쉴 수 있어 좋았던 도시는 베트남 남부의 달랏^{Đà Lạt}이다. 관광객은 이곳에 오면 누구나 '저 푸른 초원 위에 그림 같은 집을 짓고'라는 가사의 한 구절이 생각날 것이다. 더운 베트남여행에서 패딩과 장갑을 끼고 있던 달랏^{Đà Lạt} 사람들의 생소한 모습이 생생하게 눈으로 전해온다.

달랏에 관심을 가지게 되는 이유

해발 1,500m의 고원도시이며, 1년 내내 사람이 살기에 좋은 온도인 연평균 18~23도의 기온을 유지하여 베트남 사람들이 가장 살고 싶어 하는 도시로 알려져 있다.

베트남이 프랑스 식민지였을 때 프랑스인들의 휴양지로 개발된 도시 달랏^{Đà Lạt}은 그림 같은 유럽풍의 건물과 도시 중심에 자리한 쑤언흐엉 인공호수, 에펠탑과 비슷한 철탑, 쭉쭉 뻗은 울창한 소나무 숲 등 사방을 둘러봐도 유럽도시를 상상하게 된다. 온화한 기후조건 때문에 베트남의 꽃시장과 커피, 와인의 특산지로 베트남을 넘어 전 세계로 뻗어나가고 있다.

한때 대한민국의 신혼여행지는 제주도였던 시절이 있던 것처럼 현재, 베트남 사람들이 가장 가고 싶은 신혼 여행지이자 베트남의 보석산지로 봄과 꽃의 도시, 베트남의 유럽 등 달랏^{Đà Lạt}에 붙여진 다양한 별명은 계속 만들어지고 있다. 2016 뉴욕타임지에서 뽑은 '세계에서 가장 매력적인 여행지'에도 선정된 달랏^{Đà Lạt}은 대한민국에서 이제 직항으로 갈 수 있는 도시가 되었다.

시내를 가득 메운 오토바이 행렬과 도시 곳곳에서 볼 수 있는 야자수와 골목 가득한 쌀국수가게, 덥고 습기 가득한 날씨를 예상한 관광객은 누구나 여기가 "베트남이 맞아?"라고 하면서 반전의 도시 달랏^{Đà Lạt}에 관심을 가지게 된다.

달랏 IN

베트남 남부에 위치한 달랏Đà Lạt은 호치민에서 북동쪽으로 약 305㎞ 떨어져 있고 버스로 6시간 30분 정도, 나트랑Nga Trang에서는 약190㎞, 차로 약 3~4시간 정도, 무이네Mui Ne에서 버스로 151㎞, 4~5시간 정도면 도달할 수 있어서 여행자는 다양한 도시에서 달랏Đà Lạt으로 이동한다. 베트남 여행 중, 달랏으로 가는 방법은 아주 간단하다. 호치민Ho Chi Minh, 다낭Danang, 그리고 나트랑Nga Trang과 같은 도시에서 버스를 이용하면 된다.

달랏Đà Lạt으로 가는 길은 매끄럽지 못하다. 주로 산길을 이용하기 때문에 조금은 불편할 수도 있다. 혹여 날씨가 좋지 않은 날에 달랏Đà Lạt으로 가는 버스를 탄다면, '모험'이 될 수도 있다. 이 점이 염려되는 이들은 비행기를 이용할 수도 있다. 호치민과 다낭에서 달랏Đà Lạt으로 가는 국내선 비행기를 이용하면 1시간이면 도착할 수 있다.

달랏 버스터미널

비엣젯 항공은 인천~나트랑 구간을 매일 운항하고 있어서 나트랑을 경유하여 달랏으로 갈 수 있는 방법이 유일하였지만 티웨이 항공이 2019년 직항을 띄우면서 대한민국에서 쉽게 갈 수 있는 도시가 되었다.
2019년에 베트남항공의 인천~달랏 항공권을 운항하면서 직항으로 이동이 가능해졌다.

티웨이 항공
인천 → 달랏 | VJ839 | 01:50–05:30
달랏 → 인천 | VJ838 | 16:15–22:45

타웨이 항공

베트남 항공

비엣젯 에어 항공

달랏

달랏
한눈에 파악하기

당신의 상상 그 이상의 도시 달랏^{Đà Lạt}에서 프랑스와 유럽의 정취를 느끼고 싶다면 달랏^{Đà Lạt}으로 가야 한다. 영원한 봄의 도시 달랏^{Đà Lạt}을 주저 없이 추천한다. 다낭과는 또 다른 느낌을 찾을 수 있는 곳이다. 베트남 중부 달랏^{Đà Lạt}은 꽃과 숲이 우거지고 1년 내내 봄 날씨 같은 17~24도의 기온으로 여행하기에 적합한 날씨를 가지고 있다. 베트남인들 사이에서 최고의 신혼여행지로 꼽히며 유럽풍의 느낌이 고급 여행지로 알려져 있다.

달랏^{Đà Lạt}의 관광지는 가장 유명하고 큰 폭포인 코끼리폭포, 타딴라 폭포와 캐녀닝, 2,167m의 달랏^{Đà Lạt}의 지붕이라 불리는 랑비앙 산, 6인승 지프차를 타고 즐기는 소나무 숲길 트래킹, 남녀 사랑이 이루어지는 사랑의 계곡, 꽃향기 그윽한 플라워가든, 베트남 생활상을 볼 수 있는 야시장 등이 있다. 유럽풍의 달랏 기차역과 크레이지 하우스는 기억에 남을 명소이다.

크레이지 하우스
Crazy House

베트남의 달랏^{Đà Lạt}은 고원지대로 여름에도 시원한 도시이지만 다양한 볼거리가 있다. 이 중에서 내가 가장 추천하는 달랏^{Đà Lạt}을 여행한다면 추천하는 곳이 크레이지 하우스^{Crazy House}이다. 달랏^{Đà Lạt}에서는 기괴하고 신기한 건물을 보는 재미가 있는 '크레이지 하우스^{Crazy House}'를 가봐야 한다. 크레이지 하우스^{Crazy House} 내에 있는 집들의 지붕에는 길이 있다. 베트남 사람들에게 달랏의 날씨는 추운 날씨로 스웨터, 겨울 모자 등을 판매하는 모습을 쉽게 볼 수 있다.

크레이지 하우스^{Crazy House}의 관리

크레이지 하우스^{Crazy House}가 있는 베트남의 달랏^{Dà Lạt}은 베트남 현지 사람들이 찾는 휴양지로 일 년 내내 서늘한 날씨를 느낄 수 있는 곳이라 크레이지 하우스의 관리가 어렵지 않게 유지되고 있다.

한국인에게는 이른 여름 같은 따뜻한 날씨임에도 두꺼운 스웨터와 코드를 입고 다니는 베트남 현지인을 볼 수 있는 것도 신기한 풍경인데 다른 베트남 지방보다 건조한 날씨로 인해 유지 관리가 상대적으로 잘되고 있다.

크레이지 하우스^{Crazy House}의 스토어

크레이지 하우스^{Crazy House} 입구에 있는 간판

베트남의 가우디

베트남 총리의 딸 당 비엣 응아가 기존의 건축양식을 파괴하고 숲속의 이미지를 형상화해 기괴스럽고 특이한 구조로 지은 건축물로 마치 동화 속 궁전 같다. 어린이들 뿐만 아니라 모든 관광객들의 흥미를 고조시키는 달랏의 명물로 유명하다.

게스트하우스

크레이지 하우스는 숙소로도 이용할 수도 있고, 관광지로도 볼 수 있는 곳이다. 1층에는 갤러리와 게스트하우스가 있어 숙박도 가능하다. 투숙객이 없는 숙소들은 개방해서 볼 수 있게 해두었는데, 곰, 기린, 호랑이 등 다양한 테마로 숙소를 꾸며뒀다. 새로운 경험을 하고 싶은 관광객들이 찾기 좋은 곳이다.

상상력 하우스

기괴하고 신기한 모양의 건물과 터널을 보면서 상상력을 발휘하기 좋은 관광지로 가족여행을 온 관광객이라면 반드시 추천한다. 하나하나의 건물들이 신기한 모양으로 지어졌고, 연결된 통로와 길들 또한 예사롭지 않은 모양을 지니고 있다. 놀이공원을 걷는 기분도 들게 하는 구조다.

다딴라 폭포
Datanla Falls

달랏^{Đà Lạt} 시내에서 약 7㎞ 정도 떨어져 있는 곳에 위치한 총 길이 350m의 다딴라 폭포^{Datanla} ^{Falls}는 차를 타고 15분만 달리면 울창한 소나무와 대나무 속에 숨어 있는, 선녀들의 비밀 호수, 다딴라 폭포에 도착한다. 1988년 문화재로 지정되어 하이킹과 레펠, 캐녀닝 등으로 유명한 엑티비티 도시로 만든 주인공이 다딴라 폭포^{Datanla Falls}이다.

20m 높이의 크고 작은 폭포가 제1폭포부터 제5폭포까지 협곡처럼 이어져 내려오고 메인폭포인 1, 2폭포는 속도감을 느낄 수 있는 알파인 코스터를 타고 모노레일을 따라 내려가게 된다. 수동으로 운전하는 알파인 코스터는 빈펄랜드에도 있는 은근히 스릴감이 느껴지는 엑티비티이다.

선녀들의 비밀 호수
선녀들이 목욕 중에 모습을 들키지 않기

한 자연의 물소리가 여러분을 반겨준다. 베트남 밀림의 정기를 받으며 힐링하는 장소로 알려져 있다.

TIP

다딴라폭포(Datanla Falls) 즐기기

달랏 시내에서 주황색 버스를 타고 꼬불꼬불 산길을 따라 10분 정도 달리면 '다딴라(Datanla)'라고 적혀 있는 간판이 보인다. 주차장이 나오고 입구가 오른쪽에 있다. 입구의 오른쪽에 알파인 코스터라고 써 있는 매표소에서 티켓을 구입해 알파인 코스터를 타고 내려간다.

물론 걸어서 내려갈 수 있지만 은근 알파인 코스터(80,000동)가 짜릿한 재미가 있으므로 타고 내려가는 것이 좋다. 알파인 코스터는 1인용과 2인용이 있어서 가족이나 연인은 2인승을 타고 간다. 또한 부모님과 같이 왔다면 왕복으로 티켓을 구입해 편안하게 올라올 수 있다.

아래로 내려가면 음료수, 과자, 아이스크림을 파는 상점들이 나오고 전방에 폭포가 보이기 시작한다. 폭포는 크지 않지만 폭포수가 떨어지는 시원함은 관광객의 마음을 편안하게 만들어준다. 폭포의 왼쪽에는 전설에 나오는 인디언 모형이 서 있고 그 뒤에 폭포가 떨어지는 모습이 보인다.

많은 베트남 사람들이 사진을 찍고 있다. 이어서 케이블카와 엘리베이터를 이용하여 시원한 폭포의 물줄기를 따라 이동한다. 실제의 폭포가 크고 높지 않지만 베트남에는 폭포가 많이 없기 때문에 5단으로 떨어지는 폭포에 대해 자부심이 대단하다.

다딴라 캐녀닝Datanla Canyoning

계곡 (캐니언)에서 급류를 타고 내려가는 스포츠가 캐녀닝Canyoning이다. 스위스에서 시작된 것으로 알려진 캐녀닝Canyoning은 이후 전 세계의 다양한 코스와 장소에서 이루어지고 있다. 자연 속에서 떨어지고 급류를 타고 내려오고 산을 올라가기 때문에 위험성이 있는 것은 어쩔 수가 없다. 달랏의 캐녀닝Canyoning에서 1명이 사망했다고 알려진 이후로 관광객의 신청은 많이 줄었다고 한다. 그 이후 베트남 정부는 가격을 통제해 저가의 무허가 캐녀닝을 금지하고 안전을 챙기기 시작했다고 한다. (▶요금 : 70$)

자연 속에서 이루어지는 격한 스포츠이므로 다칠 위험이 상존해 있다. 그리고 베트남에서 이루어진다고 저렴하지 않다. 캐녀닝Canyoning의 핵심은 폭포를 향해 떨어지는 것인데 절벽을 타고 내려오다가 어느 정도 내려와서 절벽에 붙어 있지 못하면 조금 더 내려온 후 폭포 아래로 떨어진다.

경사가 가파른 산비탈로 가서 가장 먼저 밧줄을 묶어놓고 연습을 하는 데 연습을 할 때 확실하게 배워야 안전하므로 모른다면 영어를 못한다고 그냥 넘어가는 일이 없도록 하자.

위험성이 상존한 절벽에서 뛰어 내리기 2가지

떨어질 때는 등을 물을 향해서 눕듯이 뛰어 내리거나 절벽에 붙어 있을 수 있다면 뒤로 떨어진다고 생각하면서 서 있는 자세로 떨어져야 안전하다. 개인적으로 서서 떨어지는 것이 물속에 입수한 후에 물을 코로 들어가서 당황하는 일이 적게 되므로 안전하다고 생각한다. 4~5m 정도의 높이에서 다이빙도 하게 된다. 뒤로 몇 걸음 물러섰다가 앞으로 달려 그대로 물로 떨어진다. 순간적인 시간은 5~10초 밖에 안 되지만 개인적으로 느끼는 시간은 오래 지난 것 같은 긴장의 순간을 느끼게 된다.

준비물

① 신고 간 운동화는 당연히 다 젖는다. 그러므로 신고 올 수 있는 슬리퍼나 새로운 운동화가 있어야 한다.

② 추가적으로 입을 옷도 준비하는 것이 좋은데 이때 피부를 보호할 수 있는 긴 옷이 더 유용하다.

③ 수건도 비치 타올이 아닌 작은 것 2개 정도가 더 유용하다.

달랏의 개발 역사

프랑스 식민지 정부시절, 세계적으로 유명한 탐험가인 알렉산드르예르생의 제안에 따라 휴양지로 개발되었다. 20세기 유럽양식의 많은 건축물과 온화한 기후, 아름다운 자연 풍경과 문화유산이 잘 조화를 이루고 있다.

과거 베트남이 프랑스 식민통치를 받던 시절, 달랏Đà Lạt은 프랑스인들의 휴양지로 개발되었기 때문에 베트남의 유럽이라는 이미지에 걸맞게 프랑스식 빌라가 많이 들어서 있다. 주요 명소 대부분이 유럽의 분위기와 연관이 있다. 쑤언흐엉 호수, 사랑의 골짜기, 응우웬 왕조 바오다이 황제의 여름 별장, 폭포 등이 있다.

달랏의 풍경

뜨거운 햇빛과 덥고 습한 기온을 가진 동남아시아의 다른 나라, 여러 도시와 확연하게 차이가 나는 베트남 남부의 희귀한 도시로 통하는 바로 베트남 럼동^{Lâm Đồng}의 럼비엔^{Lâm Viên} 고원에 위치한 달랏^{Đà Lạt}이 그 주인공이다.

베트남 달랏^{Đà Lạt}은 해발 1,500m 고도에 위치하고 있어 베트남에서 시원한 곳을 찾는다면 모두가 달랏^{Đà Lạt}을 손꼽는다. 그만큼 휴양지로 유명하며, 이미 수많은 여행자들 사이에서 베트남의 유럽로도 유명하다. 온 도시가 꽃과 소나무, 그리고 1,000개가 넘는 프랑스 식민지 시대 양식의 빌라들로 가득하다.

달랏 기차역
Đà Lạt Railway Station

넓은 꽃밭을 따라 넓은 정원의 다양한 색이 관광객의 눈길을 끌어당기는 기차역은 유럽이 아닌 베트남에서 가장 아름다운 기차역으로 알려진 달랏 기차역^{Đà Lạt Railway Station}이다. 프랑스 식민지 시기인 1938년에 착공하여 달랏^{Đà Lạt}과 하노이^{Hanoi}를 연결하는 교통수단이었지만 전쟁 등의 이유로 운행이 중단되어 방치되었다.

달랏 기차역을 들어가면 파릇파릇한 녹색과 다양한 색의 꽃들이 관광객을 맞이한다. 입구를 지나 안으로 들어가면 당시에 사용하던 건물 그대로 아직도 옛 분위기를 풍기고 있다. 그래서 더욱 많은 관광객이 찾는 관광지로 변화하였다.

베트남에서 가장 아름답고 유명한 달랏 기차역^{Dalat Railway Station}은 더위를 피하기 위해 만든 힐 스테이션^{Hill Station}이지만 정치와 행정적인 기능을 가지고 있어야 했기 때문에 수도인 사이공(지금의 호치민)과 연결을 위한 철도역이다.

힐 스테이션 (Hill Station)
동남아시아의 습하고 뜨거운 더위를 피하기 위해 만든 유럽 제국주의 국가들의 피서용 주둔지

달랏 기차역(Dalat Railway Station) 역사

1903~1932년에 걸쳐 84㎞에 이르는 수도 사이공과 연결하는 공사기간이 30년이나 걸려 만들어야 할 만큼 달랏Đà Lạt은 고원지대에 위치해 있었다.

철도 연결을 마치고 1938년에 콜로니얼 양식이 가미된 아르데코 양식으로 철도역을 만들었다. 현재 베트남의 국가 문화유산으로 지정되어 보호되고 있다. 기차역을 들어가는 데에도 입장료(50,000동)가 있다. 달랏Đà Lạt이 1964년까지 베트남의 휴양도시로 성장하는 데 1등 공신이었던 달랏 기차역은 베트남 전쟁으로 운행이 중단되었다.

1990년대 기차 2량만 복원해 차이맛Chai Mat역까지 약 8㎞만 관광열차로 운행하고 있다. 현재 8㎞ 떨어진 린프억 사원이 있는 차이맛 역Chai Mat까지 관광열차로만 운행하고 있다. (왕복 130,000동)

관광열차는 현재 5회에 운행하고 10명 미만일 때는 운행이 중단되며 천천히 운행을 하고 있다. 천천히 달리는 기차에서 시원한 바람을 가르며 차창 밖으로 펼쳐지는 아름다운 풍경은 낭만을 불러일으키는 옛 추억을 떠오르게 하는 시간을 가질 수 있다.

달랏 니콜라스 바리 성당
Dalat St. Nicolas of Bari Cathedral

오래된 성당의 건물이 고딕양식으로 첨탑 높이가 47m로 높게 올라가있어 위압감을 주는 것이 아니라 소박한 모습이 아름다운 성당이다. 성모마리아가 성당을 보듬고 있는 것 같은 평화로운 분위기에 사진을 찍기에 좋은 장소이다. 달랏 시장Dalat Market에서 내려가면 쓰언 흐엉 호수Xuan Huong Lake를 만난다. 호수에서 오른쪽으로 돌아 언덕으로 한참 올라가면 달랏 니콜라스 바리 성당을 볼 수 있다.

1942년에 지은 고딕 양식의 성당으로 베트남 중부지방에서는 가장 큰 규모의 성당이다. 탑의 높이가 47m로 쉽게 성당 전체를 사진에 담기가 쉽지 않다. 언덕 위에서 달랏의 푸르른 시내 전경을 감상하기에 좋은 장소이기도 하다.

성당 꼭대기를 바라보면 십자가 위에 닭이 있는 것처럼 보인다. 십자가 꼭대기에 닭 조형물이 있어 사람들은 별칭으로 '치킨 성당Chicken Cathedral'이라고 부르고 있다. 분홍색 건물이 동화 속에 나올 법한 분위기를 풍긴다고 이야기하는 유럽 관광객도 있어 다시 보니 분홍색 건물이 인상적인 것 같기도 하다.

미사참가

주말에 가면 미사에 참가할 수 있었으나 최근에 미사참가를 거부하는 일도 있다. 가톨릭 성당이므로 미사시간이 길기 때문에 참가하려면 잠시 내부사진을 찍기 위해 들어갔다가 나오면 안 된다.
미사 시간 | 평일 05:15, 17:15 / 토요일 17:15 / 일요일 05:15/07:15/8:30/16:00/18:00

15 Trần Phú, Phường 3, Thành phố 263–3821–421

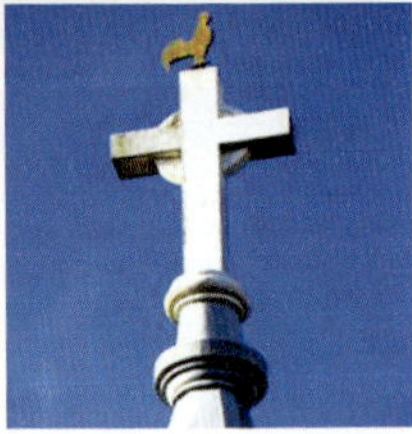

린푸옥 사원

Linh Phooc Pagoda

1952년에 건설된 사원은 1990년도에 증축을 하면서 커진 규모와 화려함을 가지게 되었다. 7㎞정도 떨어진 린푸옥 사원은 관광열차를 타고 30분 정도 달려 종착역인 차이맛 역에 내리면 된다. 무료입장이 가능하며 목조와 도자기를 깨서 만든 장식으로 화려하게 꾸며져 있으며 7층 석탑도 관람이 가능하다.

한자로 '영복사(營福師)'라고 씌어 있는 린푸억 사원이 있다. 49m높이의 사원과 7m높이의 용은 모두 도자기 조각들로 만들어져 보기만 해도 화려함에 감탄을 자아낸다. 나란히 세워진 높이27m 7층 종탑은 각 층마다 형형색색 도자기 조각으로 만든 모자이크가 눈길을 사로잡으며 2층에는 8500㎏의 청동종도 진열되어 있다. 삼장법사 이야기를 조형물로 만들어 놓은 것도 찾아보면 볼 만하다.

소원을 종이에 적고 붙이면 종을 울려 기원해 보는 것도 재미있는 추억을 남기기에 좋다.

쑤언 흐엉 호수
Xuan Huong Lake

베트남 달랏^{Đà Lạt}의 중앙에 있는 인공 호수인 이곳에서는 아름다운 정원을 따라 산책하거나 배를 타고 호수 주변을 둘러볼 수 있다. 호수 옆으로는 카페와 음식점들도 위치하고 있어 조용한 휴식을 하기에 적합하다.

쑤언 흐엉 인공호수가 만들어진 이유

달랏의 중심부에 있는 쑤언흐엉 호수^{Xuan Huong Lake}는 1919년 프랑스가 베트남을 지배하던 시절에 만들어진 인공호수로 둘레만 약 6㎞에 달하는 거대한 호수이다.

당시, 베트남은 여러 차례 크고 작은 전쟁을 겪게 되면서 산림의 대부분이 훼손된 상황이었다. 비가 많이 오는 우기시즌에는 산림이 비를 막아주지 못해 홍수가 발생할 가능성이 높았다.

홍수를 막기 위해서 프랑스 식민정부에서 달랏^{Đà Lạt}에 댐을 건설하기로 했고, 이 댐이 건설되면서 만들어진 인공호수가 바로 쑤언흐엉 호수^{Xuan Huong Lake}이다.

지금의 쑤언흐엉 호수^{Xuan Huong Lake}는 달랏 시민에게 휴식의 역할을 하고 있다. 호수 주변을 산책하거나 카페에 들어가서 한가로운 시간을 보낼 수 있다. 호수에는 서울의 한강에서 타던 놀이용 보트를 탈 수 있으며, 호수 주변은 마차나 자전거를 타고 돌아볼 수 있다.

이름의 유래는 쑤언흐엉 호수의 유례 쑤언흐엉^{Xuan Huong}을 한자로 표현하면 춘향(春香)이란 뜻이다, 17세기에 활동한 유명한 시인의 이름인^{Xuan Huong}을 따 붙여졌다.

달랏 시장
Dalat Market

달랏 시장은 달랏의 다른 관광지로 이동할 때 기준점 같은 역할을 하기 때문에 달랏 중앙 시장Dalat Central Market이라고 부르는 사람들도 있다. 그만큼 중앙에 위치해 있다는 이야기이다. 쑤언흐엉 호수Xuan Huong Lake를 돌아 시내로 들어오면 'Cho Da Lat'이라고 적혀있는 건물과 분수대 조각상이 보이는 곳이 바로 달랏 시장Đà Lạt Market이다. 호치민의 통일궁을 디자인한 응오 비엣투Ngo Viet Thu가 설계한 건물이다. 베트남에서 유명한 건축가가 디자인할 정도로 시장 같지 않은 외관을 자랑한다. 달랏 시장Đà Lạt Market 정면의 커브를 그리는 디자인을 가지고 있다.

달랏Đà Lạt을 대표하는 시장에서는 달랏Đà Lạt 사람들의 생활자체를 볼 수 있다. 달랏 시장Dalat Market은 밤이면 야시장이 매일 열리기에 더욱 활기를 띄게 된다. 다양한 고랭지 농산물과 달랏Dalat에서 생산되는 채소와 베트남에서 먹기 힘든 사시사철 생산되는 딸기 등을 베트남의 열대과일과 같이 판매하고 있다. 그래서 달랏 시장Dalat Market에는 아티초크 차, 딸기 잼, 와인, 커피, 캐슈넛 등 달랏Đà Lạt에서 관광객이 살 품목은 너무 많다. 쇼핑리스트에 적어온 목록들을 저렴하게 구매할 수 있는 달랏 중앙시장Đà Lạt Market에서 쇼핑에 빠져 있는 관광객을 많이 볼 수 있다.

랑비앙 산
Langbiang

달랏Đà Lạt에서 가장 높은 위치에 있어서 '달랏Đà Lạt의 지붕'이라고 부르는 2,167m(해발 1,970m)의 랑비앙 산Langbiang은 로미오와 줄리엣의 러브스토리와 닮은 '끄랑K'Lang'청년과 '흐비앙Ho Bian'처녀의 전설 같은 사랑이야기가 숨어있다.

달랏Đà Lạt 시내에서 그림처럼 펼쳐진 랑비앙 산의 뷰포인트인 전망대까지 지프차를 타고 올라가면 곡예 주행을 하는 것처럼 짜릿하다. 내려오는 약 20여 분도 재미있는 경험일 것이다.

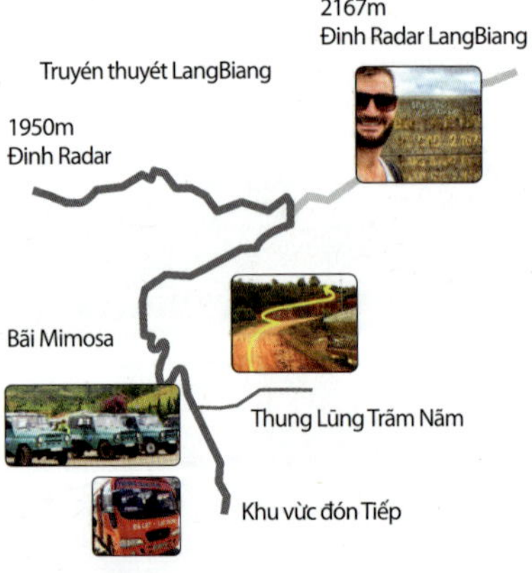

랑비앙 산 가는 방법

LAC DUONG 행 버스(12,000동) 타기 → 30~40분 이동 → 지프차(360,000동) 타고 이동하거나 직접 트레킹 하기 → 걸어서 2,167m 정상 오르기

LAC DUONG 행 버스
▶버스 시간 : 8:45/10:15/11:15/13:45/15:15 16:4/ 17:15
▶금액 : 12,000동

'끄랑(K'Lang)'청년과 '흐비앙(Ho Bian)' 처녀의 전설

랑비앙 산에는 랑(Lang)이라는 청년과 비앙(Biang)이라는 처녀의 동상이 있다. 베트남 판 '로미오와 줄리엣'이라고 할 수 있는 애절한 사랑의 전설이다. 산에 랑(Lang)이라는 랏(Lat)족의 남자와 비앙(Biang)이라는 칠리(Chilly)족 여자가 서로 사랑을 했지만 둘은 서로 민족이 다르기 때문에 결혼을 할 수 없었고 결국 서로의 사랑을 유지하기 위해 동반 자살을 택했다. 그 후 비앙(Biang)의 아버지는 딸의 죽음을 너무 후회하면서 두 민족의 결혼을 승낙하게 되었고 두 민족의 젊은 남녀는 서로 사랑을 하게 되었다고 한다. 민족이 다르다는 이유로 결혼을 할 수 없는 두 사람은 사랑을 지키기 위해 죽음을 선택했다는 전설이 두 민족의 화합으로 크호(K'HO)족으로 불리게 되었고 랑(Lang)과 비앙(Biang)을 기리기 위해 랑비앙(LangBiang) 산으로 부르게 된 것이다.

코끼리 폭포
Elephant Waterfall

우기에 찾으면 많은 양의 폭포수가 떨어지면서 만들어내는 물안개가 아름답지만 때로는 흑탕물이기 때문에 건기에 가는 것이 더 아름답다. 달랏에서 가장 큰 폭포로 경치가 좋아서 관광객이 많이 찾지만 정비 상태가 좋지 않다.

내려가는 길이 안전시설이나 계단이 정비되어 있고 돌은 물에 젖어 미끄러워서 운동화를 신고 가야 안전하다. 폭포 밑으로 더 내려가면 쓰레기가 많고 난간은 낡아서 폭포 밑으로 이동하는 것이 추천하지 않는다.

우기

건기

위에서 바라본 코끼리 폭포

달랏^{Đà Lạt}은 프랑스 식민지 정부가 개발한 도시라서 프랑스 스타일과 서양 문화를 경험할 수 있는 도시이다. 베트남 여행자도 많지만 유럽의 배낭여행자도 많아 유럽과 베트남 요리가 섞인 퓨전 스타일의 레스토랑이 많다. 그래서 달랏^{Đà Lạt}에서는 로컬의 베트남요리와 서양 음식을 동시에 다양하게 맛볼 수 있다.

Gourmet Burger
고멧 버거

달랏에서 계속 베트남 음식을 먹어 지겨워졌을 때 햄버거를 먹고 싶다면 적극적으로 추천한다. 호주 인이 직접 만드는 수제 버거로 정통 버거의 맛을 느낄 수 있다. 특히 유럽여행자들이 자주 찾고 있는데 덩달아 달랏 젊은이들도 자주 가는 햄버거 전문점으로 알려지게 되었다.

다만 가격이 보통의 베트남 음식 가격보다는 높은 가격(100,000동~)이라는 점과 넓은 도로에 있지 않기 때문에 찾기가 힘든 단점이 있다.

🌐 50/13 Nguyen Bieu   🕐 10~14시, 17~21시   📞 +82—90—857—8317

Biang Bistro

비앙 비스트로

인테리어가 부처님의 얼굴이 있는 특이한 인테리어를 가진 식당으로 브런치나 점심식사에 어울리는 곳이다. 유럽 관광객이 주로 찾는 식당으로 음식의 맛이 좋다고 할 수는 없지만, 친절한 직원은 음식에 대한 설명을 잘해주었다. 유럽의 배낭 여행자에게 좋은 평가를 받아 인기를 얻고 있다.

🌐 No 94, Ly Tu Trong Street Ward 2　🕐 7~22시　📞 +82-90-106-6163

Ganesh Indian Restaurant Dalat

가네쉬 인디안 레스토랑 달랏

달랏에는 최근 유럽의 여행자들이 급증함에 따라 다양한 국적의 요리가 등장했는데 가네쉬 레스토랑도 인도의 정통 음식으로 인기를 얻고 있다. 대부분의 관광객은 탄두리 치킨과 커리, 난 등을 함께 주문해 먹는다. 특히 주인이 직접 친절하게 설명을 해주기 때문에 기분 좋게 음식을 즐길 수 있어 추천한다.

🌐 **주소_** 1F Nam Ky Khoi Nghia　🕐 11〜14시30분, 17〜22시　📞 +82-263-3559-599

One More Cafe
원 모어 카페

호불호가 갈리는 카페로 에그베네딕트는
먹을 만하다. 다만 파스타가 맛이 없어서
실망을 하는 여행자가 많다. 차라리 커피
와 버거를 주문하면 맛있게 먹을 수 있다.

역시 여행자를 대상으로 하는 카페이므
로 가격은 현지인들이 운영하는 카페보
다 2배정도 비싸다고 생각하면 이해가 쉬
울 것이다.

🌐 77 Hai Ba Trung Street Near Tan Da Street T
🕐 8~17시
📞 129-934-1835

유럽 음식 전문점

베트남에서 달랏 여행의 장점은 베트남 음식뿐만 아니라 다양한 서양 음식을 먹을 수 있다는 것이다. 베트남 사람들도 인정할 정도로 다양한 국적의 음식이 맛있게 요리되어 나오기 때문에 여성들이 특히 달랏Đà Lạt 여행을 좋아한다. 여기에는 그 중에서 인기 있는 레스토랑을 소개한다.

 ## 르 샬렛 달랏(Le Chalet Dalat)

크레이지 하우스 앞에 있는 레스토랑으로 내부인테리어가 현대적이고 깨끗한 식당으로 브런치나 점심식사에 어울린다. 유럽 관광객이 주로 찾는 식당으로 맛은 무난하다는 평을 듣고 있으나 가격은 현지인들이 방문하는 식당보다 2배 정도로 비싼 편이다.

프랑스 전문레스토랑을 표방하고 문을 열었으며 유기농으로 음식을 만든다고 한다. 친절한 직원의 응대에 다시 방문하게 된다고 이야기를 많이 한다. 유럽의 배낭 여행자에게 좋은 평가를 받아 인기를 얻고 있다.

🏠 6 Huỳnh Thúc Kháng 🕐 7〜21시
₫ 40,000〜250,000동 📞 +82-96-765-9788

🍴 아티스트 앨리 레스토랑(Artist Alley Restaurant)

달랏^{Đà Lạt}에서 스테이크 전문점으로 유명한 레스토랑으로 분위기가 좋아 최근 여행자들의 방문이 급증하고 있다. 정통 스테이크를 요리한다고 하지만 실제로 먹어보면 호불호가 갈리는 맛으로 역시 베트남 음식과 섞여 퓨전 맛이 난다. 하지만 달랏^{Đà Lạt}에 스테이크 전문점이 많지 않으므로 서양음식으로 인기를 얻고 있다.

대부분의 관광객은 스테이크, 파스타와 와인, 샐러드 등을 함께 주문해 먹는다. 특히 달랏^{Đà Lạt}에서 비싼 레스토랑으로 알려져 있지만 내부 인테리어는 상당히 오랜 시간을 앉아 있을 수 있도록 만드는 원동력일 정도로 잘 꾸며져 있다.

🌐 124/1 Phàn Dinh Phùng　⊙ 10~21시　📞 +82-94-166-2207

프리마베라 이탈리안 레스토랑(Primavera Italian Restaurant)

달랏Đà Lạt에서 가장 맛있는 피자 전문점이라고 생각하는 곳으로 피자는 맛없기도 힘들지만 맛있는 피자를 베트남에서 먹기도 쉽지 않다.

직접 만든 화덕의 높은 온도에서 열을 가진 피자는 정말 맛이 좋다. 토핑은 많지 않으나 적지도 않고 적당하여 먹기도 쉽다.

달랏에 오는 유럽 여행자들은 반드시 들른다고 할 정도로 유명세를 타고 있다. 직접 면을 만들고 도우를 만들기 때문에 쫄깃한 식감이 맛을 배가 시키고 약간 매운 파스타와 피자는 느끼함을 잡아주는 것 같다. 피자와 파스타, 맥주, 샐러드 등을 함께 주문해 먹는다. 가격도 90,000동 정도로 비싸지 않아 부담 없이 찾을 수 있다.

⌂ 54/7 Phàn Dinh Phùng
🕐 10〜21시
₫ 40,000〜130,000동(특대 450,000동)
📞 +82-168-964-8125

부옹 피자(Vuong Pizza)

달랏에서 무난한 맛의 피자를 먹을 수 있는 곳으로 대중적인 피자를 만든다. 피자의 종류가 다양하고 가격이 비싸지 않아서 관광객도 많지만 달랏Đà Lạt의 청춘들도 많이 방문한다. 화덕의 높은 온도에서 열을 가진 사각형의 라지 피자를 대부분 주문한다.

파스타와 스파게티 등과 함께 피자를 주문해 맥주와 함께 먹는다. 상대적으로 콜라(29,000동)의 가격이 비싸다고 생각할 정도로 피자나 파스타의 가격은 합리적이다. 가격은 100,000동 정도로 비싸지 않아 데이트 코스도 많이 찾는다.

So 7 Ba Thàng Hài Phường　　11~14시, 17~22시
40,000~130,000동　📞+82-63-3595-656

커피 & 카페

르 비엣 커피(La Viet Coffee)

커피를 건조, 결점, 수작업으로 분류해 로스팅을 거쳐 테스팅까지 이루어지는 전 과정을 볼 수 있어 달랏에서 가장 유명한 커피 전문점으로 알려져 있다. 달랏 커피원두의 신맛이 강하고 쓴 맛이 그대로 전해진다. 케이크와 커피가 제공되는 카페이지만 베트남 전통 스타일의 커피는 구비되어 있지 않다.

⊕ 200 Nguyen Cong Tru ₫ 카페 쓰어다 45,000동 ⊙ 7시 30분~22시 📞 +82-263-3981-189

프렌치 터치 캣 카페(French Touch Cat Cafe)

고양이와 함께 커피와 간단한 식사를 할 수 있는 카페로 깨끗한 내부 인테리어가 인상적이다. 가격도 저렴하여 부담없이 커피를 마시고 하루를 시작할 수 있다. 고양이를 데리고 놀다보면 시간가는 줄 모르고 지내게 된다.
프랑스 정통 음식을 표방하고 음식을 판매하는 데 바게뜨 빵을 제외하고 다른 요리와 커피는 무난하다는 평을 듣고 있다.

⊕ 41 Hai Ba Trung Ward 6 ⊙ 8시 30분~18시 📞 +82-166-569-3443

안 카페(An Cafe)

달랏에서 르 비엣 커피와 함께 카페의 대명
사로 알려져 있다. 나트랑에도 있는 안 카페
는 깔끔한 인테리어에 저렴하지만 좋은 커
피원두를 사용해 커피 맛이 좋다. 스파게티
나 과일요거트도 인기가 많다. 브런치로 아
메리칸 브랙퍼스트도 간단한 식사를 원한다
면 추천한다.

🏠 63 Bis Ba Thang Hai Street
🕐 7~22시
📞 +82-97-573-5521

브이 카페(V Cafe)

쑤언 흐엉 호수 근처에 위치한 조용한 분위
기에 아늑하고 라이브 공연까지 즐길 수 있
는 카페이다. 친절한 직원에 영어가 가능하
고 방달랏 와인과 함께 치킨을 먹으며 즐길
수 있다. 관광객도 적당히 자리를 차지하여
복잡하지 않아 쾌적한 분위기에서 호수를
조망할 수 있다.

🏠 1/1 Bui Thi Xuan 17 Bui Thi Xuan
🕐 8~22시
📞 +82-263-3520-215

특산품 Best 4

커피, 와인, 딸기는 다른 베트남 지역에서 순수하게 인정해주는, 달랏이 자랑하는 특산품 BEST 3이다. 베트남은 세계 2위 커피 원두 생산지로 대부분의 커피는 달랏^{Đà Lạt}에서 생산되고 달랏 커피를 최고로 인정하고 있다. 베트남인들은 커피를 자주 마신다. 컵 안에 진한 연유를 넣고 낡아 보이는 하얀 스테인리스 같은 필터기를 컵 위에다 올려놓은 후에 뜨거운 물을 부어 그 자리에서 직접 필터링해서 마신다. 진한 커피와 연유 특유의 단맛이 어울려 베트남에서만 맛볼 수 있는 독특한 커피 맛과 향을 느낄 수 있다. 베트남 커피의 맛과 향이 대부분 달랏 커피의 맛과 향이라고 생각하면 거의 일치한다.

베트남에서 생산되는 것이라고 쉽게 생각되지 않는 유명한 생산품이 바로 와인이다. '방 달랏^{Vand Đà Lạt}'이라는 이름으로 판매되는 와인은 프랑스 식민지 시절의 흔적이다. 커피, 와인과 함께 달랏^{Đà Lạt}으로 대표되는 또 하나의 특산품은 '딸기'이다. 고지대의 서늘한 기온을 가지고 있는 달랏^{Đà Lạt}에서 재배되는 딸기는 베트남 내에서도 최고로 알아주는 특산품이다.

다 랏(Dalat)

1999년에 출시된 다 랏^{Đà Lạt} 와인은 라도푸드 람 동^{Ladofoods Lam Dong} 회사에서 개발한 것이다. 닌 뚜안^{Ninh Thuan}에서 재배하고 있는 와인 포도를 구입해 유럽기술로 다 랏^{Đà Lạt} 와인을 생산하고 있다. 독일에 있는 세계 와인 박물관에 전시될 정도로 인정받고 있다.

▶ Dalat Classic Special : 250,000동(1병)

샤토 달랏(Chateau Dalat)

베트남에서 개최된 2017년 APEC에 참석했던 여러 국가 원수와 대표들을 위한 샤토 달랏 시그니처 쉬라즈^{Chateau Dalat Signature Shiraz}로 접대를 하였다. 외국으로 수출하고 있는 유일한 와인 브랜드다.

▶ 750㎖ : 650,000동(1동)

히비스쿠스(Hibiscus)

포도가 아닌 중미에서 생산된 아티초크 꽃으로 만든 특별한 와인이다. 히비스쿠스^{Hibiscus} 와인은 아티초크의 특유한 자연 빨간색이 깃들인 좋은 와인으로 평가받는다. 안토이사닌^{Anthocyanin}, 아라비노스^{Arabinose}, 비타민 A, B, C 등 영양이 많고 심장 건강에 아주 좋 다. 아티초크의 추출물이 암을 방지할 수 있다. 단맛, 떫은 맛, 조금 단맛이 있다. 박 지앙^{Bắc Giang}, 딴 옌^{Tân Yên}의 아티초크 밭에는 히비스쿠스 와인을 생산하고 있다.

▶ 750㎖ : 65,000동(1병)

망 덴(Mang den)

망 덴^{Măng Đen}은 콘 툼^{Kon Tum}지방에 속해 있다. 매년 망 덴^{Măng Đen}에 있는 거대한 심^{Sim} 과일 숲에서 100톤의 열매를 수확하여 프랑스의 보르도^{Bordeaux} 와인 생산 기술로 심^{Sim} 과일 와인을 생산하고 있다. 심^{Sim} 과일 은장에 관한 질환, 당뇨, 빈혈 등을 치료할 수 있다고 한다. 심^{Sim} 과일 와인은 향기롭고 떫고 달콤하다. 화이트 와인, 빨간 와인, 증류 와인, 리큐어 와인으로 나누고 있다.

▶ 750㎖ : 250,000동(1병)

한 달 살기

달랏Đà Lạt은 현재 대한민국 여행자에게 생소한 도시이다. 하지만 베트남에서 달랏은 고지대에 있기 때문에 1년 내내 봄이나 가을 날씨를 가지고 있기 때문에 휴양지로 인기가 높은 도시이다. 베트남의 휴양지는 달랏과 푸꾸옥을 말하기 때문에 달랏은 베트남 사람들이 여행을 가고 싶어 하는 도시이다. 유럽의 여행자들이 달랏에 오래 머물면서 선선한 날씨와 유럽 같은 도시 분위기에 매력을 느끼면서 달랏의 레스토랑은 전 세계 국적의 요리 경연장이라고 할 정도로 다양한 나라의 요리를 먹고 즐길 수 있어 식도락의 선도적인 역할을 하고 있다. 베트남에서 한 달 살기를 한다면 대도시인 호치민이나 중부의 한적한 호이안, 남부의 나트랑에서 머물렀다면 점점 많은 장기여행자들이 달랏을 찾고 있다.

베트남은 현재 늘어나는 단기여행자 뿐만 아니라 장기여행자들이 모이는 나라로 변화하고 있다. 경제가 성장하면서 여행의 편리성도 높아지면서 태국의 치앙마이 못지않은 한 달

장점

1. 유럽 커피의 맛

달랏Đà Lạt은 1년 내내 선선한 날씨를 가진 베트남에서 유일한 도시이다. 그래서 베트남의 신혼 여행지이자 휴양지로 알려져 있다. 다른 도시에서는 베트남 커피 한잔의 여유를 즐겼다면 달랏t에서는 유럽 커피의 맛을 즐기는 순간이 다가온다.

2. 색다른 관광 인프라

달랏Đà Lạt은 베트남의 다른 도시에서 느끼는 해변의 즐거움이나 베트남만의 관광 인프라를 가지고 있지는 않다. 프랑스 식민지 시절에 휴양지로 개발한 도시이기 때문에 모든 도시의 분위기를 유럽을 본따 만들어졌기 때문에 색다른 관광 컨텐츠가 풍부하다. 해변에서 즐기는 여유가 아니라 새로운 관광 인프라를 가지고 있다. 캐녀닝이나 크레이지 하우스 같은 달랏만의 관광 인프라는 베트남의 다른 도시에서는 즐길 수 없는 것들이다.

3. 접근성

살기로 이름을 날리고 있다. 여유를 가지고 생각하는 한 달 살기의 여행방식은 많은 여행자가 경험하고 있는 새로운 여행방식인데 그 중심으로 달랏이 변화하고 있다. 나트랑에서 3~4시간, 호치민에서 4~5시간이면 달랏에 도착할 수 있다. 또한 인천공항에서 달랏으로 향하는 직항이 개설되어 달랏은 이제 접근성이 높은 도시로 탈바꿈하고 있다. 만약에 달랏이 가기 힘든 도시였다면 달랏은 지금의 '베트남의 휴양지'라는 별명을 가지지 못했을 것이다.

4. 유럽 문화

베트남은 경제성장을 매년 7%이상 10년이 넘도록 하고 있는 고성장 국가이다. 베트남 사람들도 경제 성장을 바탕으로 새로운 문화의 유입을 바라고 있다. 그런데 해외여행에 제한이 많은 베트남 사람들이 새로운 유럽 문화를 받아들이는 베트남 유일한 도시가 달랏이므로 점점 달랏의 인기는 높아지고 있다.

5. 다양한 국가의 음식

달랏에는 한국 음식을 하는 식당들이 많지 않다. 나트랑이나 다낭에는 많은 한국 음식점이 있지만 달랏에는 많지 않다. 그나마 한국 문화를 접한 사람들이 만든 음식점이다. 가끔은 한국 음식을 먹고 싶을 때가 있지만 달랏에서는 쉽지 않다. 하지만 전 세계의 음식을 접할 수 있는 레스토랑이 즐비하다. 그래서 달랏에서는 베트남 음식을 즐기는 것이 아니라 전 세계의 음식을 즐기는 여행자가 많다.

단 점

베트남 여행의 장점 중에 하나가 저렴한 물가이다. 하지만 달랏은 베트남의 다른 도시보다 접근성이 떨어지므로 물가는 베트남의 다른 도시보다 상대적으로 물가가 높은 편이다. 그래서 베트남 음식을 즐기는 여행자보다는 다양한 국가의 음식을 즐겨도 비싸다는 인식이 생기지 않는다. 특히 피자나 스테이크, 프랑스 음식을 즐길 수 있는 다양한 레스토랑이 있다. 다양한 국가의 요리를 합리적인 가격으로 즐겼다는 생각 때문에 여행자들이 느끼는 만족도도 높다.

Ho Chi Minh

호치민

투이94꾸
베트남 역사박물관
퍼호아 파스퇴르
소피텔 사이공 플라자 호텔
실라 어번 리빙
인터컨티넬탈 사이공
노트르담 성당
프로파간다
중앙우체국
르 메르디앙 사이공
전쟁 박물관
응온 138
꽁 카페
통일궁
냐항응온
파크 하얏트 사이공 호텔
인민위원회 청사
오페라 하우스
호치민시 박물관
쉐라톤 사이공 호텔 &타워스
위진 동커이 카페
마운틴 리트리트
더 레버리 사이공
벱메인
워크숍 커피
벤타인 시장
렉스 호텔 사이공
퓨전 스위트 사이공
사이공 스퀘어
비텍스코 파이낸셜 타워
스타벅스 베트남 1호점
리버티 센트럴
뉴 월드 사이공 호텔
사이공 시티포인트 호텔
에코 백패커스 호스텔
롱 호스텔
뉴 사이공 호스텔
분짜 145 부이비엔
로열 사이공 레스토랑
풀만 사이공 센터 호텔
중앙우체국
호치민 시청
벤탄 시장

호치민 IN

베트남 여행이 처음이므로 공항에 내려 입국심사를 하고 정류장을 찾아 공항버스를 타는 일까지 쉽지 않다. 정류장에 있어도 어떻게 타야하며, 요금은 얼마일지 당황스럽다. 택시를 타려고 해도 택시사기가 많은 호치민이라는 이야기를 들은 여행자는 긴장하면서 택시를 타게 된다.

호객행위를 하는 택시 기사에 차량공유 서비스인 그랩^{Grab}을 타고 시내로 이동하기 위해 스마트폰을 보는 관광객에게 다가와 그랩^{Grab}이라며 보여주는 사람까지 천태만상의 공항이 호치민 탄손 넛 국제공항^{Tan Son Nhat International Airport}이다. 공항에 내리면 가자 먼저 심^{Sim}카드를 구입하고 구글 맵으로 자신의 숙소를 확인하고 이동하는 것이 좋다. 초행길이라면 구글 맵으로 자신의 위치도 확인하고 요금도 검색이 되므로 안심이 된다.

택시

호치민의 탄손 넛 국제공항^{Tan Son Nhat International Airport}에 도착하여 시내로 들어가는 가자 많이 이용하는 방법이 택시이다. 택시의 사기가 많아서 여행의 시작부터 기분이 나쁘고 추가적인 여행비용이 날리는 사고가 있다. 택시 사기를 당하지 않고 안심하고 택

시를 타는 방법은 비나선과 마일린 택시를 타는 것이다.
정확하게 택시이름을 확인하고 타는 것이 좋으면 처음에 탑승 하여 미터기가 이상하거나 빙빙 돌아가는 경우를 조심해야 한다. 깔끔하게 셔츠를 입은 택시기사가 보이고 택시 색깔만 보고 타지는 말자. 특히 택시에서 중간에 요금을 요구하면 잘못 탄 택시라고 생각하면 된다.

공항버스

호치민 공항에서 시내로 가는 안전하고 저렴한 방법이 공항버스를 타는 것이다. 호치민 국제공항과 시내를 연결하는 노란색 공항버스가 운행되고 있다. 공항에서 나와 건너편 오른쪽에 티켓 매표소가 있는 109번(20,000동)과 152번(5,000동) 버스가 있다. 109번 공항 전용 버스는 벤탄 시장을 지나 배낭여행자 거리 끝의 23/9 공원Cong Vien 23/9까지 이동한다.
152번 버스는 벤탄 시장까지 정체가 심한 구간이 포함되어 1시간 이상 소요되기도 한다. 데탐거리에서 멀지 않은 곳에 큰 공용버스정류장이 있다. 시내에서 공항으로 이동할 때는 티켓을 정류장에서 사는 것이 아니라 버스 안에서 현금(5,000~20,000동)을 받고 티켓을 준다. 저렴하면서 안전한 방법이지만 버스에서 내려서 숙소 앞까지 다시 이동을 해야 하는 단점이 있다.

시내교통

베트남을 여행하는 한국인들에게 베트남어에 익숙하지 않고, 불편하므로 공유차량 서비스인 그랩Grab이나 택시를 주로 이용한다. 최근 들어 차량이 새로운 버스로 대거 교체되고, 이용 방법이 대한한국과 차이가 없어서 시내버스도 여행하는 좋은 방법이다. 버스 요금은 거리와 종류에 따라 3,000~10,000동으로 매우 저렴하다. 목적지에 따라 버스노선을 체크한 후 탑승하면 호치민에서 가장 저렴하고 교통수단이 편리할 수도 있다.

시내버스 (3,000~6,000동(1회) 학생 2,000동)

호치민 시내버스는 시민들에게 생각보다 장점이 많은 교통수단이다. 총 152개의 노선을 갖춰 호치민 시내 어디든 접근할 수 있다. 호치민 시내버스는 10년 전만 해도 중고 현대자동차 버스가 운행되기도 했지만 최근에는 새 버스가 대거 도입되기 시작했다. 호치민 시내버스 노선을 잘 활용하면 교통비를 줄일 수 있다. 해외여행에서 버스정류장에서 버스는 타면 되지만 버스에서 내리는 것이 쉽지 않다.

정류장 안내 방송이 나와도 내리기가 쉽지 않은데, 안내방송도 없다. 다행히 정류장 이름은 나오므로 잘 들으면 된다지만 베트남어로 나오면 정류장 이름은 잘 들리지 않는다. 호치민 시민들도 버스 안에서 스마트폰으로 지도를 보고 확인한다. 그러므로 구글맵으로 위치를 확인하면서 이동하는 것이 좋다.

호치민 버스를 타는 이유

저렴한 버스비 때문이다. 5,000~6,000동(200~300원)만 내면 시내를 이동할 수 있고, 호치민의 교통체증을 생각하면 결코 택시보다 느리지 않기 때문이다. 불편하지만, 호치민 버스에는 대한민국의 30년 전에 버스에 있었던 차장이 존재한다. 차장의 역할은 승객의 승하차를 도우며, 버스비를 징수하는 것이다. 가끔 내리는 정류장을 알려주면 내리기 전에 알려주기도 한다.

대부분의 호치민 버스노선은 벤탄역(Ben Thanh), 쩌런역(Cho Lon), 미엔동(Mien Dong) 등에 터미널을 두고 있다.

▶ http://buyttphcm.com.vn/en-us/Route (버스 번호)
▶ http://buyttphcm.com.vn/en-us/RouteFinding (노선 검색)

주요 버스노선

147번(쩌런역-떤선녓) / 152번(트렁손주민-떤선녓)
탄손 엇 국제공항에 정차하며, 시내까지 이동한다. 147번 버스는 쩌런 역으로, 152번 버스는 벤탄 역으로 향한다.

11번(벤탄 - 담센파크)
11번 버스는 벤탄 역에서 출발해 호찌민시의 유명 테마파크인 담센 문화공원으로 향한다. 종점까지 40분 정도 소요된다.

30번(탄후룽 시장-수오이텐 리조트)
시내 중심부를 지나 북동쪽으로 향하는 노선으로 수오이텐 리조트나 흥사 등 관광지를 거치며 보띠사우(VoTi Sau), 팜응옥텍(Pham Ngoc Tach) 정류장 등에 정차한다.

19번(사이공-트렁린-국립대)
벤탄 시장에서 출발해 사이공 오페라 하우스를 지나 1A 고속도로를 통해 호치민 국립대학으로 향한다.

쎄옴(Xe Ôm)

'쎄옴Xe Ôm'은 오토바이 택시로 'Xe'는 '탈 것이나 차', 'Ôm'은 '껴 안다'는 말을 의미한다. 베트남의 씨클로의 문화가 '쎄옴'으로 발전하였다고 이야기하기도 한다. 호치민 시민들의 택시 역할을 하는 것이다.

관광지에는 호객행위를 하는 '씨클로Cyclo'가 있지만 빠쁜 시민들이 씨클로를 이용하는 경우는 드물다. 많은 쎄옴 기사들은 오토바이 택시 영업을 한다. 대부분의 요금은 협상으로 이루어지는데, 택시요금보다 높은 비용을 지불할 수도 있고 안전하지 않으므로 급한 경우가 아니면 추천하지 않는다. 헬맷도 착용하지 않고 이동하다가 엎어지거나 충돌 사고가 나면 크게 다칠 수 있다.

TIP

쎄옴이 위험한 이유

1. 신원 확인 불가

신원확인이 불가능한 운전기사가 많은 쎄옴은 위험한 상황에 처할 수 있다. 쎄옴 영업을 하는 사람은 택시기사 면허증이 없는 운송행위를 하는 것이 아니다. 위험한 상황이 되도 추적은 불가능하다. 납치나 나쁜 일을 당해도 가해자를 찾을 수 없다므로 자신의 안전은 스스로 챙겨야 한다.

2. 헬멧 미착용

쎄옴 영업은 남는 시간에 돈을 벌겠다는 아르바이트로 생각한다. 쎄옴 기사들이 여분의 헬멧을 들고 다니지 않으면 호치민 도로를 헬맷 없이 다녀야 히는데 호치민 도로는 안전하지 않다. 사고가 나면 부상의 위험에서 자유로울 수 없다. 그나마 그랩 오토바이 택시를 호출하면 그들은 여분의 헬멧을 무조건 소지하고 다녀야 한다.

3. 바가지

쎄옴 기사와 협상을 하고 목적지에 도착을 해도 더 많은 요금을 요구하는 경우도 발생하고 있다. 이런 상황이면 택시보다 비싼 요금으로 이동하는 결과이므로 상당히 당황스럽다. 특히 여성에게 바가지 요금을 요구하는 상황이 많아서 위협을 느끼는 경우가 많다.

호치민 여행에서 관광객에게 목적지로 이동하는 가장 편리하고 손쉬운 방법은 택시이다. 되도록 택시는 마이린Mailinh과 비나선Vinasun 택시를 이용하고 목적지를 구글 맵으로 확인시켜주면 택시 사기는 막을 수 있다. 기본요금은 택시 회사와 택시 크기(4인승, 7인승)에 따라 다르다.
마이린의 콜번호는 38 38 38 38이고 비나선의 콜번호는 38 27 27 27이다.

마이린택시

비나선 택시

택시의 사기까지 생각하면서 탑승하기 싫다면 차량공유 서비스인 그랩Grab을 추천한다. 그랩은 목적지까지 정해진 요금을 고객이 선택하여 탑승하는 것이므로 요금은 달라지지 않으므로 확인하고 탑승하는 장점과 택시보다 저렴하다는 장점이 있다.

한눈에 파악하기

베트남에서 가장 큰 도시인 호치민시는 프랑스와 중국의 영향을 많이 받은 곳으로, 활기찬 시장과 오토바이로 가득한 도로가 유명하다.

호치민시는 유럽인들은 아직까지 '사이공Saigon'이라 부르는 경우가 많다. 복잡한 역사를 가지고 있으며 오늘날까지 그러한 역사의 흔적이 잘 나타나있다. 현대적인 고층건물 주변에 19세기 건축물이 있고, 커피 옆에는 전통 녹차가 있으며, 성당 그늘 아래에는 절이 있는 대조적인 분위기를 가지고 있는 도시이다.

호치민시는 여러 지역으로 나뉘어 있다. 가장 역사가 깊은 곳은 사이공 강 서쪽 강변에 자리한 1군지역이다. 여기에는 통일궁 중앙우체국, 호치민 노트르담 성당 등을 볼 수 있다. 프랑스 식민지였던 탓에 도시에는 프랑스의 느낌이 강하게 느껴진다. 도시 곳곳에 인상적인 19세기 건축물이 서 있는 것을 볼 수 있다. 호텔도 많아서 명소에서 가까운 곳에 숙소를 정하면 된다. 근처의 타오단 공원이나 북쪽의 옥황사는 산책을 즐기기에 좋은 장소이다.

분주한 도시를 잠시 벗어나 담센 워터파크와 담센 공원단지도 가보기 좋은 장소이다. 도시에서 조금 더 벗어나면 베트남 전쟁 당시 사용되었던 악명 높은 구찌 터널이 있다. 전쟁 박물관은 베트남에서 많은 사람들이 방문하는 곳 중 하나로 매년 50만 명 이상의 관광객이 찾는다.

밤이 되면 낮에 후텁지근했던 공기가 시원해져서 여러 지역을 구경하기에 더 좋다. 오토바이들을 피해 1군과 3군 지역의 거리에서 세계 최고 수준의 쌀국수인 포Pho를 먹을 수 있다. 매일 새로 양조되어 배달되는 현지 맥주 비아호이를 맛보고 나서, 즐겁고 저렴한 쇼핑을 즐기려면 벤탄 야시장에 가야 한다.

호치민시는 날씨가 덥고 습하지만 많은 건물에 에어컨 시설이 되어 있고 시내 공원에는 그늘이 많아서 휴식을 즐기기에도 좋은 도시이다. 모든 것이 저렴해서 좋지만 어디를 가든 오토바이가 굉장히 많기 때문에 길을 건널 때는 조심해야 한다.

꿈 마트
퍼 24
피자 포피스
응우옌 반 빈 책 거리
인터콘티넬털 아시아나 사이공 호텔
베트남 전쟁박물관
노트르암 대성당
중앙우체국
더 크래프트 하우스
스파 갤러리
롯데 레전드 호텔
흄 베지테이언 카페
프로파간다 레스토랑
템플 리프 스타
트리북스 서점
콴 응온 138
콩 카페
호아 뚝
통일궁
퍼 24
더 리파이너리
팍슨
인민위원회 청사
유니언 스퀘어
사이공 헤리티지 스파
호치민 시티 박물관
쉐라톤 사이공 호텔 & 타워스
파스퇴르 거리의 브루잉 컴퍼니
이리-반다꾸어
쯩응우옌 레전드 카페
퍼 24
푹롱 커피
퍼 24
벤탄 스트리트 무프 마켓
뱁미인
쯩응우옌 레전드 카페
리버티 센트럴 사이공 리버사이드 호텔
피자 포피스
쯩응우옌 레전드 카페
쯩응우옌 레전드 카페
아반티 호텔 사이공
사이공 센터
시클로 레스토랑
벤탄 시장
사이공 스퀘어
호텔 마제스틱 사이공
푹롱 커피
환전소(금은방)
반미 37
오엠지
퍼 2000
하일랜드 커피
비텍스코 파이낸셜 타워
히말라야 피닉스 사이공 호텔
호치민 미술관
다이스 사이공 부티크 호텔 & 스파
티엔하이 호텔
사이공 주말 시장
호치민 박물관
푹롱 커피
ABC베이커리
크레이지 버팔로
고투바
파이브 보이 넘버 원
사파 빌리지
콴웃웃
치킨
풀만 사이공 센터
공 호텔
선랜드 호텔

핵심 도보 여행

호치민은 혁명운동으로 베트남을 통일시킨 베트남 독립의 영웅이며 초대 정부 주석으로 취임한 인물이다. 현재도 '호 아저씨'라 불리며 베트남인들로부터 존경을 받고 있다. 베트남에서 가장 영향력 있는 도시 이름을 그의 이름으로 바꾸었을 정도면 베트남에서 그의 위치가 어느 정도인지 알 수 있을 것이다.

쌀국수와 베트남 커피, 아오자이와 전통 모자 논Non을 쓰고 걷는 젊은 여인들이 베트남의 연상되는 모습이라면 호치민에서는 다른 모습을 보게 될 것이다. 프랑스풍 건물이 가득한 호치민Ho Chi Minh은 베트남에서 가장 큰 도시로 베트남의 경제와 문화의 중심지다. 사이공Saigon으로 불리다 1975년에 호치민 시로 이름이 바뀌었지만 아직도 많은 유럽인들은 사이공Saigon으로 부른다. 관광객이 보고 싶은 관광지는 대부분 1지구에 몰려 있어 걸어서 충분히 여행이 가능하다. 호치민 여행의 시작은 노트르담 대성당에서 시작하는 것이 좋다. 근처에 걸어서 이동하는 중간 위치에 있기 때문이다.

신 로마네스크 양식의 노트르담 대성당Notre Dame Cathedral은 프랑스의 지배를 받은 도시라는 표시같다. 파리와 같은 대성당이 자리하고 파리의 모습과 이름이 흡사하다. 1862~1880년까지 18년에 걸쳐 건축됐으며 40m가 넘는 두 개의 첨탑과 성당 앞에 우뚝 선 성모 마리아

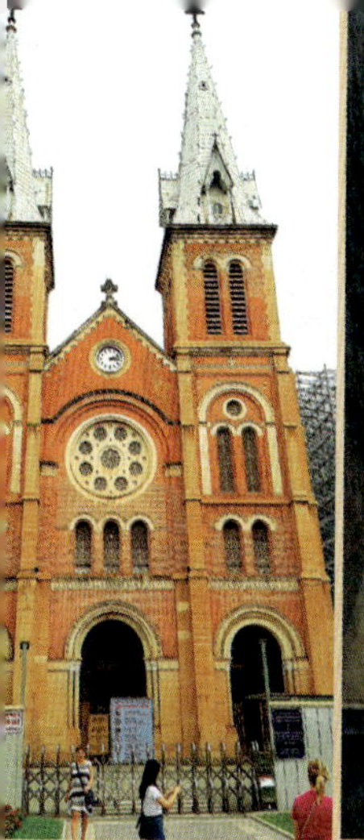

상이 눈길을 사로잡는다. 아치와 장미창 하나까지 섬세하게 만든 붉은 벽돌 외관에 사용된 자재는 모두 프랑스에서 공수해왔다.

19세기 건축의 백미라고 부르는 호치민 시청Toa Nha UBND TP은 인민위원회 청사라고 부르기도 한다. 호치민에서 가장 오래되고, 아름다운 프랑스풍 건물로 호치민을 상징하는 랜드마크이다. 원래 프랑스인을 위한 호텔이었지만,

현재는 정부기관 청사로 사용되고 있다. 섬세하고 아름다운 외관을 두고 19세기 베트남 건축의 하이라이트라고 평가도 된다. 아오자이를 입은 모델도 가끔씩 촬영할 만큼 아름다운 사진을 찍을 수 있다. 야경도 유명해 언제든 관광객으로 북적인다.

에펠의 걸작으로 불리는 중앙우체국 Central Post Office는 구스타브 에펠Gustave Eiffel이 설계해 프랑스 특유의 건축양식으로 지어진 외관이 웅장하다. 안으로 들어가면 정면에는 호치민의 사진이 보이고, 양 옆에는 우편 업무를 보는

직원들도 보인다. 클래식한 아치형 천장에 호치민 시의 대형 지도가 붙어 있다. 1층 중앙에는 1976년 이후에 발행된 우표를 판매하고 있어 우표를 사려는 관광객이 많다.

호치민의 전통시장인 벤탄 시장Ben Tanh Market은 서울의 남대문시장과 비슷하다. 전 세계 여행자의 발길을 끄는 시장은 베트남 커피와 화장품, 식료품과 액세서리 등을 파는 상점 4000여 개가 들어선 실내 도매시장이다. 굳이 물건을 사지 않더라도 구경하는 재미로 찾는 관광객이 많다.

통일궁^{Reunification Palace}은 벤탄 시장에서 10분 정도면 걸어서 갈 수 있는 베트남 독립을 알 수 있는 역사적인 장소이다. 베트남 정부의 대통령궁으로 쓰였지만 1975년 4월 30일 남베트남 정부가 항복했던 곳이다. 100여 개의 방과 지하에 자리한 베트남전쟁 당시의 작전회의실은 궁금증을 불러일으킨다. 대통령이 근무했던 사령관실은 베트남전쟁의 분위기를 느낄 수 있다. 사진 있어요.

호치민 문화의 1번지는 사이공 오페라 하우스^{Saigon Opera House}로 호치민의 중심인 동코이 거리에 서 있는 건물이다. 19세기 말에 지어진 프랑스 식민시절에 오페라하우스로 쓰였다가 독립된 남베트남의 국회의사당으로 사용되기도 했다. 베트남 시민의 문화생활 1번지로 오페라와 음악회를 비롯해 다양한 공연이 펼쳐지는 곳으로 변화되었다. 행사가 있을 때만 티켓을 구매해 안으로 들어갈 수 있으므로 외관만 볼 수 있다.

사이공 강
Sông Sài Gòn

길이가 230㎞에 이르는 광활한 사이공 강은 캄보디아 남동부에서 베트남 남단까지 이어져 있다. 베트남에서 가장 큰 도시의 교외 지역에 다다르면 맹그로브 숲과 통나무 오두막이 고층 건물로 바뀌는 인상적인 풍경이 펼쳐진다.

굽이진 물길을 따라 이동하면서 작은 마을과 전쟁 당시의 터널을 구경하려면 배를 타고 색다른 도시 경관을 감상해 볼 수 있는 사이공 강으로 향해야 한다. 사이공 강 제방의 경사로를 따라 늘어선 가옥을 둘러보고 유람선 위에 올라 도시에서 가장 유명한 건물들을 바라보면 근심이 사라진다. 울창한 맹그로브 숲에 철새들이 둥지를 트는 메콩 델타의 마을과 운하도 살펴볼 수 있다.

호치민 시 주변에 흐르는 사이공 강을 가장 잘 볼 수 있는 방법은 쾌속정 투어를 신청하는 것이다. 몇 시간 동안 진행되는 투어에 참가하면 가이드를 통해 사이공 강이 도시에 미치는 중요성을 알아볼 수 있다. 세계에서 가장 혼잡한 컨테이너 항구를 눈앞에서 살펴보고 고층 건물 너머로 펼쳐지는 아름다운 노을을 사진에 담아 볼 수 있다.

일정이 충분하다면 하루 정도 시간을 할애하여 강 상류에 있는 메콩 델타로 향하면 목조 주택이 비탈길에 자리 잡은 전통 마을을 볼 수 있다. 형형색색의 어선을 타고 바다 위를 누비는 어부들은 가마우지를 이용해 물고기를 낚는다. 아이들은 집 앞 탁한 강물에서 물장구를 치고 논다. 가는 길에 껀져 보호 구역Can Gio Reserve의 울창한 맹그로브 숲을 지나치게 된다. 한때 이곳에는 바다악어가 서식했지만, 지금은 근처 보호구역으로 옮겨졌다.

강 상류로 계속 이동하면 메콩 델타 북쪽에 있는 쿠치 터널Củ Chi Tunnel이 나온다. 약 250㎞에 달하는 지하 터널은 베트남 전쟁 당시에 건설되었다. 주로 부상당한 베트콩 병사에게 음식과 피난처를 제공하기 위한 목적으로 사용되었다. 사이공 강 제방에서 일반 대중에게 공개된 구역을 둘러보며 게릴라 병사의 삶에 대해 들을 수 있다.

쩌런(큰 시장)
Chợ Lón

초론은 문자 그대로 번역하면 '큰 시장'이라는 뜻이다. 18~19세기에 중국 소수 민족의 은신처였던 호치민 차이나타운은 이제 시장과 예쁜 사원이 있는 번화한 곳이 되었다. 사람들로 붐비는 초론의 실내 시장에서는 값싸고 질 좋은 물건과 중국 전통 음식을 구입할 수 있다. 숨어 있는 카페와 레스토랑에서 휴식을 취하고 화려한 사원과 세련된 중국풍 건축물을 볼 수 있다.

1700년대 후반에 건설된 초론은 호치민시 북쪽의 독립된 지역이었다. 호치민이 성장하면서 초론은 점차 호치민의 행정구역에 통합되었고 지금은 호치민 최대의 차이나타운이다. 이 지역은 과거에 불법 거래의 현장이어서 전쟁 시기에 일부 미군들은 초론을 군수 물자를 사고파는 암시장으로 이용하기도 하였다.

가장 큰 중심 상가는 쩐 푸 거리와 안 즈엉 브엉 거리가 만나는 교차로 근처에 있는 건물이다. 4층 건물 전체에 디자이너 의류와 신발은 물론 전자 제품과 가전제품을 판매하는 상점들이 들어서 있다. 허기가 느껴지면 1층으로 내려와 다양한 음식을 파는 매점에서 식사를 할 수 있다. 중국 만두의 일종인 반 베오를 맛보거나 주로 빵이나 고기와 함께 먹는 스폰지처럼 부드러운 스프링롤인 반 꾸온을 먹을 수 있다.

허기를 채운 후에 탑 무오이 거리에서 판 반 코애 거리까지 뻗어 있는 빈떠이 시장으로 이동하면 쌀, 고기, 야채 등 식재료를 사기 위해 찾는 현장을 볼 수 있다. 핸드메이드 의류나 보석도 진열대를 가득 메우고 있다.

시장 안의 인파를 뒤로 하고 초론의 화려한 사원에서 문화에 빠진 다음 티엔허우와 콴 암 사원의 시장으로 이동해 기와지붕, 등롱, 황금 불상으로 장식되어 있는 것을 볼 수 있다. 사원 건물들의 붉은 장식에서는 중국 문화의 영향을 확인할 수 있다.

쩌런은 사이공 강변에서 호치민시의 5개 구역을 형성하고 있다. 초론과 호치민시 간을 운행하는 버스를 이용해 이동할 수 있지만 관광객은 대부분 가이드 투어를 이용한다.

🏠 Chợ Lớn Quan 5
벤탄 시장에서 1번 버스 탑승해 종점 하차 (15분 소요)

노트르담 성당
Nhà thờ Đức bà Sài Gòn

기독교가 베트남의 주된 종교는 아니지만, 아름다운 성당은 호치민 시에서 가장 대표적인 랜드마크로 손꼽히는 곳이다. 호치민 시 노트르담 성당의 경이로운 동정녀 마리아상과 거대한 종탑을 감상한 뒤 안으로 들어가 북적대는 길거리와 동떨어진 환하고 평온한 공간을 찾을 수 있다. 투어에 참여해 건물의 역사를 자세히 알아보고 성당 주변의 푸른 정원을 거닐 수 있다.

성당을 감싸고 있는 널따란 정원 안으로 들어가면 1층에서는 기도를 드리고 있는 커다란 동정녀 마리아 상을 볼 수 있다. 이 조각상은 1959년 로마에서 호치민으로 옮겨왔다. 떠도는 소문에 따르면, 2005년 마리아상이 눈물 흘리는 모습이 목격되었다고 하는 데 믿거나 말거나이다.

호치민의 노트르담 성당은 호치민 시 곳곳에서 볼 수 있지만, 바로 눈앞에서 봐야 진정한 아름다움을 느낄 수 있다. 조각상 뒤로 보이는 높이 60m의 쌍둥이 첨탑과 얼마나 완벽하게 어울리는지 확인할 수 있다. 건물의 나머지 부분은 1880년에 완공되었지만 2개의 첨탑은 15년이 지난 뒤에야 증축되었다. 2개의 첨탑 사이의 있는 본관 건물을 크게 차지하고 있는 커다란 장미창을 통해 구경하는 것도 좋은 방법이다. 전쟁 중에 파괴된 원래의 스테인드글라스 창은 현재 투명 유리로 교체된 상태이다.

성당을 감싸고 있는 널따란 정원 안으로 들어가면 1층에서는 기도를 드리고 있는 커다란 동정녀 마리아 상을 볼 수 있다. 이 조각상은 1959년 로마에서 호치민으로 옮겨왔다. 떠도는 소문에 따르면, 2005년 마리아상이 눈물 흘리는 모습이 목격되었다고 하는 데 믿거나 말거나이다.

정문을 지나 안으로 들어가면 넓은 궁륭이 보인다. 궁륭 내벽은 성서의 유명한 장면을 묘사한 명판으로 장식되어 있다. 호치민 노트르담 성당 내부는 전반적으로 단순하게 장식되어 있는데, 투명한 유리창과 하얀 벽이 공간에 평온한 분위기를 더해 준다. 내부에서 조금만 있다 보면 바깥의 북적대는 길거리는 뇌리에서 사라진다. 호치민 시 도심의 정부청사 지역에 있는 호치민 노트르담 성당은 오전부터 매일 개방된다. 성당에 대해 자세히 알고 싶다면 영어를 구사하는 직원이 안내하는 성당 투어에 참가하는 것도 좋다.

🏠 Ben Nghe, tp, Ho Chi Minh City, 호찌민 도심, 동커이 거리　🕐 8~11시, 15~16시　📞 +84-8-3822-0477

KHÔNG PHẬN SỰ
CẤM VÀO
Do Not Enter
2005

사이공 중앙우체국
Bưu Điện Trung Tâm Thành Phố

정상 운영 중인 우체국인 사이공 중앙우체국 건물은 일주일 내내 개방된다. 그래서 많은 관광객은 호치민시에 오면 엽서를 쓰게 된다. 호치민의 아름다운 19세기 우체국 건물을 방문하여 엽서를 쓰는 아날로그적인 생활을 경험할 수 있다. 프랑스 건축가 '귀스타브 에펠'이 설계하고 1891년에 완공된 사이공 중앙우체국은 베트남의 르네상스 건축 양식을 보여주는 대표적인 건물로 유명하다. 바로 앞거리에서 잠시 건물의 장식을 감상하다 보면 죽 늘어선 아치형 창문들, 출입구 위의 큰 시계, 빨간색과 노란색 베트남 국기를 머리 위로 볼 수 있다.

식민지 시대의 건축물을 풍부하게 보유한 호치민시에서도 최고로 꼽히는 사이공 중앙우체국은 대표적인 명소이다. 미색의 타일이 바닥에 깔린 장엄한 원통형 홀 안으로 들어가면 벽에는 손으로 그린 정교한 지도가 있다.

건물 안으로 들어가자마자 높은 아치형 천장이 한쪽 끝에서 반대쪽 끝까지 둥그렇게 이어지는 넓은 중앙 회랑이 눈에 띈다. 녹색 철 기둥이 지지하고 있는 우체국은 20세기 영국 기차역으로는 보이지 않는다. 중앙 홀의 양쪽 벽에는 손으로 그린 지도가 여러 개 있다. 사이공과 남베트남의 다른 지역이 얼마나 상세하게 표현되어 있는지 자세히 살펴보는 것도 좋은 관람방법이다.

🏠 Ben Nghe, tp, Ho Chi Minh City, 노트르담 대성당 바로 건너편 🕐 7~19시 📞 +84-8-3822-1677

작동 중인 여러 대의 전화 부스와 데스크를 지나 회랑 끝까지 반짝이는 타일 바닥 위를 걸어가 보면 혁명 지도자 호치민을 묘사한 벽에 있는 화려한 모자이크의 정교한 표현을 관찰할 수 있다.

우편으로 보낼 것이 없다면 건물 밖으로 나가 기념품을 판매하는 사람들을 구경하면서 엽서나 예술 사진 등 다양한 기념품을 구입할 수 있다. 우표 수집가라면 우체국 안에서 판매하는 여러 가지 희귀 우표를 살 수도 있다.

호치민 시청
UBND Thành phố Hồ Chí Minh

매력적인 정부 청사는 의심할 여지없이 도시의 가장 인상적인 식민지 시대 건물 중 하나이다. 다시 물러나서 높다란 시계탑, 아치형 창문, 세련된 조각으로 꾸며진 호치민 시청의 뛰어난 외관을 감상한다. 예쁜 정원 안을 걸어 다니고 베트남에서 가장 유명한 혁명 지도자의 동상과 함께 사진을 찍을 수 있다.

거대한 호치민 시청의 흰색 외관은 도시에서 가장 잊을 수 없는 광경 중 하나이다. 외관 디자인은 파리에 있는 호텔 데 빌레Hotel de Ville를 본떴고 르네상스 건축 양식은 20세기 초 유럽 건축에서 흔히 볼 수 있었던 형태를 차용하였다. 건물은 현재도 정부 청사로 사용되고 있다. 내부는 일반인 출입이 금지되어 있지만, 호치민시 최고의 식민지 시대 건축물을 확인하려면 꼭 방문해야 할 곳이다.

잘 관리된 정원을 지나면 홀이 나온다. 벤치 중 하나에 잠깐 앉아서 건물의 전경과 깔끔하게 가꿔진 화단, 둥그렇게 이어지는 산책로를 따라가 보자. 앉은 자세로 어린 아이를 달래고 있는 모습의 유명한 호치민의 동상도 볼 수 있다.

건물 앞에 넓은 마당을 산책하면서 올려다보면 크림색 홀의 위층에 아치형 창문과 문들이 죽 이어져 있다. 정문 위에 고전적 장식으로 꾸며진 피라미드 모양 상단은 건물의 아름다움을 더욱 돋보이게 하는 화룡점정으로 여겨진다.

홀의 중심에서 솟아있는 탑도 빼놓을 수 없다. 종탑 주변은 철제 난간으로 둘러싸여 있고 국기 속에서 반짝이는 노란별이 하늘 높이 솟구쳐 있다.

야경

건물이 특히 아름다운 밤에 시청을 찾아가자. 밝은 야간 조명등이 장식을 돋보이게 하고 어두운 밤하늘을 배경으로 크림색 건물의 외관이 마치 자체적으로 빛을 발하는 것처럼 보인다.

⌂ 86 Le Thanh Ton Q 1, Ho Chi Minh City
노트르담 대성당에서 도보 5분
내부 관람 불가

호치민 광장
Hồ Chí Minh Square

분주한 호치민시의 거리를 잠시 벗어나 호치민 광장으로 오면 프랑스 식민지 건축물과 꽃 내음에 둘러싸여 조용한 휴식을 맛볼 수 있다. 유서 깊은 호치민 광장은 오토바이와 자동차로 복잡한 베트남 남부의 역동적인 도시 호치민시에서 고요하고 우아한 매력을 갖춘 곳이다.

광장은 19~20세기 베트남 남부의 역사를 고스란히 간직한 곳이다. 광장 주변을 둘러싸고 있는 프랑스풍 건축물을 통해 베트남의 과거 식민지 역사를 엿볼 수 있다. 휘날리는 빨간색 베트남 국기와 공산주의 혁명 지도자 호치민의 동상은 베트남의 최근 역사를 보여준다. 주변 거리 곳곳에 자리한 고급 부티크와 유명 브랜드 상점에서 쇼핑을 만끽할 수 있다.

광장 북쪽에는 호치민 시청이 한 블록 전체를 차지하고 있다, 1908년에 프랑스가 완공한 이 시청은 프랑스의 파리 시청을 본 딴 것이다. 건물에는 여러 정부 청사가 들어서 있어 일반인은 출입금지이다. 가까이 가서 흰색과 노란색이 어우러진 건물 외관의 섬세한 장식과 보존이 잘 되어 있는 아름다운 기둥과 아치형 구조물을 감상하자.

광장 주변

광장 동쪽에 있는 아름다운 렉스 호텔은 1927년 프랑스가 지은 건물인데, 베트남 전쟁 당시 중요한 역할을 했다. 전쟁 당시 호텔의 옥상 바에는 군인, 외교관, 전시 특파원 등이 자주 모였다. 지금은 세계 최고 중 하나로 인정받고 있는 새로 단장된 바에서 칵테일이나 저녁을 먹을 수 있다. 해질녘 시내가 내려다보이는 전망은 일품이다.

동쪽으로 한 블록만 걸어가면 19세기 말에 프랑스가 지은 사이공 오페라 하우스가 있다. 베트남 전쟁 때는 난민 피난처로 사용되었던 화려한 극장은 호치민시의 심포니 오케스트라와 오페라 공연이 열리는 곳이다.

사이공 스카이데크
Saigon Skydeck

1구역 호퉁마우 거리에서 도시 전체가 내려다보이는 68층짜리 초고층 건물의 꼭대기에서 최고의 전망에서 랜드마크를 찾아보고 해가 지는 것을 지켜보는 것은 어떨까? 화려한 도심의 고층 건물 위층에 자리한 사이공 스카이데크 Saigon Skydeck를 찾아가면 호치민시 최고의 전망을 볼 수 있다. 멀리 보이는 성당 등 대표적인 관광명소를 찾아보고, 음료를 마시면서 지평선 너머로 지는 해를 바라본다. (1층에서 받는 입장료에 스카이데크 입장권이 포함되어 있다.) 51층에 있는 헬리 바Heli Bar에서 상쾌한 맥주나 칵테일 한 잔과 함께 도시 최고의 전망을 감상하고 휴식을 취할 수 있다.

사이공 스카이데크Saigon Skydeck는 도심의 비텍스코 파이낸셜 타워Bidecksko Finacial Tower안에 있다. 에콰도르 건축가 카를로스 자파타Carlos Zapata가 설계한 고층 건물은 연꽃 구근을 닮은 모습이다. 사이공 강 강변에 높이 서있는 건물은 자체로도 멋진 광경을 연출한다.
체력이 좋지 않다면 49층에 있는 사이공 스카이데크까지 엘리베이터를 이용하는 것이 좋다. 전망대로 나오면 숨이 멎을 듯한 360도 전망이 관광객을 맞이한다. 서쪽으로는 노트르담 성당과 벤탄 시장이 보이고 북쪽 멀리에는 시청 건물이 서있다. 강을 따라 천천히 항해하는 보트나 요트들을 바라보거나 망원경을 통해 도시 밖 평원까지 볼 수 있다.

저녁까지 머물면 평원 전체를 물들이는 아름다운 석양을 감상하는 사이에 도시의 불빛들이 반짝이기 시작하는 것을 볼 수 있다. 스카이데크 자체의 은은히 빛나는 네온전구도 보라, 빨강, 파랑으로 바뀌면서 조명 쇼를 연출한다. 조명 쇼는 야경을 망치지 않으면서 눈앞에서 반짝이는 호치민 전경을 조망할 수 있는 환경을 조성하였다.

🌐 www.bitexcofinancialtower.com
🏠 36 Ho Tng Mau, Ben Nghe, Ho Chi Minh City, 벤탄 시장에서 사이공 강 방향으로 도보 10분
🕐 9시 30분~21시 30분(45분 전 마감) đ 200,000동

비텍스코 사이공 스카이데크 + 하이네켄 박물관 콤보 티켓

비텍스코 파이낸셜 타워(Bitexco Financial Tower)의 꼭대기 층에 위치한 사이공 스카이데크(Skydeck)으로 올라가면 눈이 탁 트이는 호치민 시의 풍경을 감상할 수 있다. 하이네켄 박물관의 인터렉티브 투어, 게임, 맥주 시음회를 즐기게 된다.

스카이데크

도시의 맨 꼭대기에서 호치민을 내려다보기는 쉽지 않다. 초속 7m의 속도로 움직이는 고속 엘리베이터를 타고 사이공 스카이데크(Skydeck)로 올라가는 스릴을 만끽한다. 사이공 스카이데크(Saigon Skydeck)로 가면 인터렉티브 디스플레이와 함께 사이공의 360도 전망을 49층 높이에서 볼 수 있다.

사이공 스카이데크에서 도시의 숨 막히는 360도 전망을 체험한다. 사이공을 둘러싼 다양하고 흥미로운 정보들을 설명을 통해 이해하면서 망원경을 통해 경치를 감상할 수 있다. 49층, 58층, 59층, 60층 상공에서 멋진 풍경을 즐긴다.

월드 오브 하이네켄

월드 오브 하이네켄에서 가이드와 함께 맥주 양조 투어를 즐기고 하이네켄 바에서 하이네켄 맥주 맛을 느끼면서 여행의 피로를 풀 수 있다. 1873년에 설립된 하이네켄 사의 유구한 역사를 발견할 수 있는 월드 오브 하이네켄(The World of Heineken)을 방문하면 정제수, 맥아, 홉, 그리고 특 A급 효모를 통해 만들어지는 하이네켄 맥주의 양조과정을 4D 영화로 체험할 수 있다. 레이싱 게임도 즐기고, 스타 서브(Star Serve) 표준에 맞게 맥주를 따르는 법도 배워볼 수 있다. 그리고 마지막으로 공식 하이네켄 바에서 최고급 하이네켄 맥주를 음미한다.

더 카페 아파트먼트
The Cafe Apartments

더 카페 아파트먼트The Cafe Apartment는 호치민 시청 앞 워킹 스트리트에 위치한 이색 카페건물이다. 낡은 아파트 전체를 카페로 개조한 곳으로, 각 층마다 다른 컨셉의 카페들이 입점해 있다.

철거 예정이던 아파트가 호치민 최고 감성 스팟으로 거듭난 카페 아파트먼트는 편집 샵, 서점, 음식점으로 가득 채워져 있다. 오래된 복도식 아파트를 한 채를 전부 개조한 더 카페 아파트먼트the cafe apartments는 이전 사람들이 살던 모습이 그대로 남아 있어 더 느낌이 있다고 인기를 얻은 곳이다.

꼭대기 층인 9층까지 올라가 내려오면서 자신이 원하는 카페나 레스토랑을 발견하면 들어가 식사나 커피, 음료수를 마셔도 좋다. 미로 같은 낡은 아파트를 따라 숨겨진 명당을 찾는 재미가 있다. 각 호수마다 다양한 카페가 SNS를 타고 인기를 얻었기 때문에 레스토랑이나

카페 등이 신기해 찾는 관광객이 많다. 날씨가 좋으면 카페 테라스에 앉아 밖을 바라보면서 시간을 보내도 좋다.

TIP

각 층의 유명 카페

망고트리(Mango)
디저트 카페로 대한민국의 관광객이 특히 더운 호치민을 여행하고 빙수를 먹으면서 더위를 식힐 수 있는 카페로 단맛과 망고가 일품이다. 케이크도 상당히 맛있어 많이 주문하는 메뉴이다.

파르티 잉글리쉬 티룸(Partea-English tea room)
커피가 아닌 다른 음료를 찾고 있다면 4층에 있는 파르티 잉글리쉬 티 카페로 가면 된다. 커피도 있지만 티 전문점인 파르티는 티를 선택한 후 마음에 드는 찻잔을 고를 수 있다. 모든 것이 아기자기해서 여성들에게 인기가 높다. 먼저 마시고 싶은 차와 찻잔을 고르고 선불을 하고 앉아 있으면 차를 내준다.

사이공 오이 카페(Saigon Oi Cafe)
예쁜 인테리어와 분위기있는 테라스가 있어 젊은 여성들에게 인기가 많다. 커피와 음료는 물론 케이크 종류도 다양해 음료와 케이크를 선택하는 비율이 높다.

쭝응우옌(Trung Nguyen Cafe Legend)
베트남의 '스타벅스'라고 불리는 쭝응우옌의 레전드 카페로 알려져 있다. 현지인들에게 사랑받는 카페는 실내 바닥이 모래로 되어있어 비 오는 날에 가기에도 좋다. 이색적인 카페를 찾는관광객이 많이 찾는다.

Cho Le Loi Q 1, Ho Chi Minh City, 호치민 시청에서 도보 5분 ⊙ 9~19시(상점마다 다름)

벤탄 시장
Chợ Bến Thành

전통 베트남 음식을 즐기거나 기념품을 구입할 수 있는 북적이는 시장을 돌아보지 않고 호치민시를 전부 둘러봤다고 말할 수 없다. 호치민에서 가장 유서가 깊은 벤탄 시장은 베트남의 주요 관광 명소 중 하나이다. 벤탄 시장은 상징적인 시계탑이 시장을 굽어보고 있어 길을 찾기가 어렵지 않다. 항상 보행자와 차량들로 넘쳐나므로 길을 건너 시장으로 갈 때 넘어지지 않게 조심해야 한다.

300년의 역사를 간직한 도시를 방문하는 여행객이라면 벤탄 시장을 꼭 들러봐야 한다. 다채로운 가판대를 둘러보고 현지 상인들로부터 음식, 기념품, 옷가지를 구입하는 현장을 볼 수 있다. 벤탄 시장은 베트남의 진정한 맛을 즐길 수 있는 이상적인 곳으로 음식 가판대에 들러 생선 통구이나 상큼한 차와 같은 현지의 메뉴를 맛볼 수 있다.
가판대 주변을 돌아다니다 보면 엄청나게 다양한 베트남 음식들을 구경할 수 있다. 소박한

기념품이나 전통 의상을 구
입하고 싶다면 이곳만큼 좋
은 곳도 없다. 하지만 시장
은 관광객만을 위한 장소는
아니다. 호치민 시민들 역시
벤탄 시장에서 매일 생필품
을 구입하고 있으므로 관광
객은 현지의 맛과 풍습을 조
금이나마 체험할 수 있는 것
이다.
메인 시장은 저녁에 문을 닫
지만 벤탄 야간 시장에 밤늦
게까지 영업이 계속된다.

흥정

상인들은 처음에 물건 가격을 부풀릴 때
가 많으므로 쇼핑할 때에는 꼭 가격을 흥
정해야 한다. 2000년대 초반만 해도 50%
이상 할인가격을 부르고 흥정을 할 수 있
었지만 지금 50%이상 할인하면 짜증을
내므로 적당한 할인가격을 불러야 한다.
그런데 이 가격이 고무줄 같아서 알아채
기가 쉽지 않다. 알차게 물건을 쇼핑하고
싶다면 흥정할 마음의 준비를 하고 벤탄
시장에 가자.

팜응라오 거리

배낭여행객의 천국인 팜응라오 거리에는
저렴한 음식점과 다채로운 시장, 활기 넘치는 바가 즐비하다.

팜응라오의 전통 거리를 따라 걸으며 현지의 아담한 카페, 배낭여행객을 위한 친절한 바, 달콤한 코코넛 캔디와 열대 과일을 판매하는 상점에 들어가 보자. 인정 넘치는 게스트하우스에서 다른 여행객들과 여행 정보를 공유하고 저녁이 되면 밖으로 나가 도시 최고의 나이트라이프를 경험할 수 있는 거리이다.

팜응라오 외곽 지역에서 머물기로 결정해도 배낭여행자 거리에 들러 도시에서 가장 맛있고 저렴한 음식을 먹어보게 된다. 골목마다 숨어 있는 아담한 음식점에서 다양한 현지 음식을 골라 보고 속을 꽉 채운 팬케이크와 걸쭉한 쌀국수, 매콤한 게 요리나 구운 새우 요리 등 맛있는 음식을 맛볼 수 있다. 익힌 요리는 대부분 안전하지만 생야채나 얼음이 들어간 음료는 피하시는 것이 좋다.

구불구불하지만 안전한 도로를 따라 걷다 보면 다양한 기념품과 현지 특산물을 판매하는 다채로운 시장이 나온다. 베트남을 상징하는 고깔부터 아름다운 그림과 실크 자수까지, 다양한 물건을 구입할 수 있다. 시장을 충분히 둘러본 후에 물건을 구입하고 부담 없이 가격을 흥정하면서 가격을 알게 되는 것도 좋은 방법이다.

나이트라이프를 즐겨 보고 싶다면 저녁에 팜응라오의 번화가에 꼭 한 번 찾아야 한다. 곳곳에서 흘러나온 음악이 거리를 채우는 바에서 세계 각지의 여행객들이 저렴하게 술과 음료를 즐긴다. 춤을 추며 밤을 지새우거나 해외에서 온 여행자와 대화를 나누며 여행을 알아가는 것도 새로운 경험이 된다.

1지역에 있는 팜응라오 거리는 조금만 걸어가면 호치민 시 도심으로 갈 수 있기 때문에 여행하는 동안 많은 여행자들이 숙소를 정하는 장소이다. 도시 곳곳으로 운행되는 대중교통 노선이나 저렴하고 안전한 택시나 그랩Grab을 이용한다. 이곳에는 게스트하우스와 호텔을 어렵지 않게 찾을 수 있으며 대부분의 시설에는 영어를 구사하는 직원이 근무하고 있다. 숙소는 여러 곳을 충분히 돌아본 후에 결정하고 숙박 요금도 협의해보게 좋다.

팜응라오 거리의 모습

팜응라오 거리는 여행 예산이 한정되어 있는 관광객들이 많이 찾는 곳이다. 이곳에는 숙소, 맛있는 음식, 다양한 여행물품을 적당한 가격에 구할 수 있다. 호치민시 한복판에서 값싼 음식, 숙소, 시장을 찾아야 한다면 팜응라오 거리보다 좋은 곳은 없다고 단언한다. 이곳은 베트남인들 사이에서 '배낭족 구역'이라 불리는 곳으로 여행경비가 빠듯한 배낭여행자의 천국으로 알려져 있다.

팜응라오는 13세기에 명성을 떨쳤던 한 장군의 이름을 딴 거리로 이곳의 야외 시장과 실내 시장은 관광객과 현지 주민들로 인산인해를 이룬다. 시장에서 쇼핑할 때 흥정은 필수이므로 행상인과 흥정할 마음의 준비를 하고 싼 가격으로 옷가지, 전자 제품과 기념품을 구입할 수 있다.

팜응라오 내에는 저렴한 예산으로도 이용할 수 있는 다양한 숙소들이 많다. 덕분에 객실 요금을 흥정하기가 쉽지만 가끔은 형편없는 숙소에 머무는 불행이 있을 수도 있다. 대부분의 숙소에는 케이블 TV, Wi-Fi, 기타 편의시설이 구비되어 있다. 가장 조건이 좋은 숙소를 구할 수 있는 곳은 메인 도로와 연결되는 골목길이다.

현지요리에서 주류 음식에 이르는 거의 모든 음식들을 맛볼 수 있다. 가판대에서 길거리 음식을 맛보거나 카페에 들어가 차를 마실 수 있다. 다수의 쌀국수 가게는 24시간 운영되므로 늦은 새벽에도 다양한 면 요리를 맛볼 수 있다. 주변의 바와 클럽에 가면 저렴한 가격으로 맥주, 칵테일과 라이브 음악을 즐길 수 있다.

팜응라오 구역은 나란히 나 있는 2개의 도로와 서로 연결되어 있는 여러 개의 골목길로 이루어져 있다. 팜응라오는 호치민시 도심에 있는 1구역 안에 위치해 있다. 조금만 걸어가면 공원, 시장과 도시의 수많은 주요 명소들에 닿을 수 있으며 전쟁 박물관, 노트르담 성당과 통일궁에 가는 데도 15분이 채 걸리지 않는다.

동코이 거리

번화한 동코이 거리의 대형 백화점에서 쇼핑을 하고 세련된 카페에서 식사를 즐기며 아름다운 19세기 건축물을 구경하면서 하루를 보내는 것이 호치민 사람들의 꿈같은 생활이다. 활기 넘치는 상업 지구에서 상가, 백화점, 고급 체인점을 둘러보며 신나는 하루를 즐겨보자. 저렴한 최신 전자제품을 찾아보거나 패션 매장에서 유행하는 옷을 구입할 수 있다. 현지의 많은 디자이너 매장에서 세계적인 브랜드 제품과 호치민의 유행을 선도하는 의류도 찾아보고 골목길에 숨어 있는 작은 부티크 매장도 찾아가보자. 이곳에는 아름다운 실크 자수 제품 같이 독특한 기념품을 구입할 수 있다.

길을 따라 이동하면서 깊은 인상을 남기는 아름다운 건축물도 보고 남쪽 끝자락에 다다르면 오페라 하우스의 웅장한 아치형 입구가 보인다. 저녁에는 조명을 받은 거대한 기둥과 아름다운 조각상이 특히 아름다운 광경을 자아낸다.

정부청사와 닿아 있는 거리 반대쪽 끝에는 더 많은 문화적 명소가 자리 잡고 있다. 프랑스 건축가 귀스타브 에펠이 설계한 사이공 중앙우체국 안에는 베트남 남부 지역의 지도가 그려져 있다. 도시를 세밀하게 묘사한 다채로운 모자이크를 살펴보고 길 바로 맞은편에는 호치민 시 노트르담 성당의 높은 첨탑을 볼 수 있다.

허기가 느껴지면 많은 카페 중 한 곳에 들어가 점심이나 커피를 마시고 저녁에 다시 찾아 레스토랑에서 현대적인 감각으로 재구성한 베트남 요리를 맛볼 수 있다.

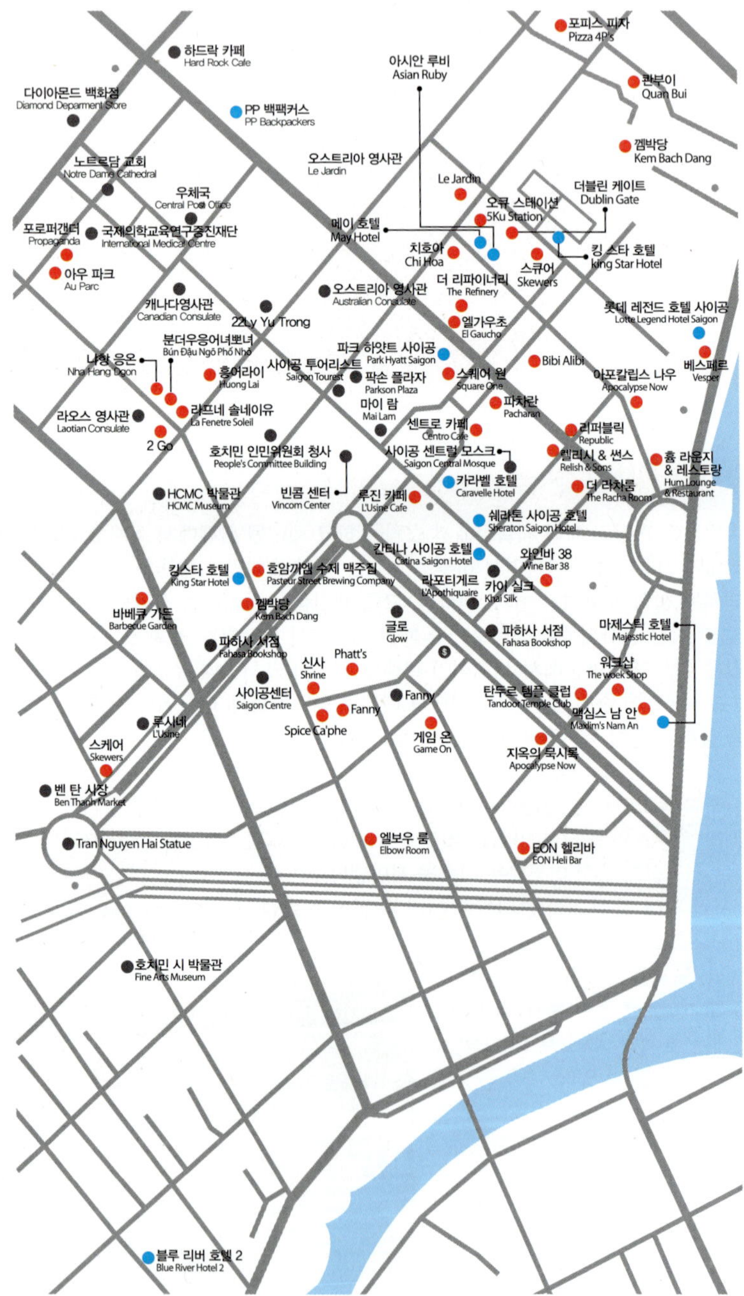

하드락 카페
Hard Rock Cafe
다이아몬드 백화점
Diamond Deparment Store
PP 백팩커스
PP Backpackers
아시안 루비
Asian Ruby
포피스 피자
Pizza 4P's
콴부이
Quan Bui
노트르담 교회
Notre Dame Cathedral
우체국
Central Post Office
오스트리아 영사관
Le Jardin
Le Jardin
오큐 스테이션
5Ku Station
더블린 케이트
Dublin Gate
껨박당
Kem Bach Dang
포로퍼갠더
Propaganda
국제의학교육연구증진재단
International Medical Centre
메이 호텔
May Hotel
치호아
Chi Hoa
킹 스타 호텔
king Star Hotel
아우 파크
Au Parc
더 리파이너리
The Refinery
스큐어
Skewers
캐나다영사관
Canadian Consulate
22 Ly Yu Trong
오스트리아 영사관
Australian Consulate
엘가우초
El Gaucho
롯데 레전드 호텔 사이공
Lotte Legend Hotel Saigon
분더우응어녀뽀녀
Bún Đậu Ngõ Phố Nhỏ
파크 하얏트 사이공
Park Hyatt Saigon
Bibi Alibi
아포칼립스 나우
Apocalypse Now
베스페르
Vesper
나항 응온
Nha Hang Ogon
훙어라이
Huong Lai
사이공 투어리스트
Saigon Tourest
팍손 플라자
Parkson Plaza
스퀘어 원
Square One
파차란
Pacharan
라프네 솔네이유
La Fenetre Soleil
마이 람
Mai Lam
센트로 카페
Centro Cafe
리퍼블릭
Republic
라오스 영사관
Laotian Consulate
2 Go
호치민 인민위원회 청사
People's Committee Building
사이공 센트럴 모스크
Saigon Central Mosque
렐리시 & 썬스
Relish & Sons
흄 라운지 & 레스토랑
Hum Lounge & Restaurant
카라벨 호텔
Caravelle Hotel
더 라차룸
The Racha Room
HCMC 박물관
HCMC Museum
빈콤 센터
Vincom Center
루진 카페
L'Usine Cafe
쉐라톤 사이공 호텔
Sheraton Saigon Hotel
칸티나 사이공 호텔
Catina Saigon Hotel
와인바 38
Wine Bar 38
킹스타 호텔
King Star Hotel
호암까엠 수제 맥주집
Pasteur Street Brewing Company
라포티게르
L'Apothiquaire
카이 실크
Khai Silk
마제스틱 호텔
Majesstic Hotel
바베큐 가든
Barbecue Garden
껨박당
Kem Bach Dang
워크샵
The woek Shop
파하사 서점
Fahasa Bookshop
글로
Glow
파하사 서점
Fahasa Bookshop
신사
Shrine
Phatt's
탄두르 템플 클럽
Tandoor Temple Club
맥심스 남 안
Maxlim's Nam An
사이공센터
Saigon Centre
Fanny
게임 온
Game On
루시네
L'Usine
Fanny
Spice Ca'phe
지옥의 묵시록
Apocalypse Now
스케어
Skewers
벤 탄 시장
Ben Thanh Market
Tran Nguyen Hai Statue
엘보우 룸
Elbow Room
EON 헬리바
EON Heli Bar
호치민 시 박물관
Fine Arts Museum
블루 리버 호텔 2
Blue River Hotel 2

지악럼 사원
Giac Lam Pagoda

눈에 띄는 7층탑에서 평온한 정원에 이르기까지, 고대 사원은 조용히 반추의 시간을 음미하고 호치민시의 불교 역사에 대해 알아보기에 아주 좋은 장소이다. 호치민시에서 가장 유명한 랜드마크 중 하나인 7층 사리탑이 서 있으므로 금방 알아볼 수 있다.
지악럼 사원에서 호치민시 역사의 주요 부분이다. 목조 사원은 1744년에 처음 건축되었으며 도시에서 가장 역사가 깊다. 지악럼 사원의 입구를 통해 안으로 들어가 수도승들이 수백 년 동안 기도해 온 성소의 평온한 분위기를 느낄 수 있는 장소이다. 사리탑의 각 층을 둘러보며 다양한 부처상을 찾을 수 있다.

정면에 위치한 정원에는 화려하게 장식되어 있는 고승들의 무덤이 있다. 별당으로 가면 재가 담긴 화려한 색상의 유골 단지, 촛불과 망자에게 바치는 여러 물건들을 볼 수 있고, 별당 한가운데에는 1953년 이래로 정원을 지키고 있는 진귀한 보리수가 서 있다. 보리수 옆에는 자비의 여신인 관음보살상이 우뚝 서 있다.

지악럼 사원 본당은 재실, 법당과 공양 공간으로 이루어져 있다. 사원 곳곳에서 중요한 법문이 새겨져 있는 98개의 기둥을 찾아 세어 본다. 하지만 이내 지쳐 세어보기를 중단할 것이다. 오랜 세월에 걸친 베트남 미술의 변천사를 보여주는 사원의 유서 깊은 조각품들을 볼 수 있는 벽에는 망자를 기리는 초상화가 줄 지어 있다. 거대한 아미타여래상을 모신 주제단이 있다. 아미타여래는 불교의 진리(법)에서 중요한 인물이다.
지악럼 사원의 수도승은 방문객들을 친절하게 환영해 준다. 운이 좋으면 방문 시간에 맞춰 수도승들이 아름다운 독송식과 기도식을 수행하는 소리를 들을 수 있다. 곁방에서는 수도승이 점을 쳐 주고 곤란에 처한 이들에게 조언해준다.

⊙ 매일 개방(정오 즈음 몇 시간 동안 입장 금지) / 사원 입장 시 모자 착용금지

호치민 오페라 하우스 / 시민극장
Municipal Theatre

반짝이는 흰색 건축물과 곡선이 특징인 이 아름다운 극장 안에 서 있으면 호치민시가 아닌 마치 파리에 와 있는 듯 착각하게 된다. 문화에 관심이 많든 그저 아름다운 건축물만 보든 상관없이 오페라 하우스는 누구나 놓치면 후회하게 될 장소이다.

호치민 시민극장Municipal Theatre이라고도 불리는 하얀색의 찬란한 랜드마크는 20세기 전환기에 프랑스령 인도차이나의 수도가 사이공이었음을 눈으로 확인시켜 준다. 오페라 하우스에서 조금만 걸어가면 호치민시 노트르담 성당과 통일궁과 같은 프랑스 식민 통치 시대의

🏠 7 Lam Son Square, Ben Nghe Ward, District 1, Ho Chi Minh City, 호치민 시청에서 도보 5분
📞 +84-8-3829-9976

또 다른 건물들이 나온다. 오페라 하우스를 감싸고 있는 넓은 가로수 길을 보면 베트남인지 프랑스인지 분간하기 어려울 것이다.

프랑스 식민주의의 영향을 받은 건물의 장엄한 디자인을 보면 건물 지붕과 장식품들은 파리에서 공수해 온 것이며 모든 장식과 가구 역시 프랑스 예술가가 디자인했다. 제1차 세계대전 이후 극장에 프랑스의 느낌이 너무 강하다는 비판이 일기 시작하자 도시에서는 오페라 하우스의 외관을 수놓고 있던 장식품, 조각상과 판화를 철거할 수밖에 없었다. 하지만 1998년 호치민시 창립 300주년을 기념하여 오페라 하우스는 예전의 화려한 모습으로 복원되었다. 입구의 하얀 조각상, 화려한 타일 바닥과 고급스러운 샹들리에가 입구부터 강렬한 인상을 준다.

오페라 하우스에는 오페라 외에도 발레, 연극과 전통 베트남 춤을 비롯한 다양한 공연을 주최하고 있다. 관심이 가는 공연을 찾아본 후 1,800명의 관객을 수용할 수 있는 웅대한 객석에서 공연을 관람해 보자.

통일궁
Dinh Độc Lập

위풍당당한 통일궁 앞에 서서 1975년에 바로 이 자리에서 베트콩이 사이공을 탈환했을 당시의 모습을 재연해 놓고 있다. 화려하게 장식된 대통령 관저를 둘러보고 지하 작전 사령실에서 전시에 사용됐던 장비들을 살펴볼 수 있다. 매혹적인 궁에는 20세기 동안 베트남을 괴롭혔던 갈등과 불안의 역사를 직접 확인할 수 있는 장소이다.

커다란 초록빛 공원을 가로질러 가면 하얀 외관의 통일궁에 도착하게 된다. 꼭대기에 대형 국기가 게양되어 있는 건물은 옛 노로돔 궁전이 있던 바로 자리에 인도차이나 총독의 관저로 건설되었다. 1954년 프랑스가 철수한 다음 궁전을 차지하게 된 대통령 응오딘지엠의 노력에도 불구하고, 2명의 전투기 조종사가 대통령 암살을 시도한 후에 철거되었다. 1966년에 새롭게 재건된 건물은 독립궁으로 불리다가 9년 후 미국의 점령이 끝난 이후 명칭이 변경되었다.

정문에 가까워지면 건물 밖 높은 연단 위에 전시된 탱크가 눈에 띈다. 이 탱크는 군인들이 사이공을 수복하고 베트남 전쟁을 종식시키기 위해 궁전 문을 박살내고 들어왔던 순간을 기리는 것이다. 안으로 들어가면 전쟁 당시 통일궁이 어떤 역할을 했는지 알려주는 짧은 영상을 보여준다. 15분가량의 영상은 30분마다 한 번씩 반복해서 상영된다. 1층의 여러 복도와 방들이 지나면 뒤편의 옛 대통령 관저로 이어지고 캐비닛들 사이로 말 꼬리, 코끼리 발 등 기괴한 장식품들과 보트 모형들이 진열되어 있다.

위층에 있는 카드게임을 하던 방에는 술을 마실 수 있는 바, 영화를 볼 수 있는 스크린, 둥근 가죽 소파로 꾸며져 제임스 본드 영화에 나온 장소로는 보이지 않을 것이다. 지하에 숨어 있는 작전 사령실에는 호화로운 물건들이 별로 없다. 벽은 어두운 목재 패널로 마감되어 있고 좁은 워크스테이션은 무차별 공세를 펼치기 위해 사용된 라디오 장비와 상세한 작전 지도로 가득 차 있다.

🌐 www.dinhdoclap.gov.vn 🏠 106 Nguyen Du, District 1, Ho Chi Minh City ⏰ 7시30분~11시, 13~16시30분
₫ 40,000동 📞 +84-8-3822-3652

골든 드래건 수상인형극장
Golden Dragon Water Puppet Theater

수상인형극장은 하노이가 가장 유명하고 오래된 역사를 가지고 있다. 하노이부터 퍼져나간 인형극은 호치민에서 꽃을 피웠다. 극장에서는 일일이 손으로 깎은 목각 인형과 형형색색의 용이 수상 무대에 등장해 지역의 전설을 연극으로 보여준다. 베트남인들이 손수 공연을 진행하며 음악과 움직이는 꼭두각시 인형을 통해 모두가 이해할 수 있도록 이야기를 풀어 나간다. 옻칠한 목각 꼭두각시 인형은 전 세계적으로 유명하다.

연극은 연못처럼 생긴 무대에서 진행되는데, 인형을 부리는 사람들이 무대 뒤에 숨어 허리까지 차는 물속에 서서 공연을 펼친다. 사람들은 숨겨 놓은 긴 막대로 꼭두각시 인형을 자유자재로 움직인다. 앞좌석은 물이 튈 수도 있지만 수제 꼭두각시 인형의 아름답고 정교한 모습을 볼 수 있는 명당이다.

🏠 55B Nguyen Thi Minh Khai, Ho Chi Minh City, 통일궁 뒤(벤탄 시장에서 도보 15분)
🕒 8시 30분~20시 30분 ₫ 250,000동~ 📞 +84-8-3827-2653

공연 주제의 변화

홍 강 삼각주(Red River Delta)에서 1,000 년 전에 시작된 독특한 예술 형태인 수상 인형극은 과거에는 농업, 어업을 영위하는 마을에서의 로맨스와 같은 마을의 일상생활을 보여준다. 지금은 고대 베트남 전설, 신화와 역사에 관한 공연을 보여주고 있다.

공연의 유래

11세기로 거슬러 올라간 예술 형태에 뿌리를 가지고 있다. 수상 인형 극장의 전통은 논이 침수되고 마을 사람들이 허리 깊이의 물속에 서서 인형을 가지고 물 위에서 연기하는 놀이 문화를 만들어낸 시기에서 유래되었다. 인형을 지지하기 위한 큰 막대를 사용해 스크린 뒤에 숨은 인형 조종자들과 함께 물을 가로질러 움직이면서 쇼를 만든다.

타오단 공원
Công viên Tao Đàn

어린이 놀이터, 널찍한 공터, 아름답게 가꾸어진 정원 등이 있는 호치민 최고의 도심 공원에서 편안한 시간을 보낸다.

타오단 공원은 번잡한 호치민에서 잠시 휴식을 취하기에 아주 적합한 장소로 약 10㎡ 규모의 타오단 공원에는 곳곳에 총 1천여 그루의 나무가 있어 시원한 그늘에서 더위를 피할 수 있다. 신나는 활동을 즐기고 싶다면 저렴한 요금을 내고 공원 근처에 있는 테니스장이나 수영장을 이용하실 수도 있다.

기온이 올라가기 전인 아침 시간에 공원을 이용하시면 더욱 좋다. 공원을 거닐며 지역 주민들이 기공 체조를 즐기는 모습도 구경하 것도 좋다.

아침에 공원을 방문하면 새들이 지저귀는 소리도 들을 수 있어 상쾌한 기분을 느낄 수 있다. 호치민 시내 곳곳의 사람들이 새를 데려와 공원에는 언제나 새들의 노랫소리가 가득하다. 매일 아침 거의 8시까지 새들의 아름다운 지저귐을 감상하실 수 있다. 나무 사이로 냐짱 참탑(Nha Trang's Cham Tower)과 훙왕 사원(Hung King Temple)의 축소 모형이 보인다.

타오단 공원은 조용한 곳을 찾는 관광객과 지역 주민들로 온종일 붐빈다. 잔디밭에서 휴식을 취하며 도시락을 먹거나 이야기를 나누는 등 한가한 시간을 보낼 만한 장소가 많다. 아이들과 함께라면 놀이터에서 즐거운 시간을 보내는 것도 좋다. 해 질 녘에는 시원한 바람을 맞으며 산책을 즐기는 사람들을 만날 수 있으며, 공원은 조용한 분위기로 변해간다. 해가 지고 나면 다소 위험해지므로 야간 산책 시에는 주의해야 한다.

🏠 2 Nguyen Thi Minh Khai, Ho Chi Minh City 📞 +84-97-396-3372

🏠 73 Mai Thi Luu, Da Kao, Quan 1, Ho Chi Minh City 📞 +84–83–820–3102

옥황사
Jade Emperor Pagoda

옥황사^{Jade Emperor Pagoda}에서는 베트남에서 가장 멋진 목각 장식, 조각상, 예술품 등을 감상할 수 있다. 옥황사^{Jade Emperor Pagoda}는 바닥에서 천장으로 이어지는 목각 장식과 거북이로 유명하다. 그래서 거북이 탑으로도 불린다. 이곳은 20세기가 시작될 무렵 광둥어를 사용하는 이민자들을 위해 지어졌으며, 지금도 도교와 불교 신자 모두가 찾는 사원으로 사용되고 있다.

경내를 거니는 승려와 신자들로 매우 붐빈다. 안으로 들어서면 도교에서 하늘나라를 다스린다고 여기는 옥황상제를 정교하게 조각해 놓은 모습이 가장 먼저 눈에 들어온다. 옥황상제 위에도 마찬가지로 정교하게 설계된 지붕이 있다. 사원은 여러 공간으로 나누어져 있으며 순서에 상관없이 구경할 수 있다. 옥상 테라스에 올라가면 옥황사 주변과 탑을 한눈에 내려다볼 수 있다.

십지옥 방(Hall of Ten Hells)

사원에서 가장 인기 있는 곳으로 지옥에 떨어진 사람들을 기다리고 있는 고통의 모습이 거대한 목각 장식으로 형상화되어 있다. 사원의 다른 방들은 풍요와 건강의 여신들에게 바쳐진 공간이다. 호치민 시의 다른 많은 사원과 마찬가지로 옥황사는 항상 여러 행사로 떠들썩하다. 관광객과 신자들로 일주일 내내 붐비기 때문에 관광객을 피해 지역 주민들을 만나보려면 아침 일찍 오는 것이 좋다. 사원 밖에서는 희망의 상징으로 작은 거북이를 사서 연못에 방생할 수 있다.

빙엄사
Chua Vinh Nghiem

경이로운 탑의 정교한 형체와 아름다운 정원은 호치민 도심의 도회적인 건축물과 극명한 대조를 이룬다. 숭고한 분위기의 빙엄사에 가서 거대한 황금 부처상 앞에서 경의를 표하고 아름다운 탑의 디자인을 볼 수 있다. 건물 양쪽에 자리 잡은 매력적인 장식 정원을 둘러보고 사찰 외관의 복잡하게 얽힌 디테일과 무늬를 보자.

1964~1971년에 일본과 베트남의 건축 양식이 혼합되어 건축된 빙엄사는 뉴엔 바랑이라는 건축가가 설계했다. 빙엄사는 도시에서 가장 큰 탑 중 하나로, 지금도 법회가 열리고 있다. 중앙 뜰에 서서 넓고 빨간 지붕과 굽이진 금색 난간이 있는 거대한 7층탑을 보면 각 층의 벽면에 부처상이 조각되어 있음을 알 수 있다.

돌사자가 지키고 서 있는 가파른 계단을 따라 올라가면 사찰의 거대한 입구가 나온다. 안으로 들어서면 방 뒤편 제단에 앉아 있는 거대한 황금 부처상이 시선을 사로잡는다. 부처상 아래에는 여러 개의 작은 부처상을 비롯해 현지 주민들이 선물로 놓고 간 형형색색의 초와 꽃들이 수북이 쌓여 있다. 사찰을 둘러보다 세상을 떠난 이들을 추모하기 위한 유품과 사진이 놓여 있는 작은 방에는 2번째 제단에 자애의 여신인 관음상이 무수한 꽃에 둘러

🏠 339 Nam Kỳ Khởi Nghĩa, 7, Ho Chi Minh City, 벤탄 시장에서 4번 버스 탑승해 10분
🕐 7~11시, 14~17시   ₫ 무료

싸여 있다. 밖으로 나가 바위 정원을 거닐고 나선형으로 가꾸어 놓은 관목과 관상수를 구경하며 여유를 만끽해 보자. 온종일 도시의 시끄러운 길거리를 헤맸다면 목가적인 곳에서 평화로운 휴식의 시간을 보낼 수 있다.

호치민 중심에서 조금만 걸어가면 빙엄사에 도착하고 사찰 단지 안에서는 아침 일찍부터 오후 늦게까지 운영되는 훌륭한 채식 전문 음식점도 이용할 수 있다.

🏠 2 Nguyen Binh Khiem, Ben Nghe, Ho Chi Minh City
🕐 7~17시
₫ 50,000동(어린이 30,000동)

사이공 동 · 식물원
Thảo Cầm Viên Sài Gòn, Saigon Zoo and Botanical Gardens

복잡한 호치민시에서 벗어나 이국적인 동물들을 구경하거나 화려한 정원 속을 산책할 수 있다. 사이공 동, 식물원은 베트남에서 가장 크고 세계적으로 가장 오래된 동물원 중 하나로 공원에는 수백 종이 넘는 동식물들이 살고 있다.

동물원에는 맹수에서 매끄러운 파충류에 이르는 각종 동물들이 살고 있다. 거의 모든 대륙의 동물들이 살고 있지만 동물원의 일부 시설은 관리가 잘되고 있지 않다는 점을 생각해야 한다. 동물원에서 가장 인기 있는 두 구역은 원숭이 사육장과 새장이다. 동물원 북서쪽으로 가면 나무 그늘이 드리운 잔디밭 위에 앉아 피크닉을 즐길 수 있다. 기린에게 먹이를 주거나 자녀와 함께 아담한 놀이공원에서 노는 장면을 볼 수 있다.
1865년 루이 피에르가 이곳에 도착하자마자 조성한 식물원은 방문객들의 가장 많은 인기를 얻고 있다. 입구를 통해 안으로 들어가면 밖에 있는 시끄럽고 혼잡한 도시에서 멀리 떨어져 있는 듯한 평온한 세상이 바로 눈앞에 펼쳐진다.

가로수 길을 따라 거닐고 식물 보호구역 사이로 여유로운 산책을 하다보면 아름다운 난초 정원을 볼 수 있고 화려한 물고기들로 가득한 작고 아담한 호수들은 동물원과 정원을 연결해 준다. 공원에는 선사 시대에서 현재에 이르는 베트남의 역사적 사건들을 소개하는 베트남 역사박물관도 있다. 역사적인 유물과 보물로 이루어진 전시물에는 여러 언어로 번역된 안내판이 설치되어 있다. 박물관 밖에는 제1차 세계대전으로 목숨을 잃은 베트남인들을 기리는 기념비가 서 있다.

담센 워터파크
Đầm Sen Water Park

🌐 www.damsenwaterpark.com
🏠 3 Hoa Binh, Phuong 3 Quan 11, Ho Chi Minh City
🕗 8~18시(화요일 휴무)
📞 +84-8-3858-8418

놀이기구와 미끄럼틀이 가득한 담센 워터파크는 무더운 호치민에서 여가를 보내기에 좋은 장소이다. 담센 워터파크는 담센 공원 내에 자리 잡고 있으며, 호치민 시의 붐비는 인파로부터 떨어져 휴식을 취할 수 있다. 주말에는 많은 사람들이 후덥지근한 날씨를 피해 공원을 찾는다. 스릴을 즐기고 싶은 사람들을 위한 다양한 놀이기구와 미끄럼틀도 마련되어 있다.

공원 안에 패스트푸드를 파는 여러 곳의 작은 음식 판매대가 있고 공원 밖에도 식사를 할 수 있는 곳이 많다. 일부 놀이기구 중에는 약 1~1.5m로 탑승자의 키가 제한되는 것도 있다.

파도풀(wave pool) / 완더링 리버(Wandering River)

튜브를 갖고 기분 좋은 하루 일정을 시작해 보자. 둘 다 아이들이 좋아하는 곳으로, 놀이기구를 타기 전 준비 운동을 하기에 좋은 장소이다. 어린 아이들의 경우 다양한 분수와 기울어진 물 양동이, 소형 미끄럼틀이 있는 어린이 풀장을 이용하면 좋다.

블랙 썬더(Black Thunder)

레이저 불빛과 어둠이 한데 어우러지는 분위기 속에서 스릴을 즐기거나 여럿이 동시에 미끄럼틀을 타며 누가 가장 빠른지 내기를 하게 된다.

부메랑(Boomerang), 와일드 리버(Wild River), 아쿠아 댄스(Aqua Dance) 풀장

꼭대기에 올라가 자유낙하의 기분을 느껴보거나 카미카제식 '슈퍼 스피드' 미끄럼틀을 타고 매우 빠른 속도로 내려가게 된다. 높이에 부담을 느끼는 분이라면 와일드 리버(Wild River)를 이용하는 것이 좋다. 사방에서 물이 뿜어져 나오는 아쿠아 댄스(Aqua Dance) 풀장도 있다.

사이공 강 디너크루즈
Saigon River Dinner Cruise

호치민 프리미어 강 크루즈를 타고 2시간 동안 색다른 경험을 할 수 있다. 역사적인 기념물들 사이를 평화롭게 유람하며 저녁 뷔페를 즐기는 시간을 갖는다. 사이공 강에서 경험하는 미식 체험은 베트남을 즐기는 색다른 방법이다.

동서양이 만난 별미와 요리를 직원들과 이야기하면서 신선한 음식을 맛보게 된다. 또한 밴드가 들려주는 라이브 음악 공연을 즐긴다. 역사적인 사이공 강에서 디너 크루즈를 타고 유람하는 시간은 현지인들에게도 부러운 경험이다.

특별히 제작된 인도차이나 리버 보트 '본사이 레거시Bonsai Legacy'로 호치민 도심을 가로지르는 크루즈를 타고 호치민을 둘러오는 새로운 방식이다. 강에서 단순히 배를 타고 둘러보는 것이 아니라 현지 크루즈의 수준을 한층 끌어올린 서비스를 제공하고 있다.

오감을 깨우는 다양한 메뉴와 음료를 즐길 수 있는 본사이 크루즈Bonsai Cruise는 급변하는 호치민시를 직접 볼 수 있는 고대 인도차이나와 프랑스의 노하우가 만나는 본사이 레거시 크루즈는 우아한 멋과 다양한 음악과 즐거움을 준다.

박물관 BEST 4

1 베트남 국립 역사박물관
(National Museum of Vietnamese History)

건축학적으로 인상적인 건물에 자리한 박물관은 아름다운 인도차이나 건축을 확인할 수 있고 방대한 고대 유물을 소장하고 있다. 베트남 국립 역사박물관의 수많은 전시관들을 돌아보면 7세기 때의 사암 조각부터 응우옌 왕조 때의 도구와 식기까지 관람할 수 있다. 고요한 정원과 여러 건축 양식이 어우러진 건물 외관을 볼 수 있다.

울창한 나무와 선명한 열대 꽃들에 둘러싸여서도 베트남 국립 역사박물관의 매력적인 외관은 시선을 사로잡는다. 호치민시의 많은 식민지 시대 건물들과 마찬가지로 20세기 초에 지어진 박물관 건물에는 인도차이나와 프랑스의 건축 양식이 어우러져 있다. 정문 위의 탑은 지역의 대형 사원 중 하나이다. 내부 중앙 홀의 벽은 식민지 시대 프랑스 건축물에서 흔히 보이는 흰색 무늬로 온통 장식되어 있다.

🌐 www.baotanglichsutphcm.com.vn
🏠 25/2 Nguyen Binh Khiem, Ben Nghe, Ho Chi Minh City, 호치민 동물원과 식물원 옆에 있는 응우옌 빈 키엠 거리
🕐 8~11시 30분, 13시~17시, 월요일 휴무 📞 0283-8290-268

박물관의 전시품은 연대순으로 정리되어 있다. 기원전 2,000년 무렵에 번성했던 동손Dong Son 문명에서 전해진 동전, 도끼, 창 등의 전시품을 관람하고, 다음으로 1세기와 7세기 사이에 베트남과 캄보디아에서 살았던 수수께끼 같은 푸난, 참, 크메르 민족에 대해 알아볼 수 있다. 그들의 신과 종교적 상징이 표현된 정교한 사암과 목각 장식품이 전시되어 있는 전시관에서 중요한 전시물은 캄보디아 앙코르 와트 사원에서 가져온 귀중한 유물들이다.

박물관은 많은 공간을 1802년과 1945년 사이 응우옌 왕조의 전성기에 할애했다. 최후의 왕족이 착용했던 의복을 살펴보고 황제와 프랑스 식민 통치 휘하에서 베트남 국민들이 어떻게 생활했는지 엿볼 수 있다.

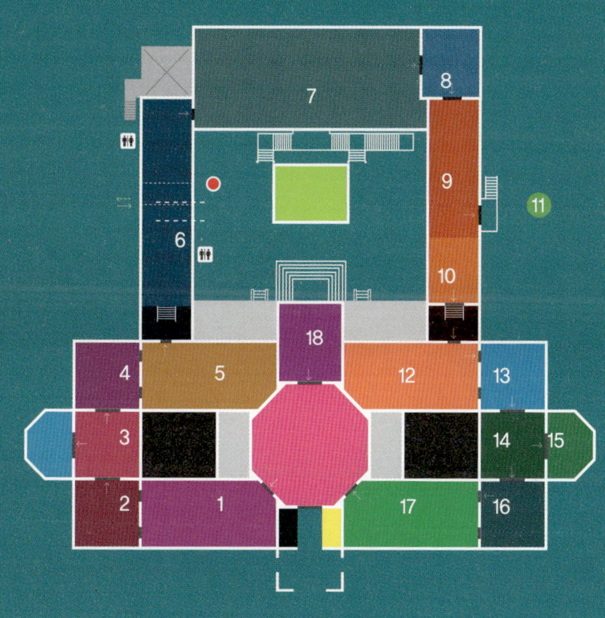

2 호치민 미술관
(Bảo Tàng Chúng Mỹ Thuật Thành Phố Hồ Chí Minh)

아름다운 프랑스 식민지시절의 건물에는 다양한 국가의 흥미로운 역사를 아우르는 미술 컬렉션이 보관되어 있다. 전쟁으로 황폐화된 베트남에서 영감을 얻은 그림 전시회를 통해 베트남 국민들의 심정을 느껴볼 수 있다. 7세기까지 거슬러 올라가는 석조 상을 살펴보고 베트남의 아름다운 풍경화도 볼 수 있다.

중국과 프랑스의 건축양식이 조화를 이루고 있는 박물관은 1929년에 건축된 아름다운 저택 안에 있다. 스테인드글라스 창문은 색이 약간 바래져 있지만 넓은 대리석 계단과 환한 빛깔의 타일 벽은 저택이 처음 건축되던 당시 그대로 아름답다.

🏠 97A D Pho Duc Chinh, Nguyen Thai Binh, 벤탄 시장에서 걸어서 3분
🕐 8~18시(월요일 휴관) 💲 30,000동 📞 829-4441

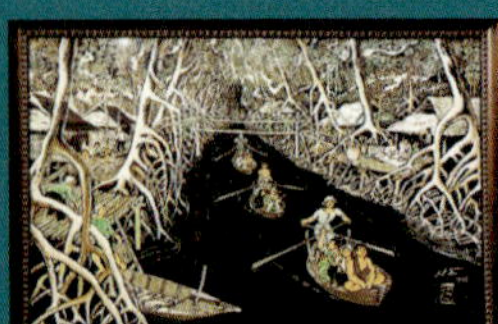

한눈에 전시 파악하기

1층
베트남 화가들의 작품이 전시되어 있다. 대부분의 그림은 베트남의 자연 경관을 묘사하고 있는데, 탑과 베트남 남부 지역을 그린 그림이 가장 많다.

2층
계단을 따라 올라가면 트린 쿵, 도쾅엠, 디엡 민 차우 등 20세기를 선도했던 베트남 화가들의 작품을 감상할 수 있다. 전시관 한가운데에는 미국, 프랑스와의 전쟁에 참여했던 이들을 기리는 생생한 그림들이 전시되어 있다.

3층
다양하고 진귀한 역사적 유물이 전시되어 있다. 돌과 나무로 만든 부남 왕국 시대의 부처상과 비슈누상이 유명하다. 미술관 안의 전시를 보면 베트남 남부 지역의 메콩 델타에서 복원된 여러 돌 인형, 조각상과 마주하게 된다.

3 전쟁박물관
(Bào Tàng Chúng Tích Chiën Tranh)

오랜 시간 베트남 전쟁을 겪은 베트남에서 관광객의 관심은 전쟁의 참상을 볼 수 있는 전시이다. 전 세계에서 찾아오는 방문객들이 베트남전의 생생한 모습을 느낄 수 있는 각종 전시품들이 있다.

이전의 미국 행정관사에 자리 잡고 있는 전쟁기념관에는 베트남 전쟁이 베트남 사람들에게 어떤 영향을 주었는지에 대해 알아볼 수 있는 각종 전시품들이 있다. 전쟁이 끝난 후 몇 달 만에 문을 연 박물관은 문을 연 당시에는 '미국 괴뢰 전쟁 범죄 전시관Exhibition House for US and Puppet Crimes'이라고 불렸다. 전시품 중 상당수가 반미 성향을 나타내는 것들이지만, 박물관의 목적은 전쟁의 공포를 보여주기 위한 것이다.

전쟁박물관에는 프랑스 식민지 시대부터 베트남 전쟁 이후 시대에 이르기까지 베트남 전쟁에 대한 모든 역사가 담겨 있다. 전반적으로 보았을 때 전쟁의 참혹함을 지나치도록 적나라하게 묘사한 감은 있지만, 호치민에서 많은 관광객들이 찾는 관광지가 되었다.

🏠 28 Vo Van Tan Ward 6, District 3
🕐 7시 30분~18시　♂ 40,000동　📞 +84-8-829-0325

한눈에 전시 파악하기

1층
베트남군이 전쟁에서 국제적으로 어떤 지원을 받았는지를 보여주는 유품들이 전시되어 있다. 전시품을 보면 전반적인 전시 방향을 느낄 수 있는데, 관광객들은 베트남 시점에서 전쟁의 일부 단면만을 보여주는 것 같아 안타깝다고 이야기하기도 한다.

2층
베트남 전쟁의 모습을 사진에 담은 일본의 전쟁 사진작가 '분요 이시카와'의 전시실이 있다. 전쟁에 상처 입은 군인과 민간인의 모습이 담긴 250여 장의 사진이 있으며 가장 인상적인 곳으로 느끼는 관광객이 많다.

고엽제의 패해 사진
베트남 국민들에게 미친 고엽제의 영향을 보여주는 사진도 많다. 전쟁으로 겪은 피해의 끔찍함을 느낄 수 있는 적나라한 사진과 표본도 전시되어 있다. 다소 끔찍할 수 있으므로 어린이들을 동반할 경우에는 미리 생각을 해봐야 할 것이다.

안뜰 전시장
전쟁 당시 사용되던 감옥, 탱크, 헬리콥터, 비행기 등 미국의 전쟁 장비들을 관람하게 된다. 화약을 제거한 무기류들이 많다.

CHÂU ĐẠI DƯƠNG
OCEANIA
U.S. OUT OF SE ASIA NOW
VIETNAM SU FINE NOSTRE XIET
THEY COME FOR PEACE
FRANCE ITALY
FINLAND SWEDEN NORWAY
UNITED KINGDOM
NETHER
NEW ZEALAND

U.S. AIR FORCE

4 호치민 시립박물관
(Bào Tàng Chúng Thành Phõ Hõ Chí Minh / Hochiminh City Museum)

베트남의 역사에 대해 알려주고 있는 박물관은 흥미진진하다. 호치민시 박물관에는 선사 시대 유물, 문화재, 민속 예술품 등이 전시되어 있다. 베트남 내전의 근, 현대사를 이해할 수 있다.

🌐 www.hcmc-muzeum.edu.vn 🏠 65 Ly Tu Ttong, Ben Nghe, District 1
🕐 7시 30분~18시 ₫ 30,000동 📞 08-829-9741

한눈에 전시 파악하기

▶외관
1885년에 지어진 프랑스의 신고전주의 건물은 전면이 높은 기둥으로 장식되어 있고, 입구 위에 큰 발코니가 있다. 프랑스 식민시절에 총독의 관저로 사용되기도 했다.

▶내부
1층
베트남의 고대 역사
완벽하게 보존된 도구들과 더불어 사이공 강을 따라 사람과 음식을 운반하던 긴 목각 보트 2개가 전시되어 있다. 유물들이 발견된 유적지를 확인할 수 있는 사진과 초기 부족과 마을에서 장면을 묘사하는 그림도 있다.

호치민시의 오랜 역사와 문화
수세기 동안 전통 결혼식에 사용되어 온 밝은 색의 옷과 장신구들이 전시되어 있다. 오늘날에도 결혼식에 사용되고 있는 전통적인 수공예 보석과 도자기들도 있다.

2층
전쟁과 혁명
오랜 시간동안 전쟁과 혁명의 세월이 고스란히 담겨있다. 병사들의 고백이 담긴 글과 전시된 사진들을 통해 다양한 전쟁을 겪은 국가의 군인으로서의 삶이 어떨지 느껴볼 수 있다. 총, 훈장, 군복 등 다양한 미군의 흔적들도 모아 놓았다.

정원
미국과의 전쟁을 상기시키는 다양한 전시품들이 있다. 1975년에 대통령 궁을 폭격한 F-5 제트기를 보고 UH-1 헬기를 가까이에서 볼 수 있다.

호치민 쇼핑 BEST 4

 ## 다이아몬드 플라자(Diamond Plaza)

현대적인 쇼핑센터는 호치민시 최고의 쇼핑과 오락거리를 제공하고 있다. 쇼핑을 좋아하면 다이아몬드 플라자에서 호치민 최고의 쇼핑을 즐길 수 있다.

프랑스 식민시절에 만들어진 오래된 건물 안에 있으며, 사이공 노트르담 성당과 사이공 중앙우체국 등 호치민시에서 가장 아름다운 건축물이 주변에 위치해 있다.

다이아몬드 플라자Diamond Plaza에서 디자이너 브랜드를 쇼핑하거나 최신 전자제품을 사용하면서 시간을 보낼 수 있다. 미국식 볼링장에서 볼링을 하고 멀티스크린 영화관에서 블록버스터 영화를 관람할 수도 있다.

푸드 코트에서 간단한 식사를 하고 쇼핑을 이어갈 수도 있다. 다양한 국가의 음식이 그리울 때는 인기가 있는 국수 요리, 생선 요리, 쌀 요리 등 다양한 현지 음식들도 모두 저렴한 가격에 판매하고 있다. 때로는 저렴한 햄버거나 피자로 마음을 달래볼 수도 있다.

🌐 www.diamondplaza.vn　🏠 34 Le Duan, District 1, 레주언 거리(1지구)
📞 84-28-3822-5500

사이공 센터(Saigon Center)

유명한 상업 중심지에 가면 전자제품 매장, 멋진 바와 레스토랑 등이 한데 어우러진 활기 넘치는 고급 쇼핑몰이다. 최신 전자제품과 멋진 의류 제품으로 가득 채운 쇼윈도가 시선을 사로잡는다. 마음에 드는 디자이너 의류를 골라 보고 카페에 앉아 바쁘게 움직이는 사람들의 모습을 구경하는 것도 좋다. 저녁에 이 거리를 다시 찾아 멋진 바에서 술잔도 기울여 보자.

몇 년 전만 해도 고전을 면치 못하던 쇼핑몰은 일본의 다카시마야 백화점이 들어서면서 다시 화려하게 부활을 했다. 해가 지면 매력적인 조명으로 채워진 사이공 센터는 따뜻한 저녁 공기 속에서 직장인과 전 세계의 여행자가 어울려 있다. 매콤한 현지 음식부터 세계인의 사랑을 받는 음식까지 무엇이든 맛볼 수 있는 쿠루메 마켓 등이 주목을 끈다.

🏠 65 Le Loi, Ben Nghe, Ho Chi Minh City, 벤탄 시장에서 도보로 약 3~5분
🕘 9시 30분~21시 30분 📞 028-3829-4888

빈콤 센터(Vincom Center)

세계 최고의 디자이너 브랜드들이 많이 입점해 있는 2개의 건물은 호치민의 가장 큰 쇼핑 중심지이다. 빈콤 센터 Vincom Center 안에는 랄프 로렌, 아르마니, 휴고 보스 등의 플래그십 스토어에서 쇼핑을 즐기고 대형 푸드 코트에서 판매하는 최고급 해외 요리로 식사를 하거나 쇼핑몰 내 베이커리에서 갓 구운 맛있는 빵을 맛볼 수 있다.

빈콤 센터 Vincom Center 쇼핑몰은 시내의 번화한 중심가를 사이에 두고 서로 마주보고 있는 2개의 백화점 건물이다. A동은 매력적인 프랑스 바로크식 저택인 반면 B동은 앞면이 유리로 덮인 초현대식 고층 건물로 이우러져 있다.

🌐 www.vincom.com.vn 🏠 72 Le Thanh Ton, Ben Nghe, Ho Chi Minh City, 동코이 거리와 레탄톤 거리
🕐 9시 30분~22시 📞 097-503-3288

A동

정문으로 들어서면 아름다운 아치형 창문 아래로 다양한 신상품 의류, 보석, 향수들이 진열되어 있다. 옷으로 스타일을 바꿔보거나 소중한 사람을 위한 선물을 준비하는 날 많이 이용한다. 큰 폭으로 할인된 가격에 판매하는 최고급 브랜드 상품도 많다.

최신 스마트폰, 태블릿, 노트북, MP3 플레이어 등을 찾아보면 구입하는 현지인을 많이 볼 수 있다. A동의 맨 위층은 넓은 면적의 홈 데코 전시관으로 꾸며져 있다. 아래층의 베이커리에 들러 매일 갓 구워 판매하는 다양한 페이스트리, 빵, 디저트 등을 맛보는 것도 좋다.

B동

길 건너편에 자리한 5층 이상의 B동에서 패션 의류 매장, 홈 데코 매장, 기념품 매장 등을 둘러보고, 지하에 대형 푸드 코트가 있는 B동도 좋다. 쇼핑을 시작하기 전에 아이스크림 전문점, 아메리칸 다이너, 스시 바에서 좋아하는 메뉴를 고를 수 있다.

롯데마트(Lotte Mart)

호치민을 여행하고 나서 한국인들이 좋아하는 식품이나 쇼핑품목을 구입하려는 관광객들이 저렴하게 살 수 있는 곳이 롯데마트이다. 여행자들이 주로 있는 1지구에서 5㎞이상 떨어져 있지만 택시를 같이 나눠 타고 롯데마트로 가서 마음먹고 쇼핑을 하고 숙소로 돌아오는 관광객이 많다. 택시를 타는 번거로움에도 다양하고 많은 제품을 저렴하게 대량으로 구입하려는 사람들이 찾는 곳이며 한국과 동일한 쇼핑을 즐길 수 있는 장점이 있다.

⌂ 469 Duong Nguyen Huu Tho, Tan Hung Quan 7, Ho Chi Minh City ⏰ 8~22시

호치민 맛집 BEST 10

피자 포피스(Pizza 4 P's)

하노이, 다낭에서도 한국인에게 인기를 끌고 있는 피자 포피스는 맛있는 이태리 음식을 먹을 수 있는 곳이다. 여성들이 특히 자주 가서 파스타 종류가 모두 인기가 많다. 너무 베트남 음식을 많이 먹어서 서양음식을 먹고 싶을 때 더 맛있게 느껴지는 곳으로 개인적으로 피자보다 파스타를 추천한다.

피자 포피스 Pizza 4 P's는 체인으로 호치민, 하노이, 다낭에도 있다. 어디를 가도 맛은 거의 동일하다. 바에 앉아서 먹는 화덕을 보면서 만드는 과정도 봐서 더욱 신뢰가 간다. 치즈부터 빵까지 농장에서 만들고 신선하게 관리를 한다.

🏠 8 Thủ Khoa Huân, Phường Bến Thành, Quận 1, Hồ Chí Minh
♂ 스파게티 140,000동~, 치즈 피자 145,000동~　🕙 10~23시　📞 +84-28-3622-0500

ABC 베이커리(ABC Bakery)

베트남의 '파리바게뜨'라고 부르는 ABC 베이커리는 호치민뿐만 아니라 나트랑, 하노이 등
의 대도시에 있는 전문 베이커리이다. 하지만 아직 많은 지점을 가지지는 못했다. 안으로
들어서면 다양한 빵이 내뿜는 냄새가 구수하다.

베트남 반미도 있지만 호치민 시민들에게 사랑받는 것은 케이크이다. 다양한 조각케이크
와 머핀뿐만 아니라 생일 케이크도 판매하고 있다. 현지 브랜드이지만 유럽 관광객도 많이
찾는 브랜드로 바뀌고 있다.

223 Pham Ngu Lao Quan 1, Ho Chi Minh City

반미 15,000동~, 피자빵 25,000동~ 6~22시 +84-28-3836-4213

분짜 145 부이비엔(Bun Cha 145 Bui Vien)

분짜 145Bun Cha 145는 한국인에게 인기가 많은 식당이다. 여행자 거리에서 상당히 유명하여 재료가 떨어지면 문을 닫는다.
항상 사람들로 북적이므로 오래 기다려야 할 수도 있다. 숯불로 구워진 돼지고기, 쌀국수, 소스를 가지고 먹는 음식인데, 호치민에서 가장 유명한 분짜 전문점이 분짜 145이다.

🏠 Phạm Ngũ Lão, District 1, Ho Chi Minh City
đ 분짜 40,000동, 쌀국수 면 5,000동, 야채 10,000동
📞 +84-28-3837-3474

반미 후옌 호아 (Banh Mi Huynh Hoa)

호치민에서 반미로 가장 유명한 곳을 묻는다면 누구나 반미 후옌 호아라고 대답할 것이다. 시작하는 시간과 저녁시간에는 줄을 서고 기다렸다가 먹는 것이 일상화된 곳으로 메뉴는 단 1개로 개수만 말하면 바로 만들어서 준다.
바삭한 겉피와 촉촉한 안의 빵에 고기와 야채, 파테로 꽉 차있다. 호치민에서 개인적으로 가장 좋아하는 음식이 반미Banh Mi가 되었을 정도로 생각만 해도 입에 침이 고인다.

🏠 26 Le Thi Rieng, Ben Thanh, Ho Chi Minh City
🕐 14시 30분~23시 đ 요금 40,000동
📞 +84-28-3837-3474

포 이천(Pho 2000)

포 이천Pho 2000은 3대에 걸쳐 운영하고 있는 호치민에서 가장 유명한 쌀국수 집이다. 2000년에 빌 클린턴 전 미국대통령이 처음으로 베트남을 방문하면서 쌀국수라는 음식을 처음 먹어 봤다고 한, 그 식당이 바로 포 이천Pho 2000이다. 빌 클린턴 전 미국 대통령이 다녀간 이후로 포 2000으로 바뀌었다고 한다.

서양 관광객이 호치민에 방문하면 찾는다고 하는 포 이천Pho 2000은 깔끔한 맛과 양도 많아서 배가 부르다.

🏠 136/9 Le Thanh Ton, Ho Chi Minh City
🕐 10시 30분~22시 30분
♂ 반쎄오 90,000동
📞 +84-8-3824-4666

덴 롱(Den Long)

덴롱Den Long은 다른 베트남 식당들과 다르게 베트남 가정식 음식을 하는 곳으로 유명하다. 음식이 깔끔하고 질리지 않는 집밥 같은 맛이다. 또한 직원들이 친절해 편안한 분위기에서 식사를 할 수 있는 장점이 있다. 주문을 하기 전에 직원의 친절한 설명으로 충분히 어떤 음식인지 알고 주문할 수 있다.

🏠 130 Nguyễn Trãi, Phường Phạm Ngũ Lão, Quận 1,
　　Hồ Chí Minh 7
🕐 11~22시
📞 +84-9-0994 9183

콴웃웃(Quan Ut Ut)

호치민에서 맛있는 BBQ 집이 어디냐고 묻는다면 두말없이 콴웃웃Quan Ut Ut이다. 베트남에서 정통 BBQ를 먹을 수 있다는 생각에 웃음이 나올 정도로 정통 폭립이 맛이 좋다. 부드럽고 촉촉한 육질이 살아있는 폭립은 메인 메뉴와 사이드 메뉴를 선택하면 된다. 양이 많아서 여성은 다 먹지 못하고 남길 수 있다.

168 Đ. Võ Văn Kiệt, Phường Cầu Ông Lãnh, Quận 1, Thành phố Hồ Chí Minh ◷ 11~22시 ☎ +84-28-3914-4500

시크릿 가든(Secret Garden)

베트남 가정식 음식을 만드는데, 야외 테라스도 있어 분위기가 좋다. 엘리베이터가 없는 5층 루프탑에 위치해 부모님을 모시고 가려고 한다면 고민을 해봐야 한다. 하지만 멋진 루프탑Looftop에서 느끼는 야경을 보면서 맛있는 음식을 먹을 수 있다. 평범한 베트남 메뉴에 양이 많지 않아서 다양하게 메뉴를 주문해 먹는 관광객이 많다.

🏠 158 Pasteur, Bến Nghé, Quận 1, Thành phố Hồ Chí Minh 70000   ⏱ 11~22시   📞 +84-909-904-621

투어

꾸찌 터널 투어(Cu Chi Tunnel)

꾸찌 터널^{Cu Chi Tunnel}은 호치민에서 약 60㎞ 떨어져 있다. 꾸찌 터널은 베트남에서의 반미 전쟁에서의 역할을 했던 지역을 관광지로 만든 것이다. 총 220㎞ 길이의 터널은 전설적이며 베트남인과 관광객 모두가 좋아하는 인기 있는 관광지이다. 버스를 타고 가면 평화로운 시골 논 풍경과 길가에 있는 강에서 수영하는 오리와 물소를 볼 수 있다.

베트남 전쟁에서 사용된 꾸찌 터널 시스템를 알아보는 것이다. 지금은 평화로운 풍경이지만 베트남 전쟁에서 미군을 괴롭히고 미군이 전쟁 기간 동안 찾지 못한 터널 시스템을 탐험하고 숲을 산책한다.

꾸찌지역이 '자유 표적 지역"이었을 때 폭격과 광산으로 인한 지역 전체의 파괴와 피해를 알려주고 있다. 꾸찌의 전쟁의 생활상을 재현해 놓았고 다양한 덫과 함정, 무기들이 전쟁 때의 의식주 생활상을 나타내고 있다. AK-47, MK-16 같은 총들을 발사할 기회도 있다.

전문 투어 가이드의 꾸찌 터널^{Cu Chi Tunnel}에 대해 설명과 함께 시범을 보여주고 관광객은 직접 체험을 한다. 지금은 약 200m의 짧은 거리에 높이 70m, 폭 50㎝의 꾸찌 터널을 직업 통과하게 된다. 누구나 어둡고 환기가 되지 않는 이 터널에서 전쟁을 승리로 이끈 베트콩들이 대단하다고 생각한다.

투어 시간_ 오전 투어 8~14시 30분 / 오후 투어 12시 45분~18시 45분

요금_ 109,000동(버스와 가이드의 설명만 포함 / 점심과 입장료 10,000동은 미포함)

메콩 델타 투어(đồng bằng sông Cửu Long)

단순히 도시를 보는 여행이 아닌 메콩 델타 지역을 탐험하고 진정한 남부 베트남 시골의 신선한 분위기를 즐길 수 있다. 관광객이 없는 메콩 델타 지역의 현지인 생활을 알기 위해 멀리 벗어난 길을 떠나게 된다. 시골 길을 따라 자전거를 타고 멋진 풍경을 감상할 수 있다. 베트남 전쟁 기념관을 보고 난초 농장, 까오다이 사원을 둘러본다. 인근의 초등학교를 방문하여 아이들이 수업 중 공부하고 휴식 시간에 놀고 있는 것을 볼 수 있다.

투어 순서

① 호치민시에서 8시에 숙소로 픽업을 하여 출발한다. 메콩 델타 지역의 롱 안 지방(Long An Province)으로 향한다.

② 90분 정도 차를 타고 가면 메콩 델타 지역의 전쟁의 물건을 전시한 기념물에 도착해 베트남 역사에 대해 알 수 있다.

③ 현지의 난초 농장을 방문하여 수백 가지 유형의 다양한 난초를 보고 식물이 자라는 환경에 대해 설명을 듣는다.

④ 11시 15분에 아체차(Aceca) 야자수, 용 과일 농장, 끝없는 논이 술 지어있는 시골 길을 따라 지전거를 타고 근처를 여행한다. 아이들이 학교에 자전거를 타거나 농부들이 쌀과 오크라를 수확하는 것도 볼 수 있다. 현지 시장에 도착하기 전에 약시간 동안 자전거를 타는 시간이 주어진다.

⑤ 12시 30분에 까오다이 사원을 방문한다.

⑥ 점심 식사를 위해 식당에서 자전거를 타고 베트남 요리 메뉴를 즐긴다. 점심 식사를 먹고 휴식을 취한 후 초등학교를 방문한다. 아이들이 어떻게 공부하는지 볼 수 있다.

⑦ 15시에 호치민시로 출발하여 16시 30분에 도착한다.

비교! 메콩 델타 보트투어

1 8시에 출발하여 미니 버스를 타고 메콩 델타로 향한다. 90분 동안 이동해 아름다운 농촌 미토(My Tho)에 도착한다. 여행은 티엔 강(Tien River)의 모터보트를 타고 이동한다.

2 마을로 들어가서 열대 정원을 방문하고 열대 과일을 즐기면서 섬 주민들이 들려주는 남부 베트남 민속음악을 듣는다. 아름다운 시골의 분위기를 만끽할 수 있다. 벌집을 방문하고 뱀 사진을 찍는다.

3 점심은 과수원 정원 안에서 제공된다.

4 보트 크루즈는 바오 딘(Bao Dinh) 운하를 통과하여 벤 트레(Ben Tre) 지방으로 이동한다.

5 코코넛 사탕 가게를 방문하기 전에 '정원(Garden) – 연못(Pond) – 창고(Cage)'라는 전형적인 농업 모델을 본다.

6 작은 수로에서 노를 저어타는 보트 여행을 즐긴다. 수로는 물 코코넛 나무의 그늘에 완전히 덮여 있다. 보트를 탄 후 해먹에서 휴식을 취한다.

7 섬으로 자전거를 타고 버스로 돌아온다. 16시 30분~17시경에 호치민에 도착한다.

껀져(Can Gio)

호찌민에서 남동쪽으로 63km 지점에 위치한 껀져Can Gio는 호치민 도심을 가로지르는 사이공 강의 하류가 바다로 이어지는 지역에 있다. 껀져는 베트남전쟁 때에, 해양 유격대 사령부가 주둔하던 곳이기도 하다. 당시에 미군의 공격으로 껀져의 정글은 철저하게 파괴됐다. 전쟁이 끝난 지 35년이 지나갔고 맹그로브 나무는 베트남 사람들의 노력이 더해져 다시 거대한 숲을 이루었다. 1999년에는 유네스코에서 생태보호지역으로 지정됐다.

껀져에는 엉덩이가 빨간 원숭이들이 모여 사는 곳이라고 하여 '원숭이 섬'이라고 부른다. 예전에는 원숭이를 비롯해 악어도 살았다고 하지만 지금은 없다. 복원노력으로 악어들이 다시 사육되고 있다.

1일 투어 순서

1 모터보트를 타고 좁은 수로를 지나가면서 자연 다큐멘터리에서만 보던 열대 수풀인 맹그로브 숲을 만나게 된다. 껀져 생태보호지역Can Gio BiosphereReserves으로 지정된 이유를 분명히 알 수 있는 좁은 수로는 끝없이 이어진다. 모터보트에 몸을 실은 채 맹그로브 숲을 감

페리

호치민 남사이공 부두에서 페리를 타고 사이공 강을 건너 오토바이와 차량 모두 페리에 승선해 껀져(Can Gio)로 출발한다.
시간_ 6~22시(15~20분 간격)
요금_ 12,000동

상하다보면, 베트남전쟁 당시 명성이 높았던 유격대 사령부에 도착한다.

② 모터보트에서 내여 늪지대 위에 나무로 길을 만들고 건물들이 자리 잡은 사령부 안으로 들어간다. 완벽하게 복원되었지만 안에 전시된 군복과 용품은 당시 사용하던 그대로이다. 추모비를 비롯해 작전회의실, 식당, 야전병원, 무기제작소, 내무반 등 전쟁을 위한 환경이 완벽하게 조성되어 있다.

③ 야생동물 보호구역 Monkey Island WildAnimals Reserves인 껀져 Can Gio 섬의 주인공은 원숭이들이다보니 껀져 섬 전체가 원숭이 영역이다. 관광객의 손에 들려 있는 것을 보고 달려들기도 하기 때문에 원숭이를 자극하지 않는 것이 좋다. 힘센 우두머리로 보이는 원숭이들이 여행자의 모자나 선글라스를 순식간에 낚아채가므로 주의해야 한다.

사람들과 자주 접촉한 원숭이들이므로 여행자를 피하지 않고, 먹을 것을 줄 때까지 따라다니는 원숭이가 많아 애를 먹기도 한다. 원숭이 쇼와 관리원들이 원숭이에게 먹이 주는 시간이 되면 활동적인 모습을 생생하게 볼 수 있다.

④ 원숭이 섬의 터주대감은 원래 악어였다. 지금은 거의 사라졌지만 악어 보호구역으로 늪을 보전하려고 한다. 수십 마리의 악어가 보호구역의 늪지대에서 살고 있는데, 야생성이 살아 있는 악어이다.

긴 장대 끝 튼튼한 낚싯줄에 장어를 매달아 악어를 자극한다. 수면 아래에서 쉬던 악어들이 다가와 입을 벌리고 요동치는 모습을 볼 수 있다. 순식간에 치고 올라오는 악어가 바로 먹이를 채가므로 힘의 조절과 균형 유지가 중요하다.

짝퉁 중국 기업

동남아시아에서 한류의 인기가 높은데, 베트남에서 한류는 특히 인기가 있다. 대한민국에 대한 관심이 높아지고 한류의 인기도 하늘을 찌를 듯한 것을 이용해 엉뚱한 중국 기업이 마치 한국 기업인 것처럼 행세하고 있다. 지금은 알려져 알고 있는 사람들이 있지만 모르는 사람들도 많아서 지속적으로 알려져야 점차 베트남 사람들에게 알려질 수 있을 것이다.

대한민국의 국화(國花)인 '무궁화'를 따서 지은 '무무소MUMUSO와 무궁생활이라는 중국 기업이다. 중국의 회사임에도 대한민국 이미지를 내세워서 홈페이지에도 한국어로 표기하고 홈페이지 주소에도 'kr'을 쓰기 때문에 베트남 사람들은 한국기업이라고 알고 있는 사람들이 많다. 다행히 최근에 조금씩 중국기업이라는 사실이 알려지고 있지만 모르는 사람들이 더 많다.

무무소(MUMUSO)

많은 매장을 보유한 다이소를 따라한 이름에 생필품을 저가로 파는 것도 동일한 컨셉으로 동남아시아에서 20개 이상의

매장을 보유하고 한국 기업을 이용해 대한민국을 이용해 물건을 판매하고 있다. 매장의 판매물품에는 한글로 적힌 물건이 있어 보면 어설픈 문구로 적혀있어 웃음만 나온다. 화장품, 캐릭터 상품, 생활용품 등 베트남 사람들이 관심이 많은 화장품에도 대충 보면 한국의 제품과 똑같다.

정식 명칭도 '무무소 코리아'로 써 놓고, 제품에도 '거품 새수 크림'이라고 표기돼 있다. 한국인이 봤을 때 '세수'가 아닌 새수로 적힌 단어를 보면 이상하다고 생각할 수 있다. 필자도 처음에 무심코 들어갔다가 한류의 영향이 크다고 생각했는데, 친구가 알려줘 중국기업이라는 사실을 알았고 제품을 보니 대부분 어설픈 중국제품인 경우가 많았다.

무궁생활

'무궁생활'이라고 한글로 적힌 간판도 볼 수 있다. 가장 기분이 나쁜 것이 손님이 들어오면 "안녕하세요"라고 인사를 한다. 제품도 무무소와 차이가 없다. 생필품을 파는 상정이기 때문에 제품의 품질이 나쁘다면 한국제품은 좋지 않다는 인식을 심어줄 수 있다는 사실이이다.

무무소 본점, 중국 상하이

베트남에서는 중국에 대한 이미지는 좋지 않고 대한민국에 대한 이미지도 더 이상 좋을 수 없을 정도이다. 2018년에 박항서 감독의 우승이라는 성과로 더욱 한류 이미지는 공고해졌다. 무무소 본점은 중국 상하이에 있다고 하는데 중국인들도 자신들의 제품과 이미지로 제품을 판매할 자신이 없다는 사실은 아는 것 같다.

문제점

한국 제품과 매우 흡사한 외형을 가진 제품을 판매하기 때문에 쉽게 따라할 수 있다는 점이 문제가 된다. 제품의 질이 따라주지 않는 저가 폼 클렌징, 마스크 팩, 크림 등으로 대표적인 화장품 회사인 이니스프리 상품 '그린티 폼클렌징'을 로고만 살짝 바꾸고 판매하고 있다. 더 페이스샵의 마스크팩, 핸드크림도 마찬가지이다. 필자가 가장 많이 사용하는 네이처 리퍼블릭의 '알로에 수딩 젤'도 외관상으로 거의 같아서 한글로 적힌 것을 보아야 알 수 있다.

오랜 시간 동안 이어온 영토 분쟁과 중국산의 저질 상품으로 인한 피해가 베트남 사람들의 중국인에 대한 나쁜 감정 때문에 한류의 이미지를 이용해 판매하고 있는 것이라서 피해는 대한민국이 보고 있는 것이다.

중국의 짝퉁 3GROUPS(3GS)

3Concept eyes(3CE)

더위를 꽂기 위해 마시는 음료

무더운 날씨의 베트남 여행을 하면 길을 걷다가 달달하고 시원한 음료수를 마시고 싶은 생각이 굴뚝같아진다. 베트남 여행에서 상점이나 편의점, 마트에서 구입하는 음료수를 마시는 것 보다 길거리나 카페에서 맛볼 수 있는 다양한 음료수로 더위를 식히곤 한다.

 ## 열대과일 셰이크

베트남에서 20,000~30,000동의 금액이면 길거리에서 열대과일 셰이크를 마실 수 있다. 더운 날씨의 무더위를 날려줄 음료가 1,000~1,500원 정도라니 행복하다. 생과일 셰이크를 즐길 수 있다는 사실만으로도 행복한데 저렴한 가격은 부담이 덜어진다.

망고나 패션 프루트, 코코넛, 파인애플, 수박, 아보카도 등 원하는 과일을 선택할 수 있다. 한 가지 과일만 선택해도 되고, 섞어서 마실 수도 있다. 각 도시마다 열대과일 셰이크 맛집들이 있지만 그보다는 갈증이 다가올 때 길거리에서 마시는 음료가 더 맛있을 것이다.

 ## 카페 '쓰어다'

베트남을 대표하는 커피는 전국 어디서나 쉽게 볼 수 있는 베트남 전국민의 음료수 이다. 특히 더운 여름날에는 달달한 연유 커피가 제격이다. 쓰어(연유)와 다(얼음)를 넣어 달달한 커피가 목구멍을 넘기는 시원함은 가슴까지 내려오기 전에 무더위를 없애준다.

진한 에스프레소에 연유를 넣어 만드는 아이스커피는 '아메리카노'

로 대변되는 아이스커피보다 진하고 단맛이 강하다. 베트남 커피는 쓴맛과 단맛이 함께 느껴지므로 짜릿함이 더욱 강하게 느껴진다. 다만 양이 적으므로 얼음이 녹아 양이 많아질 때까지 기다려야 할 때도 있다.

코코넛 아이스크림

코코넛을 단순하게 마시거나 얼려서 젤리처럼 만들어서 먹기도 한다. 또는 코코넛 안에 아이스크림을 담아 주기도 한다. 아이스크림 위에 각종 과일과 생크림을 듬뿍 얹어 주기도 하는데 코코넛을 손으로 잡기만 해도 맛있다. 아이스크림 안에는 코코넛 안에 하얀 과육이 더욱 단맛을 내주고 젤리처럼 쫄깃함까지 먹도록 해 준다.

사탕수수 주스

사탕수수를 기계로 짜서 먹는 시원한 사탕수수 주스는 단맛이 강하지 않다. 주문을 하면 그 자리에서 사탕수수 즙을 내서 준다. 수분이 강해 더위에 지칠 때 예부터 마시던 주스이다. 시원하지만 밍밍하다고 하는 사람들도 있지만 베트남의 길거리에서 한번은 맛보기를 추천한다.

코코넛 밀크 커피

서울에도 문을 연 콩카페 덕에 핫한 코코넛 밀크 커피는 베트남 여행에서 어느 도시를 가도 빠지지 않고 마시는 커피이다. 진하고 쓴 베트남 커피와 코코넛 밀크가 어우러진 인기가 핫한 커피이다. 특히 다낭이나 호치민, 하노이, 나트랑 등을 여행하면 한번은 찾아가는 코코넛 밀크를 갈아 커피 위에 얹어 주는 커피이다.

스푼으로 코코넛을 떠 먹으며 마치 스무디에 가깝다는 생각이 든다. 얼음을 넣은 커피보다 시원하고 코코넛 특유의 달콤한 맛이 온몸으로 느껴진다. 가장 유명한 곳은 '콩카페'로 베트남 대도시를 여행하면 관광지처럼 찾아가는 곳이다.

Vũng Tàu

붕따우

붕따우Vung Tau는 따뜻한 바다에서의 시원한 해수욕과 맛있는 해산물, 제일 높은 예수상에서의 상쾌한 절경이 유명한 호치민 인근 도시이다. 호치민시에서 차로 붕따우와 판 티에트 사이의 해안 도로를 따라가면 2시간 정도를 이동하면 도착한다. 붕타우는 도시에서 해변을 즐기기 위해 몰려드는 사람들로 주말에 북적이지만 주중에는 일반적으로 한가하다.

붕따우 IN

붕따우Vung Tàu는 호치민에서 2시간 정도 떨어진 곳으로 호치민 시민들이 바다를 보러 휴양을 하러 가는 도시이다. 지친 몸과 마음의 힐링을 위해서 호치민 시민들이 주로 여행을 한다. 붕따우까지 가기 위해서는 배를 타고 가야 한다. 차를 타고 갈 수도 있지만 한참을 돌아가야 하기 때문에 메콩 강을 따라 배를 타고 가면 1시간 30분 정도면 붕따우에 도착하게 된다. 배가 허름해 보이지만 생각보다 빠르고 쾌속 질주를 한다. 바람이 많이 불고 굉음이 나지만 바다로 이어지는 메콩 강을 바라보면 아름다운 풍광이 눈에 들어온다.

해변 마을은 베트남 전쟁 당시 군인들이 와서 휴식을 취하던 곳으로 아름다운 경관과 활기찬 주말 바의 풍경이 있는 곳이다. 호치민시에서 몇 시간 떨어진 거리에 있는 붕타우는 수세기 동안 인기 있는 해변 휴양지인 붕따우Vung Tàu 만에 위치하며 2개의 산으로 둘러싸여 있다. 베트남 전쟁 당시 미국과 호주 군인들의 휴식처이기도 했다. 베트남의 대도시로 쉽게 이동할 수 있는 근접성 덕분에 주말과 장기 여행을 위한 완벽한 휴양지이다.

페리

호치민 시내에서 붕따우가는 페리를 타기 위해서는 선착장에 이동한다. 호치민 국제공항에서 18㎞ 정도 떨어져 있는 선착장은 호치민 시내의 다이아몬드플라자에서 차로 5분 정도 소요된다. 페리는 2개의 페리 회사가 하루씩 번갈아가며 운행을 하지만 주말에는 예약을 하고 가는 것이 좋다.

그린라인(Greenlines)
▶페리 선착장
주소_ 10 Ton Duc Thang, Ben Nghé, Ho Chi Minh City
전화_ +84 8 3823 8543
요금_ 성인 200,000동(아동 100,000동
　　　(주말, 공휴일 성인 250,000동, 아동120,000동)
홈페이지_ www.greenlines.dp.com/en

한눈에 파악하기

붕따우는 신 붕따우와 구 붕따우의 2지역으로 나뉘며 붕타우 왼쪽 해안은 프랑스식민지 때부터 '동양의 진주'라고 불리었던 휴양지이다. 해안은 바이다우^{Bai Kau}(스트로우베리 해변), 바이 쭈옥^{Bai Truoc}, 바이두아^{Bai Dua}(파인애플 해변)이 있다. 개발이 된 바이쭈옥 해변이 관광객들이 많이 찾는다.

붕타우^{Vung Tau} 해변이 베트남에서 가장 근사한 해변은 아닐 수 있지만 많은 볼거리와 즐길 거리가 있다. 다양한 호텔, 바, 레스토랑이 그림 같은 비치를 채우고 있으며, 비치는 일몰을 감상하기에 최적의 장소이다. 작은 파인애플 비치에는 한적한 암석 코브와 더욱 깨끗한 모래사장이 마련되어 있다.

간략한 붕따우 역사

유럽에서 오는 무역선들은 일찍이 14세기부터 붕타우만을 드나들기 시작했다. 나중에 붕타우는 프랑스 전투함의 침공에 맞서 처음으로 대포를 발사한 곳으로도 명성을 얻었다. 호주와 미국 군인들은 베트남 전쟁 동안 휴식과 회복의 장소로 사용했다.

백 비치
Back Beach

잔잔한 파도의 백 비치를 지나칠 수 없다. 파도가 잔잔하여 석양을 바라보며 안전하게 즐기는 해수욕은 그 자체로 힐링이다. 물이 깊지가 않고 허리 정도까지 오는 정도이고 잔잔한 파도가 아이들과 즐기기 좋아 가족여행객이 많다.

계속 바다로 나가면 갑자기 물이 발목까지 오고, 한참을 나가야 어깨 정도가 되는 깊이가 되기에 수영하기에 좋다. 따뜻한 바다에 누워서 석양을 바라보면 꿈만 같을 수도 있을 것이다.

예수상
Tuóng Chúa Kitô Vua

베트남 최남단인 바이두아 해변의 뇨산Nho Mountain에 위치해 있으며 커다란 팔을 양옆으로 뻗은 모습이 웅장하다. 예수상은 1974년에 뇨산Nho Mountain 북쪽 끝에 세워졌으며 동쪽 바다를 바라보고 있는 붕따우Vung Tau의 명소이다.

해발 197m정도의 낮은 산에 위치한 거대 예수상Tuóng Chúa Kitô Vua은 높이 32m, 양팔의 길이 18.3m로 브라질 리우데자네이루에 있는 예수상 다음으로, 세계에서 2번째로 큰 예수상이다. 산을 올라가면 정상에 예수상이 있고, 어깨 위에 사람들이 서 있는 것을 볼 수 있다.

화이트 팰리스
Bào Tàng Bach Cinh

인도차이나의 옛 프랑스 장관의 별장이었던 우아한 별장에는 수풀이 무성한 정원이 아름답다. 붕타우 서북부의 붕타우 언덕에 위치하고 있으며 1889년 프랑스 총독의 별장으로 사용되려던 것이 티우 대통령에 의하여 재건축되었다.
이후 고딘디엠 대통령과 구엔 반투 대통령이 사용하였다. 이곳에서 바라보는 바다의 경치는 말로 아름다움을 보여주며 주변의 모든 경관이 한눈에 비치기 때문에 아늑한 느낌을 준다.

🏠 10 Tran Phu Ward 1

예수상의 어깨

예수상 안으로 계단을 올라가면 어깨까지 올라갈 수 있다. 예수상의 어깨에 도착하면 예수님의 시선에서 바라본 붕따우(Vung Tàu)의 모습이 장관이다. 붕따우에서 가장 높은 곳에 위치하기에 시내가 한눈에 다 보이고, 해안선과 수평선과 파란 하늘이 절경을 만들어낸다. 마치 세상에서 가장 높은 곳에 올라온 것만 같은 착각에 빠져들 수 있다.

반팔, 반바지와 낮에는 피하자!

예수상을 보는 좋은 시간은 아침과 해지기 직전이다. 낮에는 정말 덥기 때문에 피하는 것이 좋다. 신성한 곳이므로 긴팔 티셔츠와 긴 바지를 입고, 신발을 벗어야 올라갈 수 있다. 가끔 반바지를 입어도 올라갈 수 있기도 하지만 대부분 앞에서 단속당하고 못 올라가는 것이 일반적이다.

493

작은 산 등대
Vung Tau Lighthouse

전체의 아름다운 경관을 감상할 수 있는 붕타우 등대를 볼 수 있다. 인근에서는 4대의 오래된 프랑스 대포를 발견하게 된다. 작은 산을 더 올라가면 동양에서 가장 큰 야외 예수상을 볼 수 있다.

호치민에서 약 2시간 거리의 아름다운 해변 도시인 붕따우를 1일 투어로 다녀온다. 붕따우 투어를 하는 여행사가 많다. 붕따우 관광지를 들르고, 해산물을 즐기며 기억에 남을 만한 시간을 가지게 된다.

47019
SA'NG
SA
PHU'O'NG HOÀNG
HOTEL
BEACH FRONT VILLA

Phú Qúôc
푸꾸옥

푸꾸옥 IN

대한민국의 여행자는 까다롭게 여행지를 선택한다. 여행지를 선택하는 것에 있어서 여행 경비가 중요한 선택 요소로 작용하기 때문에 최근 베트남여행을 선택하는 여행자들은 더욱 늘어나고 있다. 현지물가만 저렴하다고 선택하지 않는다. 관광지와 휴양지가 적절하게 조화가 되어야 여행지로 선택되고 여행을 떠나게 된다. 관광 + 휴양 + 해양스포츠 + 야시장 + 리조트 & 호텔의 모든 것이 가능한 곳은 푸꾸옥Phu Quoc 뿐이 없다고 할 정도로 개발이 진행 중인 섬이다.

11월~다음해 3월 사이에 푸꾸옥Phu Quoc을 방문하면 다른 기간보다 날씨가 온화하고 습기가 적어서 여행을 즐기기에 좋다. 비엣젯 항공이나 이스타 항공을 타고 인천 국제공항에서 푸꾸옥 공항까지 직항으로 가는 방법도 있지만 베트남 항공을 타고 호치민Hochimin 시로 입국하여 다양한 국내 노선으로 푸꾸옥Phu Quoc까지 이동하여 호치민Hochimin과 푸꾸옥Phu Quoc을 동시에 여행하는 방법도 있다. 베트남 사람들이 많이 여행하는 방법으로 호치민Hochimin에서 버스로 이동하여 푸꾸옥Phu Quoc의 항구로 들어가는 방법도 있다.

푸꾸옥Phu Quoc은 본토인 하 티엔Ha Tien에서 45㎞ 떨어진 섬이기 때문에 비행기로만 여행할 수 있는 것이 베트남의 다른 여행지와 다른 점이다 푸꾸옥Phu Quoc에는 인천공항에서 출발하는 직항 노선이 적지만 호치민에서 출발하는 많은 국내선 항공편이 운항을 하고 있다. 반면, 하티엔까지 버스로 이동하여 푸꾸옥 섬까지 페리를 타고 이동하는 방법이 있지만 많은 단계를 거쳐야 하는 단점이 있다.

비행기

인천에서 출발해 푸꾸옥Phu Quoc까지는 약5~5시간 30분이 소요된다. 이스타항공은 19시 40분에 출발해 23시 20분에 도착한다. 비엣젯항공은 새벽 1시 45분에 출발해 새벽 5시 35분에 푸꾸옥 공항에 도착한다.

비엣젯항공은 새벽 1시 45분에 출발하므로 직장인도 퇴근하고 바로 공항으로 이동해 출발할 수 있는 일정이지만 푸꾸옥Phu Quoc에 도착하면 새벽에 도착하여 공항에는 아무도 없을 때에 도착하는 단점이 있다. 그래서 택시나 그랩Grab을 이용하거나 차량 픽업서비스를 이용할 수밖에 없다.

베트남 국적기인 베트남항공과 최근 새롭게 인기를 끌고 있는 저가 항공사로 비엣젯 항공Vietjet Air이 있다. 저가항공은 합리적인 가격을 무기로 계속 취항하는 항공사가 늘어날 것으로 보인다. 앞으로 푸꾸옥Phu Quoc을 운항하는 항공사와 항공 편수는 지속적으로 늘어날 것으로 보인다.

TIP

베트남 항공(Vietnam Airlines)

대한항공이 대한민국의 국적기라면 베트남항공은 베트남의 국적기이다. 베트남 전역의 19개 도시와 아시아, 호주, 유럽, 북미 등 19개국 46개 지역에 취항하고 있는 항공사이다. 의외로 기내식이 맛있고 좌석도 넓은 편이라서 편하다는 느낌을 받는다. 호치민을 거쳐서 1회 경유하는 항공편도 매일 운항하고 있다.

비엣젯 항공(Vietjet Air.com)

베트남의 저가항공사인 비엣젯 항공은 베트남의 경제성장과 함께 무섭게 동남아시아의 저가항공의 강자로 부상하고 있는 항공사이다. 2007년 에어아시아의 자회사로 시작해 2011년 에어아시아에서 지분을 매각하자 비엣젯(Vietjet)으로 사명을 변경하고 난 후에 베트남을 대표하는 저가항공사로 성장했다. 에어아시아와 로고와 사이트, 빨강색의 '레드'컬러를 강조하는 것도 비슷하다.

푸꾸옥 즈엉동 공항(Dương Đông Airport)

베트남 남부 끼엔장주Kiên Giang 푸꾸옥섬 즈엉동Dương Đông에 있으며 동쪽으로는 남중국해와 면하고 있다. 다른 명칭은 즈엉동 공항Dương Đông Airport이다. 남부 베트남에서 세 번째로 지어진 국제공항이다.

이용객 수용 규모는 연간 260만 명 기준으로 건설되었다. 새 공항을 통해 국내선 및 국제선 항공이 이착륙이 가능하게 되었다. 현재 정기노선은 인천에서 직항으로 이스타 항공과 비엣젯 항공이 운항하고 있으며, 베트남항공Vietnam Airlines · 비엣젯항공Vietjet Air · 제트스타퍼시픽Jetstar Pacific의 총3개사가 국내선을 호치민, 하노이, 다낭, 나트랑에서 운항하고 있다.

버스 + 페리로 푸꾸옥 가는 방법

베트남 사람들이 많이 이용하는 방법으로 자동차로 하 티엔Ha Tien까지 이동하고 나서 페리를 타고 푸꾸옥Phu Quoc으로 이동하는데 자동차로 여행하는 것이 쉽지 않아 불편한 여행 방법으로 알려져 있다. 하지만 흥미가 있다고 이야기 한다. 푸꾸옥까지 페리로 이동하려면 라크 기아Rach Gia나 하 티엔Ha Tim의 두 항구 중 하나를 선택해야 한다. 편도로는 150,000동 정도 한다.
호치민(사이공)의 서부 버스터미널로 이동해 라크 기아Rach Gia 또는 하티엔Ha Tien으로 가는 버스가 매일 출발하고 있다. 호치민에서 라크 기아Rach Gia까지는 자동차로 약 6시간이 소요된다.

▶출발 시간
호치민 서부터미널(395㎞ 킨 두옹 부옹Kinh Duong Vuong, 판 락P.An Lac, 빈 탄Binh Tan)
- 시간 : 6:30 / 8:30 / 9:30 / 10:30 / 11:30 / 12:30 / 13:30 / 15:30 / 17:30 / 19:30 / 21:00 21:30 / 22:00 / 23:00
- 주소 : 326 Le Hong Phong, Ward 1, 10, Ho Chi Minh City
- 전화 : 08-39-225-112 / 08-39-225-113

▶라크 기아(Rach Gia) 버스 터미널
- 시간 : 8:45/9:45/10:45/12:15/13:45/16:00/18:00/21:00/22:00/23:00/23:45
- 주소 : 206A Nguyen Binh Khiem, P Vinh Quang, Rach Gia City
- 전화 : 077-3656-656 / 02973-656-656

택시

푸꾸옥 즈옹동 공항^{Dương Đông Airport}은 즈엉동 시내와 10~13㎞정도 떨어진 가까운 공항이다. 그래서 시내까지 이동비용이 저렴하다.

보통 150,000~250,000동까지 금액을 택시기사들은 부르고 있다. 거리는 가깝지만 택시금액이 비싸므로 바가지까지 쓴다면 정말 화가 날 수 있다. 그러므로 사전에 택시비를 준비하고 그 금액에서 흥정을 해야 한다. 또한 잔돈을 미리 준비해 택시기사에게 정확한 금액을 주는 것이 좋다. 대부분 잔돈은 돌려주지 않으려고 한다.

차량 픽업 서비스

푸꾸옥 즈옹동 공항^{Dương Đông Airport}은 리조트와 호텔이 많아서 고급 리조트나 호텔은 대부분 차량픽업 서비스를 무료로 제공해주고 있다. 차량이 미리 와서 대기를 하고 있기 때문에 기다리지 않는 장점이 있다.

공항 픽업 서비스는 택시보다 저렴하면서 동시에 그랩^{Grab}보다 안전하다는 장점이 있다. 늦은 밤이나 새벽에 도착하는 여행자는 피곤하여 숙소로 바로 이동하고 싶을 때에 기다리므로 쉽고 편안하게 이용이 가능하다는 장점이 있다.

TIP

푸꾸옥에서 그랩(Grab) 사용의 불편과 바가지 택시비

푸꾸옥(Phu Quoc)에서 그랩(Grab)의 사용은 불편하다. 그랩(Grab)으로 차량을 잡기가 힘든데, 그랩으로 운행하는 차량 자체가 적기 때문이다. 그래서 대부분은 택시를 탈 수 밖에 없다. 택시만 있다는 사실을 아는 택시기사들은 택시비를 높게 부르거나 숙박 위치를 모르는 방법으로 택시비가 높게 나오도록 만들고 있다. 그러므로 구글로 주소를 정확하게 확인하고 출발해야 하며 일단 출발하면 택시기사의 휴대폰 사용이 많아서 도착지점에서 그냥 지나쳐 못 찾는 경우가 많으니 휴대폰을 사용한다면 사용하지 말라고 이야기를 해야 한다.

택시 회사를 가리지 않고 바가지가 심하므로 마이린(Mailin)이나 비나선(Vinasun) 택시회사라고 긴장을 놓지 않도록 하자. 야간에는 더욱 심하기 때문에 숙소에서 제공하는 차량 픽업 서비스를 이용하는 것이 편리하고 정신 건강에 좋다.

푸꾸옥 공항 모습

공항은 새로 만들어져 깨끗한 편이다.

베트남 공항 입국시 주의사항

① 베트남 출입국시에는 출입국신고서 작성 없이 여권으로만 출입국심사 받으면 된다. 단 귀국하는 항공편은 반드시 발권이 되어 있어야 한다. 가끔씩 입국시 왕복하는 리턴 티켓을 보여 달라는 세관원이 있으므로 리턴 티켓을 스마트폰으로 찍어서 가지고 있는 것이 좋다.

② 최종 베트남 출국일로부터 30일 이내에 다시 방문하는 경우에는 반드시 비자를 새로 발급 받아야 한다.

③ 만 14세 미만 아동과 유아 입국 시에는 부모와 함께 동반해야 한다. 제3자와 입국하는 경우에 반드시 사전에 부모동의서를 번역과 공증 후 지참해서 입국해야 한다.

④ 엄마와 입국하는 아동은 종종 영문등본을 보여 달라는 세관원도 있으므로 지참하는 것이 좋다.

사람들을 따라가면 공항을 나오게 된다.

푸꾸옥 공항에서 택시의 선택은 중요하다.

심카드와 시내까지 가는 교통을 선택할 수 있다.　　　　유명 호텔이나 리조트는 픽업서비스를 제공하고 있다.

푸꾸옥 가는 방법

푸꾸옥 – 하티엔 크루즈 구간

하루에 총 4번의 쾌속선이 운항하며, 쾌속선은 일반석과 비즈니스 석의 2층으로 되어 있다. 좌석은 큰 차이가 없으나 보는 전망이 다르기 때문에 2층이 100,000동 더 비싸다. 탑승 시간은 날씨에 따라 변하므로 사진에 홈페이지에서 시간표를 참조하는 것이 좋다.

➤ http://superdong.com.vn/dich-vu/tuyen-phu-quoc-ha-tien-ha-tien-phu-quoc/

푸꾸옥은 어떤 섬일까?

푸꾸옥Phu Quoc은 베트남 최남단에 자리한 그림 같은 섬이다. 유네스코 생물권 보존지역인 푸꾸옥Phu Quoc은 맑고 투명한 바다와 99개의 산이 어우러진 천혜의 자연환경을 자랑한다. 푸꾸옥Phu Quoc의 깨끗한 바다는 진주를 양식하는데 최적의 조건을 갖추고 있다고 알려져 있다. 그래서 '베트남의 진주'라고도 불린다.

푸꾸옥을 나타내는 많은 수식어
1. 청정 자연을 품고 있는 베트남의 떠오르는 관광지 1순위
2. 유네스코가 지정한 세계 생물권 보존지역
3. 내셔널 지오그래픽 선정 2014 최고 겨울여행지 3위
4. 미국 허핑턴 포스트 선정 '더 유명해지기 전에 떠나야 할 여행지'
5. CNN이 선정한 세계 10대 해변 사오비치

세계적으로 이목이 집중되고 있기 때문에 푸꾸옥Phu Quoc을 찾는 관광객들의 발길이 끊이지 않고 있다. 프랑스 지배를 받을 당시의 모습을 보여주는 코코넛 수용소, 푸꾸옥의 대표적인 농작물로 유명한 후추농장, 느억맘 공장, 진꺼우 야시장처럼 푸꾸옥 만의 문화를 느껴볼 수 있는 명소들도 많다.

유럽인이 사랑한 또 하나의 휴양지 푸꾸옥Phu Quoc은 새롭게 뜨는 HOT한 여행지로 '천국 같은 섬'으로 불리며 관광객에게 새로운 베트남의 여행지로 알려지고 있다. 베트남에서 가족, 연인과 최고의 휴양을 즐기고 싶다면 푸꾸옥으로 여행을 떠나자!

푸꾸옥 지도

푸꾸옥 북부

일광욕 의자에 앉아 롱비치나 옹랑 해변의 태양을 즐기는 것도 여유롭게 푸꾸옥Phu Quoc을 여행하는 방법이다. 북적거림을 피하고 싶다면 오토바이나 렌트를 해서 북쪽으로 달려가 보자. 그림 같은 푸꾸옥 국립공원을 구경하면서 아이들과 재미있는 시간을 보낼 수 있다. 비포장도로를 따라 공원의 아름다운 경관을 구경하고, 예스러운 마을을 지나 사람의 손길이 닿지 않은 섬의 아름다운 해변으로 이동할 수 있다. 라크 벰 마을에서 여유롭게 수영을 즐기거나 껀다우의 곶을 따라 산책을 할 수 있다.

한적한 해변, 불교 사원, 전통적인 어촌이 푸꾸옥Phu Quoc 섬의 매력을 더해준다. 구시대적인 매력과 함께 한적한 해변, 그림 같은 보트 여행을 베트남의 푸꾸옥Phu Quoc 섬에서 즐길 수 있다. '진주 섬'이라는 별명을 가진 푸꾸옥Phu Quoc은 아름답게 반짝이는 바다와 야생적이면서도 자연의 매력을 한껏 품고 있는 산림으로 유명하다.

페리를 타고 푸꾸옥Phu Quoc에 도착하거나 호치민에서 즈엉동까지 비행기를 타고 도착할 수도 있다. 개발되지 않은 길 때문에 푸꾸옥Phu Quoc은 섬에서 빌릴 수 있는 오토바이나 렌트카로 여행하는 것이 가장 편리하다.

조엉동 마을

여행은 섬의 주요 도시인 즈엉 동에서 시작한다. 활기찬 즈엉동 마을은 전통적적으로 어부로 살아가는 유명한 곳으로 다양하고 신선한 해산물 시장을 구경할 수 있다. 낮에는 해변을 둘러보고, 해가 지면 북적이는 야시장을 구경하면서 하루를 마무리할 수 있다. 해지는 일몰의 풍경은 해변의 바Bar에서 음료도 즐기고 쩐꺼우 사원의 환상적인 전망도 압권이다.

푸꾸옥 남부

함 닌 인근 폭포수의 장관을 보거나 사오 비치와 켐 비치 같은 때 묻지 않은 해변이 남해안을 따라 뻗어 있으며 푸르른 섬의 아름다운 황금빛 배경이 되어 주고 있다. 푸꾸옥Phu Quoc의 남쪽 끝에 위치한 안터이 항구에서는 다이빙, 스노클링, 주변 섬 등에서 호핑 투어나 스노클링, 스킨스쿠버를 즐길 수 있다. 바다로 호핑 투어를 나가면 투명한 바다 속에서 다양한 낙지와 상어 등 다양한 해양 동물도 직접 볼 수 있다.

푸꾸옥 한눈에 파악하기

서울시 정도의 크기인 푸꾸옥Phu Quoc 섬은 총 150㎞의 해안선이 둘러싸고 있다. 아직은 많은 사람들이 찾지 않는 때 묻지 않고 평온한 베트남 남부에 위치한 신비의 섬, 푸꾸옥Phu Quoc이 비상하고 있다. BBC 선정, 세계에서 가장 아름다운 해변 10위로 선정되었다고 하는 푸꾸옥Phu Quoc은 베트남의 남쪽 끼엔장Kien Giang성에 속하는 가장 큰 섬인데도 육지와의 거리감 때문에 교류가 늘어가고 있는 베트남에서도 많이 동떨어진 듯한 느낌이 든다. 최근에 신비한 신혼여행지로 각광을 받고 있다.

육지와는 배로 5~6시간이 걸리는 거리로 베트남의 대표적인 도시인 하노이와 호치민에서 매일 정기적인 항공편이 운항되고는 있지만, 예산이 적은 이들에게 비행기는 부담스럽고 배는 소요 시간이 적지 않아서 베트남 사람들도 가볍게 방문할 수 있는 여행지는 아니라고 알려져 있다. 부유한 사람들의 휴양지로 여겨지곤 했던 푸꾸옥Phu Quoc은 고급 휴양지로 개발되고 있는 섬이다.

많은 해수욕장들 중에 가장 긴 길이를 자랑하는 '롱비치Long Beach'는 영국의 국영 방송국인 〈BBC〉, 〈CNN〉에서는 선정한 세계에서 가장 아름다운 해변 10위 안에 들기도 했고, 내셔널지오그래픽 선정 '최고의 겨울 여행지' 3위로 손꼽힐 만큼 놓쳐서는 안 될 휴양지로 성장하고 있다.

푸꾸옥Phu Quoc은 한국인에게는 아직 생소하지만 유럽인과 현지 베트남 사람들에게는 인기 많은 휴양지로 알려져 있다. 때 묻지 않은 자연과 순박한 사람들의 인심이 많은 여행자를 끌어들이고 있다. 2019년 직항이 개설되면서 푸꾸옥Phu Quoc은 주목해야 할 여행지로 떠올랐다.

푸꾸옥^{Phu Quoc}에서 나고 자란 사람 이외의 발길이 잦지 못해 타고난 자연미를 지금까지 보존시키는 데 큰 공을 세웠다. 섬의 북쪽은 이미 유네스코 자연유산에 등록된 생물권 보호구역이며, 작은 무인도들이 많은 섬의 남쪽으로는 전 세계 다이버들이 열광할 만큼 황홀한 다이빙 지점들이 많다. 현지인에게 자연 휴양지로 통했던 곳이 서서히 해외에 알려지면서 유럽인이 사랑하는 휴양지가 되어 가고 있다.

면적은 567㎢, 길이는 62㎞에 달한다. 캄보디아 국경에서 12㎞밖에 떨어지지 않은 푸꾸옥 Phu Quoc은 호치민에서 국내선으로 1시간 거리이다. 대한민국의 제주도 같은 섬이며 베트남 정부가 경제특구로 지정하면서 개발 중에 있다. 5성급 리조트와 다양한 호텔과 숙박시설이 들어섰지만 여전히 천혜의 자연환경은 그대로 살아 있다.
우리가 흔히 알고 있는 베트남 도시와는 또 다른 매력을 갖고 있다. 순박한 섬에서 즐기는 소소한 재미가 푸꾸옥^{Phu Quoc} 섬을 즐기는 방법이다. 아직 개발 중인 푸꾸옥은 대단한 즐길 거리를 생각한다면 실망할 수도 있지만 자연과 함께 즐기는 재미는 상상이상이다.

따스한 바람이 불어오는 푸꾸옥^{Phu Quoc}에 도착해 가장 먼저 찾아야 하는 곳은 바로 아름다운 해변이다. 원시 자연 그대로를 보존하고 있는 만큼 남쪽으로 길을 달리면 보이는 사오 해변은 푸꾸옥^{Phu Quoc} 대표 관광지답게 아름다운 풍광을 자랑한다. 베트남말로 별을 뜻하는 사오는 별처럼 아름다운 해변이라 하여 이 같은 이름을 갖게 됐다. 1년 내내 청명한 날씨는 매력 중 하나로 연평균 기온 27도 정도인 훈훈한 날씨 덕에 겨울이면 더욱 찾기 좋은 곳이다.

나의 여행 스타일은?

나의 여행스타일은 어떠한가? 알아보는 것도 나쁘지 않다. 특히 홀로 여행하거나 친구와 연인, 가족끼리의 여행에서도 스타일이 달라서 싸우기도 한다. 여행계획을 미리 세워서 계획대로 여행을 해야 하는 사람과 무계획이 계획이라고 무작정 여행하는 경우도 있다.
무작정 여행한다면 자신의 여행일정에 맞춰 추천여행코스를 보고 따라가면서 여행하는 것도 좋은 방법이다. 계획을 세워서 여행해야 한다면 추천여행코스를 보고 자신의 여행코스를 지도에 표시해 동선을 맞춰보는 것이 좋다. 레스토랑도 시간대에 따라 할인이 되는 경우도 있어서 시간대를 적당하게 맞춰야 한다. 하지만 빠듯하게 여행계획을 세우면 틀어지는 것은 어쩔 수 없으니 미리 적당한 여행계획을 세워야 한다.

숙박

호텔, 아파트 VS 호스텔, 게스트하우스

다른 것은 다 포기해도 숙소는 편하게 나 혼자 머물러야 한다면 호텔이 가장 좋다. 하지만 여행경비가 부족하거나 다른 사람과 잘 어울린다면 호스텔이 의외로 여행의 재미를 증가시켜 줄 수도 있다.

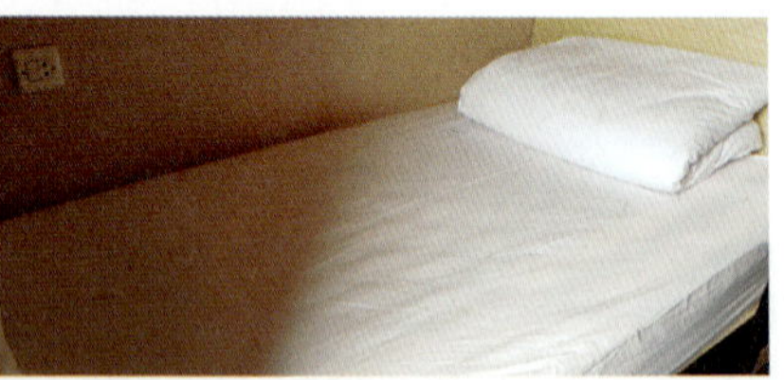

음식

레스토랑 VS 길거리 음식

길거리 음식에 대해 심하게 불신한다면 카페나 레스토랑에 가야 할 것이다. 그렇지만 베트남은 쌀국수를 길거리에서 아침 일찍 현지인과 함께 먹는 재미가 있다.
물가가 저렴하여 어떤 음식을 사먹든지 여행

경비에 문제가 발생할 경우는 없다. 관광객을 상대하는 레소토랑은 위생문제에 까다로운 것은 사실이어서 상대적으로 길거리 음식을 싫어한다면 굳이 사 먹을 필요는 없다.

스타일

휴양지 VS 도시

자신이 어떻게 생활하는 지 생각하면 나의 여행스타일은 어떨지 판단할 수 있다. 물론 여행지마다 다를 수도 있다. 푸꾸옥은 휴양지이다. 푸꾸옥을 여행하면서 아무 것도 안하고 느긋하게만 지낼 수는 없다. 푸꾸옥의 즈엉동 시내에서 약간 바쁘게 돌아다녔다면 푸꾸옥 남부나, 북부의 빈펄랜드에서 느긋하게 워터파크와 사파리를 즐길 수도 있다. 푸꾸옥은 베트남 남부의 휴양지로 베트남에서 신혼여행지로 유명한 섬이다. 패키지여행으로 다녀온 푸꾸옥 여행자도 자유여행을 느낄 수 있으므로 앞으로 여행자에게 더욱 인기를 끌 것이다.

경비

짠돌이 VS 쓰고봄

여행경비를 사전에 준비해서 적당히 써야 하는데 너무 짠돌이 여행을 하면 남는 게 없고 너무 펑펑 쓰면 돌아가서 여행경비를 채워야 하는 것이 힘들다. 짠돌이 여행유형은 유적지를 보지 않는 경우가 많지만 푸꾸옥은 관광지의 입장료가 비싸지 않으니 무작정 들어가지 않는 행동은 삼가는 것이 좋을 것이다.

여행 코스

관광 VS 쇼핑

여행코스는 여행지와 여행기간마다 다르다. 푸꾸옥은 여행코스에 적당하게 쇼핑도 할 수 있고 여행도 할 수 있으며 맛집 탐방도 가능할 정도로 관광지가 멀지 않아서 고민할 필요가 없다.

교통 수단

택시 VS 도보

여행지, 여행기간마다 다르고 자신이 처한 환경에 따라 다르지만 푸꾸옥은 어디를 가든 택시나 그랩 차량공유서비스로 쉽게 가고 싶은 장소를 갈 수 있다.
푸꾸옥은 대중교통이 잘 되어 있지 않으므로 버스를 탈 경우는 많지 않다. 푸꾸옥의 즈엉동 시내는 크지 않으므로 걸어서 대부분의 시내를 둘러볼 수 있다.

7가지 핵심 포인트

푸꾸옥^{Phu Quoc} 여행은 의외로 여행을 계획하기가 쉽지 않다. 쯔엉동 시내는 둘러봐도 고층 빌딩은 하나 없고 많은 사람들은 왔다 갔다 하지만 어디를 가야할지는 모르겠다. 숙소에 물어보니 관광지는 시내에서 떨어져 있다는 답변에 "그럼 어디를 가야하냐"는 물음에는 투어를 소개하는 팜플렛을 내민다. "어떤 것이 좋아요?"는 질문에 "다 좋다"라는 답만 온다. 어떻게 푸꾸옥^{Phu Quoc} 여행해야 하는 것일까?

푸꾸옥^{Phu Quoc}은 숨겨진 보석, 진주 섬이라는 별칭을 가지고 이제야 떠오르는 여행지가 되고 있는 섬이다. 지금도 개발이 이루어지면서 해안가는 하루가 다르게 변하고 있다. 러시아 관광객이 가장 많지만 다양한 국적의 여행자가 여행하면서 아시아 여행자보다 유럽의 여행자가 많다. 허허벌판인 해변에 도시를 만들기 시작하면서 즈엉동 타운을 시작으로 푸꾸옥 섬은 휴양지로 개발되고 있다.

즈엉동 시내에는 휴식을 취할 수 있는 리조트와 호텔 등의 숙소가 즐비하고 쇼핑몰은 아직 없다. 점점 늘어나는 관광객으로 쇼핑타운이 만들어지려는 움직임은 있다. 투어상품은 대부분 푸꾸옥^{Phu Quoc} 북부와 남부에 있다. 스쿠버 다이빙 같은 해양 스포츠나 크루즈 투어는 남부의 혼톰 섬으로 이동해 잔잔한 파도의 포인트에서 즐기게 된다. 이곳은 현재 섬의 북쪽에 빈펄 랜드^{Vinpearl Land}가 들어서 있어 빈펄 랜드^{Vinpearl Land}에서만 즐기다가 나오는 관광객도 상당히 많다.

1 시내 관광, 야시장

푸꾸옥^{Phu Quo} 밤거리의 풍경은 즈엉동의 야시장에서 극대화된다. 밤이 되면 푸꾸옥^{Phu Quo}의 관광객들은 즈엉동 야시장으로 집합하는 것 같다. 푸꾸옥^{Phu Quo}의 가장 번화가는 당일 아침에 잡아온 배에서 공수한 신선한 해산물 바비큐와 정성이 느껴지는 베트남의 길거리 먹자골목의 다양한 음식들이 관광객의 후각과 미각을 자극한다.

코코넛을 이용한 아이스크림을 비롯한 디저트와 손수 만든 수공예품도 만나 볼 수 있어 활기가 가득한 푸꾸옥^{Phu Quo} 밤 분위기를 느껴볼 수 있다.

2 해변 즐기기

세계 10대 해변의 유네스코가 보호하고 있는 느낄 수 있는 푸꾸옥Phu Quoc의 진주 빛 바다는 압권이다. 특히 베트남어로 "별"이라는 뜻의 사오 비치는 푸꾸옥Phu Quoc에서 가장 아름다운 비치로 알려져 있다. 거닐어봐야 새하얀 모래사장과 투명한 바다에서 볼 수 있는 때 묻지 않은 바다 환경을 간직한 푸꾸옥Phu Quoc의 비치는 푸꾸옥Phu Quoc 해변만의 특별한 아름다움을 느껴볼 수 있다.

3 1일 투어

베트남의 아름다운 섬, 푸꾸옥에서 9시부터 오후 16시 30분까지 다녀오는 1일 투어는 푸꾸옥Phu Quoc의 대표적인 관광지로 진주, 후추, 와인숍, 꿀벌까지 주로 농장을 방문한다. 폭포, 사원 등 다양한 관광지를 방문 하고 해변에서 수영하는 시간까지 주어진다.

1일 투어 일정

09:00	숙소 픽업
9시 30분~12시	진주농장, 후추농장, 와인숍, 꿀벌농장, 트란폭포
12~13시	점심(구운 새우, 야채 볶음면, 오징어 죽)
13시	함닌 어촌마을, 푸꾸옥 사원, 바이사오비치(수영)
14시 30분	코코넛 수용소, 피쉬 소스 공장
16시 30분	종료

4 해양 체험

푸꾸옥^{Phu Quoc}의 청정 바다는 해양스포츠의 천국에서 체험하는 재미가 있다. 아름다운 백사장부터 열대 정글까지 다양한 자연을 간직한 푸꾸옥^{Phu Quoc}은 스노클링과 서핑뿐만 아니라 스쿠버다이빙, 오징어 낚시 투어, 진주 양식장까지 다양한 체험을 경험할 수 있다. 진주를 품은 섬이라고 부르는 깨끗한 바다에서 양식한 조개 속 진주를 직접 보고 쇼핑까지 할 수 있는 시간도 인기가 높다.

5 푸꾸옥의 일몰

푸꾸옥Phu Quoc을 기억하는 분위기는 역시 잊지 못하는 추억을 선사하는 푸꾸옥Phu Quoc의 밤 하늘이다. 시원한 서쪽 바다가 눈앞에 펼쳐지는 풍경은 해변가에서 분위기 좋은 카페에 자리를 잡고 사랑하는 이들과 함께 이야기를 나누면서 아름답게 물들어가는 푸꾸옥Phu Quoc의 하늘을 감상하는 특별한 경험이다. 푸꾸옥Phu Quoc을 방문하는 관광객은 누구나 경험할 수 있다.

관광객뿐만 아니라 현지 푸꾸옥Phu Quoc 사람들도 일몰 시간이 되면 선셋 비치로 낭만이 가득한 풍경을 보기 위해 몰려든다. 붉게 물들면서 내려가는 해를 바라보면 내 주위에 있는 사랑하는 사람들과 잊지 못할 시간을 간직할 수 있어 감사하게 된다.

6 푸꾸옥 가족여행의 핵심, 빈펄 랜드

자녀나 부모님과 함께 가는 푸꾸옥Phu Quoc 가족여행에서 가장 선호되는 빈펄 랜드Vinpearl Land는 푸꾸옥Phu Quoc의 인상을 바꾸고 있는 곳이다. 워터파크와 놀이동산에서 하루 종일 즐기는 관광객이 대부분이기 때문에 빈펄 랜드에서만 푸꾸옥Phu Quoc 여행을 다녀오는 여행자가 있을 정도이다.

워터파크, 놀이공원, 아쿠아리움, 사파리 등 남녀노소가 좋아할 다양하고 환상적인 테마파크인 빈펄 랜드는 인어 쇼부터 기린, 얼룩말, 사자가 함께하는 사파리 투어까지 있는 것이 다른 빈펄 랜드와의 차이점이다. 아이와 함께 하는 여행이라면 푸꾸옥Phu Quoc 가족여행의 핵심 속 다이내믹한 즐거움을 경험할 수 있다.

7 휴양에 최적화된 리조트와 호텔

휴양에 최적화된 자연을 품은 다양한 가격과 시설을 가진 수준 높은 시설의 리조트와 호텔이 있다. 푸꾸옥^{Phu Quoc}은 현대적인 시설을 바탕으로 레스토랑, 스파 등 부대시설이 최신 시설으로 휴양에 필요한 모든 것을 경험할 수 있는 장점이 있다. 아름다운 해변의 경관과 여유로운 분위기를 합리적인 가격으로 즐길 수 있어 부부와 연인, 가족 여행객들에게도 최상의 휴양지 분위기를 선사할 것이다.

추천 여행 일정

푸꾸옥^{Phú Quốc}은 제주도의 절반 정도 되는 작은 섬으로 캄보디아에 속한 섬이었지만 굴곡진 현대사에서 베트남으로 바뀐 섬이다. 푸꾸옥섬은 대략의 위치를 파악하고 있어야 한다.

빈펄 랜드^{VinPearl}는 섬 북쪽에 있고, 관광지로 유명한 해변은 섬 남쪽에 위치한다. 섬의 중심에는 야시장과 경치가 좋은 해변에 호텔과 리조트들이 들어서 있다.

관광, 휴양, 해양스포츠, 야시장, 리조트 & 호텔의 모든 것이 가능한 곳은 푸꾸옥뿐이 없다고 할 정도로 개발이 진행 중인 섬이다. 더 늦기 전에 천국 같은 푸꾸옥의 자연을 만나러 떠나보자!

푸꾸옥 섬은 3일 정도 여행하면 적당한 관광지이다. 푸꾸옥 섬의 중심에 있는 즈엉동 마을의 저렴한 호텔에 숙박을 하고, 현지 여행사의 1일 투어를 이용하면 된다.
다음날에는 섬 남부의 작은 안터이 군도로 가는 케이블카와 어촌 마을의 어시장 관광에 1일, 빈펄 랜드^{VinPearl} 관광을 하고 나서 저녁에 야시장에 1일 정도의 일정으로 여행을 하므로 적어도 2일 이상의 일정이 필요하다.

3일 일정
푸꾸옥 1일 투어 → 푸꾸옥 남부(어시장, 케이블 카, 남부 섬 투어) → 푸꾸옥 북부(빈펄 랜드)

푸꾸옥 북부, 빈펄 리조트 숙박하는 여행자

푸꾸옥 빈펄 리조트는 아이들과 함께 여행하기에 좋은 곳이다. 워터파크와 빈펄 랜드, 아쿠아리움, 사파리까지 있어서 아이들이 다양한 경험을 할 수 있다. 푸꾸옥 섬 북부에 있어서 위치 상으로 좋지 않지만 일정 중, 하루는 기사를 포함한 차량 한 대를 렌트하여 남부에 있는 해상케이블카와 야시장을 한 번에 둘러보는 것이 좋다. 푸꾸옥은 도로에 차량이 많지 않아서 운전이 어렵지 않다.

3일 일정
빈펄 랜드(아쿠아리움 / 사파리 / 워터파크) → 푸꾸옥 남부 (해양투어) → 푸꾸옥 시내 투어

푸꾸옥 1일 투어(시내투어)

베트남에 아름다운 섬 푸꾸옥에서 아침부터 오후까지 꽉 찬 일정으로 다녀온다. 푸꾸옥의 대표 관광지인 농장은 진주농장, 후추농장, 와인숍, 꿀벌농장을 방문한다. 폭포와 사원 등의 관광지를 방문하고 아름다운 해변을 방문하여 수영하는 시간이 주어진다.

일정

09:00   숙소 픽업(빈펄 랜드는 픽업 비용 발생하므로 사전에 문의해야 한다)
09:30~12:00 진주농장, 후추농장, 와인숍, 꿀벌농장, 트란폭포(구운 새우, 야채 볶음면, 오징어 죽)
12:00~13:00 점심
13:00   함닌 어촌마을, 푸꾸옥 사원, 바이사오비치(수영)
14:30   코코넛 수용소, 피쉬 소스 공장
16:30   종료

아름다운 푸꾸옥 섬에서 해양투어를 즐기는 액티비티이다. 최근 KBS 예능프로그램인 배틀트립에서 방영되어 관심이 많아지고 있다. CNN이 선정한 '세계 10대 해변', '유네스코가 지정한 세계 생물권 보존지역'으로 선정될 만큼 청정 섬으로 인식하고 있다. 휴양과 해양 스포츠에 몰두해도 부족하지 않은 최고의 휴양지가 되어 가고 있다.

푸꾸옥 남부에는 작고 아름다운 섬들이 많아서 여러 곳의 스노클링 지점이 있다. 그 지점들 중에 가장 아름다운 3개의 섬 근처를 4번에 나눠 옮겨 다니면서 낚시와 스노클링을 하게 된다.파인애플 섬으로 이동하고 나서 낚시를 한다. 투어 회사마다 낚시지점이 있어서 물고기가 잘 잡히는 지는 선장의 능력이다.

2번째로 몽타이 섬과 감기 섬으로 이동하고 나서 스노클링을 한다. 3번째로 다시 몽타이 섬으로 이동한 후에 점심식사를 하는 데 대부분 해양에서 이루어지는 스포츠이기 때문에 체력의 소모가 심하여 점심식사를 주지만 부족한 경우가 있으니 따로 초코바나 간단한 영양식을 준비하는 것이 좋다.

일정

09:00	숙소 픽업
09:30	선착장이동
10:00~11:00	파인애플 섬 이동 후 낚시체험
11:00~12:00	몽타이 섬 이동 후 스노클링
12:00~13:00	감기 섬 이동 후 스노클링
13:00~14:00	몽타이 섬 이동 후 점심식사
15:00~16:00	투어종료 / 숙소 이동

스노쿨링 장비나 낚시장비는 모두 제공이 되는데, 구명 조끼를 잘 확인하고 착용해야 한다. 간혹 불편하고 괜찮다며 소홀히 다루는데 바다에서 이루어지는 해양 스포츠는 항상 조심해야 사고가 발생하지 않는다는 사실을 인지해야 한다. 또한 현지에서 하는 투어에는 여행자 보험이 가입되어 있지 않으므로 개인적으로 한국에서 미리 여행자보험에 가입하고 투어에 참여하는 것이 만약의 사고에 대비하는 것이다.

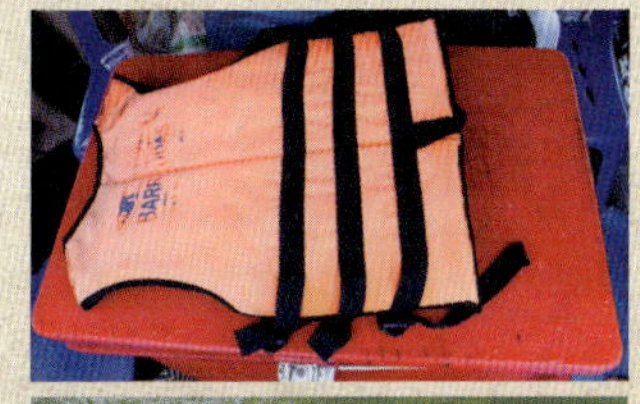

방수팩

생수

개인 준비물

햇볕에 노출이 되므로 선크림과 수건을 따로 준비하는 것이 좋다. 또한 바닷물 때문에 옷이 젖을 수도 있으니 방수팩에 따로 여분의 옷이 있으면 편리하다. 바다에서 오랜 시간 물놀이를 하기 때문에 맞는 옷차림과 준비물이 필요하다. 배 멀미를 하는 관광객은 미리 멀미약도 준비하는 것이 배에서 하루 종일 힘들어하지 않는다.

▶개인 타올, 수영복이나 래쉬가드, 썬 크림, 모자, 선글라스 등

방수팩 사용법

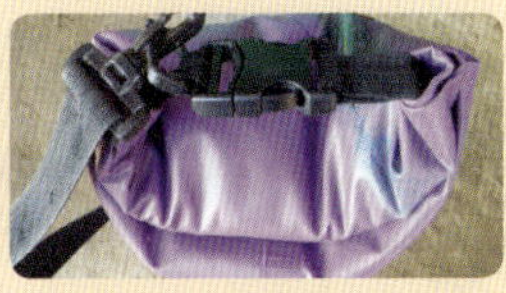

1. 딱딱한 플라스틱 부분을 앞으로 놓는다.

2. 공기가 들어간 상태에서 딱딱한 플라스틱 부분을 3회정도 접어 공기가 빵빵하게 들어가도록 한다.

3. 양 옆의 접합부분을 접는다.

즈엉 동 타운

푸꾸옥 서부 해안의 주요 어촌 항구인 즈엉 동은 섬의 중심 마을로
수많은 즐길 거리를 경험해 볼 수 있다.
하지만 다채로운 거리와 북적이는 항구, 멋진 시장을 둘러보며
마을 자체를 알아가는 것도 좋다.

푸꾸옥Phu Quoc 섬에서 가장 유명한 마을인 즈엉Trường동에 가면 아름다운 해안의 활기 넘치는 시장을 비롯해 다양한 바와 레스토랑 등이 있다.

즈엉 동은 걸어서 둘러볼 수 있는 작은 마을로 대부분의 관광지는 반나절이면 구경할 수 있다. 도심에 있는 낡은 다리에서 해지는 최고의 경치를 감상할 수 있다. 다리 중간쯤 서서 강가에 정박한 어선들이 빚어내는 다채로운 광경도 사진에 담을 수 있다.

푸꾸옥 진꺼우 야시장
Phu Quoc Dinh Cau Night Marketr

푸꾸옥^{Phu Quoc} 여행에서 저녁에 즐기는 즐거움이다. 현지 음식을 좋아한다면 아침시장에서 동쪽으로 걸어가면 보이는 활기 넘치는 진꺼우 야시장^{Dinh Cau Night Market}에 도착한다. 진꺼우 야시장은 섬의 주요 도시인 즈엉 동 서쪽에 있으며, 100m만 더 걸어가면 진꺼우 사원^{Dinh Cau Temple}이 나온다.

다양한 해산물

깔끔하게 배치된 100여 곳의 가판대에서 늦은 오후부터 자정까지 다양한 해산물과 생선요리를 판매하고 있다. 활기 넘치는 시장은 해산물 굽는 냄새와 현지 주민들의 왁자지껄한 대화 소리로 가득하다.

매력이 넘치는 야시장에 들러 현지에서 갓 잡은 대하를 비롯해 삶은 오징어와 크랩 차우더 같은 맛있는 음식을 맛볼 수 있다. 푸꾸옥의 바다에서 매일 새벽마다 잡아오는 해산물은 푸꾸옥에서 해산물 요리를 즐길 수 있는 곳 중 가장 인상적인 장소이지만 음식 값은 거의 흥정되지 않는다.

다채로운 풍경

맛있는 국수와 구운 생선을 맛보고 손수
만든 장신구나 조각상 같은 기념품 가격
도 흥정할 수 있다. 수제 장신구와 기념
품 매장을 둘러보며 가격을 흥정하거나
바에 앉아 눈앞에 펼쳐지는 다채로운 풍
경을 구경할 수 있다.

액젓 / 달팽이 요리

색다른 맛을 원한다면 향이 강한 액젓이나 삶은 달팽이 요리에 도전해 보자. 원하는 음식을 고른 뒤에 길가에 놓인 긴 테이블에 앉아 시장의 활기찬 풍경을 볼 수 있다. 직접 요리할 재료를 구입하려면 갓 잡은 생선과 이국적인 과일, 야채를 판매하는 상점에서 구입하면 된다. 신선한 현지 허브와 향신료를 구입해 베트남 요리나 관광객 자국의 요리를 직접 만들어 먹는 장기 여행자도 많다.

기념품 가판대

진주와 화려한 조개껍질을 엮어 만든 아름다운 팔찌와 목걸이뿐만 아니라, 아름다운 목각
상과 다양하고 화려한 옷도 구입할 수 있다. 대부분의 물건 값을 꼭 흥정해 구입해야 한
다. 대부분의 관광객이 가격을 흥정할 것을 알기 때문에 가격을 비싸게 부르는 것이 일반
적이다.

푸꾸옥 진꺼우 야시장
Phu Quoc Dinh Cau Night Marketr
껌 땀
Com Tam
꼬마 박 파꽁
Coma Bac Pabong
낌 딴 팟
Kim Thành Phát
낌 방
Kim Vang
포 사이공
Pho Saigon
닥 산 반 케오 푸꾸옥
Dac San Banh Kheo Phu Quoc
스테이크 박스
Steak Box
약국
훈 크
Huynh Ky
비엣 트래블
Viet Travel
뚜 히엔
Thu Hien
포 보
Pho Tho
타이 히엔 호텔
Tayet Hien Hotel
아이 러브 푸꾸옥
I love Phu Quoc
레인보우 다이버스
Rainbow Divers
홀리데이 호텔
Holiday Hotel
(노점상) 분 켄
Bun Ken
로빈슨 펄
Robinson Pearl
피자 택시
Pizza Taxi
미니 마트
Mini Mart
(노점상) 분 남
Bun Nam
플리퍼 다이빙 클럽
Flipper Diving Club
초등학교
Trường Tiểu học Dương Đông 1
로이 커피
Roy Coffee
신짜오 카페 & 레스토랑
Xin Chào Cafe & Restaurant
푸꾸옥 딜리버리
Phu Quoc Delivery
뜨랑 안 리조트
Trang An Resort
후띠엔 묵
Hutien Muc
꾸온 꾸온 비스트로 & 스카이 바
Chuón Chuón Bistro & Sky Bar
렌켕 레스토랑
Lengkeng Restaurant
한 남 레스토랑
Hai Nam Restaurant
사이공 푸꾸옥 리조트
Saigon Phu Quoc Resort

Peppers Pizza
랑치아 호스텔
Langchia Hostel
가네쉬 인도 레스토랑
Ganesh Indian Restaurant
레빗 홀 아이리쉬 바
The Rabbit Hole Irish Bar
앰버시 카페 & 바
The Embassy Cafe & Bar
All Good Things-Home/Art/ Lifestyle
카나리아 호스텔 & 바
Canary Hostel & Bar
킴 호아 리조트
Kim Hoa Resort
해피 부다 클럽
Happy Budda Club
오렌지 리조트
Orange Resort
엑자일 잉크 타투
Exile Ink Tattoo
그린 부티크
The Green Boutique
말 스파
Mal Spa
아이 러버 스시
I Love Sushi
시 스타 리조트
Sea Star Resort
Fit PQ
더 미스트
The Mist
몬도 카페
Mondo Cafe
렛츠 트라이 바도다라
Let's Try Baroda
신디 푸꾸옥
Sandy Phu Quoc
Chinaski's
Swardfish Travel & Bar
카라나 일본
Karana Japanese
앤디 바 & 라운지
Andy's Bar & Lounge
캐롤 레스토랑
Carole Restaurant
트로피카나 리조트
Tropicana Resort
시크릿 바
Secret Bar

진 꺼우 사원
Dinh Câu Shrine

매월 1, 15일에 바다를 나간 어부들을 위해 제사를 지내는 곳으로 야시장 근처에 있다. 푸꾸옥 사람들의 대부분이 어부로 살아갔던 섬이기 때문에 중요한 사원이다. 진 꺼우 바위 위에는 바다의 여신에게 제물을 바치던 진 꺼우 사원^{Dinh Câu Shrine}이 자리하고 있다.

지금도 푸꾸옥 주민의 70%가 어업에 종사하고 있다는 것을 알 수 있는 장소 중에 하나이다. 어부로 삶을 살아가는 푸꾸옥 사람들은 이곳을 찾아 소망을 빌기도 한다.
현지인에게는 사원의 제사가 중요하지만 관광객에게는 일몰의 풍경이 아름다워 중요한 사원이다. 해지는 시간이 되면 자리를 잡고 일몰을 기다린다. 진 꺼우 사원앞으로 아름답게 자연이 조각한 암석들이 있어 일몰의 풍경이 아름다운 것이다.

진 꺼우 사원은 푸꾸옥 섬에서 아름다운 석양을 감상할 수 있는 포인트 중 하나로 진 꺼우 사원에서 바라보는 노을 진 항구의 모습이 소박하면서도 아름답다. 일몰의 풍경은 어디나 아름답지만 시간이 멈춘 듯 빠져드는 일몰의 풍경은 강렬한 구름과 해와 바람이 만들어낸다.

후추농장
Pepper Farm

푸꾸옥Phu Quoc 섬은 베트남 최대의 후추 생산지다. 덩굴로 덮인 후추나무는 이색적인 풍경을 제공할 뿐만 아니라 베트남 최고 품질의 후추를 직접 맛볼 수 있는 색다른 경험도 제공한다.

느억맘 공장
Nuoc Mam

베트남 일상에서 빠질 수 없는 소스를 하나 골라보라고 한다면 느억맘 소스라고 할 수 있다. 생선을 발효시킨 소스로 베트남 음식과 가장 잘 어울린다.
푸꾸옥Phu Quoc 섬의 신선한 생선으로 만든 느억맘 소스는 베트남 전 지역에서 가장 유명하다. 또 수많은 여행객들이 느억맘의 명성을 알고자 자주 찾는 명소이기도 하다.

즈엉동 시장
Duong Dong Market

야시장에서 나와 다리를 건너면 나오는 시장으로 신선하고 맛있는 해산물과 푸꾸옥^{Phu Quoc} 현지인들이 이용하는 시장이다. 아침에 조금 일찍 일어나서 즈엉^{Trường}동 북동쪽에 있는 시장에 들러 보자.

오전 내내 레스토랑 주인을 상대로 생선 값을 흥정하는 어부들의 모습을 볼 수 있다. 여기서는 베트남 요리에 자주 사용되는 액젓은 물론, 신선한 과일과 야채도 구입할 수 있다. 관광객을 대상으로 하는 시장이 아닌 만큼 보이는 위생 상태는 좋지 않지만 야채와 해산물이 다양한 레스토랑과 식당으로 판매가 된다. 그러므로 모든 채소나 과일, 물품의 가격은 야시장보다 저렴하다.

롱비치 / 바이 즈엉
Long Beach / Bãi Trúòng

푸꾸옥^{Phu Quoc}에서 가장 긴 해변인 바이 즈엉^{Bãi Trúòng}의 영어 이름은 롱비치^{Long Beach}이다. 딘 카우^{Dinh Cau} 케이프에서 타우 루 꾸^{Tau Ru Cuu}까지 이어지는 최대 20km에 이어지는 해변이지만 현재 딘 카우^{Dinh Cau}에서 남쪽으로 약 5km를 따라 이어진 도로인 딴 훙 다오^{Tran Hung Dao} 도로를 따라 위치한 많은 숙소와 레스토랑들이 비치를 채우고 있다.

즈엉동 남쪽 끝에 있는 아름다운 롱비치에서 여유롭게 휴식을 취하고 따뜻한 바다에서 수영을 즐길 수 있다. 모래사장을 따라 음료와 간식거리를 판매하는 가판대에는 다양한 음식들이 있다.

호텔, 리조트 등 고급 숙소들이 들어서 있지만 지금도 많은 호텔과 리조트가 건설되고 있는 중이다. 즈엉^{Truong} 해변은 푸꾸옥 사람들이 더 자랑스럽게 생각하는 아름다운 해변이 고급 리조트들로 채워질 것같다.

Saigon Hub
사이공 허브

식사와 음료를 간단하게 먹는 레스토랑이다. 직원들이 친절하고 일몰 때 보는 아름다운 풍경이 저녁식사와 함께 분위기 좋은 식사를 할 수 있는 곳이다. 칠리소스와 볶음밥 등을 많이 주문한다.

🏠 Bach Dang   ₫ 70,000동~   📞 +84-947-694-869

🏠 73 Tran Hung Dao Duong Dong   ⏰ 8~22시   📞 +84-947-694-869

Ssigonese Eatery

사이공이즈 이터리

야시장에서 가까운 레스토랑으로 가격이 저렴하고 찾아가기 쉬워서 인기가 높다. 신선한 재료로 햄버거부터 스테이크까지 맛있는 음식을 유럽의 여행자들이 좋아한다.
야시장에서 조금 떨어져 있어서, 투어를 끝내거나, 야시장을 보거나 산책을 하다가 해 질 무렵에 방문 코스를 추천한다.

한인 식당

푸꾸옥에는 한인 식당이 많지 않아서 한국 음식을 먹는 것이 쉽지 않다. 하지만 그중에서 인기가 많은 식당들을 소개한다.

김씨 해산물(Kim's Seafood)

해산물로 유명한 한인 식당이다. 한국 스타일로 만든 해산물 요리가 주 메뉴이다. 게다가 다양한 반찬들과 음식이 있어서 가족여행객들이 많이 찾는다. 게다가 비싸지 않은 음식 가격과 양이 푸짐하고 맛까지 유명하다. 볶음밥, 새우구이, 오징어 요리를 대부분 주문한다. 또한 김밥이나 닭볶음탕 등의 한식 메뉴도 있다.

주소_ 114 Tran Hung Dao　**시간_** 11~23시
요금_ 90,000동~　**전화_** +84-888-440-004

식객(Le Seoul by Sikgak)

푸꾸옥에서 유명한 한식당으로 노보텔 리조트 근처에 위치해 있다. 고급 한식을 맛볼 수 있어 푸꾸옥에서 증가하고 있는 관광객만큼 유명세를 떨치고 있다. 깨끗한 내부 인테리어와 단체석으로 가족여행객들이 많이 찾는다. 쭈꾸미볶음, 잡채, 김치찌개 등의 다양한 한식이 인기가 높다.

주소_ Duong Bao Hamlet, Duong
　　　(Sonasea Villas and Resort)
시간_ 11~22시
전화_ +84-986-396-911

즈엉동 해산물 맛집

활기 넘치는 즈엉동 거리^{Trần Phú Boulvard}는 하얀 모래사장을 따라 코코야자 나무의 그늘 아래로 뻗은 푸꾸옥^{Phu Quoc}의 중심가이다. 많은 레스토랑과 바, 호텔이 들어선 이 거리에는 밤까지 많은 사람들로 붐빈다.

나항 송 비엔(Nha Hang Song Vien)

활기 넘치는 즈엉동 거리^{Trần Phú Boulvard}는 하얀 모래사장을 따라 코코야자 나무의 그늘 아래로 뻗은 푸꾸옥^{Phu Quoc}의 중심가이다. 많은 레스토랑과 바, 호텔이 들어선 이 거리에는 밤까지 많은 사람들로 붐빈다.

🏠 161 Duong 30/4, KP 1, TT Duong Dong   ₫ 100,000~300,000동   🕐 16~22시   📞 2297-2235-666

🍴 신 짜오 시푸드 레스토랑(Xin Chao Seafood Restaurant)

다양한 베트남 음식과 바로 예쁜 앞 바다에서 잡은 싱싱한 해산물 요리를 맛볼 수 있는 곳이다.

큰 새우구이와 함께 밥을 먹을 수 있고 조리과정과 재료가 한눈에 보이기 때문에 음식을 기다리며 보는 재미도 있는 곳이다. 새우, 크랩, 오징어 튀김과 스프링롤 튀김 등을 많이 주문한다.

🏠 66 Tran Hung Dao

₫ 100,000~200,000동

🕙 10~22시

📞 +84-297-3999-919

🍴 꽌 캣 비엔(Quan Cat Bien)

야시장으로 내려가다 보면 큰 도로에 있는 해산물 레스토랑이다. 해산물 요리 맛이 가장 좋다고 알려져 있는 레스토랑이다. 조용히 가족이나 일행이 식사를 할 수 있는데, 내부의 테이블도 많아 찾는 고객이 많아도 내부는 조용하지만 외부 테이블은 차량의 소음 등이 있어 조용하지는 않다. 어느 메뉴를 주문해도 기본적인 맛을 보장해주는 레스토랑이다.

🏠 Duong 30/4, TT Duong Dong 🕙 16~22시 📞 22973-992-339

아침을 연다!

푸꾸옥^{Phu Quoc}은 호이안^{Hoi An}이나 다낭에 비해 아침에 쌀국수나 반미를 파는 가게들이 적다. 관광객용 레스토랑이 아닌 푸꾸옥^{Phu Quoc} 현지인들이 먹는 쌀국수를 찾는 여행자라면 골목길의 허름한 가게도 아닌 작은 의자에서 먹는 쌀국수 한 그릇 만큼 정이 담긴 쌀국수도 없을 것이다. 푸꾸옥^{Phu Quoc} 시민들을 단골손님으로 거느린 허름한 가게에서 파는 반미나 쌀국수 한 그릇은 푸짐한 양에 맛까지 푸짐하다.

 현지인이 인정한 분켄(Bun Ken) 반미

야시장에서 오른쪽으로 걸어가면 관광객보다 현지인들이 아침을 먹고 커피를 마시는 바 무오이 짱 뚜^{Ba Muòi Thang Tù}거리의 가게이다. 가게이름은 유리 위에 적혀 있다. 분켄^{Bun Ken}은 아침 8시 이전에 반미가 남아 있을 때까지만 팔고 골목길에 청소를 하고 노점을 놓아둔다. 20,000동의 가격에 다양하게 치킨, 돼지고기, 소고기 등의 고기와 다양한 야채가 섞여 소스에 맛있는 반미가 탄생하게 된다.

🏠 DC SO 47, 310 KP 1, Dương Đông, 찐 짠 즈엉(Đình Thần Dương Đông) 건너편

 ## 찐 짠 즈엉(Đình Thần Dương Đông)

찐 짠 즈엉^{Đình Thần Dương Đông}의 문 옆으로 이름조차 불분명한 쌀국수집이지만 국수 맛을 알게 된 관광객이 서서히 찾고 있다. "찐^{Đình}"이라는 베트남어의 뜻은 대한민국의 마을회관과 같이 사람들이 모여 이야기를 나누는 곳을 의미한다. 다행히 맛을 찾아 나선 많은 여행자가 알려 주면서 인기를 끌고 있다.

얇은 면발 때문에 자칫 밋밋할 수 있는 쌀국수의 국물이 살려주어 맛이 업그레이드가 되었다. 또한 외국인이 오면 미리 고수를 빼놓아 관광객을 배려하고 있다. 짜지 않고 구수한 국물에 고기를 올리고 파를 송송송 썰어 넣어서 다른 채소가 없는 데도 땀이 나게 되는 개운한 맛이 된다.

🏠 DC SO 47, 310 KP 1, Dương Đông ♂ 쌀국수(3종) 30,000∼40,000동 🕐 7∼15시

 ## 하이 7(HI 7)

🏠 27 Trân Hoang Dao ♂ 40,000∼80,000동

아침 일찍 일어나 관광을 준비하는 중국인 관광객이 깨끗하고 깔끔한 분위기의 레스토랑을 원하는 데 맞는 레스토랑이다. 가격도 저렴하고 다양한 아침 메뉴가 있어 관광객이 주로 찾는다. 대부분의 관광객은 중국인과 인근의 호텔에 있는 관광객이 대부분이다. 가장 인기가 높은 메뉴는 반 꾸온^{Banh Cuòn}과 롤을 같이 먹을 수 있는 모닝 세트이다.

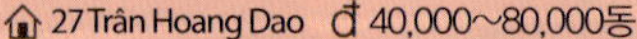

푸드 트럭 반미 람브로(Lambro 550)

가네쉬Ganesh 인도 음식점 위로 길을 따라 걸어가면 푸드 트럭으로 아침마다 반미를 팔고 있는 조그만 자동차를 보게 된다. 반미를 고급화해 팔고 있는 푸드 트럭은 현지인보다 관광객을 상대하고 아침에만 장사를 하기 때문에 늦게 일어나는 관광객에게 많이 알려지지 않았다. 그렇지만 아침에 일찍부터 일을 시작하는 푸꾸옥Phu Quoc 시민에게 맛있는 반미를 제공해주기도 한다.

⏱ 7~9시 ₫4반미 30,000~40,000동

분짜 하노이(Bún Chà Hanoi)

다양한 야채에 시큼한 육수에 살짝 담구어 먹는 분짜 맛집으로 베트남의 다른 도시에서도 볼 수 있다. 현지인들이 많이 찾는 음식점으로 주문 즉시 오픈된 주방에서 요리를 한다. 국물에서 발효국수로 식초향이 나지만 돼지고기가 바삭한 넴과 함께 먹으면 좋다.
하노이 북부의 쌀국수로 얇은 국수가 국물에 담궈 쉽게 풀려 먹을 수 있는데 조금 시간을 두어 국수에 맛이 벤 상태에서 먹는 것을 추천한다.

🏠 121 Trân Húng Dao ⏱ 6~21시 📞 +84-96-2123-679

대표 빵집 Best 3

아로이 카페(Aroi Cafe)

베트남에 몇 개의 지점을 가지고 있는 아로이 카페는 귀여운 곰 캐릭터로 유명하다. 하지만 아직 많은 지점을 가지지는 못했다. 안으로 들어서면 다양한 빵이 내뿜는 냄새가 구수하다. 베트남 반미도 있지만 나트랑 시민들에게 사랑받는 것은 곰돌이 케이크이다. 다양한 조각케이크와 머핀뿐만 아니라 생일 케이크도 판매하고 있다. 현지 브랜드이지만 유럽 관광객도 많이 찾는 브랜드로 바뀌고 있다.

🏠 24 Trăn Húng Dao, Dúong Dông   🕐 7~23시   📞 096-6962-190

란 베이커리(Lan Bakery)

러시아 관광객에게 오랫동안 사랑받아온 베이커리 가게이다. 깨끗하고 깔끔한 내부 인테리어는 유럽과 러시아 장기여행자가 매일 찾는 빵집이다. 특히 각종 빵과 케이크, 크루아상은 유럽 관광객을 위해 만들어져 있다. 그래서 맛은 고급스럽게 느껴지고 한쪽에는 직접 로스팅한 커피원두를 판매하고 있다. 현지인보다는 관광객에게 초점을 맞추어 운영하고 있다.

🏠 106 Trăn Húng Dao, Dúong Dông
🕐 8~23시
📞 0973-545-968

뚜 히엔(Thu Hiên)

베트남 사람들이 빵을 많이 먹지는 않지만 최근에 케이크를 중심으로 판매가 늘어나고 있다. 그래서 어디를 가나 현지인들이 즐겨 찾는 케이크와 빵을 파는 상점들이 많다. 내부는 작지만 깨끗하고 깔끔하다. 다양한 케이크들은 크기가 크고 양을 많이 만들어 파는 편이다. 맛을 보면 한국인의 입맛에는 다를 수 있지만 푸꾸옥Phu Quoc에서는 상당히 유명한 곳이다. 현지인에 초점을 맞추어 운영하고 있다.

🏠 DC SO 47, 304 KP 1, Dúong Dông   🕐 8~20시   📞 0949-779-171

외국 관광객이 찾는 맛집

러시아 관광객이 많이 찾는 맛집

베트남과 러시아는 오래 전부터 우방국이어서 러시아에 베트남의 나트랑Nha Trang과 무이네Mui Ne가 휴양지로 알려져 있지만 최근에는 푸꾸옥Phu Quoc 섬까지 휴양지로 인기를 끌고 있다. 베트남에서 2~3주 동안 휴가를 즐기고 있다. 그래서 푸꾸옥에는 러시아 관광객이 찾는 레스토랑과 카페가 많다.

러시아인들을 대상으로 하는 레스토랑은 주로 해산물 요리와 볶음밥, 쌀국수가 러시아인들의 입맛에 맞게 바뀌어 있는 것이 특징이고 메뉴가 서양요리부터 베트남요리까지 다양해 주문하기가 힘들다는 단점이 있다.

피자 택시(Pizza Taxi)

⌂ 39 Tran Hung Dao
₫ 100,000~200,000동
⊙ 11~23시
☏ +84 297 3998 777

푸꾸옥Phu Quoc에서 가장 유명한 피자집으로 다낭에는 피자 '4 피프'가 있다면 푸꾸옥에는 '피자 택시'가 대표적이라고 말한다.

짜지 않고 느끼하지도 않고 주문하면 빨리 나오는 피자로 빨리 먹고 나가는 관광객이 많다. 카르보나라와 페페로니 피자를 가장 많이 주문한다. 빅 사이즈가 180,000동이라 저렴한 편이다.

쭈언쭈언 비스트로 & 스카이 바
Chuõn Chuõn Bistro & Sky Bar

아름다운 푸꾸옥^{Phu Quoc} 시내를 감상하면서 식사를 즐길 수 있는 분위기 좋은 카페이자 스카이라운지로 연인이나 부부에게 추천한다. 칵테일과 나시고랭, 햄버거 세트를 많이 주문한다. 주변에 공사를 하고 있어서 소음이 있지만 일몰 후에는 분위기 좋은 스카이라운지가 된다. 다만 일몰 후에는 사람들이 몰려들어서 주문이 늦어질 수 있으니 일몰 전에 가서 자리를 잡고 여유롭게 식사를 하고 나서 노을을 보는 것이 좋다.

🏠 Khu 1, Tran Hung Dao　♂ 나시고랭 99,000동 / 버거 150,000동 / 맥주 35,000동
🕐 7시 30분~22시 30분　📞 +84-98-805-7915

선셋 비치 바 & 레스토랑
Sunset Beach Bar & Restaurant

도로에 있지 않고 바닷가를 볼 수 있는 안쪽에 있어서 찾기는 힘들지만 푸꾸옥^{Phu Quoc}의 해변 노을을 바라보며 분위기 있게 식사를 할 수 있는 곳이다. 바다 소리와 은은한 조명 아래에서 여유를 즐길 수 있다. 로컬 음식점보다 가격대가 높은 편이지만 그만한 가치와 서비스가 된다. 여행 중 고급스럽고 세련된 식사를 원한다면 추천한다.

🏠 100 C/2 Tran Hung Dao　♂ 50,000~250,000동　🕐 9시~24시　📞 +84-97-728-7777

윈스턴 버거
Winston's Burgur

푸꾸옥에서 먹는 버거 중에 가장 맛좋다고 소문이 나있다. 미국의 정통 버거 맛을 느껴보고 싶다면 추천하는 맛 집이다. 두꺼운 패티를 야채와 함께 만들어 주는 버거는 정말 두껍다. 채식주의자를 위한 메뉴도 따로 있고 아침부터 즐길 수 있으니 해변에 가기 전에 테이크 아웃으로 직접 사서 바다를 보면서 먹는 햄버거의 맛도 일품이다. 해변과 가깝기 때문에 찾는 데 시간이 걸릴 수 있다.

⌂ 39 Tran Hung Dao   ₫ 100,000~200,000동   ⊙ 11~23시   ☎ +84-297-3998-777

스테이크 박스
Steak Box

미국인 관광객이 스테이크를 먹기 위해 자주 찾는 곳이다. 작지만 멋지고 맛있는 식사가 나오는 곳으로 한번 빠지면 자주 찾게 된다. 탁 트인 전망을 보며 식사를 할 수 있다. 스테이크 외에 다른 베트남 쌀국수와 넴 등의 음식의 맛은 상대적으로 떨어지지만 미국인들의 입맛에는 맞는 지 맛있게 먹는 모습을 볼 수 있어 혼동되기도 한다.

⌂ 11 Tran Hung Dao
₫ 50,000~250,000동
⊙ 11시~22시
☎ +84-126-3330-109

홀리데이 센스
Holiday Sense

즈엉동에 만들어진 카페와 레스토랑이 모여 있는 몰Mall이다. 최근에 문을 열어서 깨끗하고 깔끔하게 레스토랑과 카페들이 모여 있어 최근에 관광객이 많이 찾고 있다. 더운 푸꾸옥 날씨에 쾌적하게 식사를 할 수 있는 곳이다.
1층에는 베스틴 커피Bestin Coffee가 입구에 있으며 건너편에는 수모SUMO 스시 전문점이 있고 그 뒤에 껌 가Com Ga라는 베트남 음식점, 이 있다. 2층으로 올라가면 위너 펍Winner Pub, 퀸즈 바Queens Bar 등의 맥주 전문점이 있다.

■ 수모(SUMO)

일본관광객이 푸꾸옥에 별로 없는데 스시 전문점이 생겨 의아했지만 미국 관광객이 스시전문점의 주고객이었다.
푸꾸옥에는 스시를 파는 전문점이 없는데 신선한 해산물이 많아서 많은 관광객이 찾고 있다. 관광객을 상대로 영업을 하고 있으므로 가격은 저렴하지 않다. 깨끗하고 깔끔하게 음식을 먹고 싶다면 추천한다.

■ 껌 가(Com Ga)

베트남 전통음식을 파는 껌 가는 가격이 비싸지 않은 편이다. 점심이나 저녁 식사를 하러 온 관광객이 많아서 식사시간에는 붐비는 편이다. 식사로 적당한 가격과 깨끗한 분위기가 장점이다.

■ 쫑우엔(Ngon)

2층에 베트남 음식과 열대과일 음료수를 팔고 있는 곳으로 1층보다 오픈된 분위기가 탁 트인 느낌을 받게 한다. 다양한 음식을 주문할 수 있어서 깨끗한 분위기에서 베트남 음식을 즐기고 싶은 관광객이 자주 찾는다.

■ 베스틴 커피(Bestin Coffee)

즈엉동에 최근에 음식점이 몰Mall 형태가 들어서기 시작했다. 1층에 들어선 베스틴 커피는 어디에서나 볼 수 있는 전형적인 카페여서 깨끗하고 정돈된 프랜차이즈 커피 전문점이지만 우리가 마시는 커피와 다르게 맛이 진하기 때문에 특색이 있다.

주로 오후에 관광객이 시원한 에어컨이 있는 곳에서 쉬고 싶은 마음에 찾는다. 관광객이 주 고객이므로 라떼, 아메리카노 등 달달한 커피 음료를 주문한다. 커피 이외에 다양한 차 메뉴도 있다.

이외에 키즈 카페인 키즈 시티와 선물가게가 있다.

더 벤치 이터리 & 바

즈엉동에 만들어진 카페와 레스토랑이 모여 있는 몰^{Mall}이 최근에 생겨나고 있다. 깨끗하고 깔끔하게 레스토랑과 카페들이 모여 있어 최근에 관광객이 많이 찾고 있다. 더 벤치 이터리 & 바는 케밥^{Kebab}부터 인도음식, 차 전문점, 한국 치킨인 비비큐치킨^{bbq Chicken} 등의 레스토랑이 있다.

비비큐 치킨(bbq Chicken)

베트남에는 양념 치킨이나 후라이드 치킨 같은 치킨을 먹을 장소가 많지 않다. 푸꾸옥에서는 더욱 먹기가 힘들지만, 최근에 문을 연 한국식의 후라이드 치킨을 맛볼 수 있는 곳이 생겼다. 양념과 바비큐 치킨까지 다양한 종류의 치킨을 맛볼 수 있다. 다만 가격이 저렴하지 않은 것이 단점이지만 야식을 먹고 싶다면 추천한다.

스파이스 인디아(Spice India)

정통 인도음식을 매콤하게 먹을 수 있는 레스토랑이다. 유럽여행자들이 찾아오더니 싱가포르 여행자들도 찾기 시작했다. 가네쉬 인도 레스토랑은 맵지 않아 여행자들이 좋아하는 것에 비해 조금 더 매콤해 대중적이지는 않다.

난엔케밥(Nan N Kebab)

푸꾸옥에서 케밥을 요리하는 곳이 거의 없어서 관심을 받은 레스토랑이다.
간단하게 먹을 수 있는 터키식의 케밥보다는 파키스탄식의 요리로 먹을 수 있는 곳이다.

꼬트차(Cotcha)

덥고 습한 푸꾸옥에서 힘들게 여행을 하고 난 후 달달한 밀크티를 마실 수 있는 곳이 많지 않아 반갑다. 다양한 국적의 사람들이 흐뭇하게 마시고 나올 수 있어서 좋다. 다양한 차 리스트를 보유하고 있으며, 외국 여행자들에게 특히 인기가 많은 곳이다. 저녁이 되면 선선한 바람을 맞으면서 야외에서 마실 수 있다.

즈엉동 타운
시내 풍경

Hu Tieu
후띠우

즈엉동 야시장 근처에 있는 현지인들도 줄 서서 먹는, 현지인들의 아침식사로 찾는 쌀국수로 유명한 곳이다. 베트남 남부에 위치한 푸꾸옥의 독특한 오징어 쌀국수를 맛볼 수 있다. 고기가 들어가지 않고 오징어와 해산물이 들어가 있어 깔끔한 국물이 아침식사로 술 먹은 다음날 해장으로도 제격이다. 레몬을 짜서 넣어 먹으면 얼큰하고 깔끔한 맛을 낼 수 있다. 화창하지만 더운 점심시간에 찾아가면 흐르는 땀에 쌀국수을 먹고 나오면 이열치열의 의미를 알 수 있을 것이다. 되도록 이른 아침이나 저녁에 방문하는 것이 좋다.

🏠 42, 30/4 St.　🕐 6~22시　₫ 50,000동~　📞 +84-899-518-369

Ra Khoi
라 코이

현지인들이 즐겨 찾는 해산물 레스토랑으로 즈엉동 야시장과 가깝다. 즈엉동 야시장보다 가격이 저렴하고 직원들도 친절하여 편안한 분위기를 느끼게 해준다.

20년이 넘게 영업을 지속해온 식당답게 현지인뿐만 아니라 푸꾸옥 관광객들에게도 인기가 올라가고 있다. 전통 가제요리, 칠리 새우, 갯 가제볶음밥 등의 음식도 맛있고, 가격도 저렴하다. 다만 영어로 소통이 힘들기 때문에 사진이나 번역기 등으로 의사소통을 하는 것이 좋다.

🏠 131 Bis, St.30/4 ⏰ 11~22시
💲 60,000동~ 📞 +84-186-546-7707

Crab House
크랩 하우스

푸꾸옥의 즈엉동 타운에서 대표적인 해산물 레스토랑이다. 즈엉동 타운에서 가까워 찾아가기도 쉽다. 오픈하자마자 현지인뿐만 아니라 외국인 관광객으로 넘쳐나고 있다.
싱싱한 해산물을 맛있게 즐길 수 있지만 가격대가 높은 것이 단점이다. 그래서 단품이나 콤보메뉴로 관광객이 주문을 한다. 이 외에도 싱싱한 생선구이, 새우구이 등 많은 해산물 요리가 준비되어 있다, 저녁 시간에는 조리시간이 많이 걸리니 조금 일찍 방문해서 여유롭게 먹는 것이 좋다.

🏠 26 Nguyen Trai ⏰ 11~22시 💲 100,000동~ 📞 +84-297-3945-067

Heaven Restaurant
헤븐 레스토랑

푸꾸옥 공항에서 가까운 로리스 비치에 있는 해산물 레스토랑이다. 유럽여행자들이 비치에서 즐기고 힘들 때 와서, 충전을 하고 갈 만큼 음식으로 유명하다.

해변에 있어서 찾기도 쉽고, 먹고 나와서 오토바이를 타고 푸꾸옥 여행을 할 수 있도록 대여도 하고 있다. 장기 여행자들은 후식으로 싱싱하고 저렴한 과일을 구입해 숙소로 돌아가는 경우도 많다. 아이들과 같이 먹을 수 있는 요리도 많이 있어서, 가족 여행객들도 많이 방문하는 곳이다.

주소_ No. 141 Tran Hung Dao Str Ward 7
시간_ 10〜22시 30분
요금_ 40,000동〜
전화_ +84-975-542-769

Sunset Sanato Beach Club
선셋 사나토 비치 클럽

해안을 따라 레스토랑들이 늘어서 있지
만 설치 미술과 고급스러운 테이블이 인
상적인 곳이다. 아름다운 일몰을 볼 수 있
어 유명한 푸꾸옥의 선셋 명소로 입장료
도 받고 있다.

외국 여행자들에게 특히 인기가 많다. 저
녁이 되면 선선한 바람을 맞으면서 야외
에서 식사를 할 수 있다. 해산물 요리와
볶음밥이 유명하다. 내부도 나무로 인테
리어 되어 있고, 벽면에는 다양한 소품으
로 분위기를 아늑하게 해준다. 일몰부터
저녁까지 한가하게 레스토랑에서 고즈넉
하게 식사를 할 수 있다.

주소_ North Bai Truong, Group 3,
Duong Bao Hamlet, Duong To
시간_ 9~21시 **요금_** 60,000동~
전화_ +84-297-6266-662

스쿠버다이빙
Scuba Diving

스쿠버 다이빙Scuba diving은 물속에서도 숨을 쉴 수 있게 해주는 장비를 착용하고 수중 다이빙underwater diving을 하는 것이다. 1년 내내 따뜻한 기온을 가지고 잔잔한 파도를 가진 섬 근처에서 스쿠버 다이빙을 즐기게 된다. 영어의 'SCUBA'는 원래 잠수 장비를 가리키는 명사였지만 기구를 사용하는 잠수 활동 자체를 스쿠버로 일컫고 있다. 일반인들이 스킨스쿠버를 즐기는 경우, 잠수가 가능한 깊이는 최대 40m정도이고 잠수를 하는 최대 시간은 3시간 30분 정도이다. 단, 잠수를 깊게 할수록 잠수 시간은 짧아지게 된다.

일반적인 인식과는 달리 사고율이 높지 않고, 여행에 대한 관심이 늘어남에 따라 즐기는 인구가 늘어나는 추세이다. 하지만 물속에서 이루어지는 스포츠이기 때문에 위험 요소를 가지게 되는 것은 당연한 것이다.

물속 압력의 변화에 따른 변화가 감압 병, 공기색전증을 일으키기도 하고 체온이 저하되거나 피부 외상이 일어날 수 있으므로 안전에 주의해 즐겨야 한다.

스쿠버다이빙 투어

1 7~8시에 숙소로 픽업을 하고 나서 선착장에 모든 투어 참가자가 모이면 배를 타고 푸꾸옥 남부로 이동한다.

2 푸꾸옥 섬의 북부나 남부의 스쿠버다이빙 포인트까지 이동하는 배에서 스쿠버 장비의 사용법을 알려주는 데 이때 잘 듣고 이해가 안 가는 부분이 있다면 물어보고 알고 있어야 한다.

3 강사 1명당 2~3명으로 강사가 책임질 수 있는 인원이 그룹으로 나뉘게 된다.

4 스쿠버다이빙 포인트에 도착하면 초보자를 위해 2~3m 깊이의 바다에서 전문 강사가 장비 사용법이나 스쿠버 다이빙에 대한 설명을 하고 실습을 하게 된다.

5 실습을 통해 물속으로 들어갈 수 있다고 판단을 하면 조금 더 깊은 바다로 이동하여 본격적인 스쿠버 다이빙을 하게 된다.

6 1번의 스쿠버 다이빙을 하고 점심식사를 한다. 한번 물속에서 스쿠버 다이빙을 하면 수영을 하지 못해도 다이빙 장비가 물속에서 돌아다닐 수 있도록 추진력을 만들어 주기 때문에 물속에서 돌아다니는 재미를 알게 된다.

7 추가적으로 스쿠버 다이빙을 하고 나머지 시간에는 스노클링을 하면 1일 스쿠버다이빙 투어는 마치게 된다.

> **보트다이빙(북부의 혼몽따이 섬, 혼도이모이 섬과 남부의 안터이 군도)**
>
> 보트를 타고 원하는 다이빙 포인트로 이동해서 입수하는 것을 말한다. 바로 깊은 수심으로 떨어질 수 있어 비치다이빙에 비해 체력소모가 적다. 보트를 이용하므로 비치다이빙에 비해 투어 비용이 높을 수밖에 없다. 보트에는 직원가 남아서 대기하다가 다이버가 SMB를 띄우면 그것을 육안확인하고 해당 위치로 이동하여 다이버들이 물밖으로 나올 수 있도록 돕는다.
> 조류 등으로 다이버들이 멀리 이동해버리면 보트에서 SMB를 보지 못하는 경우가 있으므로 다이버용 호루라기를 이용하여 청각신호를 보내거나, 반사경을 갖고 있다면 본인들이 타고 온 보트를 향해 햇빛을 반사시켜 보트를 호출한다.

준비물

수건과 선크림 수영복을 입고 가야 한다. 수트를 벗게 되면 따로 옷을 갈아입기는 쉽지 않다. 또한 방수 가방에 자신의 귀중품은 따로 넣어두고 핸드폰에 물이 들어가지 않도록 조심해야 한다.

주의사항

물속으로 들어갈 때 강사는 깊이를 체크하면서 들어가지만 물속으로 깊이 들어갈수록 귀가 아프거나 눈이 아플 수가 있다. 이때 손으로 이상신호를 보내면 약간 위로 올라갔다가 다시 내려가야 압력이 조절이 된다. 무턱대고 아래로만 내려가는 일이 없도록 조심해야 한다.

장비 확인

수트	몸에 맞는지, 내가 들어가려는 다이빙 사이트의 수온과 맞는 두께인지, 찢어진 데는 없는지, 후드/장갑/부츠가 필요에 따라 있는지 확인한다.
웨이트	웨이트 버클이 제대로 되어 있고 허리에 맞는지, 필요 시 쉽게 풀어버릴 수 있는지 확인한다. 정신없이 챙기다보면 웨이트를 뒤집어 끼우는 경우도 있으니 주의한다.
핀	짝이 맞는지, 풀 풋 핀이라면 신고 / 스트랩 핀이면 스트랩 차고 편안한지 확인한다.
물안경/스노쿨	물안경의 경우 얼굴에 잘 밀착이 되는지, 스커트 쪽에 문제는 없는지, 신제품이라면 김서림 방지가 제대로 되었는지 확인한다. 스노클은 물고 숨을 쉴 때 문제가 없는지 확인한다. 이후 BC에 공기탱크와 호흡기 결합하고 확인한다.
BC	가장 중요한 확인사항으로 몸에 맞는지, 스트랩을 죄었을 때 빈 틈이 생기지 않는지, 인플레이터를 연결하고 주입버튼 눌렀을 때 문제없이 빵빵해지고 비상 디플레이터에서 방구 뿡뿡 소리가 나면서 여분의 공기가 배출되는지, 배출버튼 눌렀을 때 공기가 제대로 나오는지, 혹시 BC 안에 지난 번 잠수 때 들어간 물이 남아있는지를 확인한다.
호흡기	가장 중요한 체크사항이다. 제공되는 공기탱크와 정상적으로 결합되는지, 잔압계에 표시되는 압력이 정상적인지, 새는 부분은 없는지, 2단계로 옥토퍼스 물고 정상적으로 공기가 빨리는지, 배출 버튼을 눌렀을 때 공기가 제대로 빠지는지 확인한다. 공기 호흡기(breathing apparatus)는 스쿠버 장비로 수중 호흡기(Rebreather), 송기식 잠수, SCBA(Self-contained breathing apparatus), 우주복, 잠수용 호흡기(Underwater breathing apparatus)이다.
공기탱크	남아 있는 압력이 제대로 200bar 또는 3000psi인지, 입으로 빨아 마신 공기에서 이상한 맛이나 냄새가 안 나는지 확인한다.

투어회사

플리퍼 다이빙 클럽

- **주소** | 60 Trãn Hùng Dao, Dúong
  (GPS 10. 212499, 103.959144)
- **시간** | 6시 30분~21시
- **요금** | 스노클링 35$, 초보다이빙 65$,
  스쿠버 다이빙(2회), 스노클링(2),
  점심식사, 물, 장비 일체
- **전화번호** | 077-3994-924
- **홈페이지** | www.flipperdiving.com

존스 투어

- **주소** | 143 Trãn Hùng Dao, Dúong Tó,
  Phu Quoc
  (GPS 10. 194344, 103.967487)
- **요금** | 스노클링 30$, 초보다이빙 75$,
  스쿠버 다이빙(2회), 스노클링(2),
  점심식사, 물, 장비 일체
- **전화번호** | 0297 -3997-799
- **홈페이지** | www.phuquocsky.com

푸꾸옥 북부

건저우 곶
Müi Gành Dầu

북부의 자이 해변을 지나면 나오는 건저우 곶이 있다. 작은 어촌 마을이었던 건저우^{Gành} ^{Dầu}는 빈펄 리조트가 들어서면서 급성장하는 장소이다. 아직도 작은 마을에는 생선과 작은 물건들을 상점에서 팔고 있다.

최근 여행사들이 이 곳 앞바다에서 투어를 진행하는 현지 여행사들이 늘어나고 있다. 앞에는 산호초 섬이 있고 파도가 잔잔하여 스노클링과 스쿠버 다이빙도 늘어나고 있는 추세이다.

자이 해변
Bãi Dài

빈펄 리조트가 들어서 있는 앞 바다에 있는 바다가 자이 해변이다. 북부의 해변은 사람들이 찾지 않는 해변이었지만 최근에 빈펄 리조트가 들어서면서 고급 휴양지로 탈바꿈하고 있는 추세이다. 특히 자연 그대로의 보존이 잘 된 해변에서 일몰 풍경을 즐긴다면 추억에 남을 수 있을 정도로 아름답다.

푸꾸옥 국립공원
Phu Quoc National Park

섬을 관통하는 메인 도로는 푸꾸옥의 자연을 가르는 기준점이 된다. 도로의 북동쪽 방면은 유네스코에서 생물보호구로 지정한 푸꾸옥 국립공원Vườn Quốc Gia Phú Quốc으로, 산봉우리와 열대우림을 포함하고 있다.

90%가 숲으로 뒤덮여 있는 푸꾸옥 국립공원은 나무들과 해양 생태계가 공식적으로 보호받고 있다. 남쪽에 있는 마지막 숲의 일부로 2010년 유네스코 세계문화유산 '생물권 보존 지역'으로 지정된 곳이기도 하다. 울퉁불퉁한 비포장도로에는 별도의 등산로가 있어 산악 오토바이나 자전거를 타고 갈 수 있다.

수오이 다 반(Suoi Da Ban)

화강암 사이를 뚫고 나오는 하얀 물살이 마계곡이다. 5~9월 사이에 계곡에 있는 물은 영장의 역찰을 한다. 그 외에는 물이 거의 보기가 힘들다.

옹랑 해변
Ông Lang Beach

옹랑 비치^{Ông Lang Beach}는 푸꾸옥의 시내라고 할 수 있는 즈엉동 마을^{Dúong Dòng Town}에서 북쪽으로 약 20분 정도 거리에 있다. 즈엉동 마을을 기준으로 북쪽은 옹랑 비치^{Ông Lang Beach}가 있고 남쪽은 롱 비치^{Long Beach}가 있다. 빈펄 랜드로 가는 길목에 있어서 쉽게 갈 수 있는 비치이다.

옹랑 비치에도 사원이 있어서 어부들이 고기잡이를 안전하게 다녀올 수 있도록 기원한다. 사원은 작지 않지만 볼 것은 없다. 옹랑 비치는 고운 모래가 펼쳐진 곳도 있지만 바위나 돌들이 있는 해변도 있다.

Lina Restaurant
리나 레스토랑

옹랑 해변에 있는 리나 레스토랑은 옹랑 해변에서 즐기다가 쉽게 방문할 수 있는 곳이다. 해지는 일몰 풍경을 보면서 커피와 신선한 열대과일 주스를 마시는 관광객이 대부분이기 때문에 음식 주문은 많지 않지만 서양요리는 주문할 만하다.
베트남 요리는 맛이 떨어지므로 다른 레스토랑에서 주문하는 것이 좋다.

🏠 Cua Duong Ong Lang
🕐 8~22시
📞 090-421-1277

The TreeHouse Resort & Restobar
더 트리 하우스 리조트 & 레스토바

옹랑 해변Ong Lang의 신선한 해산물을 먹고 싶다면 추천한다. 관광객이 방문하는 곳인데도 가격이 저렴하고 BBQ로 요리된 조개와 오징어를 주로 주문한다.
유럽여행자에게 잘 알려져 있어 리조트 내의 레스토랑이 최근에 중국인 관광객에게까지 유명해졌다.

🏠 Cua Duong Ong Lang   🕐 8~22시   📞 090-421-1277

아름다운 리조트 & 호텔

앙카린 비치 리조트(Ancarine Beach Resort)

3성급 리조트임에도 고급스럽게 꾸며 놓아 가성비가 높은 리조트이다. 옹랑 해변ᴼng Lang이 바로 보이는 비치 리조트로 자연주의로 리조트를 꾸며놓았다. 친절한 직원들이 머무는 동안 휴식을 느끼고 돌아갈 수 있도록 도와준다.

바다가 깨끗하고 아름다우며 바로 앞에서 스노클링이 가능해 다른 곳을 안가고 리조트 안에만 있게 되는 단점이 있다. 선베드에 누워 바다 소리를 들을 수 있고 해지는 풍경을 보면서 와인 한잔을 즐길 수 있다.

🏠 3 Ông Lang   ♂ 스탠다드 더블룸 50$(바다전망 65$), 디럭스 더블룸 67$(바다전망 80$)   📞 0297-3996-684

⌂ **주소**_ Tổ 4 ấp Ông Lang, Cùa Dúong   ♂ 수페리어 55$, 디럭스 61$ ☏ 0297-3996-684

코코 팜 비치 리조트(Coco Palm Beach Resort & Spa)

옹랑 해변Ông Lang Beach의 작은 해변에 위치한 방갈로로 이루어진 리조트이다. 모든 객실에서 아름다운 바다를 조망할 수 있는 것이 장점이다.

작은 해변이지만 전용해변이 있고 선베드와 여유로운 분위기덕에 러시아와 유럽의 여행자들이 많이 찾는다. 주위에 레스토랑이 있어서 리조트에만 머무르게 되는 불편함도 적다. 수영장이 없다는 것이 단점이다.

카미아 리조트(Camia Resort & Spa)

아름답고 멋진 위치와 맛있는 조식뿐만 아니라 바다에서 즐기기에도 좋다. 바다가 모래해변이 아니어서 조금 위험할 수는 있지만 파도가 잔잔하고 카누로 아이들과 놀이를 즐기기에도 좋다. 해변 레스토랑과 위치, 맛은 모두 훌륭하다. 빌라형 숙소에 있는 아름다운 뷰를 느끼고 여유를 즐기는 좋은 숙소이다.

🏠 Lot 3 Ông Lang Hamlet, Cùa Dúong
♂ 디럭스룸 정원전망 51$(바다전망 67$), 프리미엄 더블룸 바다전망 80$, 빌라 바다전망 92$
📞 0297-6258-899

체즈 카롤레 비치 리조트(Chez Carole Beach Resort)

푸꾸옥의 경치 좋은 곳에 자리한 체즈 카롤레 비치 리조트 Chez Carole Beach Resort 는 꾸아깐 비치 Cuakan BeACH를 따라 펼쳐진 전용해변과 자연 논지로 둘러싸인 호수가 근처에 있다.
파라솔과 라운지가 구비된 야외 수영장과 스파, 피트니스 센터가 있다. 전원스타일의 객실은 전용 일광욕은 물론 다양한 엑티비티를 즐길 수 있다. 카약이나 수상스포츠를 비롯해 다양한 재미를 즐길 수 있다.

🏠 Group 1 Halmet 4, Cua Can ♂ 스탠다드 더블룸 53$ 수페리어 더블룸 64$ 📞 0297-6534-679

VinWonders

빈원더스(빈펄랜드)

베트남에 가면 워터파크의 대명사가 빈펄 랜드이다. 나트랑에서 시작된 빈펄 랜드는 현재 휴양지로 성장하는 푸꾸옥에서도 이름값을 하고 있다. 아직 대한민국의 워터파크처럼 크지는 않지만 상대적으로 이용하는 고객이 적어 쾌적하게 워터파크를 이용할 수 있는 장점이 있다.

베트남 리조트 중 가장 유명한 빈펄 리조트(Vinpearl Resort)는 2베드 룸 풀 빌라부터 4베드 룸 풀빌라까지 다양한 객실을 보유해 높은 인기를 끌고 있다. 푸꾸옥, 빈펄 리조트에서 자체적으로 운영하는 빈펄 랜드가 있어 어린아이를 동반한 가족여행에 적합하다. 특히 푸꾸옥 빈펄 랜드는 사파리와 워터파크까지 갖춘 종합 테마파크로 남녀노소 누구나 즐거운 시간을 보내기에 좋다.

푸꾸옥 빈펄 랜드의 최대 장점은 워터파크 시설을 정비하고 놀이기구도 추가로 설치하였다. 아쿠아리움과 국립공원에 있는 대규모 사파리를 체험할 수 있다는 것이다. 입장객이 성수기를 제외하면 많지 않아서 원하는 놀이기구를 기다리지 않고 즐길 수 있고 사파리도 한적하게 즐길 수 있어 가족 여행객은 계속 늘어나고 있다.

빈원더스 푸꾸옥 세부지도

- 06 ~ 15 워터파크
- 16 워터파크
- 37 아쿠라리움
- 18 ~ 23 야외게임존
- 17 야외게임존
- 38 실내오락실
- 24 ~ 37 놀이동산
- 03 놀이동산
- 화장실
- 05 놀이동산
- 응급실

입장권

매표소, 여행사, 빈펄 랜드 홈페이지에서 구입할 수 있다. 콤포 티켓은 하루 종일 빈펄 랜드(Vinpearl Land)와 사파리를 출입할 수 있으므로 편리하여 대부분 콤보 티켓을 구입한다.

공연 시간

- 피딩 쇼(Feeding Show) | 10:00, 17:00(15분)
- 미인어 쇼(Mermaid Show) | 11:00, 15:00(10분)
- 상어 피딩 쇼(Sharks Feeding Show) | 11:15, 15:15(10분)
- 뮤지컬 분수 쇼(Musical Water Fountain Shows) | 19:00(25분)
- 졸루족 쇼(Zulu Show) | 17:00(30분)
- 사일런스 공연(Silence Performance) | 16:30(30분)

빈원더스 한눈에 파악하기

빈원더스VinWonders는 푸꾸옥 섬의 북서부에 위치해 외진 곳이라고 생각할 수 있지만 한적한 여행을 즐길 수 있다는 장점이 있다. 리조트부터 골프, 사파리, 워터파크, 놀이동산, 음악 분수 등의 모든 것을 한 곳에서 즐길 수 있다.

사파리는 약 5㎞ 떨어진 푸꾸옥 국립공원 내에 있으나 다른 놀이동산, 워터파크, 아쿠아리움 등은 한 곳에 모여 있다. 9시부터 오전에 사파리를 보고 오후에 워터파크를 즐기고 빈펄 랜드는 21시까지 즐길 수 있으므로 시원한 저녁에 즐기는 방법으로 하루에 빈펄 랜드Vinpearl Land를 모두 즐기는 방법도 있다.

리조트 입구에서 빈원더스VinWonders에 간다고 이야기를 하면 언제든지 버기카로 와서 빈펄 랜드로 데려다 준다. 입구로 들어가면 상점들이 보이고 놀이기구가 이어져 있다. 성수기나 주말이 아니면 기다리지 않고 원하는 놀이기구를 마음대로 즐길 수 있는 것이 최대 장점이다. 가끔 방문객이 적어서 놀이기구는 운행을 안 하기도 한다. 너무 더운 날에는 게임 존에 들어가 해를 피해 시간을 보내면 피로가 풀리기도 한다.

셔틀 버스(Shuttle Bus)

푸꾸옥 섬의 즈엉동 타운에 있는 노보텔과 에덴 리조트 등부터 빈펄 리조트와 사파리를 돌고 있는 무료 셔틀버스가 있다. 셔틀버스는 사파리와 빈펄 리조트의 시간에 맞춰 30~60분의 시간 간격으로 운행되고 있다.
9~21시까지 놀이기구를 탈 수 있지만 사파리는 16시까지로 가장 짧은 시간에 이용할 수 있고 워터 파크도 18시면 이용이 안 되기 때문에 사전에 이용시간을 알고 이용하는 것이 헛걸음을 하지 않는다.

빈펄 사파리(Vinpearl Safari & Conservation Park)

남극 펭귄과 아마존 악어를 보유한 거대 수족관과 매일 돌고래 쇼가 개최되는 돌핀 파크가 빈펄 사파리에서 펼쳐진다. 400여 종의 식물과 150종의 동물들이 서식하고 있으며 세계에서 2번째로 큰 규모로 아프리카를 연상케 한다. 사파리를 돌아보는 15분 이상 대기를 하는 경우가 많아서 여유를 가지고 돌아보는 것이 좋다.

뮤지컬 공연을 관람할 수 있으며 대형 수족관 시스템에서 백변종, 황색 산 거북, 도마뱀, 상어, 광선 등 희귀하고 귀중한 9,000개 이상의 물고기를 볼 수 있다. 기린과 코끼리에게 먹이주기, 동물과 교감이 가능한 다양한 프로그램이 있으므로 시간표를 미리 확인하고 둘러보는 것이 좋다.

홈페이지 : www.vinwonders.com

영업시간 및 요금

티켓종류	영업시간	신장 140cm 이상 방문객	신장 100~140cm 미만 어린이	노인 방문객(60세이상)
빈펄 사파리 푸꾸옥	9~14시	650,000VND	490,000VND	490,000VND
빈원더스 & 빈펄 사파리 푸꾸옥	9~14시	1,350,000VND	1,000,000VND	1,000,000VND
사파리 나이트	9~14시	600,000VND	450,000VND	450,000VND

구매방법

1 VinWonders.com 웹사이트 또는 VinWonders 앱 방문
2 목적지 선택: 빈원더스 푸꾸옥 또는 빈펄 사파리
3 원하는 사용일자 및 수량 선택
4 티켓 유형 선택 : 빈펄 사파리 & 빈원더스 푸꾸옥 입장권(최소 7일 전 예약 시 3% 할인)

9:30 - 15:20
SAFARI
사파리 버스 탑승장
기린 먹이 주기 체험장
작은 동물 먹이 주기 체험장
코끼리 먹이 주기 체험장
어린이 동물원
KID ZOO
PRIMATE WORLD
ZOO
FLAMINGO
KHINO
입구
VINPEARL SAFARI
주차장
고객센터
쇼핑 거리
매표소
사물함
버스 정류장
포토 스팟
레스토랑
동물 쇼 공연장
화장실
응급
Thời gian hoạt động
00 - 16:0

셔틀버스 안내

	정류장	정차시간 (차후 변동가능)					
1	노보텔	8:45	9:15	9:45	10:15	12:45	13:15
2	무엉탄 호텔	8:47	9:17	9:47	10:17	12:47	13:17
3	에덴 리조트	8:00~14:30까지 매시간 정각, 15분, 30분, 45분 정차					
4	꾸옥 탕 호텔(Quoc Thang Hotel)	8:02~14:32까지 매시간 02분, 17분, 32분, 47분 정차					
5	Dao Viet Travel	8:06~14:36까지 매시간 06분, 21분, 36분, 51분 정차					
6	존트 투어	8:08~14:38까지 매시간 08분, 23분, 38분, 53분 정차					
7	하일랜드 방갈로(Highland Bungalow)	8:08~14:38까지 매시간 08분, 23분, 38분, 53분 정차					
8	밴 스파(Ven Spa)	8:10~14:40까지 매시간 10분, 25분, 40분, 55분 정차					
9	갤럭시 호텔(Galaxy Hotel)	8:12~14:42까지 매시간 12분, 27분, 42분, 57분 정차					
10	Hiep Thien Agent	8:14~14:44까지 매시간 14분, 29분, 44분, 59분 정차					
11	Tan Thien Thanh Agent	8:16~14:46까지 매시간 16분, 31분, 46분, 01분 정차					
12	Agent Vietravel / Vietravel Agent	8:18~14:48까지 매시간 18분, 33분, 48분, 03분 정차					
13	Chen Sea Resort	*미리 요청 시에만 정차					
14	Ong Lang Agent	8:18~14:48까지 매시간 18분, 33분, 48분, 03분 정차					
15	Cua Can Brige	*미리 요청 시에만 정차					
16	빈펄 랜드, 사파리(종점)	빈펄 랜드 먼저 정차 후 10분 뒤 사파리 정차					

빈펄 사파리 · 빈원더스에서 즈엉동 방향

	정류장	정차시간 (차후 변동가능)								
1	사파리	13:30		14:30		15:30		16:30		
2	빈펄 랜드	13:40	14:40	15:40	16:40	17:40	18:40	19:30	19:40	21:10
3	탑승 시 이용한 셔틀버스 정류장	*미리 요청 시에만 정차								
4	에덴 리조트(종점) *무엉탄, 노보텔 등지는 이곳에서 택시 이용	14:40	15:40	16:40	17:40	18:40	19:40	20:30	19:40	22:10

푸꾸옥 동부

사오 비치
Sao Beach

푸꾸옥^{Phu Quoc} 섬의 남동쪽에 위치한, 별처럼 반짝이는 해변이라는 사오비치는 베트남에서 가장 아름다운 해변으로 꼽히는 대표적인 해변이다. 사오 해변에 도착하면 잔잔한 파도가 햇빛을 머금고 관광객들을 반갑게 맞이한다. 베트남어로 '사오^{Sao}'는 별을 의미하는 데, 이름에 '별'이 붙은 이유가 있다. 옛날에는 밤이 되면, 수천 마리의 불가사리가 파도를 타고 물가로 이동하여 붙여진 이름이다.

카약과 제트스키를 빌려 엑티비티를 즐길 수도 있고 선 베드나 해먹에 누워 가만히 휴식을 취하거나 독서를 하며 혼자만의 시간을 즐기기 좋은 해변이다.

아직 덜 알려진 만큼 사람도 많지 않아 여유롭게 휴식을 취할 수 있다. 석양으로 물든 사오 해변은 더욱 아름답게 빛난다. 붉은 태양을 삼킨 파도는 낭만을 싣고 넘실거린다.

맑은 물이 있는 하얀 모래에 평화로운 해변의 느낌, 휴식, 아름다운 코코넛 나무숲의 로맨스를 즐길 수 있을 것 같은 장소이다. 하얀 모래사장은 아이들이 뛰어놀기 좋은 청정 놀이터다. 맑고 투명한 바다는 적당히 따뜻하고, 깊숙이 들어가도 수심 1m를 넘지 않아 물놀이를 즐기기에도 그만이다. 특히 가족여행객이 물놀이를 하기에 이만한 장소를 찾기 힘들다.

🏠 Bãi Sao, An Thoi ♂ 선베드 대여 20,000동, 파라솔 30,000동

함닌 마을
Hàm Ninh

푸꾸옥Phu Quoc 섬 동쪽 해안에 자리한 작은 어촌 마을로 가장 오래되고 유명한 마을이다. 아직 관광객이 많지 않아서인지 몰라도 때 묻지 않은 순박한 옛 모습이 그대로 남아 있다. 실제로 함닌 마을Hàm Ninh 주민들은 대나무를 이어 만든 벽에 짚으로 엮은 지붕을 얹은 수상가옥에 살면서 바다 속에서 진주를 캐고, 그물로 해삼이나 게 등 해산물을 잡아 생계를 유지한다. 마을의 입구부터 길가를 따라 늘어선 상점에서 진주로 만든 액세서리와 말린 해산물 등을 판매하는데, 가격이 저렴해 기념품으로 사기 좋다.

호국사
Chùa Hô Quõc

2012년 12월 14일에 완공된 현대적인 불교 사원으로 푸꾸옥에서 가장 큰 사원이다. 아직도 곳곳에서 공사가 이루어지고 있어서 산만한 느낌이 들기도 한다. 입구로 들어서면 옥으로 된 불상과 18개의 돌조각으로 장식된 용 다리가 있다. 사원의 정상에는 커다란 종탑과 다양한 불교 예술 작품들을 볼 수 있다.

호국사로 가는 도중에 담 해변Bãi Dăm이 있으므로 같이 여행코스로 묶어서 여행하는 것이 좋다. 베트남의 설날에는 사원마다 신년 소망을 비는 사람들이 많은데 호국사도 설날에 많은 사람들로 북적인다.

🏠 Dúonh To. Phú Quõc   🕐 7~19시   ₫ 무료

🏠 350 Nguyên Văn Cù, An Thoi

코코넛 수용소
Nha Lao Cay Dua

철조망으로 둘러싸인 수용소 모습을 통해 베트남의 슬픈 현대사를 느낄 수 있다. 코코넛 수용소는 베트남 전쟁 당시 포로 감옥으로 사용된 곳을 보존해 베트남 전쟁의 실상을 알리는 장소로 활용되고 있다. 감시탑이 3곳, 12~14구역까지 점차 늘어난 시설로 가장 많이 수용을 했을 때는 약 40,000명까지 수용했으나 32,000명을 수용한 수용소로 알려져 있다.

식량으로 사용되던 코코넛을 다 먹은 뒤 코코넛의 껍질로 땅을 파 탈출을 시도했다고 해 '코코넛 수용소Nha Lao Cay Dua'라고 이름이 붙여졌다. 다만 육지와 바다 모두에서 철저하게 감시가 이루어지고 고문이 자행되면서 탈출한 사람들은 없는 것으로 알려져 있다. 작은 박물관으로 만들어져 있지만 아이들은 관심이 없고 나이 많은 부모는 오히려 관심이 많은 곳이다.
잔인한 고문의 현장이 그대로 재현한 곳에서 여전히 죽지 않고 살아 있는 듯한 장면들을 볼 수 있다. 베트남 인들의 국가의 자존심, 나라에 대한 사랑을 재현할 목적으로 만들어진 수용소가 현재 관광지로 소개되고 있다.

푸꾸옥 남부

안터이 군도
Quãn dào An Thòi

푸꾸옥^{Phú Quốc}의 해상 국립공원에 속해 있는 안터이 군도^{Quãn dào An Thòi}는 유네스코가 지정한 생물권 보존지역에 속해 있다. 산호 군락이 형성된 지역에서 스노클링과 스쿠버 다이빙을 하고 아름다운 해변에서 여유롭게 하루를 보낼 수 있다.

최근 안터이 군도^{Quãn dào An Thòi}의 섬들을 돌아다니면서 섬과 바다를 아름다운 풍경과 해양스포츠를 즐기는 호핑 투어가 푸꾸옥^{Phú Quốc}의 인기 투어로 자리를 잡고 있다. 또한 세계에서 가장 긴 7,899.9m의 해상 케이블카에서 푸꾸옥^{Phú Quốc} 남쪽 바다와 영공의 생생한 아름다움을 즐기려는 관광객도 늘어나고 있다.

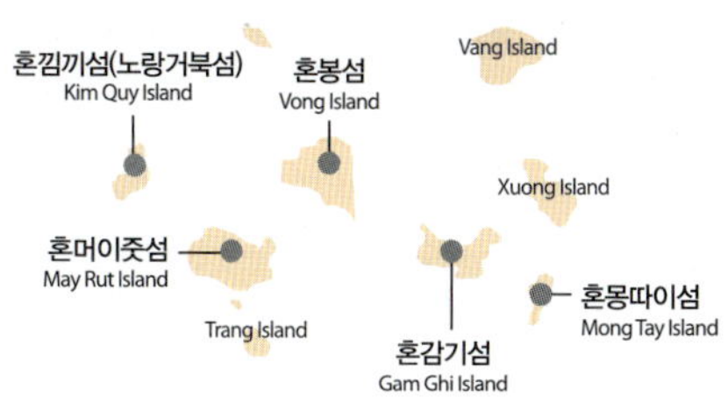

선 월드 해상 케이블카
Cáp treo Hòn Thóm Phú Quõc

세계에서 가장 긴 7,899.9m의 해상 케이블카는 2018년에 운행을 시작하면서 점차 푸꾸옥Phú Quốc을 방문하는 관광객도 늘어나고 있다. 푸꾸옥이 아름다운 섬이지만 즐길 거리가 부족했던 이전과 비교해 푸꾸옥의 남쪽 바다와 영공의 생생한 아름다움을 즐기려는 관광객도 늘어나고 있다.

지금도 다낭의 바나힐을 만들어 운영하는 선 월드에서 놀이동산을 조성하고 있기 때문에 앞으로 케이블카를 이용하는 관광객은 늘어날 것이다.

높은 위치의 케이블카에서 보는 바다와 섬의 풍경은 환상적이다. 높아서 무섭다고 느껴지지만 못 탈 정도의 무서움이 다가오지는 않는다. 케이블카는 작은 섬 3~4개를 지나가면서 옹기종기 모여 있는 작은 어선들을 보면서 약 25분 정도 이동한다. 케이블카를 내려서 버스를 타고 해변으로 오면 아름다운 해변이 펼쳐진다. 다양한 놀이를 즐길 수 있다. 햇빛이 강하므로 비치의자를 이용해야 편하게 쉴 수 있다.

케이블카와 혼 톰(Hon Thom) 섬을 즐기는 방법

오전에 일찍 케이블카를 타고 혼 톰 섬에서 물놀이를 하면 오후에 케이블카를 타고 돌아오면 하루 일정으로 재미있게 즐길 수 있지만 오후에 케이블카를 타고 이동하면 관광객도 많고 케이블카만 타고 잠시 둘러보고 와야 하기 때문에 아쉬운 마음이 들게 된다.

▶준비물
선크림, 비치타월과 여분의 타월, 모자, 음료수, 간식

▶운행시간
7~12시 / 13~16시 / 17시 30분~18시 / 19~19시 10분 / 20시 30분~21시

🌐 www.honthom.sunworld.vn　🏠 Bãi Dăt Dò, Phú Quõc　🕐 7~21시
♂ 500,000동 (1.3m 이하 어린이 350,000동 / 1m 이하 무료)
　무료 셔틀버스 안에서 케이블카 티켓 구입 가능
📞 +84-258-3598-222

우기의 운행 금지
베트남의 우기에는 많은 비가 오기 때문에 안전 문제로 인해 실제로 케이블카의 운행이 수시로 중단된다. 그러므로 우기에는 날씨를 확인하고 케이블카를 타러 이동해야 한다. 또한 도착하고 나서 날씨가 갑자기 나빠진다면 운행이 중단되는 데 날씨가 좋아질 때까지 기다려야 하므로 시간을 허비하는 경우가 많다.

활기차고 흥미진진한 바다의 천국인 혼 톰 섬은 누구나 물속으로 뛰어 들거나 코코넛 나무 아래에서 흰 모래 위에 누워 쉬고 싶어 한다. 비치와 바다 위에 떠있는 보트가 인상적인 풍경을 만들어 낸다.

혼 톰Hon Thom 섬의 하얀 모래사장에서 맨발로 다니면 햇빛과 푸른 바다가 눈에 들어온다. 아직 개발 중이라서 어수선한 느낌을 받을 수 있지만 오른쪽 비치를 따라 걸어가면 나무들이 보이고 아름다운 풍경이 눈에 보인다.

선 월드 파크
Sun World Park

케이블카에서 내리면 셔틀버스를 타고 가게 된다. 솔 비치에 도착할 시간이 되면 자리가 차게 된다. 입석은 안 되기 때문에 자리가 없으면 계속 기다려야 한다. 섬 내부에는 춤을 추고 다양한 공연을 보여주기 때문에 가족 여행객은 자녀들이 특히 좋아한다. 비치에는 파도가 잔잔하고 물놀이를 할 수 있도록 물놀이기구를 이용해 즐길 수 있다.

안터이 항구
An Thoi Harbor

푸꾸옥Phu Quoc에서 가장 분주한 항구로 활기찬 생활 터전을 느낄 수 있다. 즈엉동 마을에서 차로 약 40분 거리에 있다. 바다에 조금 더 가까이 다가가면 야자로 만든 베트남의 전통 모자 논라Nón Lá를 쓰고, 갓 잡은 싱싱하고 통통한 생선을 손질하는 여인들을 볼 수 있다.
해 질 무렵이면 바다에 떠 있는 배와 석양이 조화를 이루는 아름다운 사진을 찍을 수 있다.

커피 & 카페 Best 5

트립풀 8 커피 바 & 푸드(Triple 8 Coffee Bar & Food)

망고베이를 가는 길에 있는 커피와 음식을 팔고 있다. 옹랑해변에는 유럽의 장기 여행자가 많아서 베트남 커피를 마시지 않고 유럽에서 마시는 에스프레소를 팔고 커피 머신으로 내린 아메리카노도 마실 수 있는 곳이 흔하지 않아 관광객이 많이 찾는다. 식사보다는 커피와 음료가 주로 판매되고 있다.

🏠 Ong Lang　🕐 9~22시

딩 티(Ding Tea)

버블티와 녹차를 오랜 시간 관리한 경험을 바탕으로 저렴하게 판매하고 있는 브랜드이다. 가장 유명한 메뉴는 역시 버블티이다. 시원하게 마시는 버블티는 더위를 날려 버릴 것 같다. 또한 다양한 차^{Tea} 메뉴가 있어서 한 곳에서 커피와 차를 즐길 수 있다. 커피 맛은 대한민국에서 먹던 커피 맛과 다르지 않아서 베트남 커피의 쓴맛보다는 친숙한 맛이 장점이다.

🏠 43 Tran Hung Dao Khu 1　🕐 7~23시 30분　♂ 버블티 40,000동~　📞 +84-913-116-089

카페 수어다(Ca Phe Sua Da)

진한 커피 향기와 다양한 케이크로 나트랑 관광객의
발길을 사로잡는 카페이다. 실내가 크지만 항상 사람
들로 북적이는 커피색 디자인이 눈에 띈다. 우리가 마
시는 친숙한 맛의 커피를 주문할 수 있어서 서울 한복
판에 있는 것 같기도 하다.

🏠 97 Tran Hung Dao ⏱ 7~22시
♂ 아메리카노 44,000동~ 📞 +84-297-6283-838

로이 커피 & 티(Roy Coffee & Tea)

푸꾸옥 사람들이 커피 맛으로 인정하는 커피전문점이
다. 신선한 원두만을 사용해 직접 추출한 커피 맛이 진
하여 처음에는 쓴 맛만 느껴질 수 있다. 단순한 인테리
어에 커피를 한잔 마시기 좋은 정통 베트남의 커피를
내준다. 작은 공간이지만 현지의 연인과 친구와 커피
를 마시며 밀린 이야기를 한다.

🏠 40 30/4 Dúòng Dong ⏱ 8~22시
♂ 커피, 차 39,000동~ 📞 +84-96-915-2585

바 & 커피(Bar & Coffee)

앤틱하고 유니크한 인테리어는 베트남에서는 볼 수
없는 세련미가 더해진 커피 전문점이다. 푸꾸옥 젊은
이들과 관광객이 간단한 식사와 커피에 저녁에는 맥
주를 한꺼번에 마실 수 있는 활기찬 느낌의 카페이다.
메뉴의 종류도 다양하고 식사와 디저트까지 동시에
즐길 수 있는데 커피도 정통 베트남커피의 진한고 쓴
커피가 아니고 에스프레소 느낌의 커피 맛이 나온다.

🏠 40 24/1 Dúòng Dong ⏱ 8~22시
♂ 카페 쓰어다 45,000동 📞 +84-96-3253-186

Midori House
미도리 하우스

깨끗하고 편안한 분위기에서 저렴한 가격에 식사를 할 수 있는 곳이다. 선택할 수 있는 메뉴가 많고 아침 식사도 할 수 있어 항상 사람이 많다. 해산물이나 고기류 등의 다른 메뉴도 있지만 직접 화덕에서 굽는 피자가 양이 많고 맛있다.

🏠 Ong Lang　🕐 11~22시　🍴 피자 99,000동~　📞 090-108-4089

The Embassy
더 엠바시

푸꾸옥에서 보기 힘든 세련된 디자인의 카페로 바로 앞 큰 나무가 상징처럼 우뚝 솟아있다. 2층에는 야외 테라스가 있고 알록달록 테이블과 의자가 인상적이며 직원들의 능숙한 라떼 아트와 샌드위치를 즐길 수 있다.
다양한 디저트와 간단한 식사를 원하는 관광객이 주로 찾는다. 최근에 한국인 관광객이 브런치를 먹기 위해 찾는 매장으로 알려져 있다.

🏠 99A Tran Hung Dao　🕐 8~22시　📞 126-882-5771

Saigon Pho
포 사이공

즈엉동 야시장 근처에 있는 현지 푸꾸옥 사람들에게 알려진 맛 집으로 메콤한 소스에 취향에 따라 첨가해 먹을 수 있다.

가격(40,000동)도 저렴하고 양도 푸짐하다. 개인적으로 아침에 쌀국수를 먹는 쌀국수 집으로는 푸꾸옥 최고라고 생각한다.

🏠 30/04 TT Dúong Dông
🕐 7~17시
📞 0773–846–333

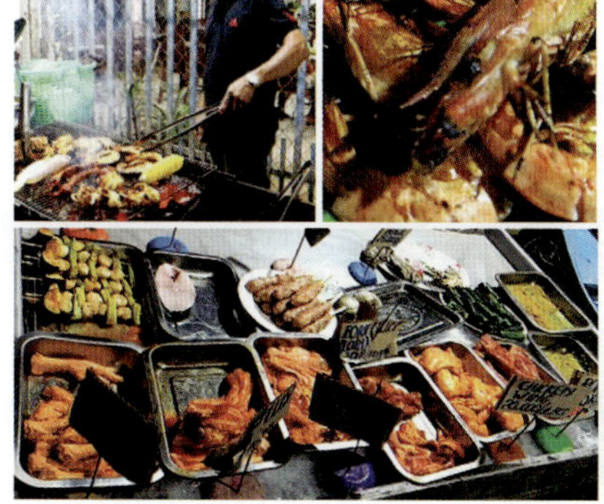

No Name BBQ
노 네임 바비큐

최근 한국인들 사이에서 입소문을 타는 곳으로 이미 외국인 관광객들이 많고 싸고 다양하게 육류, 해산물, 닭고기 등을 즉석에서 특제 양념으로 고기와 옥수수를 구워주는데 말로 설명할 수 없이 맛있어 돌아와서도 생각나게 된다.

🏠 Group 3, Ong Lang Hamlet, Cua Doung
🕐 11~14시, 17~23시
📞 93–776–0779

푸꾸옥 마트

푸꾸옥에서 거리를 지나가다가 보이는 작은 킹 마트^{King mart}, K 마크^{K Mark}와 미니 마트^{Mini Mart} 정도이다. 또한 저녁 9시면 문을 닫기 때문에 늦은 시간에는 영업하는 상점이 거의 없다. 가장 큰 킹 마트^{King mart}도 작은 슈퍼마켓이라고 생각하는 것이 더 맞는 것 같다. 다른 도시에는 빈 마트나 롯데마트가 있지만 푸꾸옥에는 대형 마트는 없고 22시까지 영업을 하는 마트가 대부분이어서 밤에 필요한 물건은 미리 구입해야 한다. 대한민국의 관광객보다 중국인과 러시아 관광객들이 실제로 많이 이용하고 있다.

🛒 미니 마트(Mini mart)

푸꾸옥 즈엉동 인근에 있는 미니 마트는 여행자가 가장 많이 찾는 큰 마트이다. 물론 푸꾸옥 현지인이 더 찾는 일 것이다. 생필품부터 공산품까지 필요간 물품은 다 있다고 생각해도 된다. 22시에 문을 닫기 때문에 음료, 가정 물품, 화장품 등을 늦은 시간까지 구입하려는 관광객이 늦은 시간까지 많이 찾는다.

미니마트는 현지인들도 많이 방문하는 마트 중에 품질이 보증된 품목이 많다고 알려져 있다. 러시아 인들이 많이 찾는 양주나 와인도 판매를 하고 있다.

🏠 339A - 339B Nguyễn Trung Trực - TT. Dương Đông   ⏰ 8~22시   📞 0297-3993-366

🛒 킹콩마트(KINGKONG MART)

푸꾸옥을 70년대부터 휴양을 하러 온 관광객은 러시아 사람들이 처음이었다. 그런 러시아 인들이 가장 많이 이용하는 곳이다.

규모가 푸꾸옥에서 가장 크다고 알려져 있지만 상품의 구성은 관광객의 구미를 당기도록 전시를 하지는 못하다. 옷이나 수영복 등을 팔고 있지만 촌스럽다는 이야기를 많이 한다. 러시아인들은 푸꾸옥의 다양한 물건을 많이 사가기 위해 여행용가방을 하나 더 사서 붙이는 경우가 많다.

🏠 141A Đường Trần Hưng Đạo, Dương Tơ 🕐 9~22시 📞 094-321-6125

🛒 케이마크(K+Mark)

즈엉동 시내에 있는 한국 음식을 살 수 있는 마트로 간단하게 한국 라면이나 김치를 구매하기에 좋다. 최근에 한국인 관광객이 늘어나면서 한국 음식의 판매가 늘어났다고 한다.

작은 마트보다는 큰 규모이고 조금 더 한국 식품에 집중되어 있다. 푸꾸옥의 특산품인 후추나 꿀 등을 저렴하게 판매하기 때문에 선물을 사려는 고객들도 많다.

🏠 Dương Đông - Cùa Can TT. Dương Đông
🕐 9~22시
📞 097-7825-765

🛒 C마트(C mart)

즈엉동 마을 중간에 있어서 접근성
이 좋은 마트이다. 가장 많이 찾는
고객은 역시 러시아 관광객이다. 작
은 크기의 매장을 가지고 있지만 푸
꾸옥에서는 작은 매장이라고 볼 수
없다. 그만큼 푸꾸옥에는 마트 자체
가 많지 않아서 어느 마트나 북적인
다. 물품의 수가 많고 저렴한 가격도
상당수이다.

🏠 92A Đường Trần Hưng Đạo, Khu Phố 7,
　Dương Tơ
🕐 8~22시

🛒 킹 마트(King Mart)

대량 구매를 하는 창고식 할인 매장
으로 상인이나 도매업자들이 사용
하는 마트이다. 할인된 제품을 제공
하는 마트로 알려질 정도로 저렴한
물품이 많다.
야시장 내에 있어서 야시장을 둘러
보면서 가격비교를 하고 선물을 구
입할 수 있는 장점이 있다. 의외로
많은 제품이 있어서 관광객이 추천
하는 마트이다.

주소_ Khu 1
시간_ 9시 30분~22시 30분
　　　(일요일 13시 30분부터 시작)
전화_ 097-5911-555

숙소의 특징

다른 베트남의 숙소가격보다 비싼 편이다.

푸꾸옥Phu Quoc은 휴양지로 개발 중이고 베트남의 신혼여행지로 인기를 끌면서 호텔, 방갈로, 리조트의 가격이 베트남의 다른 지역보다 높다. 저렴한 호텔이 성수기에도 다낭Da Nang에서 350,000~400,000동의 가격으로 예약할 수 있지만 푸꾸옥에서는 찾기가 쉽지 않다.

푸꾸옥은 성수기에도 호텔이나 리조트가 만실이 되지 않아 빈 공실이 되어도 가격을 내리지 않고 비슷한 품질과 위치의 호텔이 450,000~500,000동으로 가격을 동결시키고 있다. 푸꾸옥의 임대료가 다른 관광지보다 높다는 것이 이유였다. 다만 성수기에도 항상 숙소는 구할 수 있는 장점이 있다.

고급 리조트나 호텔이 많아서 마사지 서비스나 수영장이 기본적으로 제공되는 곳이 많다.

푸꾸옥은 휴양지로 개발이 되고 있는 곳이다. 최근에 새로운 휴양지로 개발에 박차를 가하고 있을 정도로 새로 만들어지는 호텔과 리조트가 많고 섬 전체가 공사 중이라고 할 정도이다. 고급 리조트나 호텔에서 숙박이나 휴식에 필요한 서비스를 제공하여 리조트에서만 즐기다가 올 정도로 서비스가 좋다.

Intercontinental Longbeach Resort
인터컨티넨탈 롱비치 리조트

2018년에 문을 연 5성급 리조트로 서쪽 해변에 위치해 있다. 푸꾸옥 국제공항에서 약 20분 정도 소요된다.

인터컨티넨탈 푸꾸옥 롱비치 리조트는 459개의 우아한 객실, 스마트 룸과 빌라를 제공하고 리조트 윙과 스카이 타워로 이루어져 있다.

스카이 타워의 가장 위층에 위치한 INK360은 19층에 위치한 바 Bar로 울창한 산들과 바다의 풍경뿐만 아니라 세계 각지의 양질의 음식과 푸꾸옥의 환상적인 일몰을 감상할 수 있다.

🏠 Bai Truong Duong

₫ 클래식 킹룸 220$, 클래식 킹룸 바다전망 250$

📞 028-3978-8888

JW Marriott Hotel Phu Quoc
Emerald bay Resort & Spa

JW 메리어트 푸꾸옥 에메랄드 베이 리조트 & 스파

껨 해변 구역의 해안을 따라 자리하고 있는 JW 메리어트 푸꾸옥 에메랄드 베이는 유명 건축가인 빌 벤슬리의 기발한 디자인이 특징인 고급 리조트이다. 대학교였던 건물을 최대한 살려 고급스러운 분위기의 다양한 리조트를 한곳에 모아놓았다는 평가를 받고 있다. 전용 해변을 보유하고 있기 때문에 여유롭고 한적한 휴양을 즐기기에 적합하다. 고급 브랜드에 걸맞게 현대적이고 세련된 객실을 보유하고 있고 각 객실마다 럭셔리하게 꾸며진 인테리어를 엿볼 수 있다.

고급스러운 분위기의 스파도 함께 구비돼 있어 분위기를 만끽하며 마사지를 받을 수 있다. 야외에는 3개의 수영장이 있기 때문에 몸을 담그며 휴식을 취할 수 있다. 리조트 인근에는 사오비치와 푸꾸옥 비치, 푸꾸옥 Phu Quoc 야시장이 가까워 접근성이 높다.

🌐 www.marriott.com
🏠 An Thoi Town
đ 에메랄드 룸 263$, 디럭스룸300$, 스위트룸341$
📞 0297-779-999

Premiere Village
프리미어 빌리지

푸꾸옥 해변가에 있는 5성급 호텔로 1베드룸부터 4베드룸까지 빌라형태로 구성되어 있다. 간이 주방도 있어 가족 여행객에게 적합하다. 도심을 벗어나고 싶은 여행자들이 주로 찾는 리조트로 안터이 지역의 경치를 즐기며 야외 수영장에서 휴식을 누리기에 적합하다. 풀 서비스 스파도 구비되어 있어 마사지와 얼굴 트리트먼트 서비스를 받으며 느긋한 시간을 보낼 수 있다. 리조트 인근에 사오비치와 수오이 짠 폭포, 피시 소스 공장, 호꾸옥 사원 등이 가깝다.

🌐 premier–village–phu–quoc–resort.com
🏠 Müi Ông Dôi, An Thoi
♂ 2베드룸 빌라 380$, 2베드룸 비치 프론트 540$, 3베드룸 비치 프론트 580$
📞 0297–3456–666

🌐 fusionresorts.com/fusionresortphuquoc
🏠 Hamlet 4 Bãi Biển Vũng Bàu, Cùa Can
₫ 1베드룸 풀빌라 363$, 2베드룸 풀빌라 698$
📞 0297-3690-000

Fusion Resort
퓨전 리조트

퓨전 리조트는 완벽한 푸꾸옥 휴양을 위해 만들어졌지만 시내 중심에서 차로 15분 거리에 있는 것이 단점이다. 오랜 기간 휴양을 원하는 러시아 여행자들이 많이 찾고 있다. 리조트 전용 비치, 수영장 등이 있어, 다양한 스포츠를 즐길 수 있는 장점이 있다.

투숙객들이 가장 좋아하는 장소는 역시 전용 비치 앞에 놓인 선베드로 추운 러시아에서 온 여행자들이 이른 아침부터 점령해 선베드는 부족할 수 있다. 바람과 파도가 세고, 햇빛도 강해 선베드에서 태닝을 즐기는 이들이 많다. 조식 메뉴도 훌륭하고 만족할 만한 부대시설을 구비해놓았다.

Novotel Phu Quoc
노보텔 푸꾸옥

현대적인 분위기의 5성급 호텔로 롱비치 남쪽 끝에 있어서 경치가 좋은 것이 장점이다. 아름다운 바다전망을 자랑하는 호텔은 야외 수영장과 식사는 만족스럽고 객실은 무채색으로 꾸며져 단조롭지만 깨끗한 분위기이다. 자연 채광을 하도록 전용 발코니를 갖추고 있다. 세련된 스파는 해변에서 놀고 피로한 몸을 편안하게 만들어준다.

🌐 www.accorhotels.com
🏠 Duong Bao Hamlet Duong To Commune, Dúòng Bào
♂ 슈페리어 150$, 디럭스 170$, 방갈로 260$
📞 0297-626-0999

Sol Beach House
솔비치 하우스

최근에 푸꾸옥 섬에서 가장 고급스러운 리조트가 들어서는 곳이 롱 비치 남쪽이다. 롱 비치에 있어서 새로운 호텔과 비치의 레스토랑과 식당, 해변이 모두 가깝다. 가격이 저렴한데도 방음이 잘 되고 깨끗한 내부 분위기로 가성비가 높은 5성급 리조트로 알려져 있다. 다만 아직 근처에는 볼거리가 없다는 단점에도 전용 해변 구역과 스파를 이용할 수 있어 여성들의 만족도가 높다.

개인적으로 직원들이 친절하게 진심으로 도와준다는 인상을 받아 다시 오고 싶은 리조트이다. 남부의 해상 케이블카나 스노틀링, 스쿠버 다이빙 등이 가까워 새롭게 조성되는 섬 개발 장소로 알려져 있다.

Green Bay Phu Quoc Resort

그린 베이 리조트

완벽한 푸꾸옥 휴양을 위해 만들어졌지만 시내 중심에서 차로 15분 거리에 있는 것이 단점이다. 오랜 기간 휴양을 원하는 여행자들이 많이 찾고 있다.
인근에 관광 명소가 없지만 조용하게 지낼 수 있다.리조트 전용 비치, 수영장 등이 있어, 투숙객들이 가장 좋아하는 장소는 역시 전용 비치 앞에 놓인 선베드이다. 바람과 파도가 세고, 햇빛도 강해 선베드에서 태닝을 즐기는 이들이 많다.

🌐 greenbayphuquocresort.dom
🏠 Cùa Can, Phu Quoc, 옹랑 해변, 끄아깐 해변 북쪽
₫ **요금_** 방갈로 정원전망 125$(해변 전망 240$)
📞 **전화_** 0297-6267-799

Chen Sea Resort
첸 시 리조트

푸꾸옥에서 가성비 높은 5성급 같은 4성급으로 알려진 첸 시 리조트^{Chen Sea Resort}은 안락하고 편안한 침구와 웅장한 풀장과 해변 전망까지 만족도가 높다.

다른 5성급 리조트에 비해 시설이 떨어지지 않은 4성급 리조트와 동일한 가격에 지낼 수 있어 가성비를 따지는 고객에게 만족도가 높다. 바로 연결된 비치에서 즐기는 엑티비티가 모두 무료라서 부담 없이 즐길 수 있다. 비치 프런트에서 들리는 파도 소리는 아침, 저녁마다 여유를 가지도록 도와준다.

🏠 Bai Xep Ong Lang Hamlet, Ong Lang

💲 빌라(바다 전망) 152$, 비치 프런트 빌라 225$

📞 0297-3869-000

Mango Resort
망고 리조트

최대 장점은 어느 룸에 숙박을 해도 바다 전망을 볼 수 있는 것이다. 푸꾸옥 비치 앞에 있어서 푸꾸옥 어디로든 걸어서 이동이 가능한 호텔이다.

스위트룸부터 침대 사이즈가 킹사이즈로 커지지만 디럭스와 클럽 룸도 쾌적한 숙박이 가능하다.

6층의 인피니티 풀은 여유롭게 바다를 보면서 수영을 즐기고 음료를 즐기면 기분이 좋아지게 만드는 풀장이다. 쉐라톤 호텔의 최대 장점은 루프탑 바인 얼트튜드 바Altitude Bar가 같은 호텔 내부에 있어 아침부터 저녁까지 호텔에서만 머물러도 지루하지 않게 지낼 수 있다는 점이다.

⌂ **주소_** Ong Lang Beach
₫ **요금_** 수페리어 더블룸(바다전망) 90$, 수페리어 방갈로(정원 전망) 110$
☎ **전화_** 0961-947-821

Azura Resort
아주라 리조트

공항까지 20분 정도의 거리에 있는 즈엉동 골목에 있는 리조트는 해변과 떨어져 있지만 시설은 매우 좋다. 공항에서 숙소까지 택시로 도착할 수 있도록 해 주는 데 무료이다.
골목길에 있어서 밖으로 나가는 골목은 환경이 좋지 않지만 시내 중심에 있어 다양한 레스토랑과 맛집을 쉽게 찾을 수 있다. 다만 골목 안에 있어서 처음에 찾아가기가 쉽지 않고 룸 내부에 가끔씩 개미들이 보이는 단점이 있다. 저렴한 가격에 깔끔한 내부 인테리어는 가성비가 높은 리조트로 알려져 있다.

🏠 101/5 Trần Húng Dao
đ 방갈로 테라스27$, 수페리어 더블룸34$
📞 93–273–6728

Coral Bay Resort
코랄 베이 리조트

잘 관리된 해변에 있는 가성비 높은 3성급, 리조트는 안락하고 편안한 침구와 웅장한 풀장과 해변 전망까지 만족도가 높다. 롱 비치Long Beach에 위치해 시내와는 떨어져 있지만 해변에 카약을 무료로 빌려주고 조식의 메뉴도 조금씩 달라져 가성비를 따지는 고객에게 만족도가 높다. 작은 풀장은 조용하게 수영할 수 있다.

⌂ Hamlet 8, Tran Hung Dao, Duong Dong
₫ 수페리어(산 전망) 52$, 바다전망 65$
☎ 0297-3869-000

Nesta Phu Quoc Hotel
네스타 푸꾸옥 호텔

방의 품질, 위치, 호텔의 서비스, 리셉션, 룸 등 직원들의 친절까지 가성비가 높다. 편안한 느낌을 주는 내부 인테리어와 쩐 푸 Dinh Cau가 항상 내려다보이는 전망이 아름답다.
호텔 리셉션은 친절하고 호텔 관리를 잘한다. 또한 해산물을 가지고 오면 호텔에서 추가 비용없이 끓여주기도 한다. 조금만 걸으면 야시장이 가까워 밤 시간도 효율적으로 사용할 수 있다.

🏠 26 Nguyen Du, Duong Dong, Phu Quoc, Kien Giang
₫ 스탠다드 룸 41$, 디럭스 48$
📞 297–3998–866

Vanda Hotel
반다 호텔

즈엉동 거리에 있는 반다 호텔Vanda Hotel은 전망은 좋지 않지만 깨끗한 내부와 직원들의 친절한 행동은 다시 머물도록 만드는 힘이다. 즈엉동 거리에 있는 호텔 중에는 저렴한 호텔은 아니지만 다른 호텔에 비하면 상당히 저렴한 호텔이다.
수영장은 관리가 잘되어 조용하게 여유를 즐기고 바다를 볼 수 있어 인기가 있다.

⌂ **주소_** 107/1 Tran Hung Dao, Duong Dong
♂ **요금_** 수피리어(수영장 전망) 35$~, 스위트 룸(정원전망) 55$~
☎ **전화_** 297-6606-565

OYO 163 Phung Hung Hotel
오요 163 풍 흥 호텔

안터이 항구에서 해변으로 나가는 코너에 있는 호텔로 해변은 보이지 않지만 위치가 좋다. 접근성이 좋고 다른 레스토랑이 즐비해 여행하기에 좋은 조건을 가지고 있다. 야외수영장이 있고 라운지에서 바라보는 해안의 풍경은 낮이나 야경을 보기에 적합하다.

🏠 60~62 Nguyên Van Cu An Thoi　₫ 디럭스 더블룸 31$~, 디럭스 스위트룸 52$~　📞 284-458-1611

Ruby Hotel
루비 호텔

2018년에 새로 문을 연 안터이 항구에서 5분 정도의 거리에 맛집을 쉽게 찾을 수 있으며 친절한 직원의 소개로 다른 투어 상품도 예약이 쉽다.
옥상에서 보이는 뷰도 아름답고 깨끗하고 저렴하지만 좋은 호텔이다. 다만 골목 안에 있어서 처음에 찾아가기가 쉽지 않고 룸 내부에 가끔씩 개미들이 보이는 단점이 있다. 저렴한 가격에 깔끔한 내부 인테리어는 가성비가 높은 호텔로 알려져 있다.

🏠 5 Tang, 37 Phong, An Thoi
₫ 스탠다드 18$~
📞 090-279-2793

빈펄 리조트
Best 3

푸꾸옥 바이다이 비치에 자리한 빈펄 리조트는 현대적인 모습이 푸꾸옥 청정 자연과 대비되어 멋진 풍광을 이룬다. 워터파크는 물론 각종 해양스포츠와 골프, 다채로운 프로그램이 마련되어 있어 누구와 함께 와도 만족스러운 여행을 즐길 수 있다.

빈펄 리조트는 7층 건물 2개 동으로 이루어져 있다. 객실은 총 750실. 한번에 2000여 명이 투숙할 수 있을 만큼 거대한 규모를 자랑한다. 뭐니 뭐니 해도 가장 즐거운 것은 다양한 해양 스포츠를 경험할 수 있다는 점이다. 패러세일링과 카약, 스노클링을 즐기다 보면 하루가 짧게 느껴질 정도다. 어린이들에게 흥미로운 공간도 있다.

1 빈펄 리조트 & 스파(Vinpearl Resort & Spa)

푸꾸옥 섬 골프장 옆과 바이 다이 비치에 위치한 빈펄 리조트는 한국인들에게 인기가 많은 곳이다. 리조트는 약600개의 객실이 준비되어 있으며 각 객실마다 에어컨과 미니바, LED TV 등이 갖춰져 있다. 전용 발코니에서 바라보는 전망도 아름답다.

리조트 내에는 동양 최대 규모의 사파리를 비롯해 인공 파도풀과 슬라이드를 갖춘 워터파크, 빈펄 랜드, 아쿠아리움, 골프장 등 다양한 시설이 갖춰져 있기 때문에 즐길 거리가 풍부하다. 리조트의 규모가 커서 부대시설로 이동할 때는 무료로 제공되는 버기카를 타고 이동하는 것이 좋다. 4성급 호텔인 빈펄 리조트 인근에는 푸꾸옥 국립공원과 쩐꺼우 사원이 있다.

2 빈펄 리조트 & 스파(Vinpearl Resort & Spa)

빈펄 리조트 2번째 단지로 만들어져 '빈펄 2'로 줄여서 말하는데 골프장과 같이 만들어져 골프를 치고 쉴 수 있는 시설을 주로 만들었다. 빌딩에 있는 객실은 나중에 지어져 세련된 분위기를 만들어 놓았다. 스파가 없어 빈펄 리조트에서 같이 이용해야 하는 불편함은 있지만 키즈클럽이 있어서 아이들과 같이 여행 온 골프여행자가 주로 이용한다.

3 빈펄 디스커버리 3(Vin Pearl Discovery 3)

푸꾸옥Phu Quoc에는 빈펄 랜드와 빈펄 사파리가 있고 리조트도 있어서 다양한 놀거리를 선사하고 있다. 풀 빌라 리조트로 수백 개의 풀 빌라 객실부터 빈펄 리조트 1, 2가 있고, 최근에 5성급으로 격상된 빈 오아시스까지 상당한 큰 규모의 호텔이 한꺼번에 몰려 있다. 수영장, 레스토랑 등 각종 부대시설은 물론 사파리와 워터파크까지 갖춘 종합 테마파크인 빈펄 랜드가 가까워 다채로운 즐길 거리가 있다.

여행 베트남 필수회화

한국어	베트남어	발음
안녕하세요(만났을 때)	xin chào	씬 짜오
안녕하세요(헤어질 때)	tạm biệt	땀 비엣
감사합니다.	xin cám ơn	씬깜 언
여기로 가주세요. (택시를 탔을때)	cho tôi tới đây a	저 도이 더이 더이 아
여기를 어떻게 가죠? (지도나 주소를 보여주면서)	tôi đi tới đây như thế nào ạ?	도이 디 더이 다이 녀으 테 나오 아?
얼마예요?	bao nhiêu tiền vậy	바오 니에우 디엔 베이?
도와주세요	làm ơn giúp tôi với	람 언 춥 도이 베이!
방이 있나요?	còn phòng không vậy	건 퐁 콩 베이

■ 까페에서 : ～ 주세요(cho tôi (저 도이～))

한국어	베트남어	발음
얼음주세요	cho tôi đá	저 도이 다아
밀크커피 주세요	cho tôi cà phê sữa	저 도이 까 페 스으어
블랙커피 주세요	cho tôi cà phê đen	도이 까 페 댄
망고쥬스 주세요	cho tôi nước xoài	자 도이 느억 서아이
야자수 주세요	cho tôi nước dừa	저 도이 느억 즈어
하노이 비어 주세요	cho tôi bia hà nội	저 도이 비어 하노이

■ 식당주문 : gọi món ăn

한국어	베트남어	발음
소고기 익은 쌀국수 주세요	cho tôi phở bò tái	저 도이 퍼 버 따이
소고기 설익은 쌀국수 주세요	cho tôi phở bò tái chín	저 도이 퍼 버 다이 진
닭고기 쌀국수 주세요	cho tôi phở gà	저 도이 퍼 카
분자 주세요	cho tôi bún chả	저 도이 분자
새우 튀김 주세요	cho tôi tôm rán	저 도이 덤 치엔 (란)
램 튀김 주세요	cho tôi nem rán	저 도이 냄 치엔 (란)
향채 빼주세요	không cho rau mùi vào	콩 저 자우 무이 바오
하노이 보드카 주세요	cho tôi rượu vô ka	저 도이 르어우 보드카

■ 핵심 회화

한국어	베트남어	발음
… 부탁합니다…	LÀM ƠN...	라암 언…
미안합니다	TÔI XIN LỖI	또이 씬 로이
다시 말씀해 주시겠어요?	LÀM ƠN NÓI LẠI LẦN NỮA.	라암 언 너이 라이 러언 느으억
천천히 말씀해 주세요	LÀM ƠN NÓI CHẬM CHO	라암 언 너이 자암 져
아니요.	KHÔNG PHẢI	커옹 파이
축하해요	XIN CHÚC MỪNG	씬 주옷 뭉
유감입니다	TÔI RẤT XIN LỖI	또이 러엇 씬 로이
괜찮아요.	KHÔNG SAO A	커옹 사오 아
모르겠어요	TÔI KHÔNG BIẾT	또이 커옹 비엣
저는 그거 안좋아해요.	TÔI KHÔNG THÍCH CÁI ĐÓ	또이 커옹 팃 까이 더
저는 그거 좋아해요.	TÔI THÍCH CÁI ĐÓ	또이 팃 까이 더
천만에요.	KHÔNG CÓ GÌ	커옹 꺼 지
제가 알기로는…	TÔI HIỂU RẰNG...	또이 히에우 랑
제 생각에는…	TÔI NGHĨ RẰNG...	또이 응이 랑
확실해요?	CÓ CHẮC KHÔNG?	꺼– 자악 커옹?
이건 무슨 뜻이세요?	NÓ NGHĨA LÀ GÌ	너– 응이아 라 지?
이건 어떻게 읽어요?	TỪ NÀY PHÁT ÂM NHƯ THẾ NÀO?	뜨 나이 팍 암 느으 테 나오?
이것을 한국어로 써주실래요?	CÓ THỂ VIẾT LẠI CHO TÔI TIẾNG HÀN KHÔNG?	꺼 – 티에 벳 라이 져 또이 띤 한 커옹?
아니요.틀렸어요.	KHÔNG. SAI RỒI	커옹. 사이 로이
맞아요.	ĐÚNG RỒI	더웅 로이
문제 없어요.	KHÔNG CÓ VẤN ĐỀ	커옹 꺼– 버언 데
도와주세요.	GIÚP TÔI VỚI	즙 또이 버이
누가요?	AI VẬY?	아이 바이?
얼마에요?	BAO NHIÊU VẬY?	바오 니에우 바이?
왜 안돼요?	SAO KHÔNG ĐƯỢC?	사우 커옹 드으윽?
어떤거요?	CÁI NÀO?	까이 나오?
어디요?	Ở ĐÂU?	어 더우?
언제요?	KHI NÀO?	키– 나오?
자실있어요?	CÓ TỰ TIN KHÔNG?	꺼– 뜨으 띤 커옹?
잊지 마세요.	XIN ĐỪNG QUÊN.	씬 드응 구엔.
실례합니다.	XIN PHÉP	씬 팹
몸 조심하세요.	GIỮ GÌN SỨC KHỎE	즈으 진– 슷 쾌–에
여기는 뭐가 맛있어요?	Ở ĐÂY CÓ MÓN GÌ NGON?	어 다이 꺼– 머언 지 응어언 ?
…도 같이 할께요..	TÔI MUỐN ĂN NÓ KÈM VỚI..	또이 무온 안 너– 깸 버이…
계산서를 주세요.	LÀM ƠN CHO TÔI HÓA ĐƠN	라암 언 져 또이 화– 던
감사합니다.	XIN CÁM ƠN.	씬 깜– 언.

여행에서 사용하는 베트남어 단어

한국어	베트남어	° 발음
공항	sân bay	서언 바이
비행기	máy bay	마이 바이
짐	hành lý	하잉 리이
비행시간	thời gian bay	터이 쟈안 바이
입국	nhập cảnh	납 까잉
출국	xuất cảnh	쑤앗 까잉
입국신고서	tờ khai nhập cảnh	떠어 카이 납 까잉
출국신고서	tờ khai xuất cảnh	떠어 카이 쏘앗 까잉
여권	hộ chiếu	호 지에우
비자	visa: thị thực	비자 :티이특
체류목적	mục đích cư trú	목 디있 그 쪼우
입국심사	thẩm tra nhập cảnh	타암 쨔 납 까안
공항세관	hải quan sân bay	히이 관 서언 바이
세관신고	khai báo hải quan	카이 바오 하이 관
짐을찾다	tìm hành lý	디임 하잉 리–
환전하다	đổi tiền	도오이 디엔
쇼핑가게	cửa hàng mua sấm	끄어 항 무어 사암
사다	mua	무어
가게	cửa hàng	끄어 항–
잡화점	cửa hàng tạp hóa	끄어 항 다압 화
매점	căn tin	가앙 띤
교환	đổi	도오이
값:가격	giá tiền	쟈아 디엔
기념품	quà lưu niệm	구와 르우 니임
선물	quà	구와
특산물	đặc sản	다악 사안

한국어	베트남어	발음
치약	kem đánh răng	갬 다잉 랑
칫솔	bàn chảy đánh răng	반 쟈이 다잉 랑
담배	thuốc lá	투옥 라—
음료수	nước giải khát	느윽 쟈이 카악
술	rượu	르어우
맥주	bia	비아
안주	đồ nhắm	도— 냐암
구경하다	tham quan	타암 관
식당	quán ăn	과안 안
아침식사	ăn cơm sáng	안 껌 사앙
점심식사	ăn cơm trưa	안 껌 쯔어
저녁식사	ăn cơm tối	안 껌 또우이
후식	ăn tráng miệng	안 쟈앙 미엥
주식	món ăn chính	모언 안 지잉
음식	món ăn	모언 안
메뉴	thực đơn	특 던
밥	cơm	껌
국	canh	까잉
고기	thịt	티잇
소고기	thịt bò	티잇 버—
돼지고기	thịt heo	티잇 해오
닭고기	thịt gà	티잇 가아
생선	cá	까아
계란	trứng gà	쯔응 가—아
야채	rau	라우
소주	rượu	르어우
양주	rượu thuốt	르어우 투옥
쥬스	nước ngọt	느윽 응엇
콜라	côcacôla	고 까 고 라

조대현

현재 스페인에 거주하면서 63개국, 198개 도시 이상을 여행하면서 강의와 여행 컨설팅, 잡지 등의 칼럼을 쓰고 있다. MBC TV 특강 2회 출연(새로운 나를 찾아가는 여행, 자녀와 함께 하는 여행)과 꽃보다 청춘 아이슬란드에 아이슬란드 링로드가 나오면서 인기를 얻었고, 다양한 강의로 인기를 높이고 있으며 "해시태그" 여행시리즈를 집필하고 있다. 저서로 아이슬란드, 모로코, 가고시마, 발트 3국, 블라디보스토크, 조지아, 폴란드 등이 출간되었고 이탈리아, 오스트리아, 프랑스, 스페인 북부 등이 발간될 예정이다.

폴라 http://naver.me/xPEdID2t

김동혁

힘든 직장생활에서 탈출구를 찾아 준비 없이 떠난 여행에서 여행의 맛을 알게 되어 여행과 관련된 일을 하고 싶었다. 화려한 수식어하나 없는 평범한 사람도 여행 작가가 될 수 있으면 좋겠다는 생각으로 조금씩 글을 쓰게 되었고 글에서 새로운 삶을 찾았다. 여행이란 새로운 것을 보는 것이 아니라 나를 알게 되는 과정이라는 것을 알고 도전하는 작가로 적응하고 있다. 베트남에서 1년 이상 있었지만 최근에 정보를 구하기 위해 9개월 넘게 지내면서 베트남 전역에서 많은 정보를 알게 되었다. 특히 달랏과 푸꾸옥, 다낭, 나트랑에 대해 특히 애착을 가지고 있다.

나트랑&무이네, 달랏, 호치민, 푸꾸옥

인쇄 ǀ 2024년 3월 13일
발행 ǀ 2024년 4월 9일

글 ǀ 조대현, 김동혁
사진 ǀ 조대현
펴낸곳 ǀ 해시태그출판사
편집 · 교정 ǀ 박수미
디자인 ǀ 서희정

주소 ǀ 서울시 강서구 허준로 175
이메일 ǀ mlove9@naver.com

979-11-93839-07-2(03920)

※ 일러두기 : 본 도서의 지명은 현지인의 발음에 의거하여 표기하였습니다.